高分子材料配方设计及应用

（一）

郑玉婴　著

科学出版社
北京

内 容 简 介

本书介绍了聚乙烯、聚丙烯、聚氯乙烯、尼龙 6、聚丙烯酰胺等高分子材料的性能、特点和表征，详细介绍了高分子材料的配方设计与制备工艺，还介绍了各种高分子材料的应用案例，为其实现工业化应用提供实践基础和理论指导。

本书可作为高分子材料与工程、材料科学与工程、化学工程与工艺等专业的本科生和研究生教材，也可供高分子材料研究人员、工程技术人员参考。

图书在版编目（CIP）数据

高分子材料配方设计及应用．—/ 郑玉婴著．—北京：科学出版社，2018.12

ISBN 978-7-03-059990-2

Ⅰ．①高…　Ⅱ．①郑…　Ⅲ．①高分子材料-研究　Ⅳ．①TB324

中国版本图书馆 CIP 数据核字（2018）第 287734 号

责任编辑：赵晓霞　宁　倩 / 责任校对：杨　赛
责任印制：张　伟 / 封面设计：迷底书装

科学出版社 出版
北京东黄城根北街 16 号
邮政编码：100717
http: //www.sciencep.com
涿州市京南印刷厂 印刷
科学出版社发行　各地新华书店经销
*
2018 年 12 月第　一　版　开本：787×1092　1/16
2020 年 1 月第二次印刷　印张：16
字数：410 000

定价：69.00 元

（如有印装质量问题，我社负责调换）

前　言

高分子材料包括塑料、橡胶、纤维、薄膜、胶黏剂和涂料等。其中，被称为现代高分子三大合成材料的塑料、合成纤维和合成橡胶已经成为国民经济建设与人们日常生活必不可少的重要材料。

“高分子材料配方设计及应用”是高分子材料教学和科学研究中不可或缺的专业知识，也是学生在毕业后从事相关工作时需要的专业知识，在高分子材料成型加工中起着先导和基础作用。高分子材料成型加工主要由理论、实验和实习三部分组成，高分子材料配方设计及应用是其理论教学的重要组成部分。

熟悉各种常用高分子材料配方是高分子专业学生必备的基本功。学生通过学习，可以将理论知识进一步深化，在后期可以举一反三，根据需求设计特定高分子材料的配方，并投入应用。一方面，可提高学生学习、思考、动手能力，帮助学生建立对高分子材料宏观与微观上的认识；另一方面，可帮助学生在毕业后更快地融入工作。

目前，国内关于高分子材料配方设计及应用的书籍很少，大多只是在其他高分子专业书籍中用一章或一节的内容讲述，没有系统的介绍和分析。此外，有些书籍内容陈旧，许多新型的高分子材料并没有列入书中，部分专业术语改变，内容不贴切。在这种情况下，编写一本最新的高分子材料配方书籍十分有必要。

本书充分重视理论与实践的结合，积累大量最新高分子材料配方，并进行分类细化。着重介绍高分子材料配方设计及应用，使知识点更直观、更系统，实用性更强。本书的出版，也能弥补国内高分子材料配方设计及应用知识的空白，让学生理论结合实践，告别“纸上谈兵”。

本书共分 6 章，第 1 章为绪论，简介了高分子材料发展史、高分子材料配方与设计、高分子材料的类型与特征、高分子材料配方设计的重要意义；第 2 章为聚乙烯的配方设计及应用，包括聚乙烯简介、聚乙烯的配方设计、聚乙烯的制备工艺、聚乙烯的应用案例；第 3 章为聚丙烯的配方设计及应用，包括聚丙烯简介、聚丙烯的配方设计、聚丙烯的制备工艺、聚丙烯的应用案例；第 4 章为聚氯乙烯的配方设计及应用，包括聚氯乙烯简介、聚氯乙烯的配方设计、聚氯乙烯的制备工艺、聚氯乙烯的应用案例；第 5 章为尼龙 6 的配方设计及应用，包括尼龙 6 简介、尼龙 6 的配方设计、尼龙 6 的制备工艺、尼龙 6 的应用案例；第 6 章为聚丙烯酰胺的配方设计及应用，包括聚丙烯酰胺简介、聚丙烯酰胺的配方设计、聚丙烯酰胺的制备工艺、聚丙烯酰胺的应用案例。

在编写过程中，作者研究团队的研究生提供了研究工作内容，为本书的编写付出了努力和劳动，在此表示由衷的谢意。

由于作者水平有限，书中难免有不妥和疏漏之处，敬请读者批评指正。

作　者

2018 年 9 月

目　　录

第1章 绪 论

1.1 高分子材料发展史

随着社会和科学技术的发展，人们对材料提出各种各样的新要求，高分子材料的出现逐渐满足了这些需求，并对人类的生产生活产生了重大的影响。

高分子材料以高分子化合物为基础，由分子量较高的化合物构成，包括橡胶、塑料、纤维、涂料、胶黏剂和高分子基复合材料等。高分子是生命存在的基础，所有的生命体都可以看作是高分子的集合。

高分子材料按来源分为天然、半合成（改性天然高分子材料）和合成高分子材料。天然高分子是生命起源和进化的基础。人类社会一开始就利用天然高分子材料作为生活资料和生产资料，并掌握了其加工技术，如利用蚕丝、棉、毛织成织物，利用木材、棉、麻造纸等。19世纪30年代末期，半合成高分子材料出现，进入化学改性天然高分子的阶段。1870年，美国人J. W. Hyatt用硝化纤维素、樟脑和乙醇的混合物制得的赛璐珞是一种具有划时代意义的人造高分子材料。1907年，L. Baekeland和他的助手不仅制出了绝缘漆，而且制出了真正的合成可塑性材料——Bakelite，它就是人们熟知的“电木”、“胶木”或酚醛树脂。Bakelite一经问世，很快被厂商发现，它不但可以制造多种电绝缘品，而且能制造日用品，一时间L. Baekeland的发明被誉为20世纪的“炼金术”，标志着人类开始用合成方法有目的地合成高分子材料。20世纪30年代是高分子材料科学的创立时期。新的聚合物单体不断出现，具有工业化价值的高效催化聚合方法不断产生，加工方法及结构性能不断改善。美国化学家W. H. Carothers于1934年合成出了有希望成为优良纺织纤维的聚酰胺-66，尼龙（nylon）是它在1939年投产时公司使用的商品名。这一成功不仅是合成纤维的第一次重大突破，也是高分子材料科学的重要进展。20世纪50年代是高分子工业的确立时期，同时该工业得到了迅速的发展。石油化工的发展为合成高分子材料开拓了新的丰富来源，人们把从煤焦油获得的单体改为从石油得到，年产数十万吨重要烯烃（乙烯、丙烯）的生产技术日趋成熟。1953年，德国科学家K. Ziegler和意大利科学家G. Natta发明了配位聚合催化剂，大幅度地扩大了合成高分子材料的原料来源，得到了一大批新的合成高分子材料，使聚乙烯和聚丙烯这类通用合成高分子材料走进了千家万户，成为与现代生活息息相关的基础材料。表1-1展示了高分子材料发展的重要阶段。

表1-1 高分子材料发展的重要阶段

时间	代表性事件
15世纪	美洲玛雅人用天然橡胶做容器、雨具等生活用品
1839年	美国人C. Goodyear发现天然橡胶与硫磺共热后明显地改变了性能，使它从硬度较低、遇热发黏软化、遇冷发脆断裂的不实用的材料，变为富有弹性、可塑性的材料

续表

时间	代表性事件
1870 年	美国人 J. W. Hyatt 把硝化纤维素、樟脑和乙醇的混合物在高压下共热，制造出了第一种人工合成塑料“赛璐珞”
1887 年	法国人 C. H. de Chardonnet 用硝化纤维素的溶液进行纺丝，制得了第一种人造丝
1907 年	美国人 L. Baekeland 用苯酚与甲醛反应制造出第一种完全人工合成的塑料——酚醛树脂
1920 年	德国人 H. Staudinger 发表的《关于聚合反应》论文提出：高分子物质是由具有相同化学结构的单体经过化学反应（聚合），通过化学键连接在一起的大分子化合物。高分子或聚合物一词即源于此。他首次提出以共价键连接为核心的高分子概念，加上在高分子领域其他方面的贡献，他获得了 1953 年诺贝尔化学奖，被公认为高分子科学的始祖
1926 年	瑞典化学家斯维德贝格等设计出一种超离心机，用它测量出蛋白质的分子量，证明高分子的分子量的确是从几万到几百万
1926 年	美国化学家 W. Semon 合成了聚氯乙烯，并于 1927 年实现了工业化生产
1930 年	聚苯乙烯（PS）问世
1930 年	德国学者用金属钠作为催化剂，用丁二烯合成出丁钠橡胶和丁苯橡胶
1932 年	H. Staudinger 总结了自己的大分子理论，出版了划时代的巨著《高分子有机化合物》，成为高分子化学作为一门新兴学科建立的标志
1934 年	杜邦公司基础化学研究所有机化学部的 W. H. Carothers 合成出聚酰胺-66，即尼龙。尼龙在 1939 年实现工业化生产
1940 年	英国人 T. R. Whinfield 合成出聚酯纤维（PET）
1940 年	P. Debye 发明了通过光散射测定高分子物质分子量的方法
1948 年	P. Flory 建立了高分子长链结构的数学理论
1953 年	德国人 K. Ziegler 与意大利人 G. Natta 分别用金属配位催化剂合成了聚乙烯与聚丙烯
1955 年	美国人利用 Ziegler-Natta 催化剂聚合异戊二烯，首次用人工方法合成了结构与天然橡胶基本一样的合成天然橡胶
1956 年	Szwarc 提出活性聚合概念，高分子进入分子设计时代
1971 年	S. L. Wolek 发明了可耐 300℃高温的凯芙拉（Kevlar）

如今，高分子材料已与金属材料、无机非金属材料并驾齐驱，成为科学技术、经济建设中的重要材料。此外，由于高分子材料资源丰富、质地轻薄、韧度高、成型工艺简单，往往成为优先选择。尽管高分子材料因具有许多金属和无机非金属材料无法取代的优点而备受瞩目，但目前已投入大规模生产的仅是通用高分子材料，它们存在着机械强度、刚性和耐热性差等缺点。而现代工程技术的发展，则向高分子材料提出了更高的要求，因而推动高分子材料向高性能化、功能化和生物化方向发展，这样就出现了许多产量低、价格高、性能优异的新型高分子材料。

自 20 世纪 30 年代出现高分子合成技术到 60 年代实现大规模生产，高分子材料虽然只有几十年的历史，但发展速度远远超过其他传统材料。世界高分子材料工业的迅猛发展，一方面是因为它们的优异性能使其在许多领域中找到了应用，另一方面是因为它们在生产和应用中所需的成本比其他材料低，尤其比金属材料低许多，经济效益显著。特别是到了 80 年代，工业发达国家的钢铁产量已衰退，而塑料仍高速发展。在过去的 40 年里，美国塑料的生产量猛增了 100 倍。如果将生产量折成体积计算，塑料的生产量已超过钢铁。20世纪末，高分子材料的总产量已达20亿t左右。在当前的工业、农业、交通、运输、通信乃至人类的生活中，高分子材料与金属、陶瓷一起并列为三类最重要的材料。

我国对于高分子材料科学的研究自20世纪50年代开始，主要是根据国内资源情况、配合工业建设进行合成仿制，建立测试表征手段，在此过程中培养了大批生产和研究的技术力量，为深入研究奠定了坚实的基础。60年代为满足新技术和高技术的需要，研制了大量特种塑料，如氟、硅高分子，耐热高分子及一般工程塑料等；又如浇铸尼龙、聚碳酸酯、聚甲醛、聚芳酰胺等；大品种如顺丁橡胶等。其中最突出的成就是1965年用人工合成的方法制成结晶牛胰岛素，这是世界上出现的第一个人工合成的蛋白质，对于揭开生命的奥秘有着重大的意义。高分子化学和物理也获得较快发展，研究了产品结构和性能的关系。这些年，高分子材料发展更是迅速，并且越来越接近人们的生活。

至今为止，由于高分子材料的结构决定其性能，对结构的控制和改性，可获得不同特性。高分子材料独特的结构和易改性、易加工特点，使其具有其他材料不可比拟、不可取代的优异性能，从而广泛用于科学技术、国防建设和国民经济各个领域，并已成为现代社会生活中衣食住行用各个方面不可缺少的材料。

1.2　高分子材料配方与设计

需求是高分子材料研究、开发的原动力，汽车轻量化、火车提速、宇宙揭秘、海洋开发等都对高分子材料提出了新的要求。一方面，研制新的高分子材料，实现产业化、开发产品的新价值，造福于人类，是高分子材料科学与技术工作者的职责。另一方面，高分子材料的性能是左右其工业价值的重要因素。人们已经知道，高分子化合物的结构与组成是影响材料性能的主要因素，制造方法对材料性能也有影响。在研究配方设计时，有必要重申以下因素对材料性能的影响。

（1）制样条件（如成型方法、成型条件、试样形状等）。例如，当采用注射成型、挤出成型和模压成型制作试样时，成型压力依次递减，试样的分子取向程度也依次递减，结果性能也不同。又如，注射成型时，料筒和模具的温度越高，试样分子取向的程度越低。而对于薄的试样，由于表面层所占的比例较大，其对拉伸强度等的影响比厚试样的大。结晶性高分子，成型条件不但影响分子取向，而且影响结晶性，所以对性能的影响较显著。

（2）性能的测试条件（如升温速度、作用力的形式及速度等）。

（3）外界因素（如温度、湿度、使用环境及光的波长等）。例如，耐热性受氧的影响大；耐候性受光，尤其是紫外光的影响显著。因此，一方面，制品对性能的要求是多方面的，也是千差万别的；另一方面，测定的性能是受制样条件、测试条件及外界因素等影响的相对值。从事高分子材料成型加工技术人员必须了解这些影响因素，并在制品的设计和配方设计时充分考虑这些影响。

价格和对环境的影响也是两个必须考虑的因素。在满足性能要求的前提下，价格是支配材料制品普及程度（推广）的决定因素。对环境的影响，事关人类可持续发展的头等大事，同样制约了材料制品的推广应用（为人类社会乐于接受并大量使用）。

1.2.1　高分子材料制品设计的一般原则和程序

配方设计是一个富于挑战性的、专业性很强的技术工作。因此，配方设计绝不是各种原材料之间简单的、经验性的组合，而是在对高分子材料结构与性能关系充分研究基础上综合的结果。而且，一个好的制品，绝不仅仅局限于配方设计，它还涉及成型加工工艺设计及成型设备的选型，制品的外观设计及结构设计、模具设计等，所以从严格意义上说，应是制品设计。而配方设计是其核心部分，只有好的配方设计，再加上其他要素的配合，才能获得好的制品。因此，了解高分子材料制品设计的一般原则和程序有其必要性。

制品设计是在对制品形状、结构和使用性能科学地预测和判定的前提下，充分把握并正确选用高分子材料，制定出一套完整的制品制造过程的实施方案和程序。

制品设计必须贯彻“实用、高效、经济”的原则，即制品的实用性强、成型加工工艺性好、生产效率高、成本低，可满足人类可持续发展的要求。然而，由于可选择的高分子化合物品种、牌号的多样性，可采用的成型加工工艺和成型设备的可变性及制品的应用领域的特殊性，尤其是高分子材料具有与金属材料和无机非金属材料所没有的独特性能，如黏弹性、受使用条件和环境影响的显著性及静态力学性能与动态力学性能较大的差异性等，制品设计者只有透过现象，抓住本质，深刻认识制品设计与高分子化合物的性能、成型加工工艺的相关性，利用成型加工技术对材料结构与性能进行调节，才能充分发挥材料的功能，以较小的材料和能源消耗，获得优异的材料制品。

图 1-1 所示为制品设计的一般程序。

（1）根据制品的使用目的和用途，确定制品应具备的性能特点、载荷条件、环境条件、成本限制、适用标准等，这是至关重要的一环。对于零部件，还应考虑与其他组装件之间的内在联系及在整个产品中的地位与影响。同时，应做好数据收集（包括高分子化合物的性能数据、成型加工工艺的相关数据、应用数据等），制定质量要求（提出制品性能，分析影响主要性能的因素、使用环境、装配、应用等）、预测需求（需求量、时间、成本水平和市场前景等）。

（2）形状造型设计主要考虑制品的功能、刚度、强度和成型工艺等，应力求做到形状对称、造型轻巧、结构紧凑。画出草图，了解哪些性能是必需的，哪些是可灵活的；确定哪些尺寸是规定的，哪些尺寸可变。

（3）合理选材是在分析制品使用目的和用途后，根据材料性能要求与制品成型加工特点，选择多种候选材料，试制出样品，经性能测试、收集用户使用意见后，通过比较分析，确定制品最终选用的材料。通常，选择并不是唯一的，而且每种材料各有优缺点，选材时应做到在满足制品性能要求的前提下，“扬长避短、合理使用”。必须注意，在选材时应考虑与成型加工工艺的相互适应性。

（4）样品的初步设计包括配方设计、工艺设计、结构设计及模具设计等，涉及原材料、工艺、成本、质量等诸多因素，务必统筹兼顾。

配方设计是根据制品的功能、用途、所处的环境和成型加工对性能的影响，考虑成本因素，确定高分子化合物与添加剂的品种、规格和配比及混合料的制备技术，配制出符合性能要求的混合料。

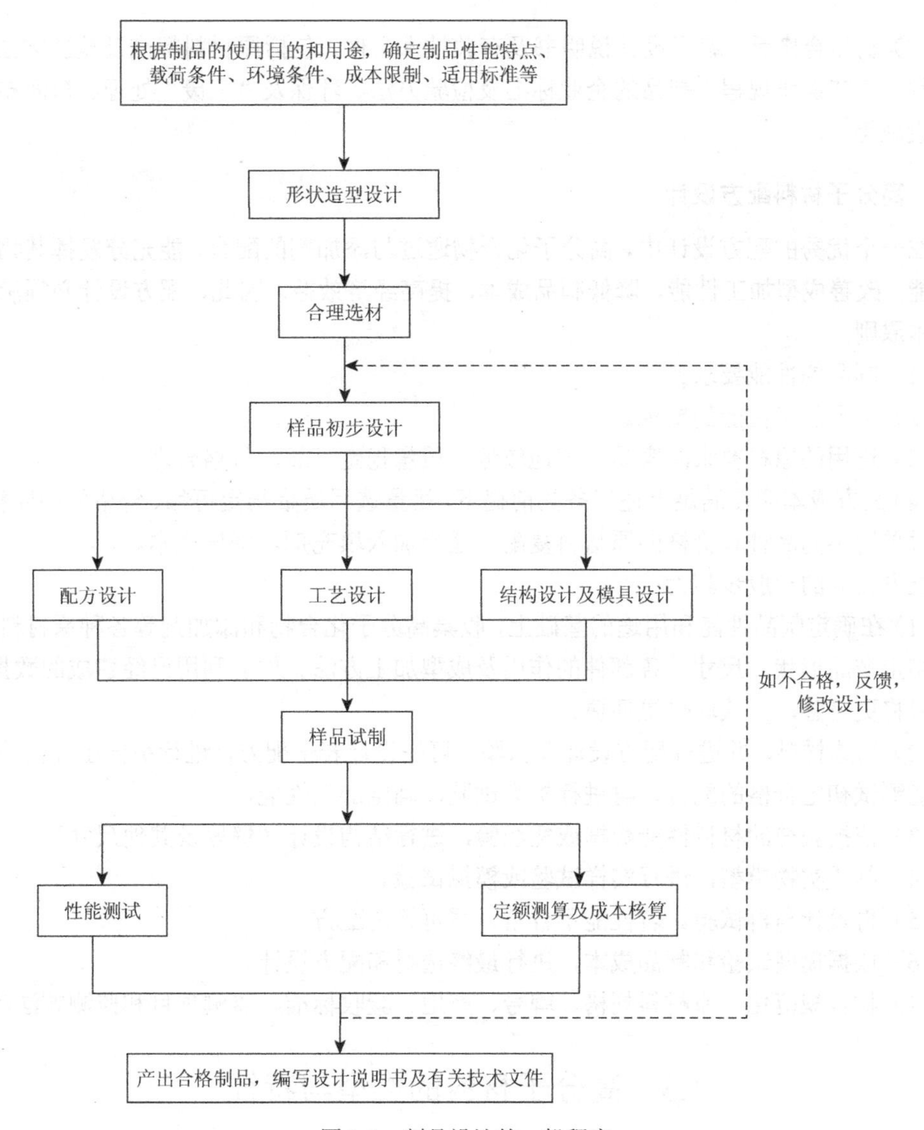

图1-1 制品设计的一般程序

工艺设计是在对多种成型工艺探讨、比较的基础上，确定技术可行、经济合理的成型工艺条件。

结构设计及模具设计是按使用要求，利用已有的公式或计算机软件，对制品进行受力分析和结构设计，确定产品结构形状造型和模具设计，画出模具加工图，确定模具加工工艺条件。

（5）样品试制是在初步设计的基础上，试制样品，做整体检验，通过试模、检验并分析样品的尺寸精度、粗糙度、成型时间、成型难易程度、设计的合理性和是否存在应力集中等，以获得多种不同方案的工艺条件和样品，供测试评价用。

（6）性能测试、定额测算及成本核算，由此确定技术质量指标、测算班（台）产量及原材料、水电煤的消耗定额、成品率，核定成本，得出理想的设计方案。如不符合制品要求，则返回重新调整设计方案，再试验，直到符合要求为止。

（7）制品合格后，编写设计说明书及有关技术文件，包括原材料标准及检验方法、生产流程、工艺操作规程、制品的企业标准及检验方法、环保及“三废”处理、车间布置及配套设施等。

1.2.2 高分子材料配方设计

在一个优秀的配方设计中，高分子化合物通过与添加剂的配合，能充分发挥其物理机械性能，改善成型加工性能，降低制品成本，提高经济效益。因此，配方设计必须满足以下基本原则：

（1）制品的性能要求。

（2）成型加工性能的要求。

（3）选用的原材料来源容易，产地较近，质量稳定可靠，价格合理。

（4）配方成本应在满足上述三条的前提下，尽量选用质量稳定可靠、价格低的原材料；必要时采用不同品种和价格的原材料复配；适当加入填充剂，降低成本。

配方设计的一般步骤为：

（1）在确定制品性能和用途的基础上，收集高分子化合物和添加剂等各种原材料的资料，初定产品形状、尺寸、各部件的作用及成型加工方法。如能利用已经建成的数据库，则资料将更完整，且获取也更便捷。

（2）初选材料，并进行配方设计及试验，可先设计若干配方，进行小样压片试验，通过性能测试初定合格的配方，再进行扩大试验，确定加工性能。

（3）依据获得的材料性能数据或凭经验，进行结构设计（壁厚及其他尺寸）。

（4）制成实物模型，进行实样试验或模拟试验。

（5）再设计与再试验。若性能不合格，需再筛选配方。

（6）依据模型试验和制品成本，进行最终选材和配方设计。

（7）材料规范化（原材料规格、牌号、产地、验收标准、监测项目和监测方法等）。

1.3 高分子材料的类型与特征

1.3.1 聚乙烯

聚乙烯（polyethylene，PE）是柔软、蜡状、低熔点的聚合物。

1933 年英国 ICI 公司首先发现聚乙烯，1937 年获得了高压聚乙烯的专利权，1939 年开始了聚乙烯的工业生产。由于聚乙烯具有优良的抗化学性和电绝缘性能，聚乙烯的应用日渐广泛、产量剧增，世界各国迅速发展高压聚乙烯。1953 年德国 K. Ziegler 发现低压聚乙烯，1957 年才正式在世界各国工业化生产。1965 年以来，聚乙烯树脂已成为塑料工业的五大品种之一。

聚乙烯的原料来源非常丰富。乙烯可以从原油、轻油的裂解分离制得，也可从其他炼油厂得到。由于具有制造工艺流程较短、在加工制品时不用添加增塑剂等优点，聚乙烯工业发展很快，有些国家聚乙烯树脂产量已占塑料总产量的一半。我国丰富的石油资源为聚乙烯树脂的发展创造了极其有利的条件。

1959 年我国上海化工研究院开始研制高压聚乙烯，1966 年后上海化工厂、北京燕山石油化工有限公司、钟山化工有限公司等分别进行了工业生产，目前年产量仅次于聚氯乙烯（polyvinyl chloride，PVC）。

聚乙烯的结构如下所示：

$$\left[\mathrm{CH_2-CH_2}\right]_n$$

聚乙烯依聚合方法、分子量高低、链结构的不同，可分为低密度聚乙烯（low density polyethylene，LDPE）、高密度聚乙烯（high density polyethylene，HDPE）及线型低密度聚乙烯（linear low density polyethylene，LLDPE）。

1. 低密度聚乙烯

低密度聚乙烯俗称高压聚乙烯，因密度较低，材质较软，主要用于塑料袋、农业用膜等。

性质：无味、无臭、无毒、表面无光泽、乳白色蜡状颗粒，密度约 0.920 g/cm^3，熔点 130～145℃。不溶于水，微溶于烃类、甲苯等。能耐大多数酸碱的侵蚀，吸水性小，在低温时仍能保持柔软性，电绝缘性高。

生产工艺：主要有高压管式法和釜式法两种。为降低反应温度和压力，高压管式法工艺普遍采用低温高活性引发剂引发聚合体系，以高纯度乙烯为主要原料，以丙烯/丙烷等为密度调整剂，使用高活性引发剂在 200～330℃、150～300 MPa 条件下进行聚合反应。反应器中引发聚合的熔融聚合物，必须要经过高压、中压和低压的冷却、分离，高压循环气体经过冷却、分离后送入超高压（300 MPa）压缩机入口，中压循环气体经过冷却、分离后送入高压（30 MPa）压缩机入口，而低压循环气体经过冷却、分离后送入低压（0.5 MPa）压缩机循环利用，而熔融聚乙烯经过高压、低压分离后送入造粒机，进行水中切粒，在造粒时，企业可以根据不同应用领域，加入适宜的添加剂，颗粒经包装出厂。

用途：可以采用注塑、挤塑、吹塑等加工方法，生产农业用膜、工业用包装膜、药品与食品包装薄膜、机械零件、日用品、建筑材料、电线与电缆绝缘、涂层和合成纸等。

2. 高密度聚乙烯

高密度聚乙烯俗称低压聚乙烯，有较好耐高温、耐油性、耐蒸汽渗透性及抗环境应力开裂性，此外，电绝缘性和抗冲击性及耐寒性能很好，主要应用于吹塑、注塑等领域。

性质：本白色、圆柱状或扁圆状颗粒，颗粒光洁，尺寸在任意方向上应为 2～5 mm，无机械杂质，具有热塑性。粉料为本白色粉末，合格品允许有微黄色。常温下不溶于一般溶剂，但在脂肪烃、芳香烃和卤代烃中长时间接触时能溶胀，在 70℃以上时稍溶于甲苯、乙酸中。在空气中加热和受日光影响发生氧化作用。能耐大多数酸碱的侵蚀，吸水性小，在低温时仍能保持柔软性，电绝缘性高。

生产工艺：采用气相法和淤浆法两种生产工艺。其中，淤浆法环管生产工艺以菲利浦斯公司、Basell 公司和北欧的北星环管工艺技术为代表，釜式淤浆法则以日本三井公司 CX 工艺为代表。

用途：采用注塑、吹塑、挤塑、滚塑等成型方法，生产薄膜制品，日用品及工业用的各种尺寸中空容器、管材，包装用的压延带和结扎带，绳缆、渔网和编织用纤维，电线电缆等。

3. 线型低密度聚乙烯

线型低密度聚乙烯是乙烯与少量高级 α-烯烃在催化剂存在下聚合而成的共聚物。LLDPE 外观与 LDPE 相似，透明性较差，但表面光泽好，具有低温韧性、高模量、抗弯曲和耐应力开裂性、低温下抗冲击强度较佳等优点。

LLDPE 应用领域几乎已渗透到所有 LDPE 市场。现阶段 LLDPE 和 HDPE 处于发展周期的成长阶段；LDPE 则在 20 世纪 80 年代末逐渐进入发展成熟期，现在已少有 LDPE 设备投产。聚乙烯可用挤塑、注塑、模塑、吹塑和熔纺等方法成型，广泛应用于工业、农业、包装及日常工业中，在中国应用相当广泛，约消耗 LDPE 产量的 77%，HDPE 产量的 18%。另外，注塑制品、电线电缆、中空制品等都在其消费结构中占有较大的比例，在塑料工业中占有举足轻重的地位。

性质：由于 LLDPE 和 LDPE 的分子结构明显不同，性能也有所不同。与 LDPE 相比，LLDPE 具有优异的耐应力开裂性能和电绝缘性、较高的耐热性能、抗冲击和耐穿刺性能等。

生产工艺：LLDPE 树脂主要利用全密度聚乙烯装置生产，代表性的生产工艺为 Innovene 工艺和 UCC 的 Unipol 工艺。

用途：通过注塑、挤塑、吹塑等成型方法，生产薄膜、日用品、管材、电线电缆等。

1.3.2 聚丙烯

聚丙烯（polypropylene，PP）是丙烯聚合而制得的一种热塑性树脂，无毒、无味、密度小，适用于制作一般机械零件、绝缘零件、日用品等。

聚丙烯的结构如下所示：

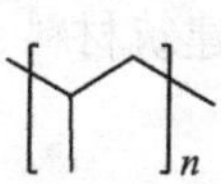

PP 是一种分子排列规整的结晶聚合物，为白色、没有气味、没有毒性、质量较轻的热塑性树脂，具有容易加工、冲击强度、挠曲度和电绝缘性好等一系列优点，广泛应用在汽车、电器、电子、包装、建材及家具等方面。在五大通用塑料中，聚丙烯的产量仅次于聚乙烯和聚氯乙烯，位列第三，国内消费量仅次于聚乙烯。我国聚丙烯的产量增长非常迅速，但仍然不能满足国内市场，尤其是塑料制品业迅速增长的需求。

虽然聚丙烯有很多优点，但是也有一些不足之处。聚丙烯的最大缺点首先是耐寒性差，低温易断裂；其次是收缩率大，抗蠕变性能差，制成的产品尺寸稳定性差，并且容易产生翘曲变形。为了改进聚丙烯的性能，延长聚丙烯的使用寿命并扩大其应用范围，需要对聚丙烯进行改性。

聚丙烯按照分子排列结构及组成，主要分为两类。第一类，均聚聚丙烯完全由丙烯单体聚合而成，按照丙烯单体的立体构型的不同，可以分为等规聚丙烯、间规聚丙烯和无规聚丙烯。通常所说的聚丙烯指的是等规聚丙烯。第二类，共聚聚丙烯通常是乙烯和丁烯的无规或抗冲击共聚物。无规共聚物通常指含有质量分数高达6%的乙烯或其他单体。抗冲击共聚物也称为多相共聚物，通常含有约40%的乙烯-丙烯橡胶，密切分散于均聚物基体中。

1.3.3 聚氯乙烯

聚氯乙烯是五大通用热塑性塑料之一，产量仅次于聚乙烯，位居第二位。

聚氯乙烯分子结构式如下所示：

$$\left[\!-\mathrm{CH_2}-\mathrm{CH(Cl)}-\!\right]_n$$

其中商业化产品的n值一般在625～2700。PVC树脂外观为无定形白色粉末，结晶度5%～10%，密度1.4 g/cm^3（1.38～1.45 g/cm^3），树脂表观密度0.40～0.65 g/cm^3，溶解度参数9.9（cal/cm^3）$^{1/2}$（1 cal = 4.19 J），具有良好的易混合性；线性膨胀系数（硬质）7×10^{-5}℃$^{-1}$，比热容1.045～1.463 J/(g·℃)，热导率2.1 kW/(m·K)，折射率1.544，玻璃化转变温度80～87℃，无固定熔点，80～85℃开始软化，130℃变为黏弹态，160～180℃开始转变为黏流态；有较好的机械性能，抗张强度60 MPa左右，弯曲模量达3000 MPa，但呈脆性，抗冲击性能较差，未经改性的纯PVC树脂的缺口冲击强度仅3～5 kJ/m^2。PVC树脂突出的优点是难燃性、抗化学腐蚀性和良好的综合机械性能，是性价比最为优越的通用塑料。

聚氯乙烯制备工艺按原料来源可分为电石法和乙烯法，在我国以电石法为主，约占80%；聚合工艺主要包括悬浮法、本体法、乳液法、微悬浮法和溶液法等，商品化的聚氯乙烯树脂大部分是用悬浮法聚合工艺生产的，占聚氯乙烯产量的80%～90%。

1.3.4 聚酰胺

聚酰胺（polyamide，PA）俗称尼龙，是大分子主链重复单元中含有酰胺基团的树脂的总称。尼龙是一种应用广泛的热塑性工程材料，主要用于家电、电子、汽车等行业的配套件。常用的尼龙有尼龙6、尼龙66、尼龙610、尼龙1010、浇铸尼龙（MC尼龙）等。尼龙名称后面的数字表示组成这种高聚物中的链节所含的碳原子数。其中，尼龙6、尼龙66产量最大，占尼龙总产量的90%以上。尼龙11、尼龙12具有突出的低温韧性，尼龙46具有优异的耐热性而得到迅速发展，尼龙1010是以蓖麻油为原料生产的我国特有的品种。

由于各种尼龙的化学结构不同，其性能也有差异，但它们具有共同的特性：分子之间可以形成氢键，使结构易发生结晶化；分子之间相互作用力较大，赋予尼龙高熔点和力学性；由于酰胺基是亲水基团，吸水性较大。在尼龙的化学结构中还存在亚甲基和芳基，使尼龙具有一定柔性或刚性。尼龙中的亚甲基的比例越大，分子中氢键数越少，分子间力越小，柔性越大，吸水性越小。因此，尼龙工程塑料一般都具有良好的力学性能、电性能、耐热性和韧性，还具有优良的耐油性、耐磨性、自润滑性、耐化学品性和成型加工性。

尼龙的改性品种数量繁多，如增强尼龙、单体浇铸尼龙、反应注射成型（reaction injection moulding，RIM）尼龙、芳香族尼龙、透明尼龙、高抗冲（超韧）尼龙、电镀尼龙、导电尼龙、阻燃尼龙，尼龙与其他聚合物的共混物和合金等，满足不同特殊要求，广泛代替金属、木材等传统材料。

1.3.5 聚丙烯酰胺

聚丙烯酰胺（polyacrylamide，PAM）是丙烯酰胺的均聚物及其共聚物的统称。聚丙烯酰胺是由丙烯酰胺（acrylamide，AM）单体经自由基引发聚合而成的水溶性线型高分子聚合物，具有良好的絮凝性，可以降低液体之间的摩擦阻力，按离子特性可分为非离子、阴离子、阳离子和两性型四种类型。

聚丙烯酰胺分子结构的特点和齐全的品种使其在国民经济的各个领域中得到了广泛的应用，也是合成水溶性高分子中应用最广泛的品种之一，具有“百业助剂”的美誉。聚丙烯酰胺主要用于水处理、造纸和石油化工三大行业。

1）水处理行业

在水处理中，聚丙烯酰胺作为污水处理的絮凝剂和污泥的脱水剂，是大型污水处理工厂不可或缺的材料。它不仅保证了污水处理工艺的实现，还使污水回用成为可能。在工业用水和饮用水的处理中，发挥絮凝澄清作用，保证高质量的水质。低分子量的聚丙烯酰胺在冷却水循环利用和循环水水质稳定性上具有良好的应用。

2）造纸工业

在造纸工业中，聚丙烯酰胺主要用作纸张增强剂、助留助滤剂和废水处理剂等。它不仅可以增强纸张质量，还可以减少纤维、颜料和填料的消耗，减少环境污染和节约用水量。因此，聚丙烯酰胺在造纸化学品中有着极为重要的地位，被称为“标准”造纸助剂。目前，造纸工业对阴离子型聚丙烯酰胺的应用技术已趋成熟，如今正逐渐转向阳离子型和两性聚丙烯酰胺的应用技术。

3）石油化工工业

聚丙烯酰胺是一类多功能的油田化学处理剂，广泛应用于石油开采的钻井、固井、完井、修井、压裂、酸化、注水、调剖堵水、三次采油作业等工序中。其中，特别是在驱替剂、钻井泥浆和压裂液添加剂、堵水剂和油田污水处理剂等中发挥着极为重要的作用。

1.3.6 聚对苯二甲酸乙二醇酯

聚对苯二甲酸乙二醇酯（polyethylene terephthalate，PET）是由二元羧酸与二元醇经过酯化、缩聚等过程合成的，具有价格低廉、热稳定性好、机械强度高、吸水率小、电气性能优异、耐各种有机溶剂等优点。PET 作为一种常用的热塑性工程塑料，在国内外的汽车工业、家用电器、饮品包装等领域得到广泛应用。

聚对苯二甲酸乙二醇酯的结构如下所示：

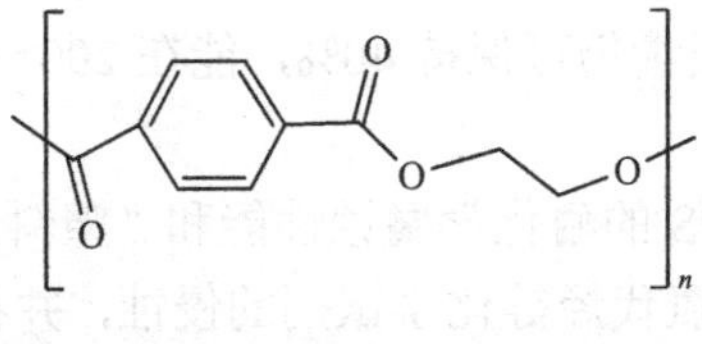

尽管如此，PET分子自身的结构特点决定了PET树脂在应用时存在刚性强、韧性差、结晶速率低、结晶温度高、加工收缩率高等缺点，这也限制了其在工程塑料领域更为广泛的应用。通过加入成核剂可以提高PET的结晶性能，利于PET的加工，但是异相成核剂的加入也会使PET的力学性能出现下降。因此，寻找一种在提高PET的加工性能的同时，不破坏其原有的强度并提高抗冲击性能的助剂是扩展PET树脂作为工程塑料应用的一个必要手段。

国内外对PET的改性研究已开展多年，为了提高PET的使用温度、高温时的强度和刚性，通常采用加入纤维、矿物、晶须、聚合物共混等方法对PET进行改性。本书从PET的分子结构入手，就PET的改性进行重点论述，阐述了国内外使用无机纳米粒子和碳纤维对PET改性时存在的问题、解决方法和改性效果。

从其性能考虑，PET分子具有以下特点。

1）PET分子链刚性大

PET是具有对称性芳环结构的线型大分子，没有较长的支链，因此在一般情况下是伸直链构型。它的大分子上具有刚性基团和柔性基团，其中，刚性基团是由酯基和苯环的共轭体系所组成的一个整体，当大分子链围绕刚性基团自由旋转时，由于转动能阻较大，柔性基团只能和苯环作为共同整体一起振动，因此PET大分子链具有较大的刚性。在宏观上，PET表现为抗冲击性能较差。

2）PET分子的结晶速率低

PET分子链所有的苯环几乎在一个平面内，使大分子链的结构具有高度的立构规整性，从而使PET分子具有紧密敛集能力和结晶倾向，在熔点和玻璃化转变温度范围内都能形成结晶，但苯环的存在也使其结晶缓慢、注塑模温高，在加工过程中表现为成型周期长、操作困难。

1.3.7 聚苯硫醚

聚苯硫醚（polyphenylene sulfide，PPS）是一种半结晶的线型聚合物，其结构如下所示：

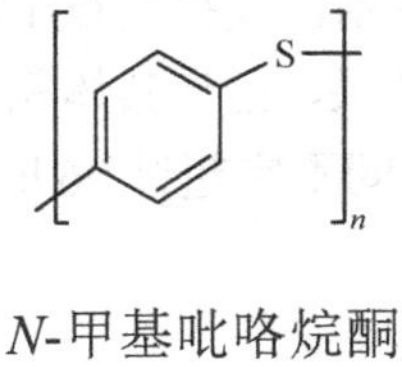

PPS一般由硫化钠和二氯苯在*N*-甲基吡咯烷酮或碱金属羧酸盐的极性有机溶剂中缩聚而成。它的玻璃化转变温度约为90℃，熔点为285℃。重要的是，PPS具有以下特点：

（1）优异的耐热稳定性。PPS的热变形温度在260℃以上，在空气中700℃才发生降解，于1000℃的惰性气体中质量仍可保持40%，能在200～240℃的环境中连续使用，并且机械性能不会发生改变。

（2）优异的耐腐蚀性。PPS的耐化学腐蚀性能和“塑料之王”聚四氟乙烯相近，可抵抗各种酸、碱、酮、醇、酯、氯代烃等化学试剂的侵蚀，并在沸腾的氢氧化钾和浓盐酸溶液中无任何变化。在200℃以下几乎不溶于任何有机溶剂，即使在α-氯萘或二苯醚等特殊试剂中，也需在200℃以上才发生溶解。

（3）优异的阻燃性。PPS的极限氧指数为34%，在火焰上可以燃烧，但不会滴落，离开明火会自行熄灭，发烟率低于卤代聚合物。在不需要添加任何阻燃剂的情况下就可达到UL 94V-0的标准。

（4）优良的电性能。PPS的介电常数为3.9～5.1，介电强度为13～17 kV/mm，在高温、高湿、变频等条件下仍可保持良好的绝缘性。

（5）优良的尺寸稳定性。PPS的成型收缩率和线膨胀系数很小，其中成型收缩率为0.15%～0.3%，最低还可达0.01%，吸湿率也仅有0.6%，因此长期浸泡在水中其尺寸并不会发生改变，即使在有机溶剂中其改变量也是相当有限的。

（6）此外，PPS的毒性很小，对人体或环境无害，并可用于制造和食品直接接触的设备。

PPS具有如此多的优异特性，因此由PPS纤维制成的针刺毡滤料同样具有相当出众的阻燃性、耐酸碱腐蚀性、抗水解性和尺寸稳定性，并且它可连续暴露在190℃的高温环境中使用。另外，PPS滤料还具有较高的性价比，因而成为电厂燃煤锅炉和垃圾焚烧炉滤袋的首选材料。有学者对上海皆成无纺材料有限公司制造的PPS针刺毡滤料的耐热性进行了研究，发现在190℃条件下，PPS滤料经过长达一个月的实验，强度保持率虽有下降，但仍可保持在90%以上；室温条件下，其在60%的H_2SO_4溶液或40% NaOH溶液中浸渍480 h后，经、纬向强力与原始PPS滤料的强力基本保持一致。还有资料显示，PPS滤料在室温下经60% H_2SO_4溶液浸泡72 h后，强度保持率竟然增加到105.7%。有学者采用热失重、氧指数及锥形量热法对比和分析了PPS滤料与Nomex（芳纶1313）织物的热稳定性能及燃烧性能，研究发现PPS滤料比Nomex织物的热稳定性和阻燃性更好，发生火灾的概率较小，发烟量也少。但是，PPS滤料最大的不足在于抗氧化性能相对较差，一般要求烟气中氧气的体积分数低于10%，氮氧化物的含量小于600 mg/Nm^3。有学者采用气体实验法对PPS滤料在氧气中的氧化过程进行了研究，发现PPS在高温条件（200℃左右）下会与氧发生交联反应，并使滤料的脆性增大、韧性降低，产生老化现象。因此，建议在氧气含量高的条件下，PPS滤料的使用温度控制在140℃以下。另外，研究还指出，虽然PPS滤料对SO_2具有良好的耐腐蚀效果，但当其体积含量超过700 mL/m^3，且烟气温度高于170℃时，PPS滤料的连续使用时间不宜超过96 h。

1.3.8　芳纶纤维

聚芳酰胺纤维，俗称芳纶纤维（aramid fiber），是一种新型高科技合成纤维，具有超高强度、高模量和耐高温、耐酸碱、质量轻等优良性能，其强度为钢丝的5～6倍，模量为钢丝或玻璃纤维的2～3倍，韧性为钢丝的2倍，而质量仅为钢丝的1/5左右，在560℃的温度下，不分解，不熔化。它具有良好的绝缘性和抗老化性能，具有很长的生命周期。芳纶的发现，被认为是材料界一个非常重要的历史进程。芳纶纤维的种类较多，目前已经实现工业化的主要为Nomex（芳纶1313）、Kevlar（芳纶1414）纤维。其中，用于烟气除尘滤料和各种工业炉窑烟气净化材料的主要是聚间苯二甲酰间苯二胺。

聚间苯二甲酰间苯二胺是由间苯二胺与间苯二甲酰氯缩聚而成的线型大分子，英文名为poly(*m*-phenylene isophthalamide)。其分子结构是由苯环及酰胺键构成的，且酰胺键连接在苯环的间位上。相比对位芳纶，间位芳纶不具有共轭效应，可旋转角度较大，内旋转势能较小，分子链表现出一定的柔性。芳纶1313的主要性能特点如下：

（1）良好的持续耐热性。芳纶1313在200℃条件下工作时，强度可维持在原有强度的80%左右，而在260℃下连续工作1000 h后，强度依然能维持在65%～70%；具有极不明确的熔点，在370℃以上才开始分解，释放出少量气体。

（2）良好的耐化学腐蚀性。芳纶1313耐碱性良好，但长时间置于苛性碱中强度下降；可耐大多数酸，将其长时间置于HNO_3、HCl和H_2SO_4溶液中强度稍有下降；耐部分漂白剂，在NaClO溶液中强度稍有损失；对氧化物稳定，在250℃的腐蚀气体作用下，强度仍能维持在60%左右。

（3）良好的阻燃性。芳纶1313是一种难燃纤维，它的极限氧指数为26.5%～30%，在空气中不会燃烧，也不助燃，高温燃烧时表面发生炭化，具有自熄性，在火焰中不产生熔滴。

（4）其他性能。芳纶1313拥有优异的电绝缘性，能耐100 kV/mm的击穿电压，还具有可纺性、耐辐射性等性能。

芳纶1313纤维具有的优异特性，决定了由其制成的针刺、水刺滤料同样具有相当出众的持续耐热性。对于除尘滤料而言，除了要求能耐140℃以上的高温，还要求其具有持续耐高温的特性。在较高温度下，芳纶滤料具有足够大的机械强度，有助于增大其在使用过程中的稳定性。经过折叠制成的芳纶滤料，有效过滤面积加大了，这有助于改善过滤性能，同时具有较大的抗冲击强度及优良的耐酸碱腐蚀性、阻燃性。

1.3.9 聚氨酯

聚氨酯（polyurethane，PU）是分子主链上带有—NH(C═O)—O—的软硬段嵌段聚合物，是一种新型的高分子材料。聚氨酯的工业起源于德国，早在1937年德国法本公司的奥托·拜耳博士（O. Bayer）首次用六亚甲基二异氰酸酯与1, 4-丁二醇反应合成了聚氨酯。1942年，Bayer公司着手生产甲苯二异氰酸酯（toluene diisocyanate，TDI），并实现了聚氨酯硬泡、涂料和黏合剂等的生产。20世纪60年代初，美国在聚氨酯原料生产和聚氨酯制品的开发与加工方面的工业体系趋于完整，并在世界聚氨酯行业迅速处于领先地位。20世纪70年代以后，聚氨酯的需求不断增长，生产规模越来越大，聚氨酯行业得到了又好又快的发展。随着聚氨酯化学理论和工艺的不断深入研究，聚氨酯材料的研究开发以高效率、高性能、低污染和节能为目标，进入了技术进步的新时期。在全球塑料产业中，聚氨酯的产量仅次于聚乙烯、聚氯乙烯、聚丙烯、聚苯乙烯和酚醛树脂，居第六位。

我国聚氨酯工业起步比较晚，20 世纪 50 年代末 60 年代初，我国才开始聚氨酯的研究开发，由于原材料和生产加工技术的落后，聚氨酯在品种和数量上都难以形成规模，聚氨酯质量也比较差。改革开放以后，由于与国际聚氨酯加工生产成熟国家的交流不断增多，我国聚氨酯发展进入了自力更生与引进国外先进技术相结合的新轨道。随着聚氨酯原材料、先进装置和生产加工技术的引进，我国聚氨酯行业的发展大大加快，实现了真正意义上的工业化生产。80 年代末，我国聚氨酯产品的产量快速增长，聚氨酯行业的发展进入了快速发展阶段。90 年代中后期，我国在聚氨酯产量上超越日本，成为全球第一大聚氨酯生产和消费国，聚氨酯作为新型功能高分子材料广泛应用于汽车、家电、玩具、建筑、石油化工和医疗行业。2000 年我国聚氨酯的年产量仅为 100 万 t，2007 年接近 350 万 t，到 2010 年达到了 650 万 t，占全球总量的 36%。近年来，我国聚氨酯工业发展迅速，规模宏大，工艺技术水平也在逐步提高，但是由于国外原材料的垄断生产和国内原材料生产技术的不成熟，我国聚氨酯生产与国外先进国家的差距仍比较明显。

聚氨酯弹性体有：浇铸型聚氨酯弹性体（casting polyurethane elastomer，CPU）、热塑型聚氨酯弹性体（thermoplastic polyurethane elastomer，TPU）、混炼型聚氨酯弹性体（mixing polyurethane elastomer，MPU）等。

热塑型聚氨酯弹性体是世界上六大合成材料之一，具有耐磨性好、硬度范围广、高强力和伸长率高、承载能力大、减震效果好、耐油性能优异等特点，是一类介于塑料和橡胶之间的合成材料，被誉为“第三代合成橡胶”，广泛用于防护涂料、密封垫片、鞋底、轮胎、纺织纤维、体育用品、汽车塑料、半透塑料薄膜、伤口敷料和生物材料等。

1.3.10　乙烯-乙酸乙烯共聚物

乙烯-乙酸乙烯共聚物（ethylene-vinyl acetate copolymer，EVA）是由乙烯单体（$CH_2{=}CH_2$）和乙酸乙烯酯单体（$CH_3COOCH{=}CH_2$）通过本体聚合、溶液聚合或乳液聚合得到的共聚物。通过控制两种单体的投入比可以得到乙酸乙烯酯（vinyl acetate，VA）含量不同（1%～99%）的 EVA 聚合物。

从结构上来看，EVA 中含有两种链段，其中乙烯链段属于非极性链段，且由于规整性高而具有强结晶性。乙酸乙烯酯链段由于含有极性基团而显现出强极性，且由于链段结构非对称，规整性不高，不具有结晶性。对比聚乙烯，由于乙烯分子链上引入了结构非对称的强极性乙酸乙烯酯链段，破坏了乙烯分子链原有的高度规整性，形成了具有极性的短支链结构，使得 EVA 材料的结晶性降低，可塑性提高，增加了材料的可加工性，提高了材料的抗冲击性、柔韧性及耐低温性。

通常，VA 含量在 5%～30%的 EVA 采用高压法连续本体聚合工艺，在此含量下的 EVA 材料由于熔体流动速率适中，可用于发泡材料的制备。由 EVA 制成的发泡材料具有质量轻便、耐老化和化学腐蚀、弹性、柔韧性、耐挠曲性、减震等性能，被广泛用于鞋类、减震包装袋、软质发泡地板、坐垫、运动器材、绝缘电线电缆及隔音减震设备等。

EVA发泡材料具有广阔的市场前景，在国内生产厂家众多，且主要集中在东南沿海一带。但是由于EVA原料来源于石油资源，是一种不可再生资源，随着石油价格的不断上涨，原料价格也大幅度提升，生产厂家生产成本上升。而且EVA发泡材料在自然环境中难以降解，会对环境带来污染，这些问题限制了EVA发泡材料的使用。因此，许多研究者开始着手研究可降解塑料，方法之一就是将可降解组分加入塑料中。

1.4 高分子材料配方设计的重要意义

“十一五”期间，改性塑料行业的发展重点是通用塑料的工程化和工程塑料的高性能化，这两点在塑料改性行业里得到了各界同仁的一致认可。如何实现通用塑料的工程化和工程塑料的高性能化呢？这就需要塑料改性技术的创新，塑料改性技术创新中一个最重要的课题就是配方创新，配方创新和配方设计是密不可分的。

高分子化合物品种很多，每一种高分子化合物都有一定的局限性，既有独特之处，也有薄弱环节，很难找到一种十全十美的高分子化合物。这样，在设计一种具体的高分子材料制品时，很少有一种高分子化合物能完全满足制品的性能要求。因此，对高分子化合物进行改性是十分必要的，这样可使高分子化合物获得原来不具有的性能。

参考文献

桂祖桐. 2004. 聚乙烯树脂及其应用. 北京：化学工业出版社.

金日光，华幼卿. 2007. 高分子物理. 3版. 北京：化学工业出版社.

刘益军. 2012. 聚氨酯树脂及其应用. 北京：化学工业出版社.

内罗・帕斯奎尼. 2008. 聚丙烯手册. 胡友良，等译. 北京：化学工业出版社.

潘祖仁. 1999. 塑料工业手册：聚氯乙烯. 北京：化学工业出版社.

潘祖仁. 2003. 高分子化学. 3版. 北京：化学工业出版社.

孙酣经. 2004. 化工新材料. 北京：化学工业出版社.

王有槐，王新华，朱培. 1994. 铸型尼龙实用技术. 北京：中国石化出版社.

杨杰. 2006. 聚苯硫醚树脂及其应用. 北京：化学工业出版社.

杨雪. 2011. 聚丙烯酰胺化学调剖技术. 北京：化学工业出版社.

张留成，瞿雄伟，丁会利. 2013. 高分子材料基础. 北京：化学工业出版社.

张玉龙. 2011. 塑料注射成型工艺及实例. 北京：化学工业出版社.

周达飞，唐颂超. 2005. 高分子材料成型加工. 2版. 北京：中国轻工业出版社.

第 2 章　聚乙烯的配方设计及应用

2.1　聚乙烯简介

聚乙烯简称 PE，是由乙烯单体经聚合而成的高分子聚合物，分子结构式为 $\left[CH_2-C(R)H \right]_n$，式中 R 一般为 H，也有少许 1～4 个碳原子的烷基。作为塑料使用时，其分子量要达到 10000 以上，其密度为 0.910～0.965 g/cm^3。PE 的分类方法和命名见表 2-1。

表 2-1　PE 的分类方法和命名

分类方法	命名
按聚合压力分类	高压法、低压法、中压法
按工艺过程分类	高压法、淤浆法、溶液法、气相法
按分子量分类	低分子量（＜10000）、普通分子量（＞10000，＜50000）、高分子量（＞500000）、超高分子量（＞1000000）
按分子结构分类	线型、非线型
按密度分类	极低密度、低密度、中密度、高密度

工业界和科技界大多采用密度来为 PE 分类和命名，如低密度聚乙烯、线型低密度聚乙烯、高密度聚乙烯等，这样比较合理、科学、适用。下面就上述三种聚乙烯进行简单叙述。

（1）低密度聚乙烯通常用高压法生产，故又称为高压聚乙烯，将乙烯在 150～300 MPa 的高压条件下，用氧或过氧化物作为引发剂，在 180～200℃下，按自由基聚合反应机理使乙烯聚合而得。所得聚乙烯支化度大，分子具有长短支链，密度较低，一般为 0.910～0.9259 g/cm^3，结晶度为 55%～65%，故称低密度聚乙烯，简称 LDPE。在各种聚乙烯中，低密度聚乙烯是唯一含有长支链的，其加工性、柔韧性、透明性都是其他牌号的聚乙烯无法达到的。更为可贵的是，其质地最为纯净。低密度聚乙烯的熔点为 105～115℃，具有质轻、耐寒、冲击性较好的特点。

（2）线型低密度聚乙烯是近十多年来新开发的一种新型聚乙烯，它是乙烯与 α-烯烃的共聚物，采用低压法在具有配位结构的高活性催化剂作用下，使乙烯与 α-烯烃共聚而成，合成方法与 HDPE 基本相同，因此 LLDPE 分子结构呈直链状。但因单体中加入 α-烯烃，致使分子链上存在许多短小而规整的支链，支链长度由 α-烯烃的碳原子数决定，其分子结构规整性介于 LDPE 和 HDPE 之间，因此其密度和结晶度也介于 LDPE 和 HDPE 之间，且更接近于 LDPE。LLDPE 透明度较小，表面光泽好，分子量分布窄，具有低温韧性、高模量、抗弯曲性和耐应力开裂性，低温下抗冲击性比 LDPE 有较大提高。

（3）高密度聚乙烯主要是采用低压法生产的，故又称为低压聚乙烯。HDPE 的分子中支链少、结晶度高（85%～95%）、密度高（0.941～0.965 g/cm^3）、熔点高（125～135℃），具有较高的使用温度、硬度、力学强度和耐化学药品腐蚀性能。

2.2　聚乙烯的配方设计

乙烯聚合而得聚乙烯。从聚合机理看，乙烯聚合可分为自由基聚合和离子型聚合。乙烯自由基聚合包括链引发、链增长、链转移和链终止等过程。在高温下，增长链的自由基活性大，易发生链转移，产物的分子量减小，聚合物的支链增多且密度降低（高压法）。

采用四氯化钛-烷基铝作为催化剂，乙烯进行配位聚合。乙烯先在空位上配位，生成配合物，再经过移位插入，留下的空位又可给第二个乙烯配位，如此重复进行链增长。链增长可以通过自发的分子内氧转移反应而终止，也可以发生向烷基铝、单体、外加氢的链转移而生成聚乙烯。

在共聚合方面，如采用离子型聚合，共聚单体以 α-烯烃（C_4～C_8）、二烯烃为主，可制得线型低密度聚乙烯、超低密度聚乙烯（ULDPE）、超高分子量聚乙烯（UHMWPE）、乙烯类弹性体等，但用极性单体，催化剂容易失活。若采用自由基聚合，共聚单体可用卤化烯烃、乙烯基酯、乙烯基醚、（甲基）丙烯酸酯、（甲基）丙烯酸、马来酸酐、乙烯基硅烷、一氧化碳等，可制得含极性单体的共聚物，这将赋予聚乙烯特定的性能。表 2-2 列出了一些用自由基聚合制得的功能性共聚物。从表中可见，这些共聚物大大改进了聚乙烯的黏结性、热封性或相容性，从而扩大了聚乙烯的用途。

表 2-2　含极性单体的乙烯共聚物及其功能性

共聚单体	产品	功能性
不饱和酯	EVA（乙烯-乙酸乙烯共聚物） EMA，EEA（乙烯-丙烯酸乙酯共聚物） EMMA（乙烯-甲基丙烯酸甲酯共聚物）	极性、热封性 热封性 热封性
不饱和酸	EAA（乙烯-丙烯酸共聚物） EMAA（乙烯-甲基丙烯酸共聚物） EMMAH（乙烯-马来酸酐共聚物）	热封性 热封性 热封性
环氧基	E-GMA-VA（乙烯-缩水甘油甲基丙烯酸酯共聚物）	黏结性、相容性
甲基丙烯酸和金属离子	离子型聚合物	黏结性、相容性
乙烯基硅烷	乙烯-乙烯基硅烷共聚物	交联性
其他	ECO（乙烯-一氧化碳共聚物） ECOVA（乙烯-一氧化碳-乙酸乙烯共聚物） EDAM（乙烯-甲基丙烯酸羟烷酯共聚物）	降解性 极性、相容性 反应性、染色性

2.3　聚乙烯的制备工艺

2.3.1　乙烯单体的制备

乙烯最初是由乙醇脱水获得：

$$CH_3CH_2OH \xrightarrow{Al_2O_3} CH_2{=\!=}CH_2 + H_2O$$

目前生产乙烯主要采用的是高温裂解法，从石油或天然气（主要是石油）热裂解产物中获取乙烯：

$$\text{石油初级馏分} \xrightarrow{\text{高温裂解}} C_2H_4\text{成分} \xrightarrow{\text{分离纯化}} \text{乙烯}$$

常温下乙烯是无色易燃气体，沸点为–103.9℃，可与空气形成爆炸性混合物，因具有双键，性质活泼，可在引发剂引发下发生聚合。由于CO、CO_2、CH≡CH和水分等杂质对聚合反应及产品的性质（主要是电性能、热老化性能）影响较大，生产中必须严格控制乙烯的纯度，通常要求乙烯含量大于99.8%，湿气等含量不应超过0.0001%。

2.3.2　乙烯的聚合

乙烯可在不同的引发剂和催化剂作用下进行本体聚合和溶液聚合。常用的引发剂和催化剂有过氧化物、金属烷基化物、金属氧化物等。使用的催化剂类型不同、聚合条件不同，所制得的聚乙烯性能也不同。

1. 低密度聚乙烯

低密度聚乙烯是在高温高压条件下由乙烯单体按照自由基机理进行聚合的，所以低密度聚乙烯又称高压聚乙烯。高压聚合的压力为150～350 MPa，聚合温度为160～300℃。

$$n\,CH_2{=\!=}CH_2 \xrightarrow[100\sim350\ \text{MPa}]{160\sim300℃} \left[CH_2 - C(R)H \right]_n$$

聚合中采用的引发剂包括有机过氧化物和氧气。有机过氧化物主要有过氧化叔丁基苯甲酰、过氧化二苯甲酰、过氧化叔丁（2-乙基）己酰等。在聚合反应过程中，一个单体分子从引发、增长到终止，转变成大分子的时间极短。因反应对单体浓度有很大的依赖性，而且自由基寿命很短，所以反应必须采用高压以减小分子间的距离，从而增大单体浓度，增加单体分子间增长着的分子链与单体分子间的碰撞概率，加速反应的进行并提高转化率，增大聚合物的分子量。

LDPE聚合反应的实施方法是高压气相本体聚合。合成LDPE是在高温高压条件下进行的，有釜式法和管式法两种生产工艺。这两种生产工艺流程基本相同，主要由五部分组成，分别为乙烯气体压缩系统、引发剂加入系统、聚合反应器、分离系统和挤出造粒系统。釜式法生产工艺是将纯净的乙烯气体经一段、二段压缩后送入反应器，通常采用过氧化物作为引发剂，在反应温度为160～270℃、压力为130～250 MPa的条件下，进行聚合，而后聚合物与未反应的乙烯气体混合物经高压和低压分离器二段分离出未反应的乙烯气体，返回压缩机中。熔融状态PE经挤出、冷却、切粒，最后包装出厂。乙烯的转化率为15%～21%。管式法生产工艺也是将纯净的乙烯气体经一段、二段压缩后送入反应器，但管式反应器为细长管子排列组成；通常采用氧气、过氧化物或空气加过氧化物作为聚合反应引发剂，在进料速度不小于10 m/s、反应温度为250～350℃、压力为290～350 MPa的条件下，进行乙烯聚合。乙烯的转化率为15%～30%。其他工艺与釜式法相似。

高压法生产LDPE是PE树脂生产中技术最成熟的。釜式法生产的LDPE分子量分布较窄，支链较多，适合专用牌号生产；而管式法生产的LDPE分子量分布较宽，支链较少，适合大规模生产。目前高压法生产LDPE向大型化、管式化方向发展。

高压聚合所得到的聚乙烯数均分子量为$(2～3)\times10^4$，聚合物的结晶度为55%～65%，由于采用自由基聚合机理，LDPE存在较长的支链，而且数量很多，致使密度较低，所以用高压法生产的聚乙烯称为低密度聚乙烯，密度一般为0.910～0.9259 g/cm^3，少数情况下聚合物密度可达0.940 g/cm^3。

2. 高密度聚乙烯

高密度聚乙烯是乙烯单体在低温低压条件下按照配位聚合机理进行聚合的，所以高密度聚乙烯又称低压聚乙烯。低压聚合的聚乙烯是采用Ziegler-Natta催化剂在常压和一定的温度条件下合成的聚合物，聚合单体为乙烯。采用由ⅠA～ⅢA族金属的烷基化合物和ⅣB～ⅦB、Ⅷ族过渡金属的卤化物组成的复合配位型催化剂，该催化剂的典型代表是三乙基铝加四氯化钛$[Al(C_2H_5)_3 + TiCl_4]$，称为齐氏催化剂。这种复合催化剂中的$TiCl_4$先被烷基铝还原为$TiCl_3$，之后形成以三价Ti为配位中心、配位数为6的配合物。乙烯分子先在配合物的空位上配位并活化，被活化的乙烯分子再插入$Ti\rightarrow C_2H_5$键之间而聚合，如此反复进行便形成无支链（或少量短支链）且密度较高的聚乙烯。

HDPE聚合反应的实施方法主要有浆液法、溶液法和气相法三种。浆液法也称淤浆法、溶剂法，是生产HDPE的主要方法，聚合反应器有釜式和环管式两种。该法工业化时间早，工艺技术成熟，所得产品质量好。基本工艺是将乙烯气体和催化剂溶解在脂肪烃类，如己烷、戊烷等稀释剂中，在催化剂作用下，乙烯聚合生成HDPE。由于聚合物不溶解而悬浮在稀释剂中，经闪蒸将固体颗粒与稀释剂分离。浆液法的反应温度为60～85℃，压力为0.1～0.5 MPa，乙烯单程转化率为95%～98%。溶液法与浆液法均属液相法，但溶液法是在较高温度和压力下进行的。乙烯单体和聚合物都溶解在溶剂中呈均相体系，闪蒸后得到HDPE，反应温度为140～180℃，压力为10 MPa，乙烯单程转化率为95%。由于浆液法和溶液法使用溶剂，流程长，成本高，生产能力低，而气相法不使用溶剂，反应温度为80～100℃，压力为0.5～2.5 MPa，工艺简单，流程短，省去了闪蒸分离、回收溶剂等工艺，降低了生产成本，因而具有较强的竞争力，是世界上生产HDPE的主要工艺技术，可生产全密度（0.88～0.96 g/cm^3）PE。

低压聚合所得聚乙烯数均分子量为$(0.7～3.5)\times10^5$，聚合物的结晶度一般可达85%～

90%。由于采用配位聚合机理，HDPE 的大分子无支链（或有少量短支链），密度比 LDPE 略高，所以用低压法生产的聚乙烯称为高密度聚乙烯，密度为 0.941～0.965 g/cm^3。

2.4 聚乙烯的应用案例

聚乙烯具有诸多优良的性能，如良好的加工特性、低生产成本及良好的力学性能等，这也使得其广泛用于包装、薄膜、电线电缆及复合材料等领域。聚乙烯材料同大多数高分子塑料一样具有优良的电绝缘性，其体积电阻可达 $10^{14}\Omega$ 甚至更高。但是，良好的电绝缘性使得聚乙烯复合材料在某些环境中使用时容易因摩擦或者碰撞而产生并累积静电荷，大量的静电荷累积会对包装产品造成破坏，如电子元件报废、精密仪器失真等，甚至会引起电击、起火等问题。因此，为了减少因静电而造成的事故及静电放电、静电效应对人体产生的危害等问题，具有防静电性的高性能聚乙烯复合材料的开发是十分必要的。

聚乙烯复合材料薄膜的开发，是以聚乙烯为基体材料，开发出一种改性聚乙烯薄膜复合桉木的无醛胶合板，拓展了聚乙烯材料的应用范围，然后探究了功能化石墨烯、改性氧化石墨烯（FGO）对于聚乙烯材料力学性能及抗静电性能等方面的影响。

2.4.1 改性聚乙烯薄膜复合桉木胶合板

1. 改性聚乙烯薄膜复合桉木胶合板的制备及性能表征

称取 3 g 过氧化二苯甲酰（BPO）充分溶解于 10 mL 的氯仿中，然后进行过滤以除去不溶物，过滤后的滤液置于烧杯中备用。取经冰盐冷却后的甲醇缓慢加入滤液中，可以看到白色的固体慢慢析出，将白色固体真空干燥，并用棕色瓶盛装保存。

将马来酸酐（MAH）、聚乙烯、BPO、二甲苯和水置于三口烧瓶内，超声溶胀一段时间，然后放在已设定温度的恒温油浴锅中反应至规定时间，即得低密度聚乙烯接枝马来酸酐（LDPE-g-MAH）。反应过程：首先向三口烧瓶中加入 250 mL 蒸馏水和 28 mL 二甲苯，然后加入 150 g LDPE、30 g 马来酸酐和 1.5 g BPO，在超声波作用下溶胀 1.5 h 后，将其移到 90℃油浴中反应 6 h，得到接枝产物。将接枝产物置于索氏提取器中，用丙酮抽提 24 h，以除去未接枝的单体，所得纯化物在 60℃下干燥，即得到 LDPE-g-MAH。

将一定量的 LDPE-g-MAH 和 PE 树脂粒料置于 80℃的鼓风干燥箱中干燥 6 h，冷却至室温并置于高混机中充分混合，装于密封袋中备用。将混合好的物料加入挤出吹膜机中，螺杆温度为 190℃、185℃、175℃、170℃、160℃，控制吹涨比及牵伸比使薄膜厚度控制在 0.05 mm 左右，并通过风环冷却、自动收卷装置制得改性 PE 薄膜。

桉木单板预处理：原木板经去皮、切割后，将其加工成为 500 mm×500 mm×2 mm（长×宽×高）的单板，将若干张桉木单板放入烘箱中，调节干燥温度为（80±2）℃，待烘箱温度显示值再次到达设定值后开始计时，时间为 18 h，进行预干处理。

胶合板的制备：取三块处理好的桉木单板叠放在一起（纹理交叉），将裁切好的改性聚乙烯薄膜均匀地铺在每两层单板中间，放入微机热压试验机中热压，再对热压后的胶合板进行冷压处理，最后制得三层胶合板。具体实验过程：热压温度为 150℃，压力为 0.8 MPa，时间为 500 s；之后进行冷压，压力为 0.9 MPa，时间为 700 s。取出即得到改性 PE 薄膜复合桉木人造板。

1）改性聚乙烯薄膜复合桉木胶合板的红外光谱

分别取一定量 LDPE 和 LDPE-g-MAH 粉末与 KBr 晶体混合，利用玛瑙研钵研磨成极细粉末，置于红外快速干燥箱干燥后放入红外专用模具，在压片机 10 MPa 左右压力下压成薄片进行红外测试；扫描范围：4000～400 cm^{-1}。图 2-1 是 LDPE 与 LDPE-g-MAH 的傅里叶变换红外光谱图（FTIR）。由图中可以看出，与纯 LDPE 的 FTIR 谱线相比较，LDPE-g-MAH 的 FTIR 谱线于 1750 cm^{-1} 位置出现了新的吸收峰，其为酸酐的特征吸收峰。这表明马来酸酐已经成功接枝到 PE 的大分子链上。

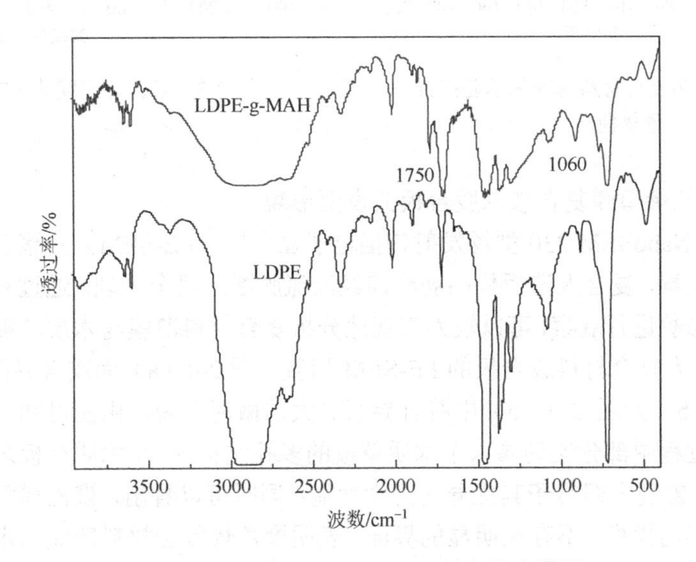

图 2-1　LDPE 与 LDPE-g-MAH 的红外光谱图

2）聚乙烯复合材料薄膜的热学性能

采用美国 TASDT-Q600 型同步热分析仪对聚乙烯复合材料薄膜进行热重分析，在 N_2 氛围保护下以 10℃/min 的升温速率从 50℃升到 800℃。

将聚乙烯复合材料薄膜作为胶黏剂，其熔融特性对复合材料胶合板的制备具有十分重要的影响，因此考察复合材料薄膜的热学性能十分必要。图 2-2 是聚乙烯复合材料薄膜的示差扫描量热（DSC）曲线，由图中曲线可以发现，聚乙烯复合材料薄膜的熔融温度在 120℃左右，这也说明在制备复合材料胶合板的过程中，其热压温度至少需要超过 120℃，这样聚乙烯复合薄膜才有可能较充分地熔化并在木质单板间流动且渗透进入单板的内部多孔结构中，从而与木板形成较为紧密的机械结合。

图 2-3 为聚乙烯复合材料薄膜在 100～650℃范围的热重曲线（TGA）。由图可知，聚乙烯复合薄膜具有比较优良的热稳定性，当温度达到 350℃时才缓慢开始发生热分解，由

此可知，聚乙烯复合薄膜的加工温度范围比较宽，同时木质单板在高温胶合过程中可以保持较高的机械强度。

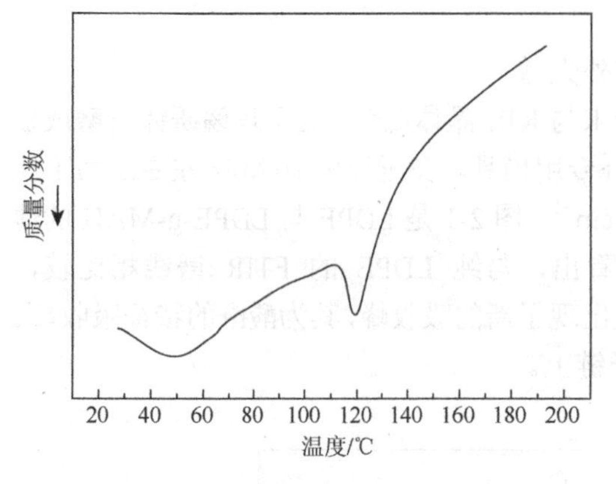

图 2-2　聚乙烯复合材料薄膜的示差扫描量热曲线

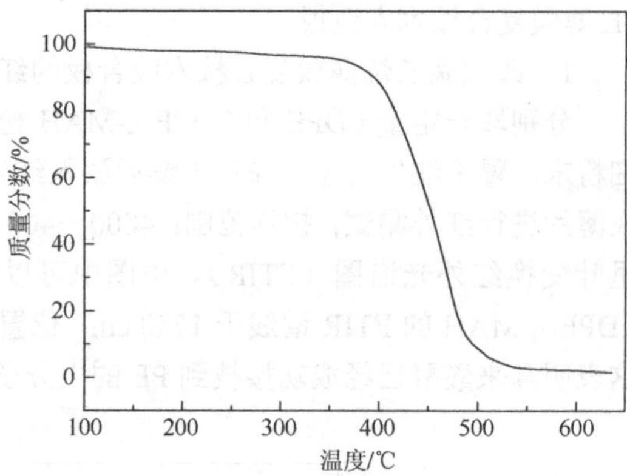

图 2-3　聚乙烯薄膜的 TGA 曲线

3）改性聚乙烯薄膜复合桉木胶合板的表面形貌

采用 Nova NanoSEM 230 型场发射扫描电子显微镜（FE-SEM）对聚乙烯复合人造板断面进行形貌观察，复合人造板样品观察需经液氮脆断后喷金处理。通过对聚乙烯复合材料胶合板微观形貌进行观察，可以较为直观地分析复合材料薄膜与木质单板间的渗透和黏合情况。图 2-4 为复合材料胶合板的 FE-SEM 形貌，图 2-4（a）为胶合界面处的 FE-SEM 形貌，图 2-4（b）为图 2-4（a）中胶合界面放大的微观形貌，由图可知，聚乙烯复合材料薄膜在热压过程中部分流动渗入了木质单板的多孔结构中，与木质单板之间形成了紧密的物理黏合，从宏观上即给予其优异的力学性能；同时可以看出，聚乙烯复合材料薄膜与木质单板之间界面模糊，不存在明显的界面，表明聚乙烯复合材料薄膜与木质单板之间相容性良好，这是由于 LDPE-g-MAH 中的酐基能与木材上的羟基发生酯化反应，基体树脂与木材件形成化学键合作用，在木材与基体树脂间起到架桥的作用，从而增强木材与热塑性树脂的相容性。图 2-4（c）为胶合板上另一处黏合界面的微观形貌，由图中可以看到经拔离剩下的部分凸起的薄膜胶，也印证了聚乙烯复合材料薄膜在热压过程中较好地流动渗入了木质单板的多孔结构中，同时与基体木板黏合紧密。

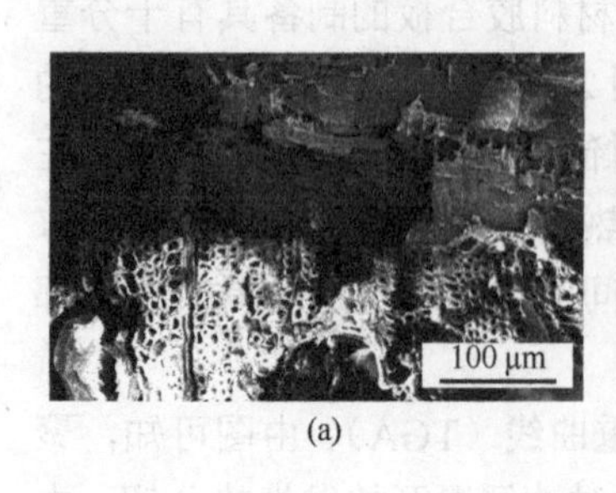

(a)

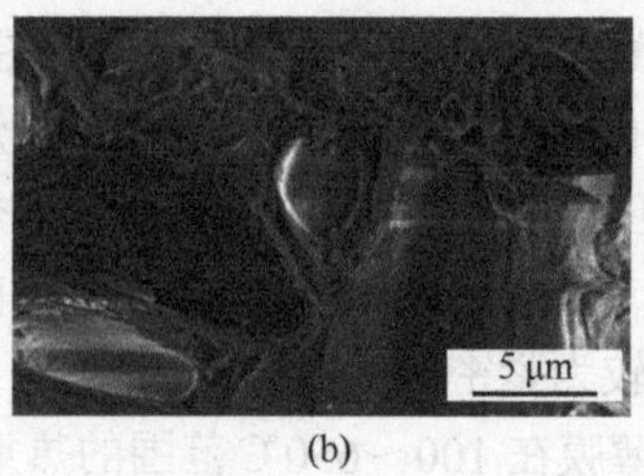

(b)

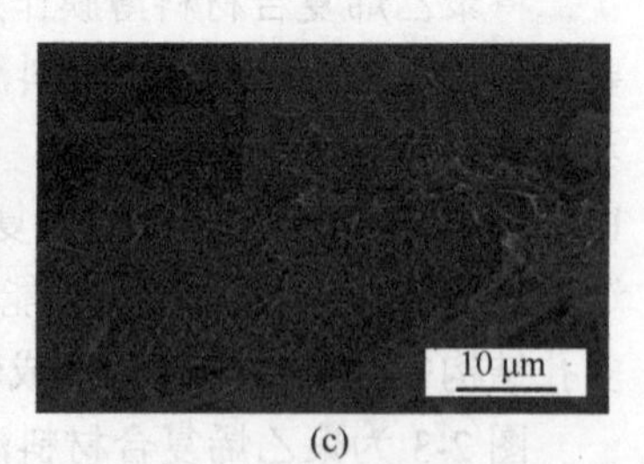

(c)

图 2-4　复合材料胶合板的 FE-SEM 形貌

4）胶合板的胶合强度

测试标准：按照国家标准 GB/T 17657—2013《人造板及饰面人造板理化性能试验方法》中Ⅰ类板标准作为检验依据。

测试方法：依照测试标准中三层板的测试要求。具体为：首先制备长度 l =（100±1）mm、宽度 b =（25±1）mm 的试件 12 个，然后对试件进行开槽处理，最后依照煮—干—煮的方法进行预处理。预处理具体过程为：将试件置于沸水中浸渍 4 h，而后在（60±3）℃的鼓风干燥箱中干燥 20 h，再置于沸水中浸渍 4 h，接着在温度低于 30℃的冷水中放置至少 1 h，最后用万能力学试验机对其进行力学测试。

胶合强度是评价胶合板整体性能的重要指标之一，同样也是衡量复合材料薄膜作为胶黏剂时其胶接能力的重要性能。对复合材料胶合板的胶合强度测试按照国家标准 GB/T 17657—2013《人造板及饰面人造板理化性能试验方法》中Ⅰ类板标准用万能力学试验机进行力学测试。

首先单独选用 LDPE 和 HDPE 作为基体树脂，分别添加不同份数（0 份、5 份、10 份、20 份、50 份）的 LDPE-g-MAH（基体树脂为 100 份），制作复合材料薄膜，压制成三层胶合板，并选出了部分有代表性数据，如表 2-3 所示。

表 2-3 不同样品的胶合强度

样品	胶合强度/MPa
LDPE	0.16±0.06
10 LDPE-g-MAH/LDPE	0.38±0.07
HDPE	0.15±0.09
20 LDPE-g-MAH/HDPE	0.36±0.07

由表 2-3 不难发现，加入 LDPE-g-MAH 后，复合材料胶合板的胶合强度较纯 PE 胶膜的胶合强度均有提高，但并不理想，这是由于 HDPE 的熔融温度较高，热压温度不足以充分熔化 HDPE 胶膜，无法流动渗透进入单板的多孔性结构中，以致物理黏合和化学键合力不足。LDPE 虽比 HDPE 熔点低，但其机械强度不高，导致整体的胶合强度不足。

因此，采用 HDPE 和 LDPE 树脂混合作为基体树脂（各 50 份，总计 100 份），制备的复合材料胶合板取得了较好的效果，测试数值见表 2-4。由图 2-5 可知，随着 LDPE-g-MAH 添加份数增加，复合材料胶合板的胶合强度呈现先增大后减小的趋势，在 LDPE-g-MAH 添加量为 20 份时达到最大值，其最大胶合强度为 1.14 MPa，达到了Ⅰ类胶合板的胶合强度标准。当 LDPE-g-MAH 添加量小于 20 份时，随 LDPE-g-MAH 添加份数的增加，复合材料胶合板的胶合强度逐渐提升，复合材料薄膜熔化，并在木质单板的表面流动，同时浸透进入单板的多孔性结构，在与单板形成紧密的物理机械啮合结构的同时，也扩大了界面的接触面积，LDPE-g-MAH 中的酐基能与木材上的羟基发生酯化反应，产生架桥作用，使基体树脂与木材件形成化学键合作用，从而增强木材与热塑性树脂的相容性，宏观上即复合材料胶合板的力学性能得到显著提升。而当 LDPE-g-MAH 添加量大于 20 份后，随 LDPE-g-MAH 添加份数的增加，复合材料胶合板的胶合强度逐渐降低，这可能是由于 LDPE-g-MAH 自身机械性能较差，随着相容剂的添加量逐渐增加，黏结处的整体机械性能下降，从而降低了复合材料胶合板的整体胶合强度。

表 2-4　不同样品用量时的胶合强度

样品	胶合强度/MPa
5 份 LDPE-g-MAH/PE（1）	0.65±0.11
10 份 LDPE-g-MAH/PE（2）	0.83±0.17
20 份 LDPE-g-MAH/PE（3）	1.14±0.15
30 份 LDPE-g-MAH/PE（4）	0.92±0.09
40 份 LDPE-g-MAH/PE（5）	0.87±0.14
50 份 LDPE-g-MAH/PE（6）	0.74±0.12

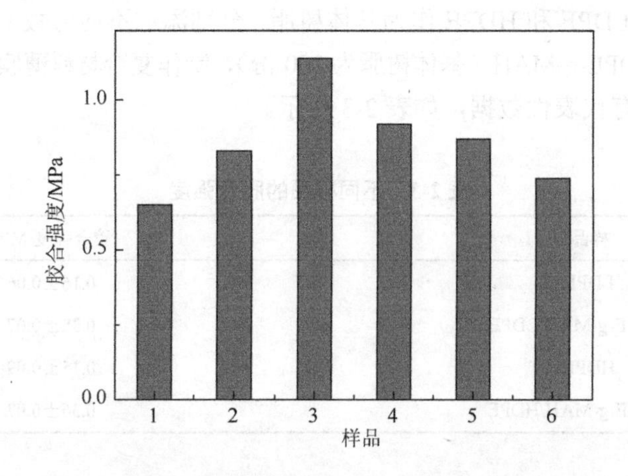

图 2-5　样品胶合强度随 LDPE-g-MAH 添加量的变化图

5）不同热压温度下复合材料胶合板的胶合强度

由上述分析可知，聚乙烯复合材料薄膜熔化状态与复合材料胶合板的力学性能有很大的关联，因此热压温度直接关系到复合材料胶合板整体力学强度，本节考察了不同的热压温度（140℃、145℃、150℃、155℃、160℃、165℃）对复合材料胶合板的胶合强度的影响。

图 2-6 是不同热压温度下复合材料胶合板的胶合强度变化图，测试数值见表 2-5。从图中不难看出，复合材料胶合板的胶合强度在一定范围内随着热压温度的升高而迅速上升，当热压温度从 140℃到 155℃时，复合材料胶合板的胶合强度从 0.47 MPa 上升到了 1.20 MPa，这是由于热压温度直接影响了聚乙烯复合薄膜的大分子黏度，140℃时聚乙烯复合材料薄膜的黏度相对较高，不利于其在单板表面流展，因此聚乙烯复合材料薄膜与单板间的结合面积小。当热压温度达到 155℃时，聚乙烯复合材料薄膜的黏度降低，流动性变好，一方面使得物理机械结合作用力增强，另一方面有利于相容剂上的酐基与木材上的羟基发生反应，产生架桥作用，增强了聚乙烯复合材料薄膜与单板之间的化学键合作用。

但当热压温度继续升高时，复合材料胶合板的胶合强度有所下降，这是因为高温下复合薄膜的黏度会进一步降低，更多的聚合物大分子进入单板内部，保留在胶层上的聚合物大分子及其相容剂数量减少，胶合界面处化学作用力减弱。

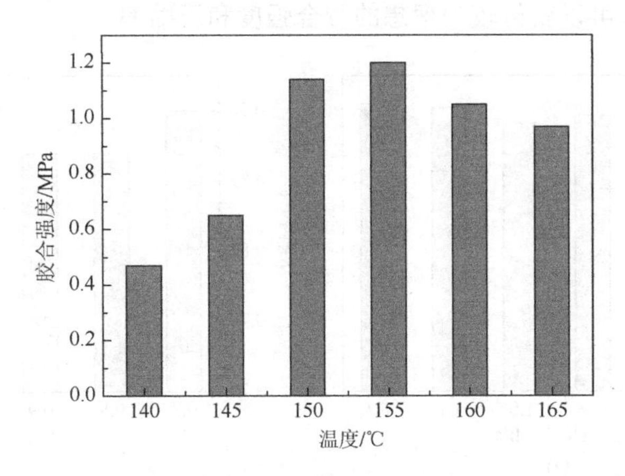

图 2-6　热压温度对胶合强度的影响

表 2-5　热压温度对胶合强度的影响实验数据

热压温度/℃	胶合强度/MPa	热压温度/℃	胶合强度/MPa
140	0.47±0.12	155	1.20±0.12
145	0.65±0.13	160	1.05±0.11
150	1.14±0.15	165	0.97±0.90

热压压力作为热压-冷压制备工艺中的重要工艺参数，对复合材料胶合板的整体力学性能有重要的影响，为了考察热压压力在模压过程中对复合材料胶合板性能的贡献，本节考察了不同的热压压力对复合材料胶合板的胶合强度的影响，同时也考察了热压压力对其压缩率的影响。由于本组试验设计中部分树脂加入量水平较高，其胶层厚度不能忽略不计。因此，本节在压缩率测试中不同于常规压缩率的计算方法，将树脂层厚度计入在内，即

$$P = h_1/(h_w + h_p) \tag{2-1}$$

式中，P 为板材压缩率；h_1 为试件厚度，mm；h_w 为压制前单板总厚度，mm；h_p 为压制前薄膜总厚度，mm。

图 2-7 是热压压力对复合材料胶合板胶合强度和压缩率影响的柱状图，测试数值见表 2-6。图 2-7（a）表示复合材料胶合板的胶合强度随热压压力增大的变化图，可以看出热压压力对复合材料胶合板的胶合强度的影响显著。随着热压压力增大，胶合强度先是迅速提升，当热压压力为 0.9 MPa 时，胶合强度达到较大值 1.20 MPa，之后缓慢提升热压压力至 1.2 MPa 时，复合材料胶合板的胶合强度达到最大值 1.23 MPa，但较热压压力为 0.9 MPa 时的提升不显著。图 2-7（b）表示复合材料胶合板的压缩率随热压压力增大的变化图，由图可知，热压压力对压缩率的影响十分显著，压缩率最高水平为热压压力为 0.7 MPa 时的 0.90%，最低水平为热压压力为 1.2 MPa 时的 0.82%。随着热压压力

的升高，压缩率呈现逐步减小的趋势。单板在热压过程中发生了塑性变形，变形随着热压压力的提高而增大，同时聚乙烯复合材料薄膜随着热压压力的增大更多地进入单板中，从而导致压缩率下降。考虑过高的热压压力不利于板材保持较高的压缩率，将热压压力定为 0.9 MPa，可以获得较为理想的胶合强度和压缩率。

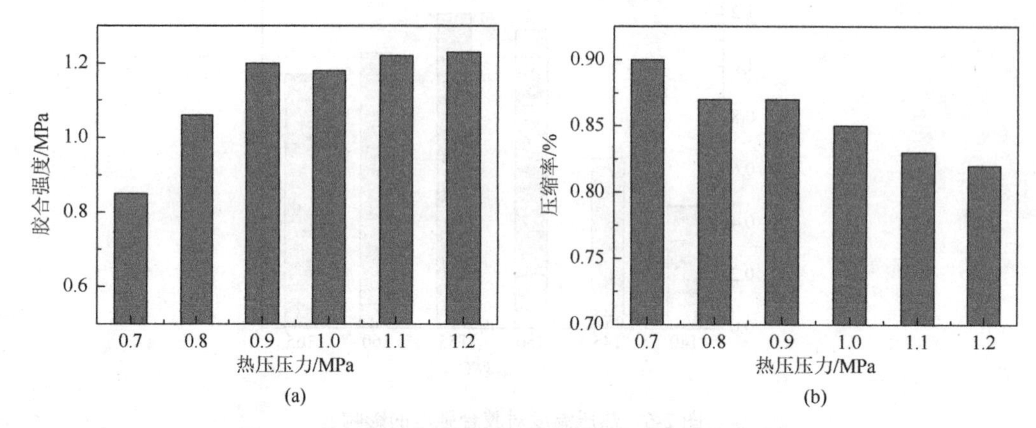

图 2-7　热压压力对胶合强度（a）和压缩率（b）的影响

表 2-6　热压压力对胶合强度和压缩率的影响实验数据

热压压力/MPa	胶合强度/MPa	压缩率/%
0.7	0.85±0.15	0.90±0.02
0.8	1.06±0.15	0.87±0.04
0.9	1.20±0.12	0.87±0.01
1.0	1.18±0.10	0.85±0.03
1.1	1.22±0.11	0.83±0.03
1.2	1.23±0.08	0.82±0.04

2. 案例小结

（1）以悬浮法合成出 LDPE-g-MAH，并对其进行了红外表征，结果表明马来酸酐已经成功接枝到聚乙烯的大分子链上。

（2）将 LDPE-g-MAH 与聚乙烯粒料混合后，通过挤出吹膜机制得了改性聚乙烯薄膜，然后采用微机热压试验机制备了改性聚乙烯薄膜复合桉木胶合板，使改性聚乙烯薄膜以物理黏合与化学键合的方式与木质材料结合。以 TGA 表征改性聚乙烯薄膜的热学性能，观察场发射扫描电镜对复合材料胶合板的微观形貌，结果表明 LDPE-g-MAH 中的酐基与木材上的羟基发生酯化反应，产生架桥作用，使基体树脂与木材形成化学键合作用，进而增强木材与热塑性树脂的相容性。

（3）对 LDPE-g-MAH 的加入量、热压温度及热压压力对复合材料胶合板的胶合强度影响进行了分析，研究可知，当 PE-g-MAH 加入量为 20 份时，复合材料胶合板的胶合强度可达到 1.14 MPa。热压温度及热压压力对胶合强度均有较明显的影响，通过对复合材料胶合板加工参数的优化，得到了最优的热压温度为155℃，最优的热压压力为0.9 MPa，此时复合材料胶合板的胶合强度可以达到1.20 MPa。

2.4.2 改性氧化石墨烯/聚乙烯复合材料薄膜

1. 改性氧化石墨烯/聚乙烯复合材料薄膜的制备及性能表征

通过改进的Hummers法制得氧化石墨烯（GO），具体操作：将磷酸与硫酸以1∶9的体积比加入冰浴中，磁力搅拌一段时间后加入3 g鳞片石墨，随后将21 g的$KMnO_4$分步缓慢地添加到上述混酸溶液中，控制反应温度低于4℃，并保持反应2 h；将反应体系转移至50℃油浴中，搅拌一段时间使其形成红棕色的黏糊状物质，用蒸馏水稀释到1 L后，滴加适量H_2O_2至溶液变为亮黄色，然后酸洗与水洗，最后通过离心、冷冻干燥等步骤制得GO。

取400 mg上述制得的GO，分散在200 mL去离子水及160 mL无水乙醇的混合溶液内，超声一段时间后得到均匀的悬浮液；取1.0 g KH-550溶于40 mL无水乙醇，超声0.5 h后缓慢地加入上述混合液内，并超声3 min，在60℃下反应24 h，将所得黑色糊状产物用无水乙醇和去离子水洗涤多次，进而去除剩余的KH-550，最后放置在冷冻干燥机中干燥得到改性氧化石墨烯（FGO）。

称取30 mg FGO分散在200 mL二甲苯中，在100 W的超声波清洗器中分散1 h，然后将分散良好的FGO溶液缓慢地转移到圆底烧瓶中，升温到80℃，并在一定转速下搅拌均匀。待上述混合液稳定后，加入20 g LDPE并搅拌至糊状，将混合液缓慢地倒入适量的无水乙醇中搅拌絮凝，过滤并干燥，得到FGO/LDPE母料，最后利用平板硫化机在160℃下压片切割，制备出FGO/PE复合材料薄膜。

1）GO与FGO在溶液中的分散性

图2-8是GO与FGO的分散性对比图，从左向右分别是GO/去离子水、GO/二甲苯、FGO/二甲苯，三者均经超声分散并放置7天。可以看出，GO在水中的分散性良好，仅有少量沉淀，而在二甲苯溶液中几乎不能分散。这是由于GO表面含有大量亲水性的含氧基团，如羟基、羧基和环氧基等，其在水中有较好的分散效果，而有机溶剂则无法渗透到GO的夹层空间去破坏氢键，这样就阻止了GO在有机溶剂中的分散。FGO在二甲苯溶液中形成稳定的悬浮液，基本无沉淀生成，这是因为当KH-550化学修饰GO后，层间的氢键作用变弱，亲水性就会变弱，FGO就很容易在有机溶剂中剥离分散，并能稳定存在较长时间。

2）GO与FGO的热稳定性

对GO进行改性会对其热稳定性产生比较显著的影响。图2-9为GO和FGO的TGA曲线。由图2-9可知，GO的曲线在170℃左右开始急剧下降，出现了较为显著的质量损失，在200℃左右时其失重率为50%左右，而在700℃左右时其失重率达到了近65%，这是由于GO含氧官能团在热的作用下迅速分解成水和二氧化碳，从GO表面脱离，造成GO的质量损失；而经KH-550改性的GO在200℃左右时，其失重率仅为20%左右，而在700℃左右时，其失重率也仅为40%左右，分别比GO下降了约30%和25%。

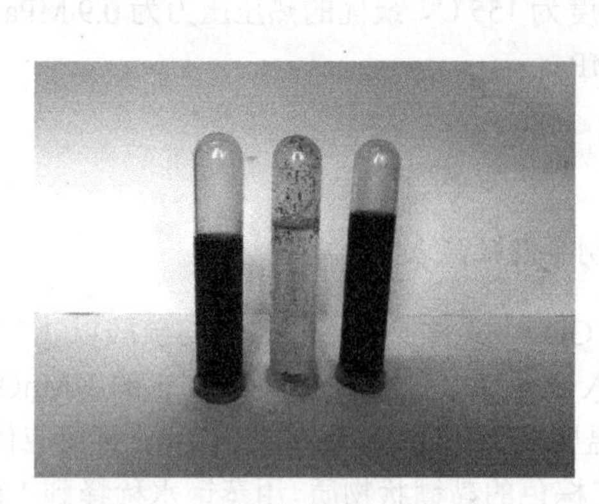

图 2-8　GO 与 FGO 的分散性对比图

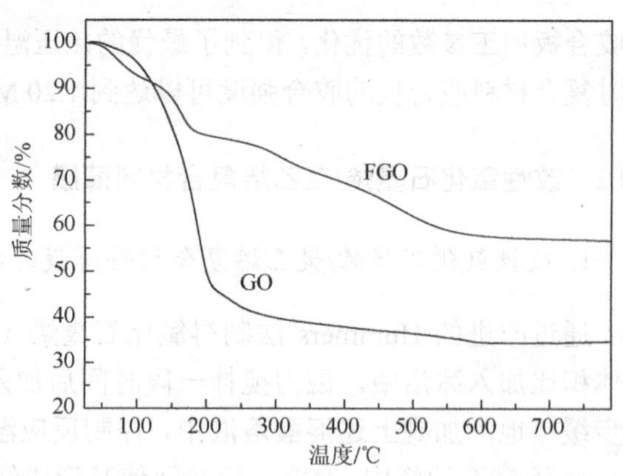

图 2-9　GO 与 FGO 的 TGA 曲线

3）GO 与 FGO 的红外光谱图

图 2-10 为 GO 与 FGO 的红外光谱图，由 GO 的红外光谱图可知，GO 中含有大量的亲水基团，如羟基、羧基、环氧基和羰基。其中，3000～3500 cm^{-1} 处的吸收峰所对应的是 GO 中的羟基及其所吸收的水分子的羟基峰；而 1726 cm^{-1} 处出现的峰是羰基 C ═ O 的伸缩振动峰；1620 cm^{-1} 处出现的则是 C ═ C 的伸缩振动峰；1221 cm^{-1} 处的吸收峰为 C—OH 的伸缩振动峰；1054 cm^{-1} 处的吸收峰是 C—O 的伸缩振动峰。

从经 KH-550 改性的 FGO 的红外光谱图中可以发现，GO 上 1726 cm^{-1} 处出现的羰基 C═O 的吸收峰已经移动到 1641 cm^{-1}；在 1529 cm^{-1} 处出现的吸收峰对应的为 N—H 弯曲振动峰，这表明有酰胺键的形成，即 KH-550 中的氨基与 GO 上的羧基形成了酰胺键。同时，FGO 在 1042 cm^{-1} 附近所对应的吸收峰是 Si—O—Si 的伸缩振动峰，这是由 KH-550 上的一些烷氧基和其他的烷氧基经过水解缩合而成。

4）GO 与 FGO 的晶型结构

图 2-11 是 GO、FGO 的 X 射线衍射（XRD）分析谱图。由图 2-11 可知，$2\theta = 10°$左右所出现的峰表示 GO 上（001）晶面的衍射峰，这说明了 GO 为有序结晶的状态。而鳞片石墨的特征衍射峰为 $2\theta = 26°$［（002）晶面］，这是因为鳞片石墨经过氧化处理后表面

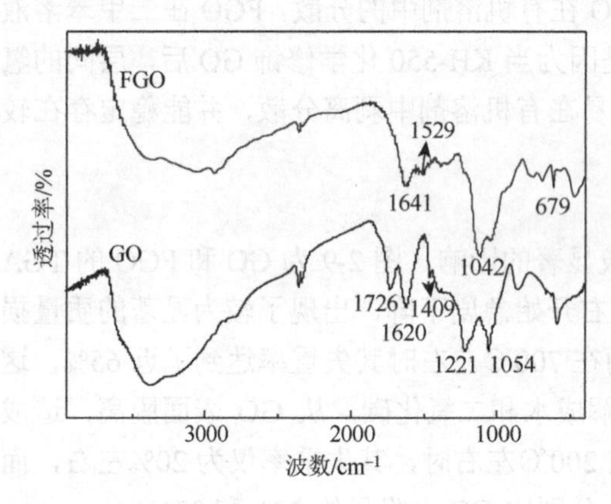

图 2-10　GO 与 FGO 的红外光谱图

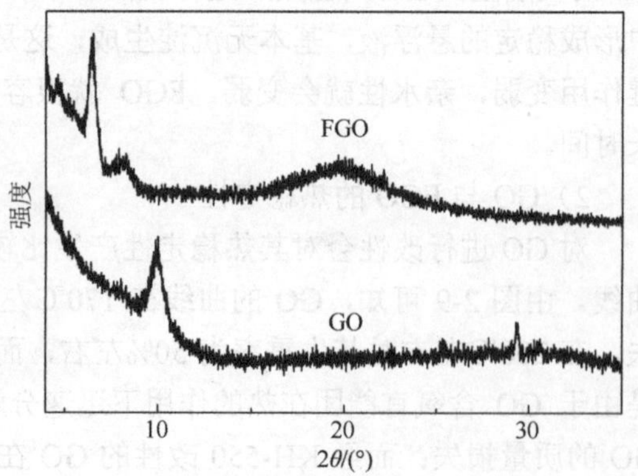

图 2-11　GO 与 FGO 的 XRD 谱图

带有羧基和羟基等亲水性基团及 GO 层间带有大量的含氧基团导致层间距的增大，并且这些基团的存在使 GO 的峰形变宽，平均结晶度减小。

而由 FGO 的 XRD 谱图可知，其 $2\theta = 6.5°$左右出现了一个新的衍射峰，这是 KH-550 插入 GO 层间使层间距增大所致；然而，KH-550 不一定都能插入 GO 层间，部分可能仅是在其表面发生反应，同时，KH-550 上的烷氧基也能与其他烷氧基发生水解缩合，从而使改性的 GO 片层在不同的方向上一定程度地连接起来，进而使其结构变得无序，导致 FGO 的 XRD 谱图中其余的峰形均变得平缓。

5）GO 与 FGO 的 X 射线光电子能谱

图 2-12 是 GO 与 FGO 的 X 射线光电子能谱（XPS）分析谱图。图 2-12（a）和（b）分别是 GO 与 FGO 的 XPS 分析谱图，由图可知，GO 中几乎不含 N 元素，且 FGO 中 C/O 摩尔比明显高于 GO 中的 C/O 摩尔比，其 N 的含量也比 GO 中的高。这是因为引入的 KH-550 与 GO 上的含氧基团反应，增大了改性 GO 中 C/O 的摩尔比。由图 2-12（b）可知，在 FGO 上出现了硅烷中的 Si_{1s} 峰，同样也表明 KH-550 与 GO 发生了反应。

图 2-12（c）和（d）分别为 FGO 的 C_{1s} 和 N_{1s} 的 XPS 谱图，图 2-12（c）中的 286.2 eV 和图 2-12（d）中的 399.3 eV 和 401.9 eV 则表示存在酰胺的 C—N 键，表明 KH-550 成功地与 GO 发生反应，这与红外光谱图中的分析一致。

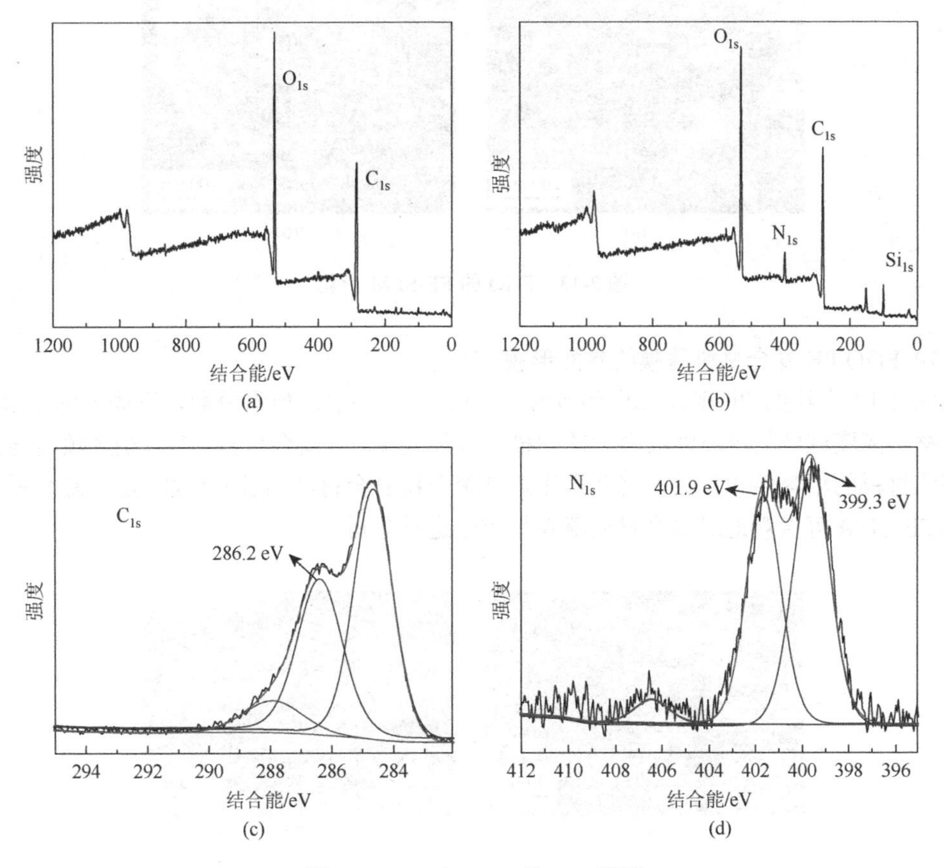

图 2-12 GO 与 FGO 的 XPS 谱图

6）FGO 的微观形貌

对 GO 微观形貌的观察一般是将制备的 GO 干燥，通过研磨等方式制成粉末样品，之后涂覆在导电胶上在扫描电镜下观察；由于 GO 上含有大量的含氧官能团，其导电能力较差。因此，对 GO 的扫描电镜观察还需对制备的样品进行喷金处理。但 GO 良好的强度和韧性导致其难以被细致地研磨分离，这也是许多文献上所报道的 GO 的扫描电镜图片形貌一般都是团聚或者堆积形式的原因，这种处理方式影响了对 GO 微观形貌的观察，使得人们无法很好地了解 GO 的形貌。

因此，在对 FGO 微观形貌进行观察时，为了能清晰地观察到 FGO 的形貌，采用了新的 FGO FE-SEM 试样制作方法：将 FGO 置于二甲苯溶液中超声分散一段时间，得到稳定的 FGO 分散液，然后将少量的 FGO 分散液滴在碳支持膜上，放在鼓风干燥箱内烘干后便可以在扫描电镜上进行观察。

图 2-13（a）、（b）分别是 FGO 不同区域的 FE-SEM 形貌图，从图 2-13（a）中可以观察到，许多片层较厚的 FGO 以褶皱状大片的形式堆积在一起，而从图 2-13（b）中可以观察到较薄的片状 FGO，表明剥离获得的 FGO 层数较少，若能将这种形貌的改性 GO 均匀分散在聚合物基体中，将能大大改善聚合物复合材料的力学性能。

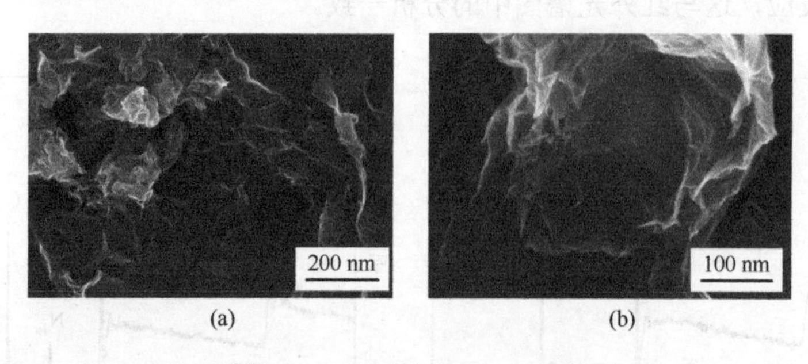

图 2-13　FGO 的 FE-SEM 形貌

7）FGO/PE 复合材料薄膜的界面形貌

图 2-14 为纯的 PE 薄膜试样和包含 1.0 wt%（wt%表示质量分数，下同）的 FGO/PE 复合材料薄膜试样的淬断面喷金后的扫描电镜形貌图。对复合材料而言，纳米填料与聚合物基体材料的相容性和分散性将会直接影响聚合物复合材料的各种性能，通过复合材料薄膜的 FE-SEM 可直观地对复合材料薄膜相容性进行分析。

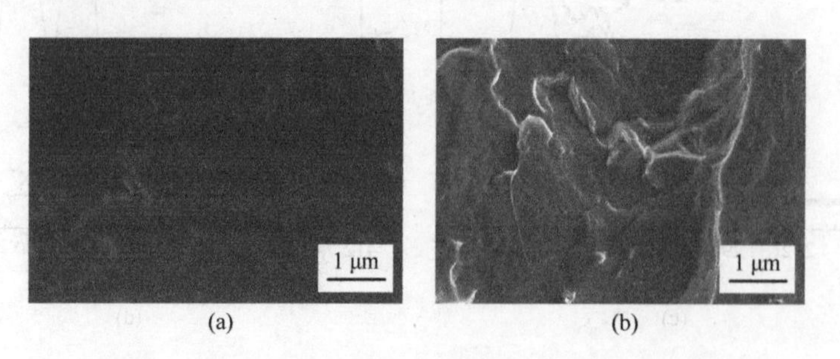

图 2-14　PE 和 FGO/PE 复合材料的 FE-SEM 形貌

由图 2-14（a）可知，纯的 PE 薄膜的淬断面较为平整，而从图 2-14（b）中可以明显看到，FGO/PE 复合材料薄膜断面界面模糊，表明 FGO 可以较好地分散在 PE 基体中，也说明 FGO 与 PE 之间具有很好的界面作用和较好的相容性。断面处呈现出片状起伏的不平整状态，突起的部分应该是 FGO/PE 复合材料薄膜在淬断时拔出的 FGO。这也表明带有长链烷基的 FGO 与 PE 基体有很好的界面作用，相容性较好。

8）FGO/PE 复合材料薄膜的力学性能

图 2-15（a）、(b）分别表示不同含量的 FGO/PE 复合材料薄膜的拉伸强度和断裂伸长率，测试数值见表 2-7。由图 2-15（a）可知，当 FGO 的添加量为 0 wt%～2.0 wt%时，FGO/PE 复合材料薄膜的拉伸强度相较于纯 PE 材料逐渐提高，在达到 2.0 wt%的添加量时，FGO/PE 复合材料薄膜的拉伸强度达到最大值，约为 18.7 MPa。当添加量大于 2.0 wt%时，FGO/PE 复合材料薄膜的拉伸强度开始下降，在添加量为 4.0 wt%时，其拉伸强度为 15.1 MPa，依然比纯 PE 材料的拉伸强度高。由图 2-15（b）可知，FGO/PE 复合材料薄膜的断裂伸长率也呈现先增大后减小的趋势。FGO/PE 复合材料薄膜的断裂伸长率在添加量为 1.0 wt%时达到最大值；当添加量大于 1.0 wt%时，其断裂伸长率逐渐下降。当添加量为 4.0 wt%时，与纯 PE 材料的断裂伸长率相近。

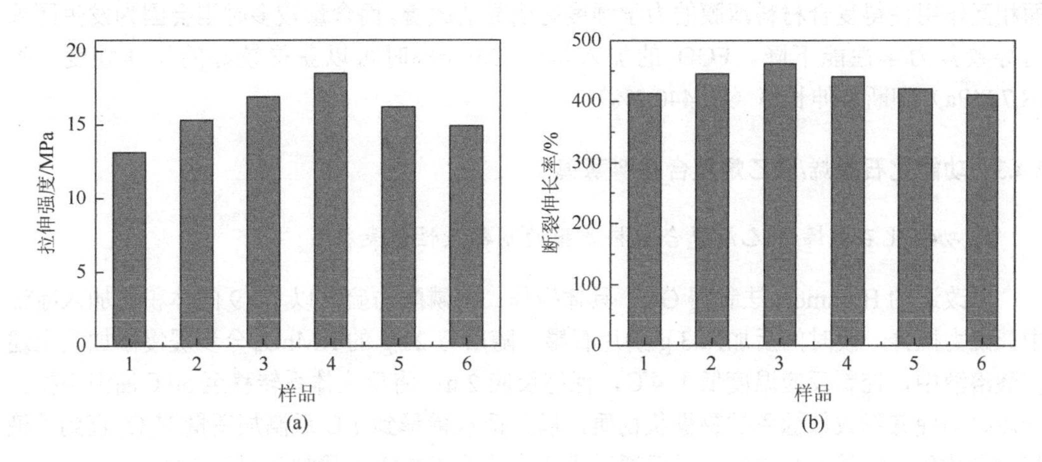

图 2-15　纯 PE（1）、0.5 wt%（2）、1.0 wt%（3）、2.0 wt%（4）、3.0 wt%（5）和 4.0 wt%（6）FGO/PE 复合材料薄膜的拉伸强度（a）和断裂伸长率（b）

表 2-7　FGO/PE 复合材料薄膜的力学性能

样品	拉伸强度/MPa	断裂伸长率/%
0 wt% FGO/PE	13.3±3.1	412.6±20.5
0.5 wt% FGO/PE	15.5±4.6	445.1±26.8
1.0 wt% FGO/PE	17.1±2.9	461.7±15.7
2.0 wt% FGO/PE	18.7±2.5	440.2±30.5
3.0 wt% FGO/PE	16.4±3.3	420.8±21.5
4.0 wt% FGO/PE	15.1±3.8	410.6±25.8

由图 2-14 的形貌分析可知，FGO 以较薄的褶皱片状分布于 PE 基体中，当 FGO 添加量较少时，其基本上以均匀的状态分布在 PE 基体中，FGO 本身的高补强性及其与基体之间良好的界面相互作用使 FGO/PE 复合材料薄膜的拉伸性能得到改善，而当添加量较多时可能会出现部分团聚现象，从而导致力学性能的增强效果降低。当纳米填料在聚合物基体中产生团聚时，便会使聚合物产生应力集中，导致力学性能下降。

2. 案例小结

（1）以改进的 Hummers 法制得了 GO，并利用 KH-550 对 GO 进行了功能化改性处理。所制备的 FGO 复合材料在有机溶剂中分散性良好；使用 TGA、FTIR、XRD 及 XPS 对 GO 和 FGO 进行了表征，从结果可以发现，KH-550 成功引入 GO 中，扩大了 GO 的层间距，同时 FGO 的热稳定性较 GO 提高。由 FE-SEM 微观形貌可知，所制得的 FGO 层数较少，可以观察到较薄的 FGO。

（2）将 FGO 加入聚乙烯树脂中制得 FGO/PE 复合材料薄膜，同时探究 FGO 加入量对复合材料拉伸强度和断裂伸长率的影响。由研究可知，FGO 加入量较少时，其以褶皱片状的形式均匀地分散于聚乙烯基体中，FGO 本身的高补强性及其与聚合物基体良好的界面相互作用使得复合材料薄膜的力学强度有明显的改善。而含量较多时则会因为发生团聚而导致其力学性能下降。FGO 的加入量约 2.0 wt%时可以获得较好的拉伸强度（约 18.7 MPa）和断裂伸长率（约 440.2%）。

2.4.3 功能化石墨烯/聚乙烯复合材料薄膜

1. 功能化石墨烯/聚乙烯复合材料薄膜的制备及性能表征

以改进的 Hummers 法制得 GO，具体操作：将磷酸与硫酸以 1∶9 的体积比加入冰浴中，磁力搅拌一段时间后加入 3 g 鳞片石墨，随后将 21 g 的 $KMnO_4$ 分步缓慢添加到上述混酸溶液中，控制反应温度低于 4℃，保持反应 2 h；将反应体系转移至 50℃油浴中搅拌一段时间使其形成红棕色的黏糊状物质，以蒸馏水稀释到 1 L 后滴加适量 H_2O_2 直到溶液变为亮黄色，经酸洗与水洗，最后通过离心、冷冻干燥等步骤制备得到 GO。

取 200 mg 上述制备的 GO 和 20 mL 二甲基甲酰胺（DMF）加入圆底烧瓶中，超声一段时间后得到均匀的 GO 悬浮液。再加入 0.4 g 异氟尔酮二异氰酸酯（IPDI），在氮气保护下搅拌反应 24 h，最后将产物用二氯甲烷与 DMF 洗涤 5 次，冷冻干燥即得到功能化氧化石墨烯（IP-GO）。

将 200 mg 冻干所得 IP-GO 分散在 100 mL DMF 中，并加入 2 g 水合肼，升温到 90℃搅拌反应 8 h，取二氯甲烷与 DMF 洗涤所得产物 5 次，冻干即得到功能化石墨烯（IP-RGO）。

将 200 mg 冻干后的 GO 分散在 100 mL DMF 中，并加入 2 g 水合肼，升温到 90℃搅拌反应 8 h，将产物二氯甲烷与 DMF 洗涤 5 次，冻干即得到石墨烯（RGO）。

称取 30 mg IP-RGO 分散在 100 mL 二甲苯中，在 100 W 的超声波清洗器中超声分散 1 h，然后将分散良好的 IP-RGO 溶液缓慢倒入圆底烧瓶中，升温到 80℃，并在一定转速下搅拌均匀。待上述混合液稳定后加入 10 g PE 并搅拌至糊状液体，随后置于 100 W 的超声波清洗器中超声分散1～2 h，并静置1 h以确保充分除去糊状液体中的气泡。将表面整洁的玻璃板放置于涂膜机上进行涂膜，待溶剂充分挥发后得到功能化石墨烯/聚乙烯（IP-RGO/PE）复合材料薄膜。

1）IP-RGO、IP-GO和GO的晶型结构

鳞片石墨的特征衍射峰为$2\theta = 26°$［（002）晶面］。根据布拉格衍射公式$2d\sin\theta = n\lambda$，可以计算出$d_{002} = 0.337$ nm。图2-16是IP-RGO、IP-GO和GO的XRD谱图。相较于鳞片石墨，三条曲线在26°附近均无特征峰；GO在$2\theta = 10°$附近出现了一个新的衍射峰，此峰为属于（001）晶面的衍射峰，计算可知$d_{001} = 0.962$ nm，相比原始鳞片石墨，层间距增大了0.625 nm，这是因为鳞片石墨经过氧化处理后表面带有羧基和羟基等亲水性基团，导致层间距的增大，并且这些基团的存在使GO的峰形变宽，平均结晶度减小。GO经过IPDI改性后，在$2\theta = 7°$附近出现明显的衍射峰，较GO向低角度偏移，这是因为IPDI插层到GO的层间，进一步增大了GO的层间距。而IP-RGO在5°～10°的峰消失，其原因为GO经水合肼还原后，其结构层面上的羟基、羧基及环氧基团被还原而无法在氢键的作用下沿基面形成凝聚体，因此形成无序堆积的絮凝状石墨烯，在XRD谱图上无明显衍射峰出现。

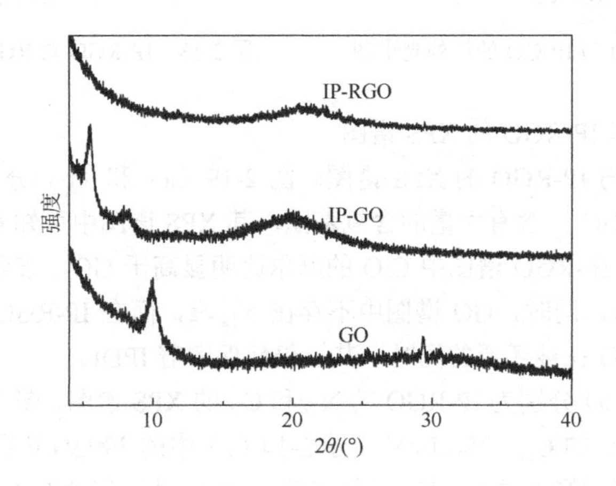

图2-16　IP-RGO、IP-GO和GO的XRD谱图

2）IPDI、IP-GO和GO的红外光谱图

图2-17为IPDI、IP-GO和GO的红外光谱，由图2-17可知，GO在3396 cm^{-1}处的吸收峰为—OH的伸缩振动峰；在1726 cm^{-1}处的吸收峰则是羰基C═O的伸缩振动峰；1620 cm^{-1}处的吸收峰是C═C的伸缩振动峰；1221 cm^{-1}处的吸收峰是C—OH的伸缩振动峰；1054 cm^{-1}处的吸收峰是C—O的伸缩振动峰。由此可知所制备的GO含有羟基、羧基、羰基和环氧基等基团。使用IPDI对GO改性后，原1726 cm^{-1}处的C═O伸缩振动峰减弱，同时出现了几个新的吸收峰，其中1640 cm^{-1}处出现了酰胺羰基的伸缩振动峰，1553 cm^{-1}处的吸收峰则为酰胺或氨基甲酸酯对应的C—N的伸缩振动峰。并且IP-GO的红外谱图中没有IPDI红外谱图中的特征峰（2275～2263 cm^{-1}），表明GO的改性是与IPDI发生化学反应，而非单纯插层的结果。

图 2-18 为 IP-RGO 和 RGO 的红外光谱图，由图 2-18 可知，IP-RGO 和 RGO 红外吸收峰相较于 IP-GO 和 GO 均减弱，表明其上的含氧基团大部分被还原。同时相比于 RGO，IP-RGO 的 1640 cm^{-1} 处依然存在着酰胺羰基的伸缩振动峰，1553 cm^{-1} 处也依然存在着酰胺或氨基甲酸酯对应的 C—N 的伸缩振动峰，说明经还原后，IPDI 仍然部分保留在 IP-RGO 上，并未脱离，这有利于提高改性石墨烯在 PE 树脂中的相容性。

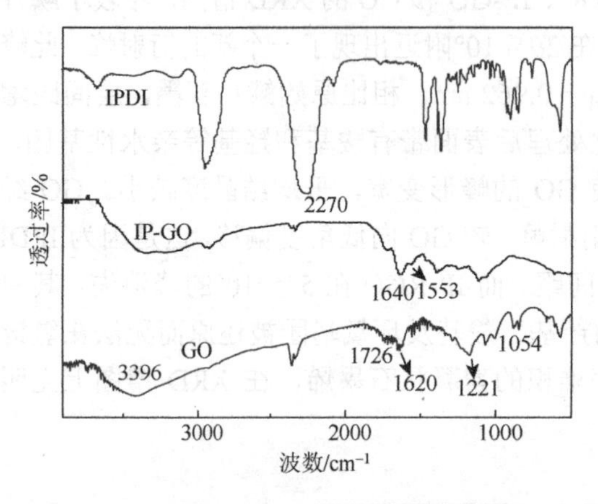

图 2-17　IPDI、GO 与 IP-GO 的红外光谱图

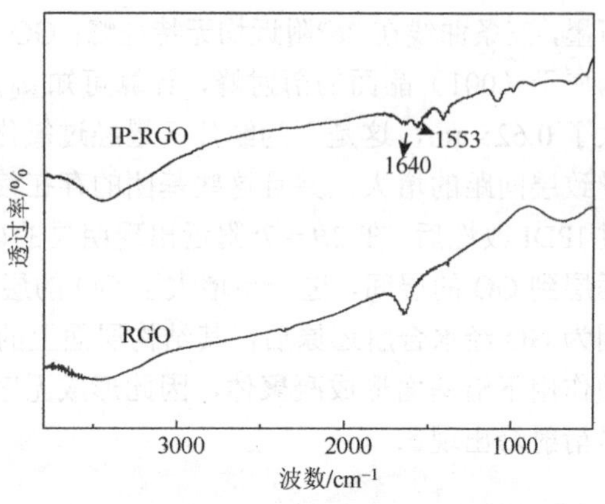

图 2-18　IP-RGO 与 RGO 的红外光谱图

3）IPDI、GO 和 IP-RGO 的 XPS 谱图

图 2-19 为 GO 与 IP-RGO 的 XPS 谱图。图 2-19（a）和（b）分别为 GO 与 IP-RGO 的 XPS 谱图，由于 GO 上含有大量的含氧基团，其 XPS 谱图中可知 C/O 的摩尔比较低。而由两图对比可见，IP-RGO 谱图中 C/O 的摩尔比明显高于 GO，表明 GO 上的含氧基团大部分被还原而去除。同时，GO 谱图中不存在 N_{1s} 峰，而在 IP-RGO 谱图中存在明显的 N_{1s} 峰，这表明 IP-GO 在被还原的同时，其上仍然保留着 IPDI。

图 2-19（c）和（d）分别为 IP-RGO 的 N_{1s} 和 C_{1s} 的 XPS 谱图，图 2-19（d）中 284.7 eV 的峰表示石墨中 sp^2 C 的 C_{1s}，286.1 eV 及图 2-19（c）中的 399.9 eV 和 402.2 eV 的峰则表示酰胺基以及氨基甲酸酯上的 C—N，这均表明 IPDI 成功地保留在了 IP-RGO 上，这也与红外光谱分析中得到的结论相符。

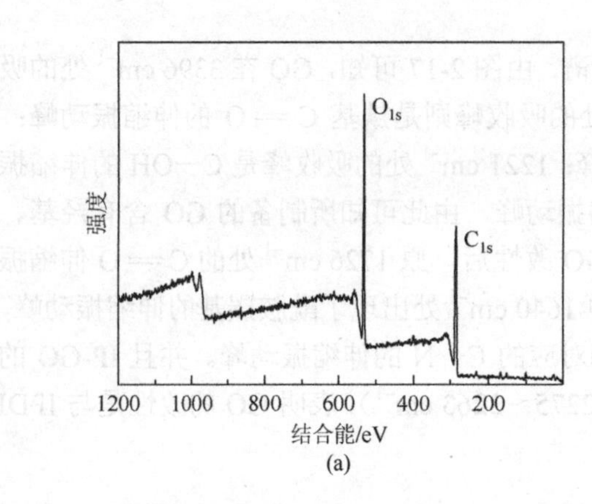

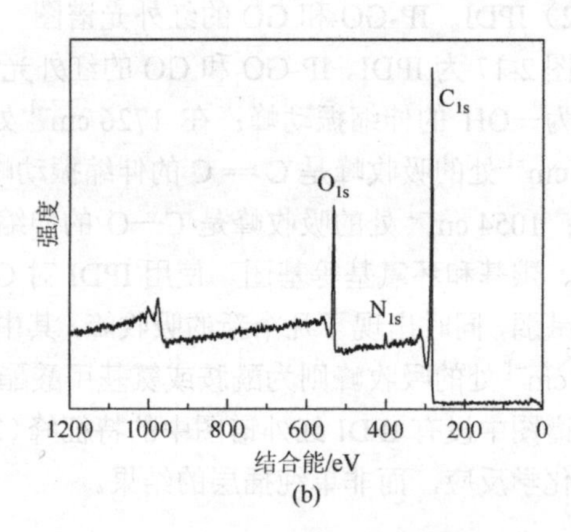

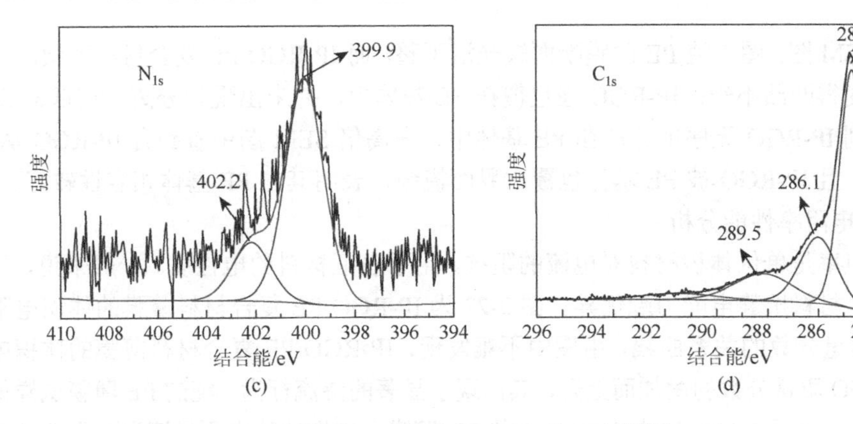

图 2-19　GO 与 IP-RGO 的 XPS 谱图

4）RGO 与 IP-RGO 的表面形貌

图 2-20（a）和（b）分别是 RGO 与 IP-RGO 的 FE-SEM 图；由图 2-20（a）可知，未改性的 RGO 片层较厚，而经 IPDI 改性的 RGO 片层较薄，IP-RGO 大多以大片的褶皱状形式堆积在一起，可以推断经改性后的 RGO，其上引入的 IPDI 阻碍了 RGO 的 π 堆叠，二维的单层 RGO 表面能降低，因而向三维转变，形成大片褶皱状结构。

图 2-20　RGO 和 IP-RGO 的 FE-SEM 形貌图

5）IP-RGO/PE 复合材料薄膜的微观形貌

改性 RGO 在基体材料中的相容性和分散性直接影响了复合材料的宏观物性，图 2-21 是纯 PE 薄膜［图 2-21（a）］与添加量为 3 wt%的 IP-RGO/PE 复合材料薄膜［图 2-21（b）］

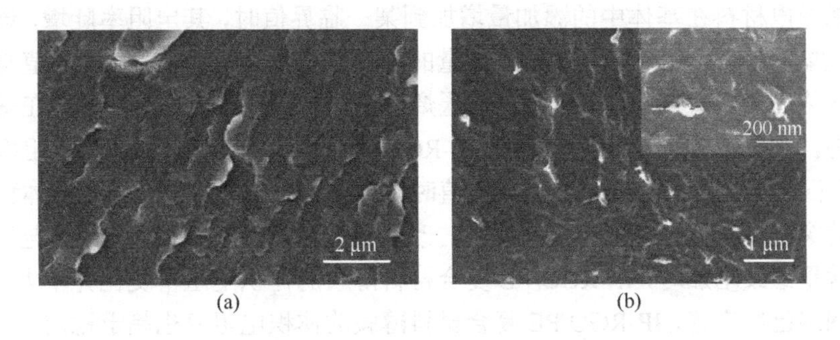

图 2-21　PE 和 IP-RGO/PE 复合材料薄膜的 FE-SEM 形貌图

断面的 FE-SEM 图；图中纯 PE 薄膜断面较光滑平整，而 IP-RGO/PE 复合材料薄膜的断面较为粗糙，变得凹凸不平；IP-RGO 被包覆在 PE 基体中，并未出现相分离；在低倍 SEM 图中可以看到 IP-RGO 无序地分散在 PE 基体中，在高倍 SEM 图中看到有 IP-RGO 从 PE 基体中拔出，且 IP-RGO 被 PE 基体包覆，界面模糊，表明其与 PE 基体相容性较好。

6）体积电阻率性能分析

体积电阻率是单位体积材料对电流的阻抗，用于表征材料的电性质。一般来说，体积电阻率越低，材料抗静电能力越优异。图 2-22 为 IP-RGO/PE 复合材料薄膜的体积电阻率与 IP-RGO 质量分数的关系曲线，由图中不难发现，IP-RGO/PE 复合材料薄膜的体积电阻率随着 IP-RGO 质量分数的增加而上升，其出现了显著的渗流行为。纯的 PE 薄膜试样体积电阻率较大，达到了 1.12×10^{14} Ω·cm，这使 PE 薄膜上产生的静电不易流失而引起各类问题。IP-RGO 的加入明显改善了 PE 薄膜的抗静电性能，当 IP-RGO 添加量小于 1 wt%时，IP-RGO/PE 复合材料薄膜的体积电阻率变化不大，随着 IP-RGO 添加量的增加，IP-RGO/PE 复合材料薄膜的体积电阻率迅速变化。而当 IP-RGO 的加入量达到 4 wt%时，IP-RGO/PE 复合材料薄膜的体积电阻率达到 1.32×10^{7} Ω·cm，相比纯 PE 体积电阻率下降了约 7 个数量级；而当继续增加 IP-RGO 的质量分数，复合材料的体积电阻率改变趋于平稳。经过数据拟合可知复合材料的渗流阈值约为 3.2%。

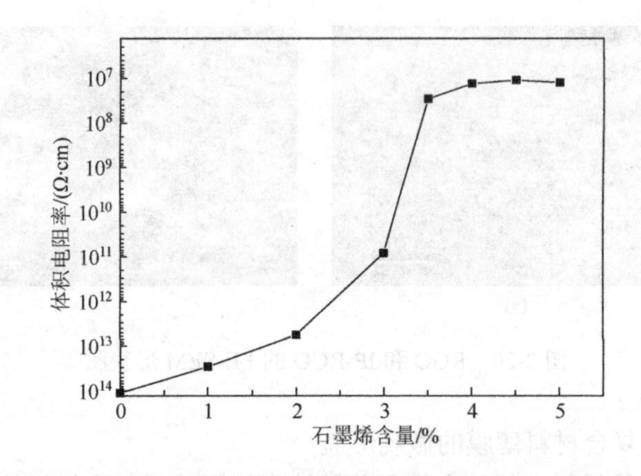

图 2-22 IP-RGO/PE 复合材料薄膜的体积电阻率随 IP-RGO 含量变化的曲线

当纳米导电材料在基体中的添加量增加到某一临界值时，其电阻率陡增，该现象称为导电渗流现象，相应的纳米导电材料添加量的临界值称为渗流阈值。渗流阈值与贯穿于体系的导电网络的形成直接相关，当改性石墨烯含量比渗流阈值低时，石墨烯在基体中处于分散的状态，难以形成导电网络，因此 IP-RGO/PE 复合材料薄膜的体积电阻率变化不明显；当改性石墨烯含量达到或超过渗流阈值时，IP-RGO/PE 复合材料薄膜的体积电阻率出现数量级的突变，表明此时聚合物基体中的改性石墨烯相互搭接，形成了导电网络。当改性石墨烯含量继续增加时，IP-RGO/PE 复合材料薄膜的体积电阻率变化并不大，这是由于此时导电网络已经完善，IP-RGO/PE 复合材料薄膜的体积电阻率也趋于稳定，再添加石墨烯对增加导电性无明显的贡献。

2. 案例小结

（1）本实验制得IP-RGO复合材料，通过IPDI对GO进行功能化，扩大了GO的层间距，然后对IP-RGO还原，一方面保留其上的IPDI基团，另一方面又去除了其他的含氧基团，使IP-RGO既恢复了导电性，又在基体材料中具有良好的相容性，使其在基体中更好地均匀分散。

（2）本实验将IP-RGO复合材料加入PE树脂基体中，通过溶液成型工艺获得IP-RGO/PE复合材料薄膜。经研究发现，IP-RGO/PE复合材料薄膜中IP-RGO与PE基体相容性好，且IP-RGO在基体中实现了良好的分散。IP-RGO稳固而又均匀地分布在PE基体中，相互搭接形成导电网络。当IP-RGO的添加量达到4 wt%时，IP-RGO/PE复合材料薄膜的体积电阻率为$1.32\times10^{7}\ \Omega\cdot cm$，相比于纯PE薄膜体积电阻率下降了约7个数量级，提高了材料的抗静电性能。

参 考 文 献

唐军，刘忠良，康朝阳，等. 2010. 退火时间对6H-Sic（0001）表面外延石墨烯形貌与结构的影响. 物理化学学报，26（1）：253-258.

谢荣华. 2002. 世界塑料材料大全（上册）. 北京：中国轻工业出版社.

徐思亭. 2007. 塑料材料与助剂. 天津：天津大学出版社.

中国建材工业协会铝塑复合材料分会. 2005. 铝塑复合板. 北京：化学工业出版社.

Luo B，Liu S，Zhi L. 2012. Chemical approaches toward grapheme-based nanomaterials and their applications in energy-related areas. Small，8：630.

Ning G，Li T，Yan J，et al. 2013. Three-dimensional hybrid materials of fish scale-like polyaniline nanosheet arrays on graphene oxide and carbon nanotube for high-performance ultracapacitors. Carbon，54：241-248.

Sun X，Sun H，Li H，et al. 2013. Developing polymer composite materials：carbon nanotubes or graphene. Advanced Materials，25（37）：5153-5176.

Wang C Y，Li X R，Chen J Q. 2011. Synthesisand characterization of polyacrylonitrile pregelled starch graft copolymers using ferrous sulfate-hydrogen peroxide redox initiation system as surface sizing agent. Journal of Applied Polymer Science，122（4）：2630-2638.

Xu H N，Ma S F，Lv W P，et al. 2011. Soy protein adhesives improved by SiO_2 nanoparticles for plywoods. Pigment & Resin Technology，40（3）：191-195.

第3章　聚丙烯的配方设计及应用

3.1　聚丙烯简介

聚丙烯（PP）是一种来源丰富、性价比高的热塑性通用塑料，自1957年首次实现工业化以来，一直是通用塑料中发展较快的品种。PP通常为半透明无色固体，密度为0.89～0.91 g/cm^3，与其他通用塑料相比具有密度小、加工性能优良、力学性能和电绝缘性能好等优点，广泛应用于汽车、电器、日用品和包装等领域。虽然PP的某些力学性能可与工程塑料相媲美，但其最大的缺点就是韧性较差，在低温或高应变速率下，脆性尤其突出。另外，PP也存在成型收缩率大、易变形等缺点，这限制了它的进一步推广应用。因此，对PP进行改性是国内外许多研究者关注的课题。

PP的改性可分为化学改性和物理改性。化学改性主要是通过改变PP的分子链结构来达到改性的目的，方法包括共聚、接枝、交联和氯化等；物理改性则是通过加入添加剂，改善PP材料的性能或赋予PP新的性能，方法包括共混、增强、填充和表面改性等。化学改性和物理改性的这些工艺，可以单独使用，也可综合使用。

PP按照分子排列结构及组成，主要分为两类，即均聚聚丙烯和共聚聚丙烯。均聚聚丙烯完全由丙烯单体聚合而成，按照丙烯单体的立体构型的不同，可以分为等规聚丙烯、间规聚丙烯和无规聚丙烯。通常所说的聚丙烯指的是等规聚丙烯。共聚聚丙烯通常是乙烯和丁烯的无规或抗冲击共聚物。无规共聚物通常含有质量分数高达6%的乙烯或其他单体；抗冲击共聚物也称为多相共聚物，通常含有约40%的乙烯-丙烯橡胶，均匀分散于均聚物基体中。

3.2　聚丙烯的配方设计

3.2.1　丙烯单体的制备

合成聚丙烯的主要原料是丙烯。目前丙烯主要由石油烃裂解气及石油炼制裂化所得的液化气，进行馏分分离、提纯制得；另外，丙烷脱氢也可制得丙烯。

（1）石油烃裂解：石油烃裂解是指在隔绝空气的高温条件下，大分子烃发生分解生成小分子烷烃和烯烃的过程。裂解产生的裂解气一般通过深冷分离过程进行分离，其中丙烯为裂解气的11 wt%～16 wt%。

（2）炼厂气回收：炼厂气是石油炼制过程中产生的气体的总称，主要有热裂化气、催化裂化气、焦化气、重整气和加氢裂化气等。催化裂化气中液化气含量较多，为原料的8 wt%～15 wt%，其中，丙烯含量较高，占原料的4.0 wt%～5.0 wt%，特别是新开发的催化裂解工艺，丙烯可达原料的18 wt%左右，因此，催化裂化气、催化裂解气是炼厂气丙烯的主要来源。经气体净化（脱硫化氢、脱硫醇）、气体分馏后，可获得高纯度的丙烯。

3.2.2　丙烯的聚合

丙烯聚合反应属于阴离子配位聚合反应，首先是烯烃单体的 C ═ C 键与催化剂的活性中心的过渡原子（如 Ti）的空 d 轨道进行配位，然后进一步发生移位，即单体插入碳键之间，重复此过程便增长为高分子链，其结构如下所示：

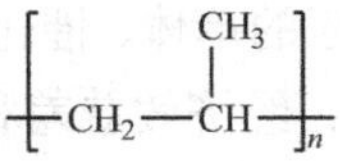

$$\left[CH_2-\underset{}{\overset{CH_3}{\overset{|}{CH}}} \right]_n$$

由于聚丙烯主链上还有不对称碳原子，按照其主链叔碳上的甲基在空间的不同排列进行分类，聚丙烯可以分为等规聚丙烯（isotactic polypropylene，iPP）、间规聚丙烯（syndiotactic polypropylene，sPP）和无规聚丙烯（atactic polypropylene，aPP），它们的结构如图 3-1 所示。

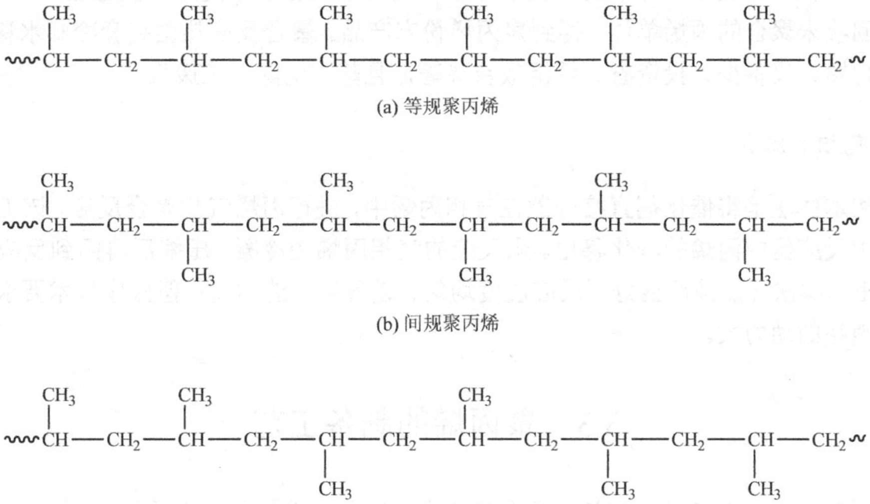

$$\sim\overset{CH_3}{\overset{|}{CH}}-CH_2-\overset{CH_3}{\overset{|}{CH}}-CH_2-\overset{CH_3}{\overset{|}{CH}}-CH_2-\overset{CH_3}{\overset{|}{CH}}-CH_2-\overset{CH_3}{\overset{|}{CH}}-CH_2-\overset{CH_3}{\overset{|}{CH}}-CH_2\sim$$

(a) 等规聚丙烯

$$\sim\overset{CH_3}{\overset{|}{CH}}-CH_2-\underset{CH_3}{\underset{|}{CH}}-CH_2-\overset{CH_3}{\overset{|}{CH}}-CH_2-\underset{CH_3}{\underset{|}{CH}}-CH_2-\overset{CH_3}{\overset{|}{CH}}-CH_2-\underset{CH_3}{\underset{|}{CH}}-CH_2\sim$$

(b) 间规聚丙烯

$$\sim\overset{CH_3}{\overset{|}{CH}}-CH_2-\overset{CH_3}{\overset{|}{CH}}-CH_2-\underset{CH_3}{\underset{|}{CH}}-CH_2-\overset{CH_3}{\overset{|}{CH}}-CH_2-\underset{CH_3}{\underset{|}{CH}}-CH_2-\underset{CH_3}{\underset{|}{CH}}-CH_2\sim$$

(c) 无规聚丙烯

图 3-1　聚丙烯的三种不同立体结构

等规聚丙烯上主链的甲基全部排列在分子链的同一侧，间规聚丙烯的甲基在主链两侧交替排列，无规聚丙烯的甲基则不规则地分布在主链的两侧。等规聚丙烯和间规聚丙烯是能够结晶的聚合物材料，而无规聚丙烯是非晶材料。目前，工业生产的聚丙烯大多为等规聚丙烯，间规聚丙烯是生产等规聚丙烯的副产物，无规聚丙烯则需要采用特殊的 Ziegler 催化剂，并在–78℃低温条件下才能聚合得到。

1. *溶液法*

溶液法是早期采用的方法。丙烯在 160～170℃和 2.8～7.0 MPa 下进行聚合，所得到的聚丙烯溶解到溶剂中。这种方法可以迅速测定聚丙烯的黏度，易于控制分子量和分子量分布（MWD），但所生成的树脂分子量低，特别是工艺流程长，无规物含量多达 20%～30%，生产成本极高。

2. *浆液法*

早期的浆液法采用常规催化剂。用溶剂作催化剂，将丙烯和催化剂加入几个串联的反应器中。在 50～80℃、1～2 MPa 下进行聚合，生成的聚合物呈粉粒状悬浮在稀释剂中。反应结束后的浆液，经闪蒸脱除未反应的单体、催化剂残渣和无规物等，然后经干燥造粒得到成品。浆液法因其生产过程复杂、经济效益差和产品用途不广而不再发展。

3. *液相本体法*

液相本体法是将催化剂直接分散在液相丙烯中，进行丙烯液相本体聚合反应。以催化剂为中心的聚丙烯粉末在液相丙烯中不断生长，悬浮在液相丙烯中，随催化剂停留时间增加，聚丙烯颗粒在液相丙烯中的浓度增加。聚丙烯颗粒随液相丙烯从反应器中不断流出，经闪蒸回收未聚合的丙烯单体，得到聚丙烯粉末产品。聚合反应热由夹套冷却水移出。该工艺流程短、设备少、投资省、经济效益显著，且基本消除“三废”。

4. *气相本体法*

气相本体法是将催化剂直接分散在气相丙烯中，进行丙烯气相聚合反应。该工艺聚合反应热由反应器中丙烯的汽化移出。未反应的气相丙烯经冷凝、压缩后再回到反应器中使用。气相本体法传热情况良好、反应温度均匀、设备生产能力高；但操作技术要求高，循环丙烯消耗的动力大。

3.3 聚丙烯的制备工艺

聚丙烯是一种性能优良的热塑性合成树脂，是五大通用合成树脂之一。目前，世界上比较先进的制备工艺主要是气相法工艺和本体-气相法组合工艺，这些工艺技术都采用本体法、气相法或本体-气相法的组合工艺生产均聚物和无规共聚物，再通过串联气相反应器系统（一个或两个）生产抗冲共聚物。这些工艺技术满足了装置规模大（20 万 t/a 以上）、操作经济性、产品多样性和高性能的要求，得到了比较广泛的应用。

3.3.1 Spheripol 工艺

Spheripol 工艺由 Lyondell Basell 公司开发，其工艺流程如图 3-2 所示，是当今最成功、应用最为广泛的聚丙烯生产工艺之一。Spheripol 工艺采用液相本体-气相法组合工艺，预聚合和均聚合反应采用液相环管反应器，多相共聚合反应采用气相流化床反应器。依据生产能力和产品类型，可分为一环、二环、二环一气、二环二气共四种聚合反应形式。Lyondell Basell 公司的 Spheripol 二代工艺采用第四代催化剂体系，预聚合和聚合反应器的设计压力等级提高，使新牌号的产品性能更好，老牌号的产品性能得以改进，更利于对形态、等规度和分子量的控制。Spheripol 二代工艺特点如下：

（1）使用高性能催化剂系统，可生产双峰聚丙烯和高刚性、高结晶性、高抗冲性等市场所需全范围的产品。

（2）预聚合和聚合反应的压力等级提高，可以使环管反应器中的氢气含量增大，扩大了熔体流动速率（MFR）的范围，增加了产品的强度，改善了产品的性能。

（3）以双环管反应器构型为基础，可以生产宽分子量分布的“双峰”产品，也可以生产窄分子量分布的产品，利用环管反应器和液相本体聚合，可使传热控制得更好，反应均匀。如果将来使用茂金属催化剂，不需要对现有装置做重大的改造。

（4）停留时间减少，更好地利用了反应体积。

（5）改进了聚合物的高压和低压脱气、汽蒸、干燥系统和事故排放单元，提高了效率和操作灵活性。

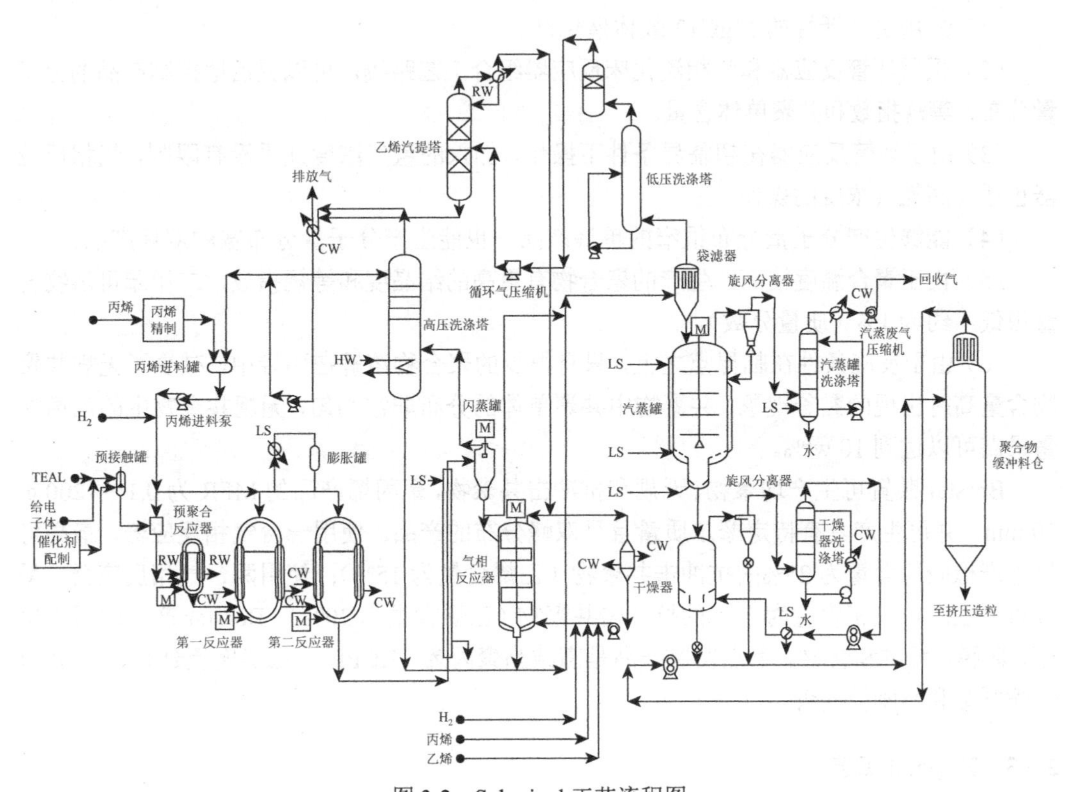

图 3-2　Spheripol 工艺流程图

Spheripol工艺采用的催化剂是第四代Ziegler-Natta催化剂，主要牌号有GF-2A、MCM1、MCM126、MCM127（二醚类催化剂），催化剂形态为球形，具有高活性和高选择性等性能，能控制无规聚丙烯的生成，产品有很高的等规度，活性为 25～55 kg PP/g cat，使用该类催化剂能生产所有牌号的产品。Spheripol 工艺生产均聚物的反应条件为 70～80℃、3.4～4.4 MPa，生产抗冲共聚物的反应条件为 70～80℃、1.1～1.4 MPa。Spheripol 工艺的产品范围很宽（MFR 为 0.1～2000 g/10 min），能生产全范围的聚丙烯产品，如聚丙烯均聚物、无规共聚物、三元共聚物、抗冲击共聚物和多相抗冲共聚物。无规共聚物中乙烯含量可达 4.5%，抗冲击共聚物中乙烯含量为 25%～40%，橡胶相可达 40%～60%。

3.3.2 Borstar 工艺

Borstar 工艺是 Boeralis（北欧化工）公司将超临界聚乙烯技术拓展到聚丙烯生产中而得到的超临界聚丙烯生产技术。该工艺采用超临界丙烯作为溶剂，采用 Boeralis 公司的 BC1 系列催化剂和单中心催化剂。Borstar 聚丙烯工艺（图 3-3）采用一台浆液环管反应器后面串联一台气相法反应器的双反应器体系生产均聚物，生产抗冲共聚物时后面还要加上一台或两台气相反应器，传统的聚丙烯生产工艺在丙烯的临界点以下进行聚合反应，为防止轻组分（如氢气、乙烯）和惰性组分生成气泡，聚合温度控制在 70～80℃。Borstar 聚丙烯生产工艺的环管反应器则可在高温（85～95℃）或超过丙烯超临界点的条件下操作，聚合温度和压力都很高，能够防止气泡的形成。其主要特点如下：

（1）采用更高活性的 MgC12 载体催化剂。

（2）采用环管反应器和气相流化床反应器组合工艺路线，可以灵活地控制产品的分子量分布、等规指数和共聚单体含量。

（3）由于环管反应器在超临界条件下操作，加入的氢气浓度几乎没有限制，气相反应器也适宜高氢气浓度的操作。

（4）能够生产分子量分布很窄的单峰产品，也能生产分子量分布宽的双峰产品。

（5）由于聚合温度较高，生产的聚合物有更高的结晶度和等规指数，二甲苯可溶物含量很低，约为 1%（质量分数）。

（6）由于反应条件在临界点之上，只有很少的聚合物溶解在丙烯中，减少了无规共聚物含量高时出现的黏釜现象，共聚物中共聚单体的分布非常均匀，无规共聚物中的乙烯含量最高可以达到 10 wt%。

Borstar 装置可生产均聚物、无规和抗冲击共聚物，聚丙烯产品的 MFR 为 0.1～1200 g/10 min，并可生产具有特定摩尔质量且呈双峰分布的产品。使用一台气相反应器，最高可以生产橡胶相含量为 25%的抗冲击共聚物（乙烯含量为 15%）；使用两台气相反应器，最高可以生产橡胶相含量为 50%的抗冲击共聚物（乙烯含量为 30%）。Borstar 产品适用于模塑、薄膜、纤维和管材。重点发展产品是高结晶聚丙烯（HCPP）、低雾度流延膜、高 MFR 熔喷纤维和高刚性的管材。

3.3.3 HypolⅡ工艺

Hypol 工艺是 PrimePolymer 公司开发的聚丙烯生产工艺技术，是一种采用釜式液相本体-气相组合工艺的技术（图 3-4），使用 TK-Ⅱ系列高效催化剂。由于釜式聚合反应器的局限性，1997 年该公司推出了 HypolⅡ工艺，用环管反应器替代了釜式反应器，根据资料，HypolⅡ工艺与 Spheripol 工艺的主要区别在于气相反应器的设计，其他单元包括催化剂及预聚合都与 Spheripol 工艺基本相同。HypolⅡ工艺采用第五代催化剂（RK-05 催化剂），该催化剂的活性是第四代催化剂活性的 2～3 倍，具有高氢调敏感性，可生产 MFR 范围更宽的产品。HypolⅡ工艺采用两个环管反应器和一个带搅拌刮板的气相流化床反应器生产

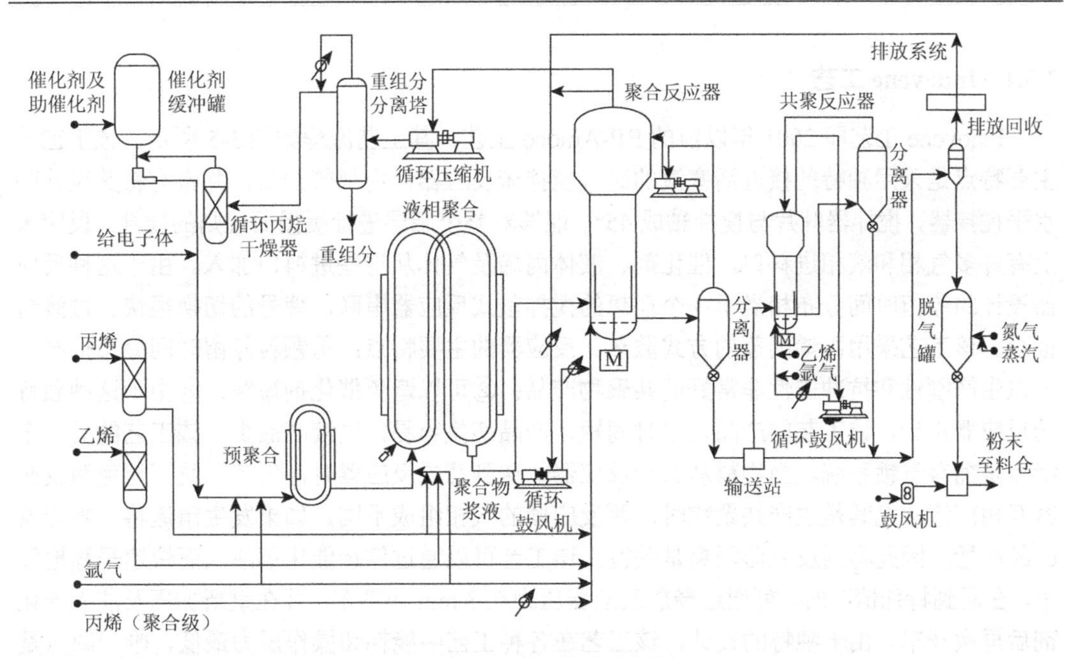

图 3-3　Borstar 工艺流程图

均聚物和抗冲击共聚物，第二反应器是一个带搅拌刮板的气相流化床反应器。HypolⅡ工艺环管反应器的反应条件为 62～75℃、3.0～4.0 MPa，生产抗冲击共聚物的反应条件为 70～80℃、1.7～2.0 MPa。HypolⅡ工艺可生产均聚物、无规共聚物和嵌段共聚物。产品的 MFR 范围为 0.3～80 g/10 min。均聚物适合生产透明膜、单丝、条带和纤维，共聚物可生产家用电器、汽车及工业零部件产品和低温高抗冲产品。

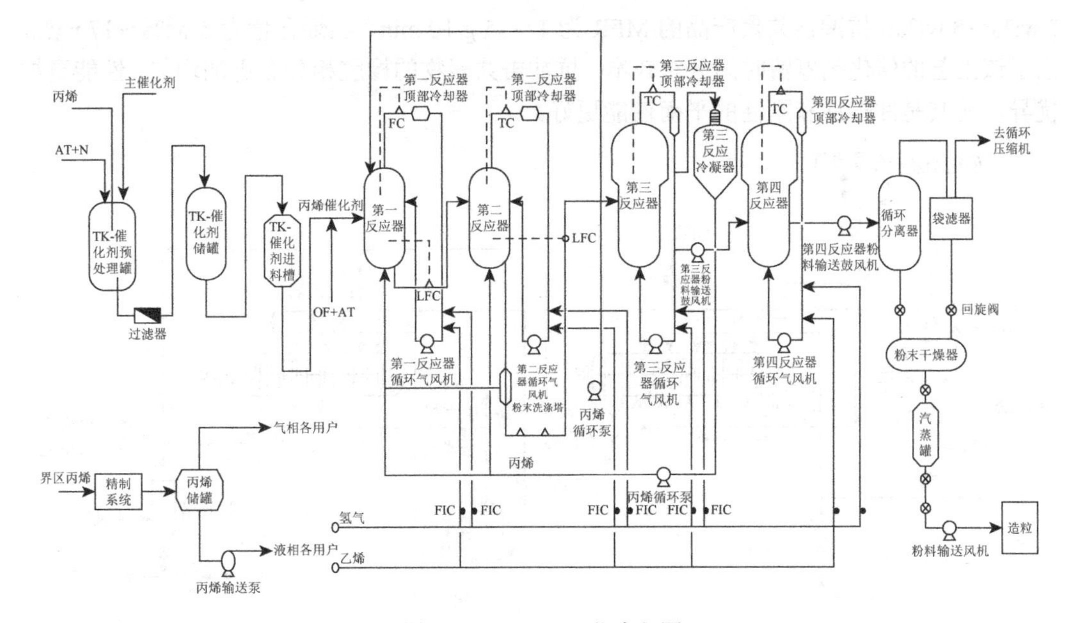

图 3-4　HypolⅡ工艺流程图

3.3.4 Innovene 工艺

Innovene 工艺即 2001 年以前的 BP-Amoco 工艺，其工艺流程如图 3-5 所示。该工艺的主要特点是采用独特的接近活塞流的卧式搅拌床反应器，内部带挡板，并带有特殊设计的水平搅拌器，搅拌器叶片与搅拌轴成 45°，能够对整个床层进行缓慢而规则的搅拌。反应床上有许多气相和液相进料口，催化剂、液体丙烯及气体从这些进料口加入。由于这种反应器设计的停留时间分布相当于 3 个理想的搅拌釜式反应器串联，牌号的切换很快、过渡料很少。该工艺采用丙烯闪蒸的方式散热。反应器的主要特点：①颗粒停留时间分布很窄，可以生产刚性和抗冲击性非常好的共聚物产品；②可以避免催化剂短路；③由于这种独特的反应器设计，该工艺的产品过渡时间短，产品切换容易，过渡产品少。该工艺的另一个特点是拥有气锁系统。当物料从第一反应器输送到第二反应器时，气锁系统可避免两反应器互相窜流。尤其是生产共聚物时，两反应器的气相组成不同，如果发生窜流将严重影响产品质量，因此将两反应器隔离是关键。该工艺可以通过停止催化剂注入而快速平稳地停车，在遇到特殊情况时，可通过释放反应器压力在 3 min 内停车，并在重新加压及注入催化剂后再次开车。由于独特的设计，该工艺在各种工艺中能耗和操作压力最低，唯一缺点是产品中乙烯含量（或橡胶组分比例）不高，不能获得超高抗冲牌号的产品。Innovene 工艺采用的 CD 催化剂具有很好的形态控制、高活性和高选择性等性能，能控制无规聚丙烯的生成，产品有很高的等规度。该催化剂另一特点是不需要预聚合，活性为 25～55 kg PP/g cat，使用该催化剂能生产所有牌号的产品。生产均聚物的反应条件为 70～85℃、2.0～2.3 MPa，生产抗冲击共聚物的反应条件为 65～80℃、2.0～2.3 MPa。

Innovene 工艺均聚产品的 MFR 范围很宽，可以达到 0.5～100 g/10 min，产品韧性高于其他气相聚合工艺所得产品；无规共聚产品的 MFR 为 2～35 g/10 min，其乙烯含量为 7 wt%～8 wt%；抗冲击共聚产品的 MFR 为 1～35 g/10 min，乙烯含量为 5 wt%～17 wt%。由于该工艺的催化剂停留时间分布较窄，抗冲击共聚物的橡胶相分布更加均匀，性能更加优异，尤其是冲击性和刚性的平衡性能更好。

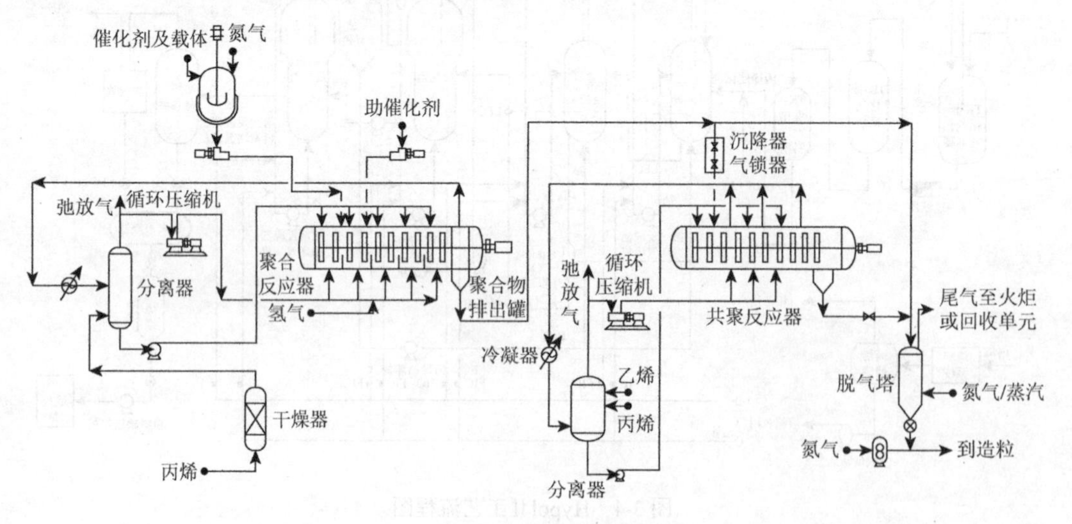

图 3-5　Innovene 工艺流程图

3.4　聚丙烯的应用案例

3.4.1　纳米二氧化硅聚甲基丙烯酸甲酯微球/聚丙烯复合材料

无机纳米粒子与有机高分子复合制备出的有机-无机核壳结构复合材料不仅可以同时具备两者的特性，还可以使复合材料展现出独特的性能，如较大的强度及较高的模量，对许多工业材料有增强和增韧的效果。当反应体系发生相分离的时候，纳米复合材料的特性会由于纳米粒子的团聚而受到很大的影响。这一问题引起许多学者的研究及探索，许多学者分别通过机械搅拌法和表面改性法等，使无机纳米粒子更好地分散在有机聚合物中，其中最直接的方法为吸附法。特定条件下有机聚合物在无机纳米粒子表面发生聚合，形成包覆层，得到核壳结构复合微球，通过某些偶联剂对无机纳米粒子进行表面接枝改性也是一种可以提高复合微球分散性的方法。

有学者对纳米粒子的表面接枝改性进行了多方面的研究工作，其分别使用自由基聚合法和离子聚合法等研究纳米二氧化硅和纳米二氧化钛表面的接枝率及转化率。有学者通过使用硅烷偶联剂 KH570 来改性纳米二氧化硅，制备出的改性纳米二氧化硅可以分散在异丙醇里，但该方法的合成步骤烦琐，合成周期较长。有学者通过乳液聚合法成功地将纳米二氧化硅表面接枝硅烷偶联剂 KH570 并对纳米二氧化硅进行包裹，得到了单分散的核壳结构复合微球。

虽然当前已有许多学者用硅烷偶联剂 KH570 对无机纳米粒子表面进行接枝改性，再用单体与硅烷偶联剂 KH570 聚合包覆，但是这些合成工艺较为烦琐，且大多数为乳液聚合。本章尝试用分散聚合的方法来代替乳液聚合法，用聚合物对硅烷偶联剂 KH570 改性的纳米二氧化硅进行包覆。该实验通过使用硅烷偶联剂 KH570、正硅酸乙酯、甲基丙烯酸甲酯（MMA）为原料，通过分散聚合法和溶胶凝胶法来合成 PMMA（聚甲基丙烯酸甲酯）/SiO_2 和 SiO_2/PMMA 两种不同的核壳结构复合微球。

本章以硅酸四乙酯（TEOS）为硅源合成了纳米二氧化硅，再通过硅烷偶联剂 KH570 对纳米二氧化硅进行了表面接枝改性，接着以 MMA 为单体，偶氮二异丁腈（AIBN）为引发剂，聚乙烯吡咯烷酮（PVP）为稳定剂，使 MMA 在纳米二氧化硅的表面发生聚合，制备了 SiO_2/PMMA 核壳结构复合微球，并对其结构、微观形貌与热稳定性进行了表征。最后将其添加到聚丙烯中，并测试改性后聚丙烯的力学性能。

1. 纳米二氧化硅聚甲基丙烯酸甲酯微球/聚丙烯复合材料的制备

MMA 的精制：配制 10% NaOH 溶液；用该溶液在长颈漏斗里洗涤 MMA，静置萃取，洗涤 3～5 次，再用蒸馏水洗涤数次至中性；在洗涤的 MMA 里加入无水氯化钙振荡、静置、干燥；过滤后即得精制的 MMA。

AIBN 的精制：在 500 mL 锥形瓶中加入 200 mL 无水乙醇，然后在 80℃水浴中加热至沸腾，迅速加入 20 g AIBN 至溶解；溶液趁热抽滤；将滤液冷藏结晶并干燥，即得 AIBN 白色晶体；存放于棕色瓶中低温保存。

步骤：80 mL 乙醇、5 mL 水和 3.6 mL 氨水依次加入 250 mL 三口烧瓶中，并将温度升至 55℃；3 mL TEOS 与 8 mL 乙醇混合并用滴液漏斗加入上步反应体系中，在 55℃下反应 5 h。将所得纳米二氧化硅分散液离心，并用乙醇洗涤 4～5 次，然后在 50℃下真空干燥 10 h，即得纳米二氧化硅粉末。将 0.50 g 纳米二氧化硅分散于 40 mL 乙醇中，超声 10 min，然后将分散液加入 250 mL 三口烧瓶中；加入 1 mL 硅烷偶联剂 KH570，接着反应体系在 70℃下反应 2 h，即得改性纳米二氧化硅。0.25 g 改性纳米二氧化硅，30 mL 乙醇，1.0 g PVP 超声分散于 50 mL 乙醇和水溶液中（乙醇和水的体积比为 3∶2），将混合分散液加入 250 mL 三口烧瓶中。取 0.05 g AIBN 和 5 mL MMA 加入反应体系，在 70℃下反应 8 h，反应全程通氮保护，即得到 SiO_2/PMMA 复合微球。将得到的乳液离心，并用乙醇洗涤 4～5 次，在 40℃下真空干燥 12 h。取 5.0 g SiO_2/PMMA 复合微球与 100 g 聚丙烯通过高速混合机混料，然后在开炼机上混炼，塑化均匀后下料。最后用压力成型机压片，并测试其拉伸强度和抗冲击强度。SiO_2/PMMA 复合微球的合成路线如图 3-6 所示。

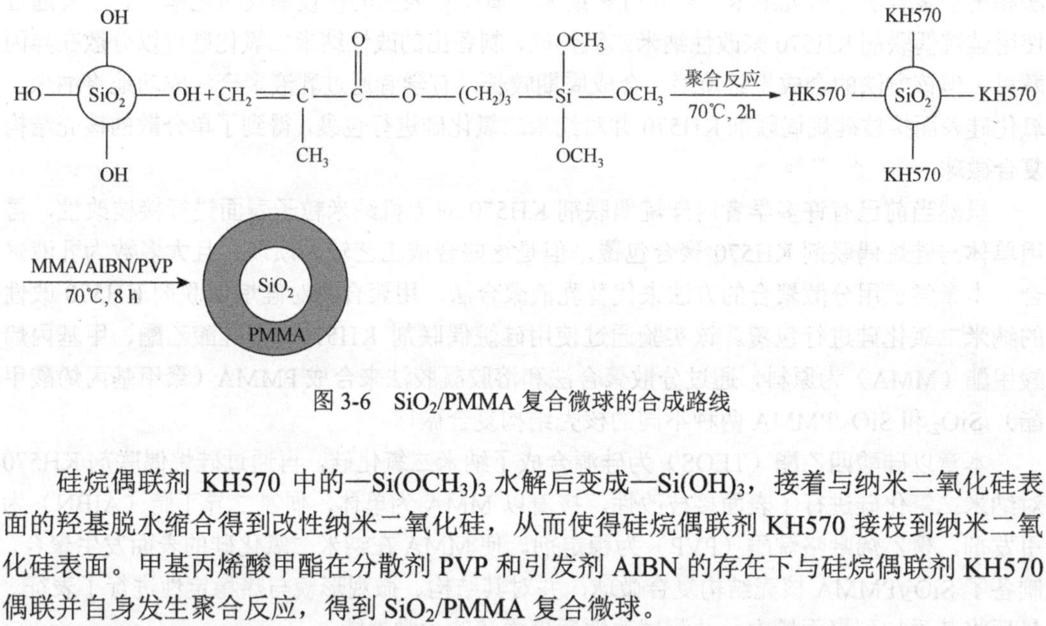

$$(HO)_4SiO_2 + CH_2{=}C(CH_3){-}C({=}O){-}O{-}(CH_2)_3{-}Si(OCH_3)_3 \xrightarrow[70℃,\ 2h]{聚合反应} (HK570)_4SiO_2 \xrightarrow[70℃,\ 8\ h]{MMA/AIBN/PVP} SiO_2/PMMA$$

图 3-6　SiO_2/PMMA 复合微球的合成路线

硅烷偶联剂 KH570 中的—$Si(OCH_3)_3$ 水解后变成—$Si(OH)_3$，接着与纳米二氧化硅表面的羟基脱水缩合得到改性纳米二氧化硅，从而使得硅烷偶联剂 KH570 接枝到纳米二氧化硅表面。甲基丙烯酸甲酯在分散剂 PVP 和引发剂 AIBN 的存在下与硅烷偶联剂 KH570 偶联并自身发生聚合反应，得到 SiO_2/PMMA 复合微球。

1）SiO_2/PMMA 复合微球的微观形貌

图 3-7 为 SiO_2/PMMA 复合微球的透射电镜照片，从图中可以看到明显的核壳结构，这是甲基丙烯酸甲酯与硅烷偶联剂 KH570 共聚形成的。图中 SiO_2/PMMA 复合微球分散性较好，其平均粒径为 50 nm，壳厚度为 2 nm。二氧化硅与单体甲基丙烯酸甲酯用量的多少都会影响 SiO_2/PMMA 复合微球的粒径大小和分散性。

2）SiO_2/PMMA 复合微球的红外光谱图

图 3-8 曲线 a 为 PMMA 的红外光谱图。在 1720 cm^{-1}、1680～1600 cm^{-1} 与 1450～1400 cm^{-1} 处的吸收峰为 PMMA 的特征吸收峰。在图 3-8 曲线 b 中，2841 cm^{-1} 和 2946 cm^{-1} 的 C—H 伸缩振动吸收峰及 1719 cm^{-1} 的 C═O 吸收峰为 KH570 的特征吸收峰。图 3-8

曲线 c 中，1107 cm^{-1} 的吸收峰为经硅烷偶联剂 KH570 接枝改性后 PMMA Si—O—C 的振动吸收峰，曲线 c 同时显示了硅烷偶联剂 KH570 与 MMA 的特征吸收峰。

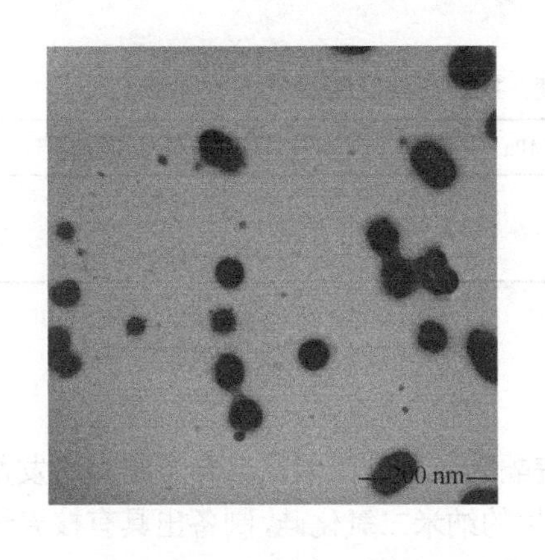

图 3-7　SiO_2/PMMA 复合微球的透射电镜照片

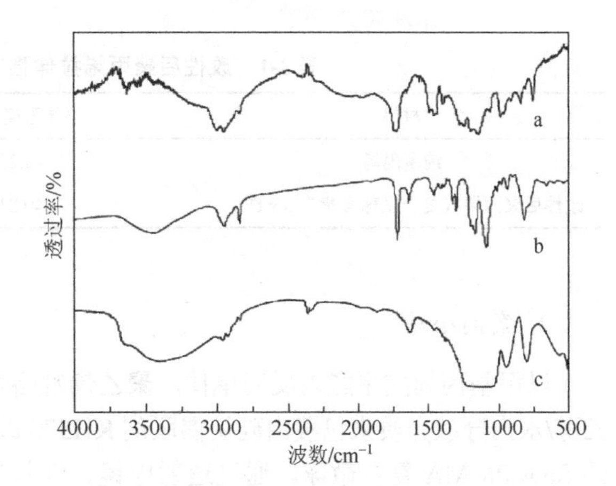

图 3-8　改性纳米二氧化硅的红外光谱图

a 为 PMMA；b 为 KH570；c 为改性纳米二氧化硅

图 3-9 为 SiO_2/PMMA 复合微球的红外光谱图。由图可知，在 1089 cm^{-1} 处的吸收峰为 SiO_2/PMMA 复合微球 Si—O—Si 的特征吸收峰。另外，SiO_2/PMMA 复合微球的红外光谱图还同时显示出了 PMMA 和 KH570 的特征吸收峰，这表明 PMMA 已经成功将纳米 SiO_2 包裹起来。

3）SiO_2/PMMA 复合微球的热学性能

图 3-10 是 SiO_2/PMMA 复合微球的热重分析曲线。该复合微球在低于 200℃时相当稳定，约有 2%的质量损失；在高达 600℃时，该复合微球仍有 40%的质量保留。

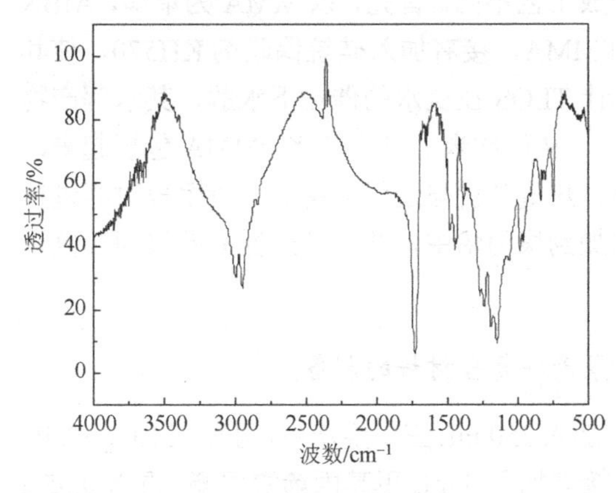

图 3-9　SiO_2/PMMA 复合微球的红外光谱图

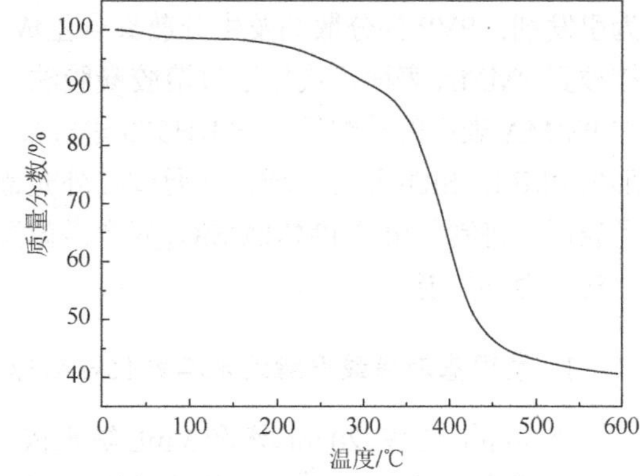

图 3-10　SiO_2/PMMA 复合微球的热重分析曲线

4）SiO_2/PMMA/PP 复合材料的力学性能

表 3-1 为改性后的聚丙烯与纯聚丙烯的拉伸强度及抗冲击强度的对比数据。其中，改

性聚丙烯中复合微球的含量为 5 wt%，改性后的聚丙烯的抗冲击强度比改性前得到了明显的提高，而其拉伸强度并无明显的变化。

表 3-1 改性后聚丙烯拉伸强度、抗冲击强度测试

材料	拉伸强度/MPa	抗冲击强度/(kJ/m^2)
纯聚丙烯	49.23	7.24
改性后聚丙烯（复合微球含量为 5 wt%）	49.21	12.54

2. 案例小结

以甲基丙烯酸甲酯为反应单体，聚乙烯吡咯烷酮为分散剂，偶氮二异丁腈为引发剂，乙醇/水为分散介质来包覆由硅烷偶联剂 KH570 改性的纳米二氧化硅，制备出具有核壳结构的 SiO_2/PMMA 复合微球。通过透射电镜、红外光谱仪和热重分析仪等对 SiO_2/PMMA 复合微球进行表征，分析了其结构、粒径及热稳定性。其反应原理为硅烷偶联剂 KH570 中的—$Si(OCH_3)_3$ 水解后变成—$Si(OH)_3$，与纳米二氧化硅表面的羟基脱水缩合得到改性纳米二氧化硅，从而使 KH570 接枝到纳米二氧化硅表面。甲基丙烯酸甲酯在分散剂聚乙烯吡咯烷酮和引发剂偶氮二异丁腈的存在下与硅烷偶联剂 KH570 偶联并自身发生聚合反应，得到 SiO_2/PMMA 复合微球。制备出的 SiO_2/PMMA 复合微球的平均粒径为 50 nm，壳厚度为 2 nm。将制备得到的复合微球乳液与 PP 混料、挤出，得到改性聚丙烯，并测试了其拉伸强度和抗冲击强度，结果表明其抗冲击强度有了明显的提高，拉伸强度基本没有变化。

3.4.2 聚甲基丙烯酸甲酯纳米二氧化硅微球/聚丙烯复合材料

本节合成 PMMA/SiO_2 复合微球的核壳结构与 3.4.1 节的 SiO_2/PMMA 复合微球的核壳结构相反，二者合成所需的原料相同，但是合成工艺不同。首先，以 MMA 为单体，AIBN 为引发剂，PVP 为分散剂发生分散聚合生成 PMMA，接着加入硅烷偶联剂 KH570，使其接枝到 PMMA 表面，最后通过溶胶凝胶法，让 TEOS 在氨水的催化下水解，其水解产物与 PMMA 表面的硅烷偶联剂 KH570 进行反应，从而纳米二氧化硅将 PMMA 包裹起来，形成 PMMA/SiO_2 复合微球，并通过红外光谱、热重分析与透射电镜等分析手段对其进行了表征。将制备出的 PMMA/SiO_2 复合微球添加到聚丙烯中，并测试改性后的聚丙烯复合材料的力学性能。

1. 聚甲基丙烯酸甲酯纳米二氧化硅微球/聚丙烯复合材料的制备

将 30 mL 乙醇、20 mL 水和 3 mL 氨水依次加入 250 mL 三口烧瓶中，再加入 1.0 g PVP，通氮气保护并搅拌 15 min。将温度升至 70℃，接着加入 5 mL 甲基丙烯酸甲酯，再将 0.05 g AIBN 加入反应体系中，反应 2 h，得到聚甲基丙烯酸甲酯乳液；加入 1 mL KH570 到反应体系中，反应进行 2 h，即 KH570 接枝到聚甲基丙烯酸甲酯表面；将 5 mL TEOS 和 20 mL 乙醇混合并用滴液漏斗加入上一步反应体系中，并保持滴液速率为 1 mL/min，反应进行 2 h。将得到的乳液离心，并用乙醇洗涤 4～5 次，在 40℃下干燥 12 h。取 5.0 g PMMA/SiO_2

复合微球与 100 g 聚丙烯通过高速混合机混料，然后在开炼机上混炼，塑化均匀后下料。最后用压力成型机压片，并测试其拉伸强度和抗冲击强度。

PMMA/SiO_2 复合微球的合成工艺如图 3-11 所示。

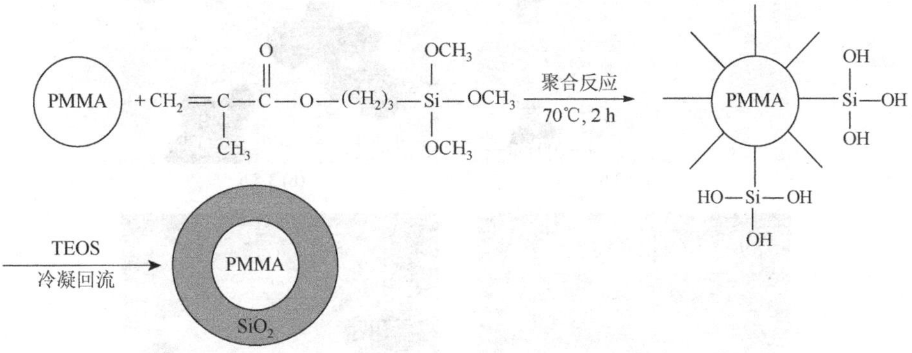

$$\text{PMMA} + CH_2{=}C(CH_3){-}C(=O){-}O{-}(CH_2)_3{-}Si(OCH_3)_3 \xrightarrow[70℃,\ 2\ h]{聚合反应} \text{PMMA}{-}Si(OH)_3$$

TEOS

冷凝回流

PMMA

SiO_2

图 3-11　PMMA/SiO_2 复合微球的合成路线

聚甲基丙烯酸甲酯表面有残留的双键，硅烷偶联剂 KH570 上的 C ═ C 与其发生聚合反应，使硅烷偶联剂 KH570 接枝到 PMMA 表面。硅烷偶联剂 KH570 表面的—$Si(OCH_3)_3$ 水解成—$Si(OH)_3$，并与 TEOS 水解生成的 $Si(OH)_4$ 脱水缩合，从而使纳米二氧化硅通过硅烷偶联剂 KH570 将 PMMA 包裹起来，TEOS 的水解与 3.4.1 节案例中 TEOS 的水解形成的纳米二氧化硅都采用溶胶凝胶法，甲基丙烯酸甲酯的聚合都采用分散聚合法，但合成作用原理不同。在 3.4.1 节中是将硅烷偶联剂 KH570 接枝到纳米二氧化硅表面，进而 MMA 发生聚合对其包裹，而本节案例是将硅烷偶联剂 KH570 接枝到 PMMA 表面，TEOS 再通过水解与硅烷偶联剂 KH570 脱水缩合将 PMMA 包裹起来。两个案例中的核壳结构的核壳位置互换。本案例的合成方法要相对简便。PMMA/SiO_2 复合微球可以进一步用于中空纳米二氧化硅的制备。

1）PMMA/SiO_2 复合微球的微观形貌

图 3-12 为 PMMA/SiO_2 复合微球（在 MMA 聚合反应开始 2 h 后加入硅烷偶联剂 KH570）的透射电镜照片，图中可观察到明显的核壳结构，黑灰部分刚好与 3.4.1 节的图 3-7 相反，说明其核壳结构与 3.4.1 节中的相反，粒径为 60～70 nm。

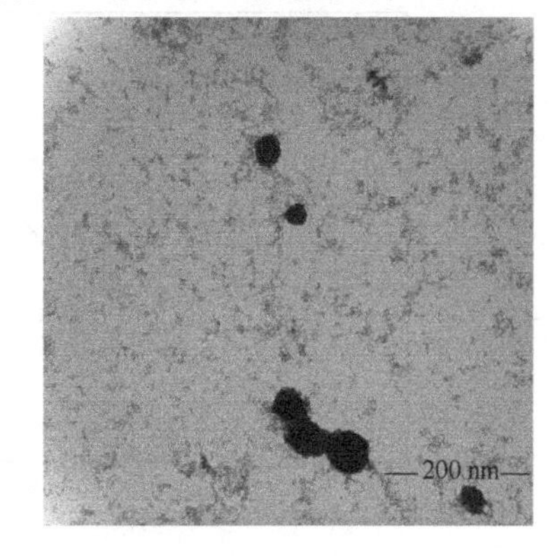

图 3-12　PMMA/SiO_2 复合微球的透射电镜照片

图 3-13（a）～（d）为 MMA 聚合反应分别开始 3 h、3.5 h、4 h 与 5 h 后加入硅烷偶联剂 KH570 的 PMMA/SiO_2 复合微球的透射电镜图，其相应的粒径分别为 70～80 nm、90～100 nm、100～120 nm 与 140～200 nm。其平均粒径随着 MMA 聚合反应时间的延长而增大。PMMA/SiO_2 复合微球的聚合时间与平均粒径关系曲线如图 3-14 所示。PMMA/SiO_2 复合微球未能看到明显的核壳结构（当 MMA 聚合反应超过 3.5 h 后加入 KH570）。

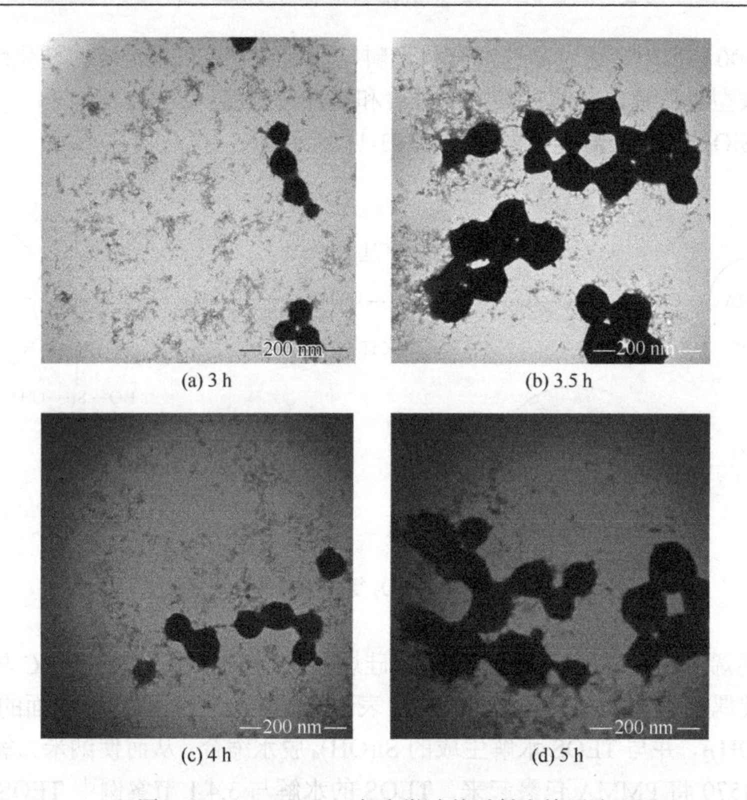

图 3-13　PMMA/SiO_2 复合微球的透射电镜照片

2）PMMA/SiO_2 复合微球的红外光谱图

图 3-15 为 PMMA/SiO_2 复合微球的红外光谱图。该图与 3.4.1 节的图 3-9 相类似，相应的特征吸收峰分别为 1089 cm^{-1}（Si—O—Si）、1107 cm^{-1}（Si—O—C）、2841 cm^{-1} 和 2946 cm^{-1}（C—H）、1719 cm^{-1}（C ═ O）。另外，可以看出图 3-8 中 MMA 和 KH570 的特征吸收峰分别在图 3-15 中显示。

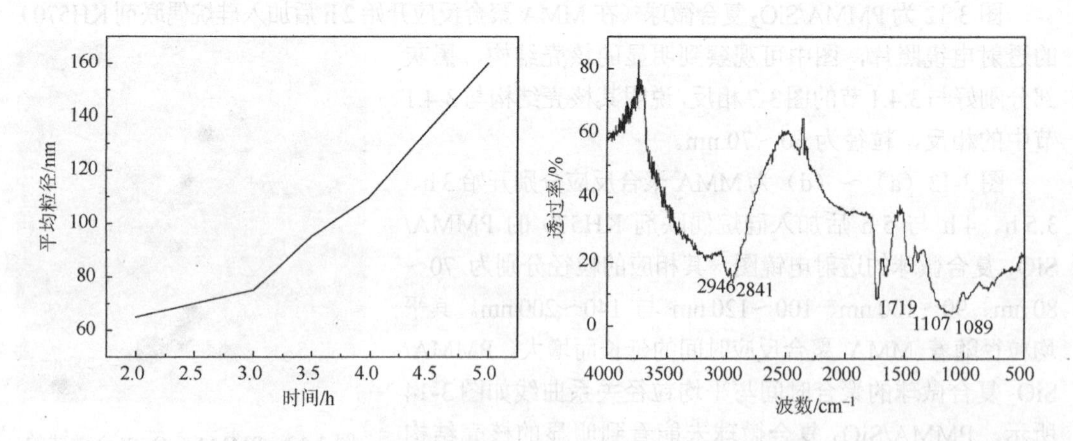

图 3-14　PMMA/SiO_2 复合微球的聚合时间与平均粒径关系曲线

图 3-15　PMMA/SiO_2 复合微球的红外光谱图

3）$PMMA/SiO_2$ 复合微球的热学性能

图 3-16 为 $PMMA/SiO_2$ 复合微球的热重分析曲线。由图 3-16 可知，$PMMA/SiO_2$ 复合微球在低于 200℃时十分稳定；在 200～425℃时发生快速降解，对应 PMMA 的热分解；在 600℃时还有 20%的质量保留，对应纳米二氧化硅的残留。通过与图 3-10 比较可知，$PMMA/SiO_2$ 复合微球热稳定性相比 $SiO_2/PMMA$ 复合微球来说较差，其原因可能是甲基丙烯酸的聚合反应时间难以控制。

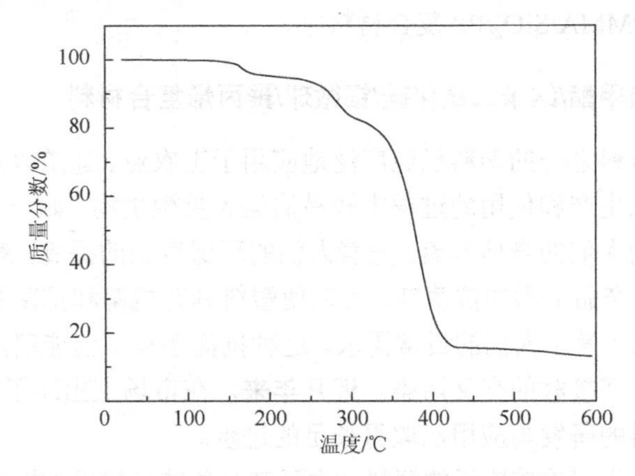

图 3-16　$PMMA/SiO_2$ 复合微球的热重分析曲线

4）$PMMA/SiO_2/PP$ 复合材料的力学性能

表 3-2 为纯聚丙烯与改性后聚丙烯的拉伸强度及抗冲击强度的对比数据，其中，改性后聚丙烯中复合微球的含量为 5 wt%，改性后的聚丙烯的抗冲击强度与改性前相比得到了明显的提高，但其拉伸强度并无明显的变化。通过对比 $PMMA/SiO_2/PP$ 和 $SiO_2/PMMA/PP$ 复合材料的抗冲击强度的数据，可以发现 $SiO_2/PMMA/PP$ 复合材料的抗冲击强度效果比 $PMMA/SiO_2/PP$ 复合材料好。

表 3-2　纯聚丙烯与改性后聚丙烯拉伸强度和抗冲击强度测试

材料	拉伸强度/MPa	抗冲击强度/(kJ/m^2)
纯聚丙烯	49.23	7.24
改性后聚丙烯（复合微球含量为 5 wt%）	49.24	11.45

2. 案例小结

以甲基丙烯酸甲酯为反应单体，聚乙烯吡咯烷酮为分散剂，偶氮二异丁腈为引发剂，乙醇/水为分散介质，用硅烷偶联剂 KH570 对 PMMA 进行接枝，再通过硅烷偶联剂 KH570 和 TEOS 的水解产物脱水缩合，生成具有核壳结构的 $PMMA/SiO_2$ 复合微球。并通过透射电镜、红外光谱仪与热重分析仪对复合微球进行表征，分析了其结构、粒径及热稳定性。其反应原理为聚甲基丙烯酸甲酯表面残留双键，硅烷偶联剂 KH570 上的 C═C 与其发生聚合反应，使得硅烷偶联剂 KH570 接枝到 PMMA 表面。硅烷偶联剂 KH570 表面的—$Si(OCH_3)_3$ 水解成—$Si(OH)_3$，并与 TEOS 水解生成的 $Si(OH)_4$ 脱水缩合，从而使纳米二氧化硅通过硅烷偶联剂 KH570 将 PMMA 包裹起来，制备出的 PMMA/SiO_2 复合微球的平均粒径随着 MMA 聚合反应时间的延长而增大。PMMA/SiO_2 复合微球未能看到明显的核壳结构（当 MMA 聚合反应超过 3.5 h 后加入 KH570）。PMMA/SiO_2 复合微球的热稳定性相比 SiO_2/PMMA 复合微球较差。经过 PMMA/SiO_2 复合微球改性后的聚丙烯的抗冲击强度比改性前得到了明显的提高，但其拉伸强度并无明显的变化。通过对比 PMMA/SiO_2 和 SiO_2/PMMA 复合微球添加到聚丙烯中的抗冲击强度的数据，结果表明，SiO_2/PMMA/PP 复合材料的抗冲击强度效果要比 PMMA/SiO_2/PP 复合材料好。

3.4.3 聚甲基丙烯酸甲酯/纳米二氧化硅/银微球/聚丙烯复合材料

作为四大工程材料之一的塑料已经广泛地应用于工农业、建筑以及交通等领域中，由于塑料产品在其工艺生产和使用的过程中较易沾染大量微生物，如一些致病的细菌，因此在使用过程中会影响人们的身体健康。随着人们的环保意识的提高，对自身的身体健康也越来越关注，在塑料产品中添加抗菌剂，可以使塑料具有抗菌和抑菌的性能，从而生产出一种新型的塑料产品，满足人们的日常需求。这种抗菌塑料不但能清洁自身，并且还可以降低许多由于塑料之间接触的交叉污染。近几年来，在市场上出现了越来越多抗菌产品，说明我国在抗菌材料的研发与应用已取得长足的进步。

聚丙烯（PP）作为用途较广泛的塑料，由于其具备较好的机械性能、耐应力性及耐化学性等特性，PP 已经被广泛地应用到人们的日常生活中，所以将抗菌剂添加到 PP 中，可以阻止致病微生物对人们的身体健康造成危害，并促进社会的发展和人们生活水平的提高。

本节以甲基丙烯酸甲酯（MMA）为单体，先制备出 PMMA/SiO2 复合微球，其合成方法与 3.4.2 节的方法相同，即以偶氮二异丁腈（AIBN）为引发剂，聚乙烯吡咯烷酮（PVP）为稳定剂，发生分散聚合生成 PMMA，再加入硅烷偶联剂 KH570 接枝到 PMMA 的表面，正硅酸四乙酯（TEOS）在氨水的催化下发生水解反应将 PMMA 包裹起来，形成 PMMA/SiO2 复合微球。再通过硝酸银还原成银粒子的方法，加入硝酸银和硼氢化钠，其中硝酸银作为银源，硼氢化钠作为还原剂，从而使生成的银粒子负载到纳米二氧化硅表面制备出 PMMA/SiO2/Ag 复合微球，并进一步通过红外光谱、紫外-可见光谱、荧光显微镜、透射电镜、扫描电镜能谱分析仪与 X 射线粉末衍射仪对合成出的 PMMA/SiO2/Ag 复合微球进行了系统的表征，最后将制备出的复合微球添加到聚丙烯中，对其进行了力学性能测试和抗菌能力测试。

1. 聚甲基丙烯酸甲酯/纳米二氧化硅/银微球/聚丙烯复合材料的制备

甲基丙烯酸甲酯的精制：配制 10% NaOH 溶液；用该溶液在长颈漏斗里洗涤甲基丙烯酸甲酯，静置萃取，洗涤 3～5 次；用蒸馏水洗涤数次至中性；洗涤的甲基丙烯酸甲酯里加入无水氯化钙振荡、静置、干燥；过滤后即得精制甲基丙烯酸甲酯。

AIBN 的精制：在 500 mL 锥形瓶中加入 200 mL 无水乙醇，然后在 80℃水浴中加热至沸腾，迅速加入 20 g AIBN 至溶解；溶液趁热抽滤；将滤液冷藏结晶并干燥，即得 AIBN 白色晶体；存放于棕色瓶中低温保存。

步骤：将 30 mL 乙醇、20 mL 水和 3 mL 氨水依次加入 250 mL 三口烧瓶中，再加入 1.0 g PVP，通氮气保护并搅拌 15 min；温度升至 70℃，将 5 mL 甲基丙烯酸甲酯和 0.05 g

AIBN 加入烧瓶中，接着反应 2 h，得到 PMMA 乳液；加入 1 mL 硅烷偶联剂 KH570 到反应体系中，反应接着进行 2 h，即将硅烷偶联剂 KH570 接枝到聚甲基丙烯酸甲酯表面。将 5 mL 正硅酸乙酯和 20 mL 乙醇混合，并用滴液漏斗加入上步反应体系中，并保持滴液速率为 1 mL/min，反应进行 2 h，即得到 PMMA/SiO_2 复合微球乳液。取 50 mL PMMA/SiO_2 复合微球乳液加入 250 mL 三口烧瓶中，再加入 50 mL（0.5 mmol）的硝酸银溶液与 6 mL（2 mmol）的硼氢化钠反应 0.5 h，得到 PMMA/SiO_2/Ag 复合微球乳液；取 5.0 g PMMA/SiO_2/Ag 复合微球乳液与 100 g 聚丙烯通过挤出机混料，再通过注塑机成型，并测试其拉伸强度、抗冲击强度和抗菌性能。

PMMA/SiO_2/Ag 复合微球的合成路线如图 3-17 所示。

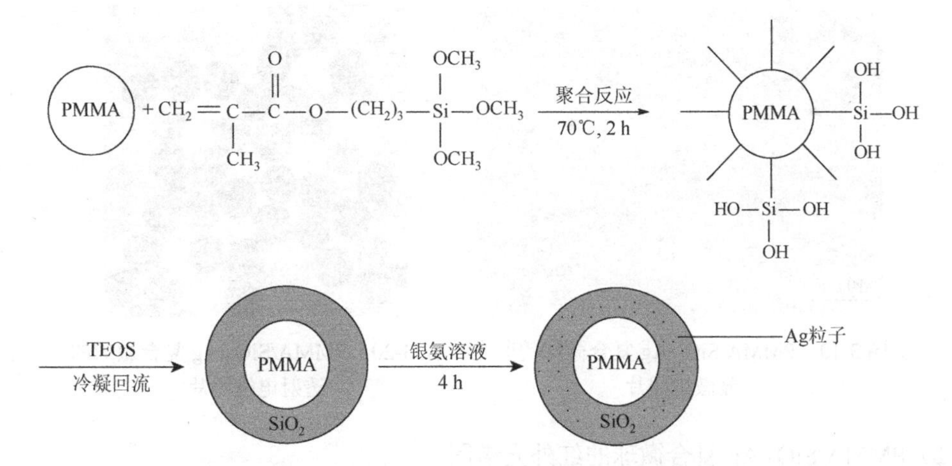

图 3-17　PMMA/SiO_2/Ag 复合微球的合成路线

PMMA 的表面残留双键，硅烷偶联剂 KH570 上的 C═C 与其发生聚合反应，使得硅烷偶联剂 KH570 接枝到 PMMA 表面。KH570 表面的—$Si(OCH_3)_3$ 水解成—$Si(OH)_3$，并与 TEOS 水解生成的 $Si(OH)_4$ 脱水缩合，从而使纳米二氧化硅通过 KH570 将 PMMA 包裹起来，再加入硝酸银与硼氢化钠溶液，硝酸银被硼氢化钠还原成银粒子，银粒子进一步负载到纳米二氧化硅表面，最终形成 PMMA/SiO_2/Ag 复合微球。

PMMA/SiO_2/Ag/PP 复合材料的加工工艺如图 3-18 所示。

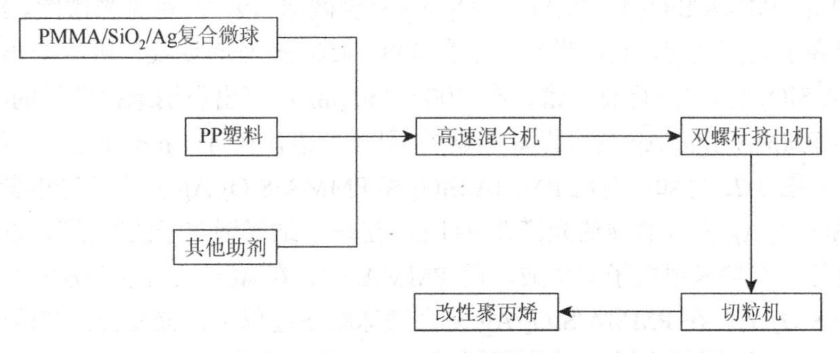

图 3-18　PMMA/SiO_2/Ag/PP 复合材料的加工工艺示意图

1）$PMMA/SiO_2/Ag$ 复合微球的微观形貌

图 3-19 为 $PMMA/SiO_2/Ag$ 复合微球的荧光显微镜照片。由图 3-19 可知，$PMMA/SiO_2/Ag$ 复合微球的微观形貌基本为球形，虽然有较轻微的团聚现象，但总体的分散性较好。由此说明合成的 $PMMA/SiO_2/Ag$ 复合微球具有良好的分散性，其核壳结构可以通过透射电镜进一步观察。

图 3-20 为 $PMMA/SiO_2/Ag$ 复合微球的透射电镜照片。由图 3-20 可知，$PMMA/SiO_2/Ag$ 复合微球外形为球形，其表面可以看到灰色小颗粒，其为负载在纳米二氧化硅表面的银粒子，这是由于硝酸银被硼氢化钠还原成银粒子，并负载到 $PMMA/SiO_2$ 复合微球的表面。图中 $PMMA/SiO_2/Ag$ 复合微球的分散性较好，其平均粒径为 300 nm。

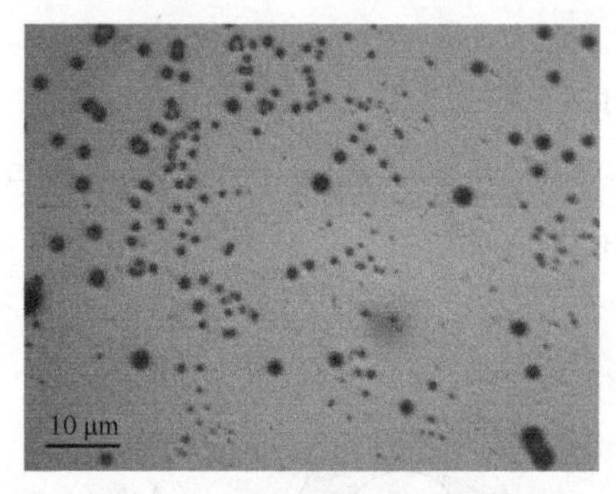

图 3-19　$PMMA/SiO_2/Ag$ 复合微球的荧光显微镜照片

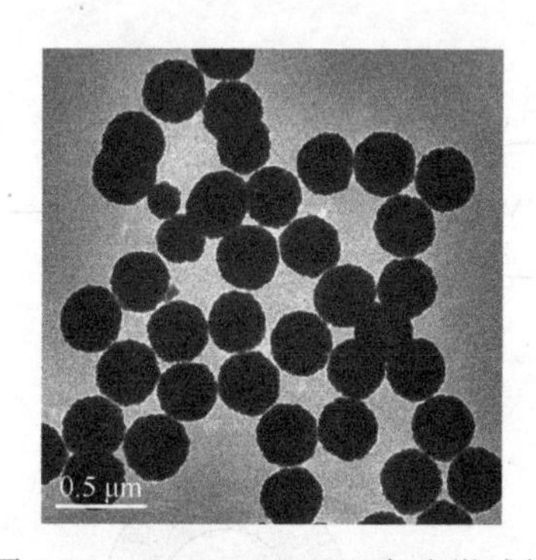

图 3-20　$PMMA/SiO_2/Ag$ 复合微球的透射电镜照片

2）$PMMA/SiO_2/Ag$ 复合微球的红外光谱图

图 3-21 为 $PMMA/SiO_2/Ag$ 复合微球的红外光谱图。由图 3-21 可知，1089 cm^{-1} 处的宽峰为 Si—O—Si 的特征吸收峰，可知其为 PMMA 和 KH570 的特征吸收峰。1720 cm^{-1}、1680～1600 cm^{-1} 与 1450～1400 cm^{-1} 处的吸收峰为 PMMA 的特征吸收峰。2841 cm^{-1} 和 2946 cm^{-1} 的 C—H 伸缩振动吸收峰及 1719 cm^{-1} 的 C═O 吸收峰为硅烷偶联剂 KH570 的特征吸收峰。这些特征吸收峰同样可在图 3-21 中观察到。由此说明硅烷偶联剂 KH570 成功地接枝到了 PMMA 表面，纳米 SiO_2 通过硅烷偶联剂 KH570 将 PMMA 包裹起来，且复合微球中含有 PMMA 和 SiO_2 两种物质。

3）$PMMA/SiO_2/Ag$ 复合微球的紫外-可见光谱图

图 3-22 是 $PMMA/SiO_2$ 和 $PMMA/SiO_2/Ag$ 复合微球的紫外-可见光谱图。纳米银粒子具有表面等离子共振效应，且纳米银粒子在 400～450 nm 处有明显的吸收峰出现，曲线 b 表示 $PMMA/SiO_2$ 的紫外-可见光谱，在 400～450 nm 没有出现纳米银粒子的吸收峰，而曲线 a 表示 $PMMA/SiO_2/Ag$ 复合微球的紫外-可见光谱，在 411 nm 处出现了纳米银粒子的吸收峰。由图 3-22 可知，对比 $PMMA/SiO_2$ 和 $PMMA/SiO_2/Ag$ 复合微球的紫外-可见光谱，$PMMA/SiO_2/Ag$ 复合微球的光谱在 411 nm 出现了纳米银粒子的特征吸收峰，表明随着反应的进行，有纳米银粒子的生成。而 $PMMA/SiO_2$ 在 406 nm 没有吸收峰，也说明银粒子负载在 SiO_2 上。在 $PMMA/SiO_2/Ag$ 复合微球制备过程中，该复合微球溶液由白色变成淡黄色，溶液颜色的变化也进一步说明纳米银粒子的成功负载。

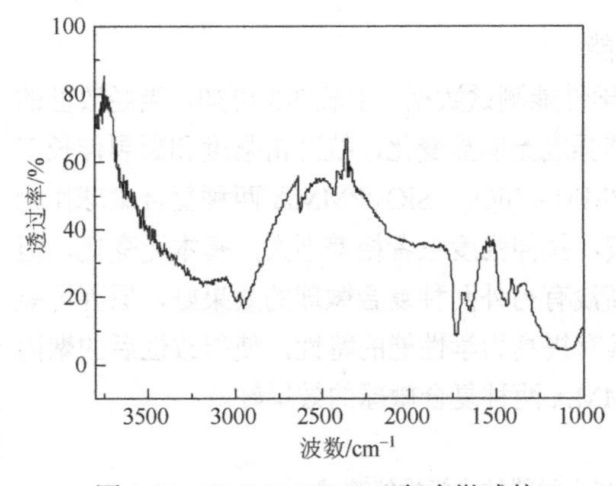

图 3-21　PMMA/SiO_2/Ag 复合微球的红外光谱图

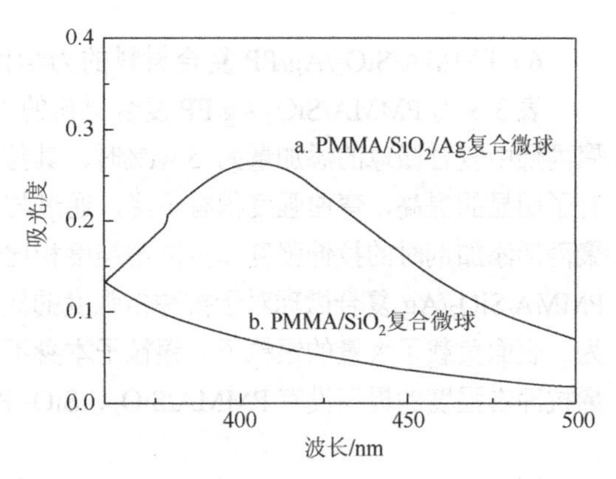

图 3-22　PMMA/SiO_2 和 PMMA/SiO_2/Ag 复合微球的紫外-可见光谱图

4）PMMA/SiO_2/Ag 复合微球的元素种类与含量

图 3-23 为 PMMA/SiO_2/Ag 复合微球的扫描能谱分析图（EDS）。能谱分析仪原理为各种元素具有自己的 X 射线特征波长，特征波长的大小则取决于能级跃迁过程中释放出的特征能量 ΔE，能谱分析仪就是利用不同元素 X 射线光子特征能量不同这一特点来进行成分分析的。能谱分析仪是用来对材料微区成分元素种类与含量进行分析，其中配合扫描电子显微镜与透射电子显微镜的使用。由图 3-23 可知，存在氧、银与硅的峰，说明合成的 PMMA/SiO_2/Ag 复合微球中含有银和二氧化硅。

5）PMMA/SiO_2/Ag 复合微球的组成成分

图 3-24 为 PMMA/SiO_2/Ag 复合微球的 XRD 谱图。由图 3-24 可知，样品在 $2\theta=23°$ 处呈现弥散宽峰，这个弥散宽峰为无定形纳米 SiO_2 的特征衍射峰，表明该复合微球颗粒中含有无定形 SiO_2。除了无定形纳米 SiO_2 的特征衍射峰外，样品谱图中还出现尖锐的衍射强峰，这尖锐的衍射峰对应的晶面为（111）、（200）、（220）和（311），对应这些特殊晶面的物质为立方结构的纳米银，由此说明，复合微球颗粒中含有单质银，银负载到二氧化硅表面时，单质的银没有发生变化。

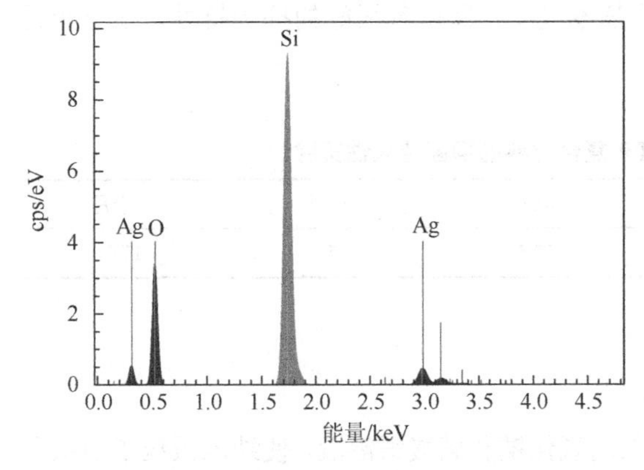

图 3-23　PMMA/SiO_2/Ag 复合微球的扫描能谱分析图

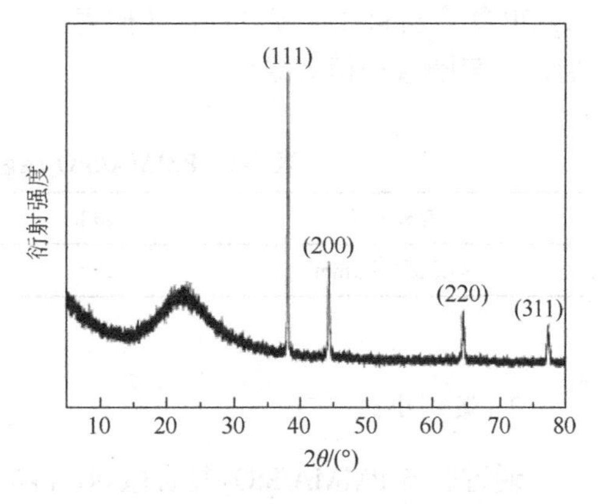

图 3-24　PMMA/SiO_2/Ag 复合微球的 XRD 谱图

6）$PMMA/SiO_2/Ag/PP$ 复合材料的力学性能

表 3-3 为 $PMMA/SiO_2/Ag/PP$ 复合材料的力学性能测试数据。由表 3-3 可知，当经改性的聚丙烯中复合微球的添加量为 5 wt%时，其拉伸强度无明显变化，抗冲击强度和断裂伸长率有了明显的提高，弯曲强度稍有下降，通过与 $PMMA/SiO_2$、$SiO_2/PMMA$ 两种复合微球作为聚丙烯添加剂时的拉伸强度和抗冲击强度相比较，拉伸强度三者相差不大，基本无变化，但 $PMMA/SiO_2/Ag$ 复合微球对于抗冲击强度的提高没有另外两种复合微球的效果好，原因可能为，表面负载了大量的银粒子，银粒子本身不具有提高力学性能的特性，使得改性后的聚丙烯抗冲击强度的提高没有 $PMMA/SiO_2$、$SiO_2/PMMA$ 两种复合微球的效果好。

表 3-3　$PMMA/SiO_2/Ag/PP$ 复合材料的力学性能测试

测试项目	聚丙烯	改性聚丙烯（复合微球含量 5 wt%）
拉伸强度/MPa	49.23	49.29
抗冲击强度/(kJ/m^2)	7.24	11.36
断裂伸长率/%	14.90	35.41
弯曲强度/MPa	28.64	26.39

7）$PMMA/SiO_2/Ag/PP$ 复合材料的抗菌能力

通过抑菌圈法来测试复合材料的抗菌能力，选用营养琼脂（在 121℃，101.3 kPa 下灭菌 20 min）作为培养基，灭菌后冷却至 50℃后加入培养皿中，再将一定浓度的大肠杆菌通过无菌操作方法涂抹到培养基的表面。最后将 $PMMA/SiO_2/Ag/PP$ 复合材料放入培养皿的中央，并放置到培养箱中，在 37℃下恒温培养 24 h，再通过游标卡尺来测量复合材料的抑菌圈直径。复合材料抑菌圈直径的大小直观地反映复合材料抗菌性能的好坏。在保持其他条件不变的情况下，抑菌圈的直径越大，复合材料的抗菌能力越强，反之，复合材料的抗菌能力越弱。测试复合材料中 $PMMA/SiO_2/Ag$ 复合微球的含量为 5 wt%。通过观察测试发现改性后的 PP 周围有抑菌圈产生，而未改性的 PP 周围没有抑菌圈。

表 3-4 为 $PMMA/SiO_2/Ag/PP$ 复合材料的抑菌持久性实验。由表 3-4 可知，$PMMA/SiO_2/Ag/PP$ 复合材料在一周之内，其抑菌圈直径基本没变，保持着很好的抑菌特性，在一个月后，抑菌圈直径稍有减小。

表 3-4　$PMMA/SiO_2/Ag/PP$ 复合材料的抑菌持久性实验

存放时间	24 h	48 h	一周	一个月
抑菌圈直径/mm	17.5	17.5	17.3	17.0

2. 案例小结

通过制备 $PMMA/SiO_2$ 复合微球，再加入硼氢化钠和硝酸银溶液，使纳米银粒子负载到纳米二氧化硅表面，制备出 $PMMA/SiO_2/Ag$ 复合微球。通过紫外可见光谱、红外光谱、XRD、EDS、荧光显微镜、透射电镜等分析对复合微球进行表征，$PMMA/SiO_2/Ag$ 复合微球的平均粒径为 300 nm，紫外-可见光谱证明了纳米银粒子的存在，XRD 和 EDS 也表征出了二氧化硅和纳米银粒子的存在，红外光谱则反映出了 PMMA 的存在。以上表征结果都证明了复合微球被成功地制备。最后将复合微球添加到聚丙烯中，合成出 PMMA/SiO_2/Ag/PP 复合材料，并测试复合材料的力学性能和抗菌性能。当经改性的聚丙烯中 PMMA/SiO_2/Ag 复合微球的添加量为 5 wt%时，其拉伸强度无明显变化，抗冲击强度和断裂伸长率有了明显的提高，弯曲强度稍有下降。通过抑菌圈法测试抗菌性能，发现改性后的聚丙烯周围有抑菌圈产生，而未改性的聚丙烯周围没有抑菌圈，证明了 PMMA/SiO_2/Ag/PP 复合材料具有抗菌性能。通过对 PMMA/SiO_2/Ag/PP 复合材料的抑菌持久性测试，复合材料在一周之内，其抑菌圈直径基本没变，保持着很好的抑菌活性，在一个月后，抑菌圈直径稍有减小。

3.4.4　*β*-环糊精-马来酸酐镧配合物/聚丙烯复合材料

环糊精（cyclodextrin，CD）是直链淀粉在环糊精葡萄糖基转移酶作用下生成的一系列环状低聚糖的总称。如图 3-25 所示，环糊精的形状是略呈锥形的圆环，通常含有 6～12 个 D-吡喃葡萄糖单元。其中，研究得较多并具有重要实际意义的是含有 6 个、7 个、8 个葡萄糖单元的分子，分别称为 *α*-环糊精、*β*-环糊精、*γ*-环糊精（*α*-CD、*β*-CD、*γ*-CD）。由于环糊精具有外部亲水而内腔疏水的性质，能包含合适的客体形成环糊精包含物及分子组装体系，成为许多科学家感兴趣的研究对象。

由于环糊精独特的超分子结构，将 iPP 作为客体包含在环糊精中可以形成聚丙烯环糊精包含复合物（iPP-CD ICs）。近年来，iPP-CD ICs 的构造和性质受到了关注。颜德岳等制备了 iPP-*β*-CD ICs 并对其结构进行分析。Li 等制备了 iPP-*β*-CD ICs，并将其作为添加剂加入 iPP 中，研究发现 iPP-*β*-CD ICs 在 iPP 的结晶过程中能起到成核剂的作用。但是由于 iPP 很难溶解在溶剂中，要将其包含在环糊精腔内形成 iPP-CD ICs 的实验条件十分苛刻，不利于大量生产。为了研究环糊精锥形环这一独特的超分子结构对 iPP 成核效果的影响，将环糊精作为配体制备环糊精金属配合物更容易实现，有利于在实际生产中推广。很多文献都提到稀土金属镧与一些特殊配体形成的配合物对 iPP 有 *β* 成核的作用。但目前还没有文献报道环糊精作为配体与稀土镧生成配合物的 *β* 成核剂的相关信息。

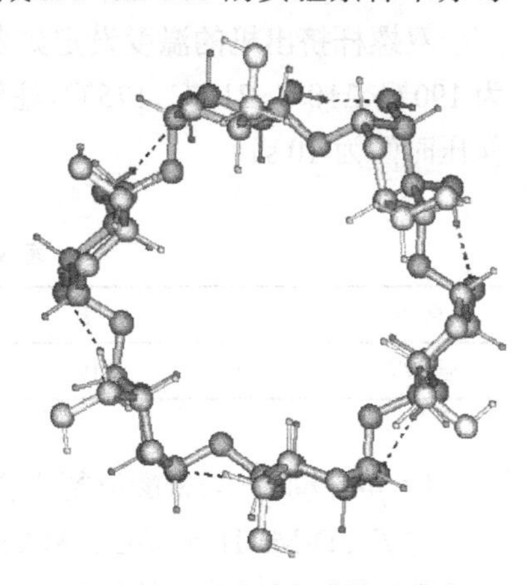

图 3-25　环糊精的结构示意图

本章采用了马来酸酐改性 *β*-CD 作为配体，与稀土金属镧盐制备 *β*-环糊精-马来酸酐衍生物镧配合物（*β*-CD-MAH-La），并采用正交法优化其制备条件。同时将 *β*-CD-MAH-La 加入 iPP 中制备 *β*-CD-MAH-La 改性 iPP 材料，研究 *β*-CD-MAH-La 对 iPP 力学性能和结晶性能的影响，考察 *β*-CD-MAH-La 对 iPP 的 *β* 成核改性效果并讨论其 *β* 成核机制。

1. *β*-环糊精-马来酸酐镧配合物/聚丙烯复合材料的制备

氯化镧（$LaCl_3$）的制备：将市售的工业级氧化镧溶解在稀盐酸中形成 $LaCl_3$ 溶液，

过滤除去杂质后置于蒸发皿内，加热浓缩除去大部分水分。将 $LaCl_3$ 浓溶液真空干燥 24 h 得到白色 $LaCl_3$ 粉末，研细待用。

β-环糊精-马来酸酐衍生物（*β*-CD-MAH）的合成：将 0.01 mol *β*-CD 和 0.1 mol MAH 溶解在 DMF 中，在 75℃下反应 8 h。反应结束后待温度降至室温，加入与 DMF 等体积的三氯甲烷，使沉淀析出。沉淀用含 2 wt%水的丙酮溶液洗涤数次，抽滤后置于真空环境下干燥，研细得 *β*-CD-MAH。

β-CD-MAH-La 的合成：将 0.01 mol *β*-CD-MAH 和 0.12 mol $LaCl_3$ 溶解在水中，搅拌反应 1～2 h 使之完全溶解；加入 0.4 mol 三乙胺作为 HCl 吸收剂，反应一段时间后得淡黄色沉淀。沉淀抽滤后用水和乙醇分别洗涤数次，真空干燥后得成核剂 *β*-CD-MAH-La。

β-CD-MAH-La 的制备过程如图 3-26 所示。

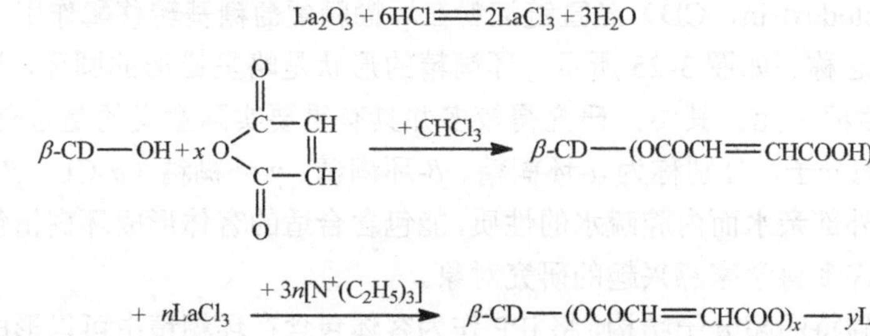

$$La_2O_3 + 6HCl = 2LaCl_3 + 3H_2O$$

$$\beta\text{-CD—OH} + x\ \text{O}\begin{matrix}\text{C(=O)—CH} \\ \| \\ \text{C(=O)—CH}\end{matrix} \xrightarrow{+CHCl_3} \beta\text{-CD—(OCOCH=CHCOOH)}_x$$

$$+\ nLaCl_3 \xrightarrow{+3n[N^+(C_2H_5)_3]} \beta\text{-CD—(OCOCH=CHCOO)}_x\text{—}y\text{La}$$

图 3-26　*β*-CD-MAH-La 的合成路线

将 iPP 与 *β*-CD-MAH-La 按一定比例在高混机中搅拌均匀，然后经双螺杆挤出机熔融挤出并造粒。所得粒料烘干后由注塑机注塑成标准样条，进行力学性能测试。

双螺杆挤出机的温度设定如表 3-5 所示。注塑机的加工温度从加料口至喷嘴分别设定为 190℃、210℃、210℃、175℃，注塑压力为 32 MPa，注射时间为 8.5 s，保压压力为 19 MPa，保压时间为 10 s。

表 3-5　双螺杆挤出机的温度设定

区间	Ⅰ	Ⅱ	Ⅲ	Ⅳ	Ⅴ	Ⅵ	喷嘴
温度/℃	175	195	210	210	210	195	185

1）*β*-环糊精-马来酸酐衍生物镧配合物的红外光谱图

对 *β*-CD-MAH 和 *β*-CD-MAH-La 进行红外光谱和元素分析表征。*β*-CD、*β*-CD-MAH 和 *β*-CD-MAH-La 的红外光谱如图 3-27 所示。

由图 3-27 可知，相比于 *β*-CD 的红外吸收峰，*β*-CD-MAH 的红外光谱图上在 1723 cm^{-1} 和 1647 cm^{-1} 的位置出现的峰分别为环糊精-马来酸酐衍生物上的羰基和碳碳双键伸缩振动的吸收峰，其中，1723 cm^{-1} 处的峰为 *β*-CD 与 MAH 反应后形成的酯羰基的峰，1700 cm^{-1} 左右羧羰基的峰没有出现，可能是被掩盖了。这说明该步反应生成了 *β*-CD-MAH，*β*-CD-MAH 的结构上含有羧基，可以为下一步与稀土金属离子反应生成金属配合物提

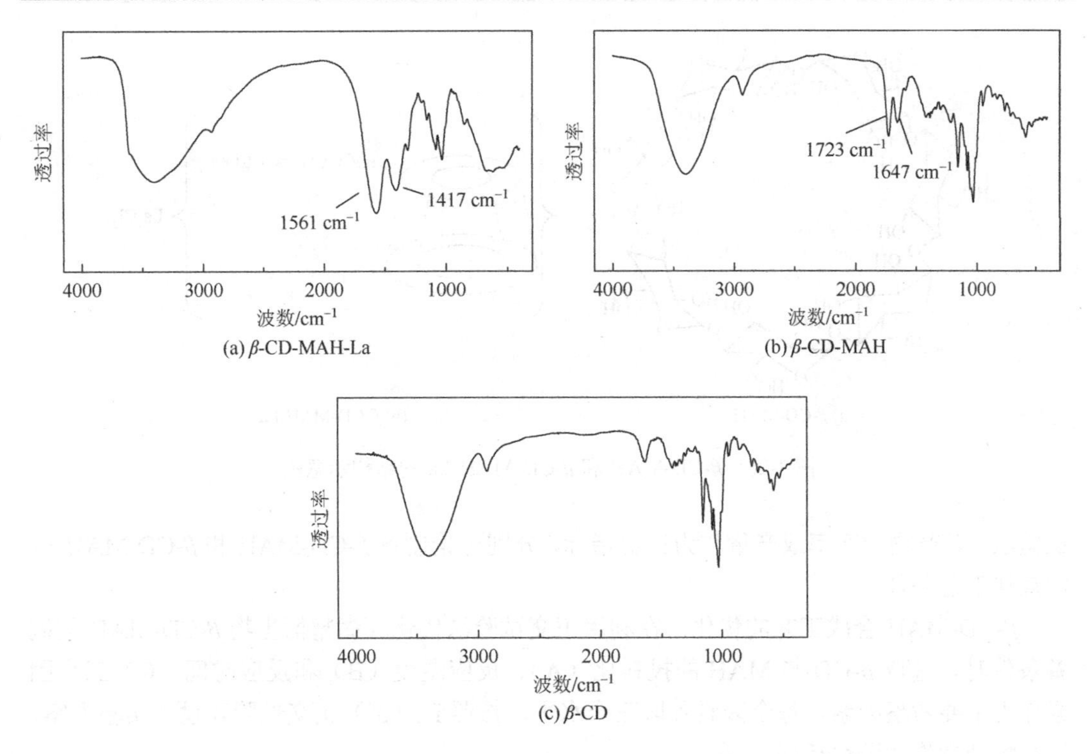

(a) β-CD-MAH-La　　(b) β-CD-MAH

(c) β-CD

图 3-27　β-CD、β-CD-MAH 和 β-CD-MAH-La 的红外光谱图

供酸。β-CD-MAH-La 的红外光谱图上在 1723 cm^{-1} 位置羰基的峰消失了，取而代之的是在 1561 cm^{-1} 和 1417 cm^{-1} 的位置上出现的峰，分别为羧酸盐上 COO^-的振动和反式振动峰，说明该步反应生成了羧酸盐，即最终产物 β-CD-MAH-La。

将 β-CD-MAH 和 β-CD-MAH-La 的主要官能团的红外衍射峰和元素分析数据整理列于表 3-6，并推断了 β-CD-MAH 和 β-CD-MAH-La 的结构，如图 3-28 所示。

表 3-6　β-CD-MAH 和 β-CD-MAH-La 的红外、元素分析数据及推断的分子式

化学组分	β-CD-MAH	β-CD-MAH-La
红外	3400 cm^{-1}（s, OH），2930 cm^{-1}（w, CH_2），1723 cm^{-1}（s, C═O），1647 cm^{-1}（m, CH═CH），1036 cm^{-1}（s, C—O）	3400 cm^{-1}（s, OH），2900 cm^{-1}（w, CH_2），1561 cm^{-1}（vs, COO），1417 cm^{-1}（s, COO），1029 cm^{-1}（s, C—O）
元素含量分析/%	计算 C 45.58，H 5.11；实验 C 45.44，H 5.17	计算 C 19.38，H 2.06，La 34.84；实验 C 20.02，H 2.11，La 34.75
分子式	$[C_{42}H_{66}O_{31}(OCOCH{=}CHCOOH)_4]_n(1527)_n$	$[C_{42}H_{66}O_{31}(OCOCH{=}CHCOO)_4La_9Cl_{23}]_n(3591)_n$

2）β-环糊精-马来酸酐衍生物镧配合物的合成工艺的优化

制备 β-CD-MAH-La 的过程主要为两步：第一步为 MAH 改性 β-CD 生成环糊精衍生物 β-CD-MAH，第二步为 β-CD-MAH 与镧离子反应，生成环糊精金属配合物 β-CD-MAH-La。针对影响 β-CD-MAH 和 β-CD-MAH-La 制备结果的各个因素，采用正交

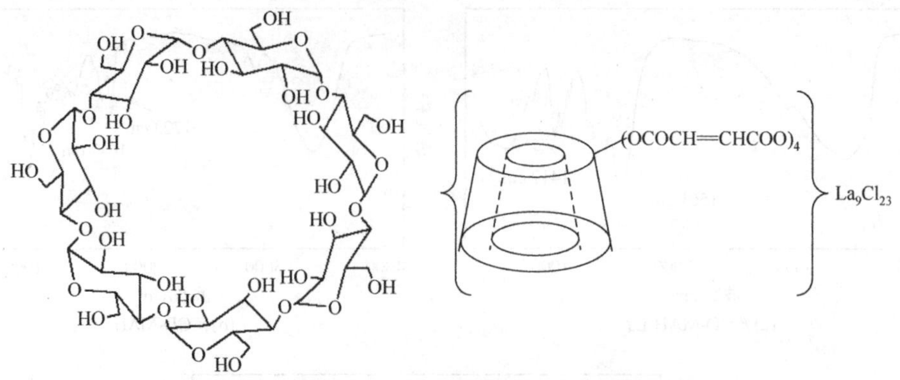

(a) β-CD-MAH (b) β-CD-MAH-La

图 3-28 β-CD-MAH 和 β-CD-MAH-La 的结构示意图

试验法，以产物的产率或产量作为评价指标，分别讨论制备 β-CD-MAH 和 β-CD-MAH-La 的最佳工艺条件。

β-CD-MAH 合成工艺的优化：在利用正交试验法优化环糊精衍生物 β-CD-MAH 的制备条件时，选取 β-CD 与 MAH 的投料比（A）、反应温度（B）和反应时间（C）三个因素作为主要考察因素，每个因素各取三个水平，按照 L_9（3^3）正交试验表设计实验方案，以产物产量作为评价指标。

正交试验中各因素的水平选择见表 3-7。

表 3-7 β-CD-MAH 的正交试验因素和水平

水平	投料比（A）*（β-CD：MAH）	反应温度(B)/℃	反应时间(C)/h
1	1：5	60	6
2	1：10	70	8
3	1：15	80	10

*指质量比。

β-CD-MAH 的正交试验结果如表 3-8 所示。极差 R 的大小反映了实验各因素对实验指标的影响程度，R 越大说明该因素对实验指标的影响越大，由此得出各因素对 β-CD-MAH 产率的影响从大到小依次为 β-CD/MAH 投料比（A）、反应温度（B）、反应时间（C）。根据正交试验优化结果确定合成 β-CD-MAH 获得最高产率的条件为 $A_2B_3C_2$，即 β-CD 与 MAH 的投料比为 1：10，反应温度为 80℃，反应时间为 8 h。

表 3-8 β-CD-MAH 的正交试验结果

序号	投料比（A）（β-CD：MAH）	反应温度(B)/℃	反应时间(C)/h	产率/%
1	1：5	60	6	39.21
2	1：5	70	8	42.87
3	1：5	80	10	43.55

续表

序号	投料比（A）（β-CD∶MAH）	反应温度(B)/℃	反应时间(C)/h	产率/%
4	1∶10	60	8	46.01
5	1∶10	70	10	49.94
6	1∶10	80	6	53.38
7	1∶15	60	10	46.24
8	1∶15	70	6	48.08
9	1∶15	80	8	55.72
均值 K_1	41.877	43.820	46.890	
均值 K_2	49.777	46.963	48.200	
均值 K_3	50.013	50.883	46.577	
极差 R	7.900	7.396	1.957	
优水平	A_2	B_3	C_2	

β-CD-MAH-La 合成工艺的优化：在利用正交试验法优化 β-CD-MAH-La 的制备时，β-CD-MAH 按上述实验结果得到的最佳工艺条件进行反应，以此讨论第二步中 β-CD-MAH-La 制备的最佳工艺条件。β-CD-MAH 的合成要比获得 $LaCl_3$ 复杂困难得多，为了使 β-CD-MAH 得以充分反应，本部分实验的考察指标选择产物 β-CD-MAH-La 的产量，对 β-CD-MAH-La 最佳的合成工艺条件进行优化筛选。

主要考察因素选取 β-CD-MAH 与 $LaCl_3$ 的投料比（A）、反应温度（B）和反应时间（C）三个因素，每个因素各取三个水平，然后按照 L_9（3^3）正交试验表设计实验方案，并以 β-CD-MAH-La 产量作为评价指标。正交试验中各因素的水平选择见表 3-9。

表 3-9　β-CD-MAH-La 的正交试验因素和水平

水平	投料比（A）（β-CD-MAH-La∶$LaCl_3$）	反应温度(B)/℃	反应时间(C)/h
1	1∶12	60	12
2	1∶15	70	15
3	1∶18	80	18

β-CD-MAH-La 的正交试验结果如表 3-10 所示。可知 β-CD-MAH-La 的最大产量为 14.45 g。各因素对 β-CD-MAH-La 产量的影响从大到小依次为 β-CD-MAH 与 $LaCl_3$ 投料比（A）>反应温度（B）>反应时间（C）。根据实验结果确定获得最大 β-CD-MAH-La 产量的实验条件为 $A_3B_1C_2$，即 β-CD-MAH 与 $LaCl_3$ 的投料比为 1∶18，反应温度为 60℃，反应时间为 15 h。

表 3-10　β-CD-MAH-La 的正交试验结果

序号	投料比（A）（β-CD-MAH-La∶$LaCl_3$）	反应温度(B)/℃	反应时间(C)/h	产量/g
1	1∶12	60	12	7.35
2	1∶12	70	15	5.98
3	1∶12	80	18	4.99

续表

序号	投料比（A）(β-CD-MAH-La：$LaCl_3$)	反应温度(B)/℃	反应时间(C)/h	产量/g
4	1：15	60	15	11.59
5	1：15	70	18	12.44
6	1：15	80	12	9.49
7	1：18	60	18	14.45
8	1：18	70	12	13.05
9	1：18	80	15	14.43
均值 K_1	6.11	11.13	9.96	
均值 K_2	11.17	10.49	10.67	
均值 K_3	13.98	9.64	10.63	
极差 R	7.87	1.49	0.70	
优水平	A_3	B_1	C_2	

综上所述，β-CD-MAH 的最佳合成条件为 β-CD 与 MAH 的投料比为 1：10，反应温度为 80℃，反应时间为 8 h。β-CD-MAH-La 的最佳合成条件为 β-CD-MAH 与 $LaCl_3$ 的投料比为 1：18，反应温度为 60℃，反应时间为 15 h。

3）β-CD-MAH-La/PP 物理性能

采用熔融挤出法制备了不同成核剂含量的 β-CD-MAH-La 改性 iPP，并注塑成标准样条进行力学性能测试。成核剂 β-CD-MAH-La 的含量分别为 0 wt%、0.2 wt%、0.5 wt%、0.8 wt%和 1.0 wt%。β-CD-MAH-La 含量对改性 iPP 力学性能的影响结果如图 3-29 所示。

由图 3-29（a）可知，随着 β-CD-MAH-La 含量的增加，改性 iPP 的抗冲击强度明显提高。在 β-CD-MAH-La 含量为 0.8 wt%时，改性 iPP 的抗冲击强度达到最大值，为 13.09 kJ/m^2，比空白 iPP 提高了约 40%。但 β-CD-MAH-La 含量的继续增加不会继续提高改性 iPP 的抗冲击强度，反而略微下降。

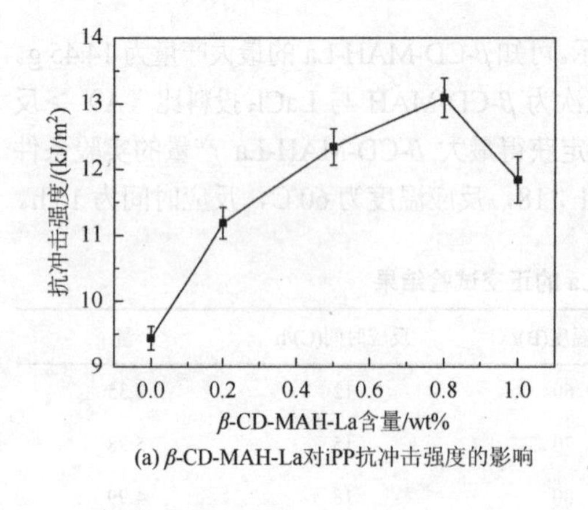

(a) β-CD-MAH-La对iPP抗冲击强度的影响

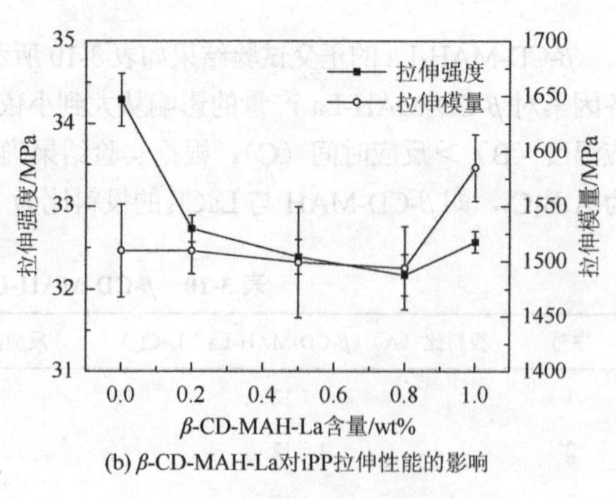

(b) β-CD-MAH-La对iPP拉伸性能的影响

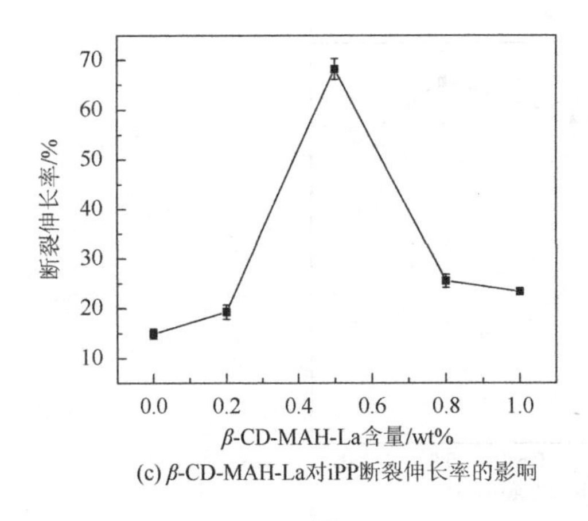

(c) β-CD-MAH-La对iPP断裂伸长率的影响

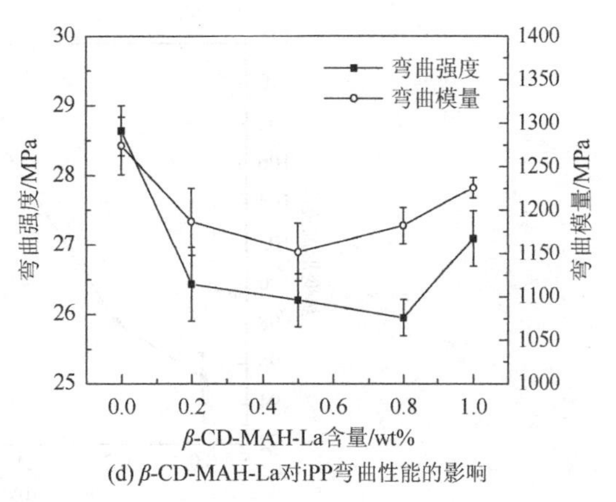

(d) β-CD-MAH-La对iPP弯曲性能的影响

图 3-29　β-CD-MAH-La 含量对 iPP 力学性能的影响

半结晶聚合物的力学性能很大程度上取决于该聚合物的分子量、结晶形态、结晶度和晶粒尺寸。加入 β-CD-MAH-La 能提高 iPP 抗冲击强度的原因在于 β-CD-MAH-La 能诱导 iPP 生成 β-iPP。β 晶较小，内部排列较为松散，对冲击能有较好的吸收作用，它的生成能有效提高 iPP 的抗冲击强度。此外，β 晶具有特殊的放射状的结晶形态，在受到外力时，能产生大量的银纹，银纹在断裂面形成连续的纤维结构，在传播时吸收了大部分的冲击能量，从而使 β-iPP 的抗冲击性能提高。

因此，随着 β-CD-MAH-La 含量的增加，结晶中心增加，诱导生成 β 晶核的数量增加，形成的 β 晶也较完善，从而促使改性 iPP 的抗冲击强度逐渐提高。然而随着 β-CD-MAH-La 的继续加入，当成核剂浓度超过一定值后，iPP 的结晶速率太快，iPP 分子来不及调整手性以满足形成 β 晶的手性要求而产生缺陷，使 α 晶含量增加。另外，β-CD-MAH-La 含量的增加也会造成 β-CD-MAH-La 的团聚，从而在 iPP 基体中分散不均形成缺陷，导致抗冲击强度的下降。因此，改性 iPP 的抗冲击强度随 β-CD-MAH-La 含量的增加先增加后减小。

β 成核剂的加入还能提高试样的断裂伸长率。由图 3-29（c）可知，改性 iPP 的断裂伸长率在 β-CD-MAH-La 的添加量为 0.5 wt%时达到最大值，为 68.21%，约是空白 iPP 的 5 倍。

由图 3-29（b）和（d）可知，随着 β-CD-MAH-La 的加入，改性 iPP 的拉伸强度、弯曲强度和弯曲模量有下降的趋势，这是因为 β-iPP 为束状聚集体，在拉伸时容易引发微小裂纹产生应力集中，导致拉伸强度和弯曲模量有所下降。但拉伸强度和弯曲强度下降幅度不大，都在 10%以内，而改性 iPP 的拉伸模量几乎不受 β-CD-MAH-La 的影响。

本节考察了不同 β-CD-MAH-La 含量对改性 iPP 热变形温度的影响，其结果如图 3-30 所示。随着 β-CD-MAH-La 含量的增加，改性 iPP 的热变形温度先快速上升，在 β-CD-MAH-La 的含量大于 0.5 wt%后，热变形温度上升较缓慢，在 β-CD-MAH-La 含量为 0.8 wt%时达到最大值，为 110.2℃，较空白 iPP 约提高了 15℃。添加成核剂之后的改性 iPP 是异相结晶，结晶更为完善，晶体更为致密均匀，使热变形温度提高，因此加入 β 成核剂是提高 iPP 耐热性能的有效途径之一。但是加入过多的成核剂对提高热变形温度会有不利影响，主要是因为小分子成核剂在较高温度下不稳定，且对 iPP 会起润滑剂作用，使热变形温度降低。

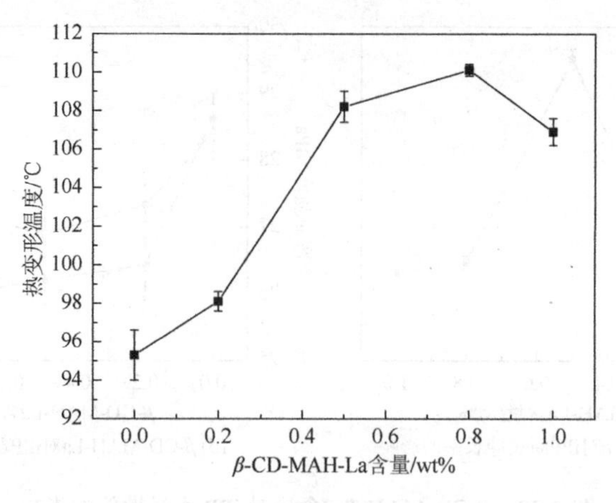

图 3-30　β-CD-MAH-La 含量对 iPP 热变形温度的影响

综上所述，β-CD-MAH-La 在工业应用的最佳添加量为 0.8 wt%，由此得到的改性 iPP 力学性能最佳。

4）改性聚丙烯 β 晶含量

广角 X 射线衍射（WAXD）是表征 iPP 晶体中不同晶型结构及其含量最直观的手段。将不同 β-CD-MAH-La 含量改性 iPP 的样品在同一温度（130℃）下等温结晶 2 h 后进行 WAXD 扫描，β-CD-MAH-La 的含量分别为 0 wt%、0.2 wt%、0.5 wt%、0.8 wt%、1.0 wt%，其结果如图 3-31 所示。

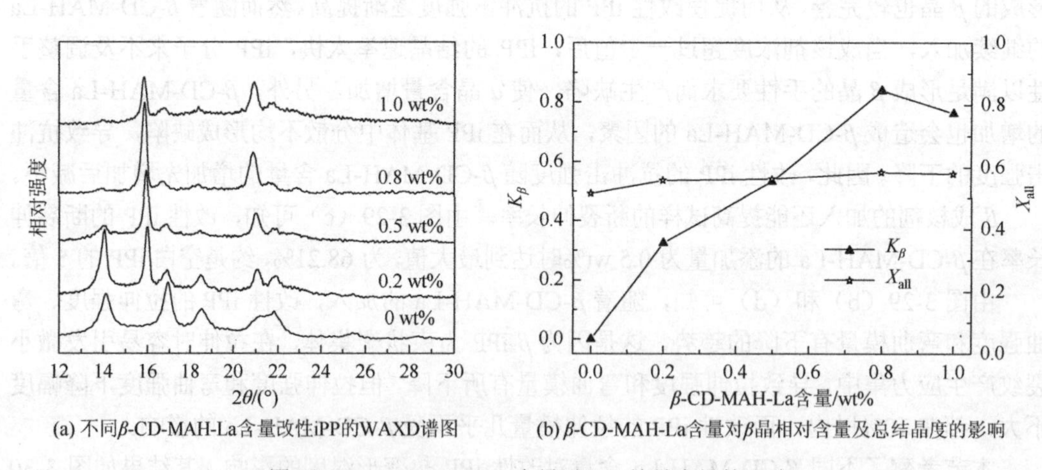

(a) 不同β-CD-MAH-La含量改性iPP的WAXD谱图　　(b) β-CD-MAH-La含量对β晶相对含量及总结晶度的影响

图 3-31　β-CD-MAH-La 含量对 iPP 结晶含量的影响

图 3-31（a）为不同 β-CD-MAH-La 含量改性 iPP 的 WAXD 谱图。可知，空白 iPP 在 2θ 为 14.1°、16.9°、18.5°、21.2°和 21.8°的位置出现的衍射峰，分别对应了 iPP 中 α 晶在（110）、（040）、（130）晶面和重叠的（131）、（111）晶面的衍射峰，这说明在空白 iPP 中只生成了 α 晶。与之相比，添加了成核剂 β-CD-MAH-La 后的改性 iPP 在 $2\theta = 15.9°$多出了一个峰，对应为 iPP 中 β（300）晶面的衍射峰，说明 β-CD-MAH-La 能诱导 iPP 生成 β 晶。

β-CD-MAH-La 含量对 β 晶相对含量（K_β）和总结晶度（X_{all}）的影响关系见图 3-31（b）。

可以观察到，在等温结晶条件下，X_{all}的值几乎不受β-CD-MAH-La含量的影响。而K_β的值先随着β-CD-MAH-La含量的增加而增加，在β-CD-MAH-La的含量为0.8 wt%时达到最大值，为0.84，可见β-CD-MAH-La是一种高效的β成核剂。继续增加β-CD-MAH-La并不能使K_β的值增加，相反地，结晶过快和团聚效应导致K_β的值减小。β-CD-MAH-La改性iPP的K_β值的变化趋势与抗冲击性能的趋势几乎相同，进一步说明，β晶的产生是提高iPP抗冲击强度的主要原因。

5）改性聚丙烯结晶及熔融行为

为了讨论β-CD-MAH-La含量对iPP结晶及熔融行为的影响，采用DSC仪对不同β-CD-MAH-La含量改性的iPP进行DSC扫描。图3-32为不同β-CD-MAH-La含量改性iPP的结晶曲线图和熔融曲线图。

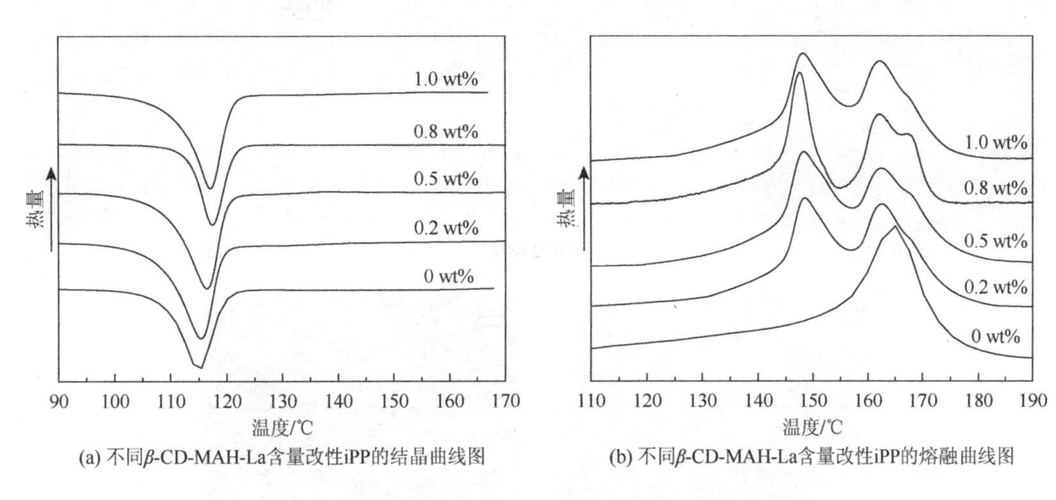

(a) 不同β-CD-MAH-La含量改性iPP的结晶曲线图 (b) 不同β-CD-MAH-La含量改性iPP的熔融曲线图

图3-32 不同β-CD-MAH-La含量改性iPP的DSC曲线

从图3-32（a）的结晶曲线可得，β-CD-MAH-La的加入明显提高了改性iPP的结晶峰温度（T_{cp}）和结晶起始温度（T_0）。在β-CD-MAH-La的含量为0.8 wt%时，改性iPP的结晶峰温度比空白iPP提高了8.5℃。这是由于β-CD-MAH-La在iPP的结晶过程中起成核剂的作用，大量的晶核在较高温度下形成，结晶更为容易，从而促使改性iPP的结晶温度提高。β-CD-MAH-La含量为1.0 wt%的iPP，其结晶峰温度与β-CD-MAH-La含量为0.8 wt%的iPP相差不大，并没有继续提高，这说明β-CD-MAH-La含量为0.8 wt%时，晶核在iPP基体中已基本达到饱和，过多的成核剂并不能继续提高它的成核能力。

从图3-32（b）的熔融曲线可知，空白iPP的熔融曲线上只有在约165℃的位置出现一个熔融峰，为α晶的熔融峰，进一步说明在空白iPP中只有α晶。而在β-CD-MAH-La改性iPP的熔融曲线上，在较低温度（约147℃）的位置出现β晶的熔融峰，而在较高温度（约165℃）的α晶熔融峰位置上出现的双重熔融峰，分别为α晶的熔融峰及β晶重结晶后的熔融峰。在较低温位置的峰为主要峰α_1（约162℃），是改性iPP中形成的α晶的熔融峰，而在较高温位置的峰为小峰α_2（约168℃），是改性iPP中形成的亚稳态β晶的熔融峰，在继续加热的过程中，重结晶为α晶的熔融峰。

总的来说，β-CD-MAH-La 是一种有效的聚丙烯 β 成核剂，能诱导 iPP 生成大量的 β 晶，但由于 β-CD-MAH-La 改性 iPP 样品中同时含有 α 晶和 β 晶，因此它并不是一种完全选择性的 β 成核剂。换句话说，β-CD-MAH-La 是一种双重成核性能的成核剂，这与文献上大部分的 β 成核剂的性质一样。β 晶的含量主要受成核剂的添加量控制，在 β-CD-MAH-La 改性 iPP 的体系中，β-CD-MAH-La 含量为 0.8 wt%时，其 β 成核效果最好。

6）改性聚丙烯的结晶形态

为了考察 β-CD-MAH-La 在 iPP 基体中的分散性，并由此讨论 β-CD-MAH-La 在 iPP 基体中的分散性对 iPP 改性效果的影响，在带热台的偏光显微镜（POM）下观察不同 β-CD-MAH-La 含量改性 iPP 熔体的偏光图像，其结果如图 3-33 所示。

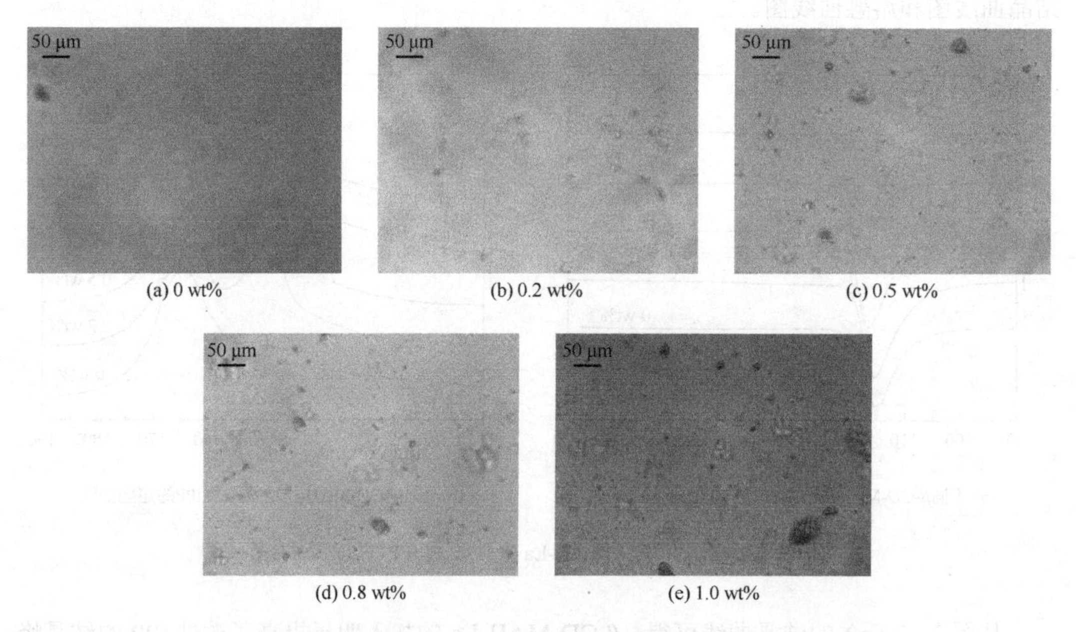

(a) 0 wt%　(b) 0.2 wt%　(c) 0.5 wt%　(d) 0.8 wt%　(e) 1.0 wt%

图 3-33　不同 β-CD-MAH-La 含量改性 iPP 熔融状态下的 POM 图

iPP 在熔融状态时，在 POM 下呈透明状态，在视野中很均匀，如图 3-33（a）所示。因此在该状态下可以很清楚地观察到 β-CD-MAH-La 在聚丙烯基体中的分散情况。图 3-33（b）～（e）为不同 β-CD-MAH-La 含量在 iPP 熔体中的图像，可以看到在 β-CD-MAH-La 含量比较低，如 0.2 wt%和 0.5 wt%时，β-CD-MAH-La 在 iPP 熔体中的分散比较均匀。随着 β-CD-MAH-La 含量的增加，β-CD-MAH-La 开始团聚，团聚的尺寸越来越大，在 β-CD-MAH-La 含量为 1.0 wt%时，其团聚的尺寸达到了 50 μm。在此团聚尺寸下，成核剂容易失去其 β 晶成核能力。

在讨论改性 iPP 的 β 晶相对含量随 β-CD-MAH-La 含量变化趋势时，发现 β-CD-MAH-La 含量达到一定值后，改性 iPP 的 β 晶相对含量不升反降，成核剂的成核效果变差，这一现象与 β-CD-MAH-La 在 iPP 基体中的分散性有很大的关系。分散性差，一是容易使成核剂团聚，影响该成核剂的成核效率；二是团聚的成核剂在 iPP 基体中造成缺陷，直接导致 iPP 性能受到影响。

空白 iPP 加热到熔融状态保持 5 min，消除热历史之后，关闭热台使之缓慢降温，其结晶过程如图 3-34 所示，其中图 3-34（a）为开始出现晶核时记录的偏光图像，将其时间标记为 0 s。

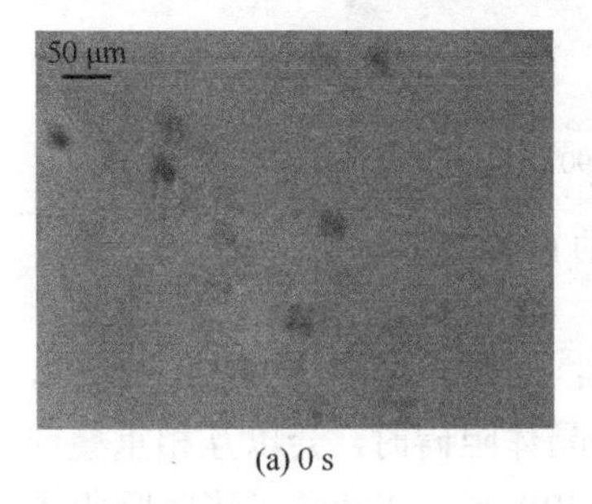

(a) 0 s

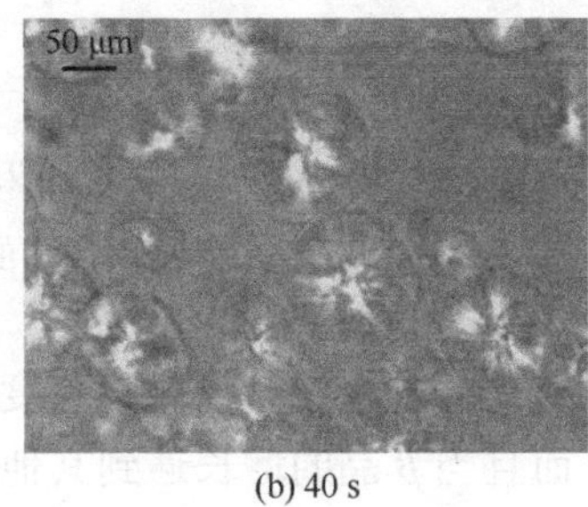

(b) 40 s

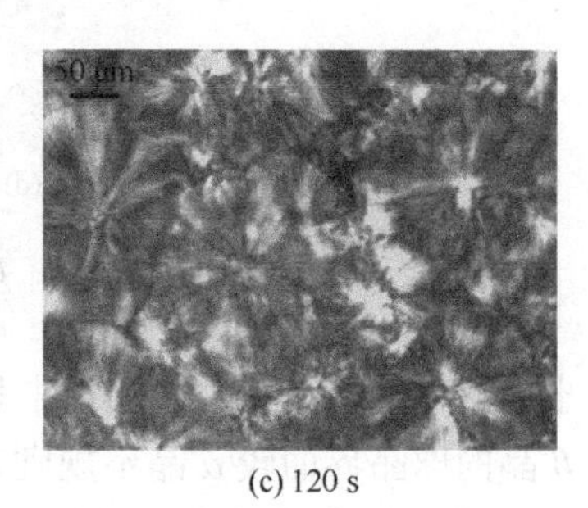

(c) 120 s

图 3-34　空白 iPP 结晶过程的 POM 图

可以看到降温一段时间后，开始有少量晶核出现，如图 3-34（a）所示。在图 3-34（a）40 s 后，iPP 的晶核逐渐增多并且长大，形成完整的圆形的球晶，如图 3-34（b）所示。随后球晶继续生长，球晶之间开始接触并进一步挤压，在图 3-34（a）120 s 后，iPP 的结晶基本完成，如图 3-34（c）所示。完成结晶的 iPP 生成的 α 晶尺寸超过 100 μm，为 100～200 μm，球晶之间形成较为明显的边界。并且由于结晶过程中的收缩，球晶之间还产生空洞。空白 iPP 由于存在这些边界和空洞，其在受到外力冲击时，容易发生应力集中，材料抗冲击强度很低。

0.8 wt%的 β-CD-MAH-La 改性 iPP 的结晶过程如图 3-35 所示。如图 3-35（a）与（b）所示，分散较好的 β-CD-MAH-La 诱导生成的晶核非常明亮，为 β 晶核，而团聚起来的 β-CD-MAH-La 反而诱导形成了 α 晶核。这也进一步验证了 β-CD-MAH-La 在 iPP 熔体中的分散性会影响 β 晶最终的相对含量，团聚的 β-CD-MAH-La 失去了其 β 晶成核能力，加入过多的 β-CD-MAH-La 并不能继续诱导 iPP 生成 β 晶。从 POM 图上来看，β 晶在 β-CD-MAH-La 表面成核结晶并向外辐射生长，说明 β 晶是在 β-CD-MAH-La 的诱导下发生异相成核后结晶。另外，比较图 3-35（b）的两个晶核可以看到，α 晶的颜色比较暗而 β 晶的晶核非常明亮，这也是在 POM 下判断 α 晶和 β 晶的方法之一。

图 3-35（c）和（d）分别为在图 3-35（a）之后 40 s 和 60 s 的 POM 图，比较两图可知，在 β-CD-MAH-La 的诱导下，iPP 生成了较多的 β 晶，且 β 晶的生长速度比 α 晶的生

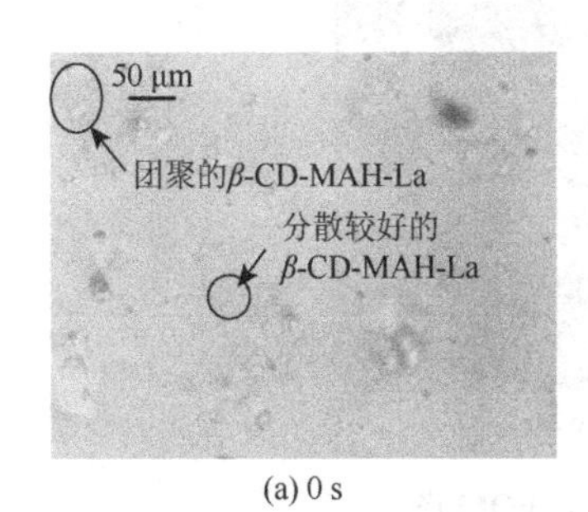

(a) 0 s

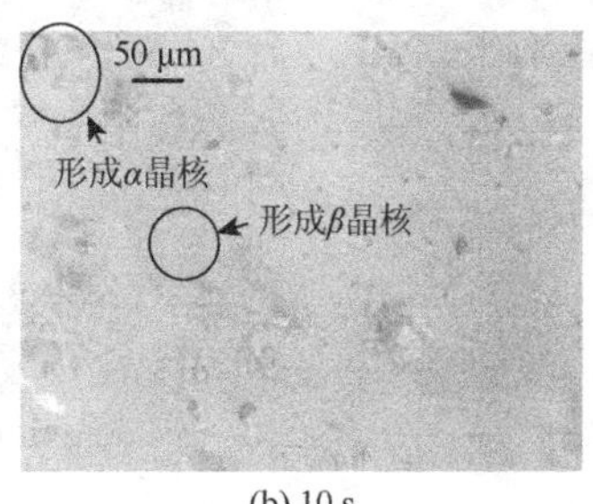

(b) 10 s

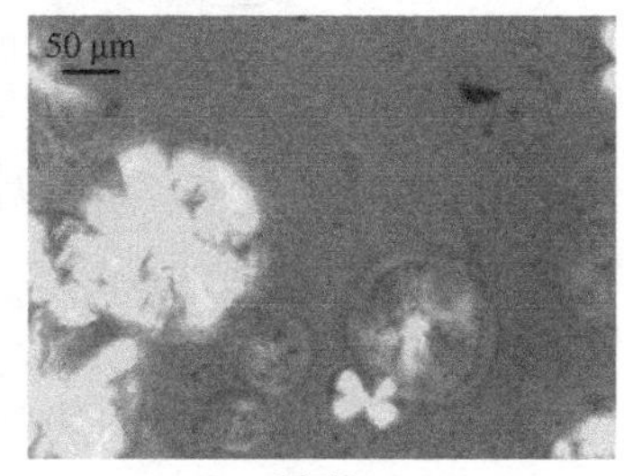

(c) 40 s

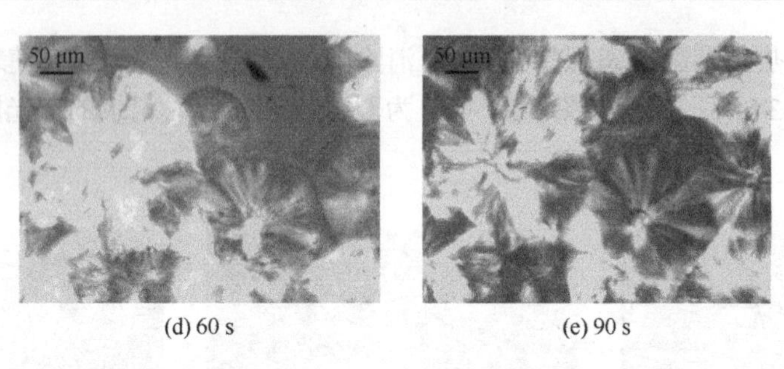

(d) 60 s　　(e) 90 s

图 3-35　β-CD-MAH-La 改性 iPP 结晶过程的 POM 图

长速度快，β 晶在生长过程中呈支化生长，保持较高的亮度；同时，由图 3-35（d）可知，β 晶的球晶界面较 α 晶不规则，而且当 β 晶的增长遇到其他晶体阻碍时，会以互相重叠或互相贯穿的方式填满球晶与球晶之间的边界和空洞，最终使 iPP 制品在裂纹扩张时吸收更多的能量来达到增韧的目的。这是 β 晶增韧 iPP 的一个重要原因，而另外一个原因则是 β 晶本身疏松的结构和受力时发生相转变而吸收能量。

由图 3-35（e）可知，β-CD-MAH-La 能诱导 iPP 生成 β 晶，β 晶在偏光显微镜下是明亮且多彩的球晶。β 晶与 β 晶、β 晶与 α 晶之间能相互贯穿，使球晶之间紧密结合，而 α 晶之间的界面明显。因此，β 成核剂改性 iPP 的韧性比空白 iPP 的韧性高。从时间上比较，β-CD-MAH-La 改性 iPP 完成结晶的时间比空白 iPP 完成结晶所需的时间短，说明在 β-CD-MAH-La 的作用下，iPP 的结晶速率加快。

不同 β-CD-MAH-La 含量改性 iPP 的结晶形态如图 3-36 所示。前面提到在 POM 观察下，iPP 的 α 晶的颜色相对比较暗，而 β 晶的颜色相对比较明亮。图 3-36 可以很直观地观察到 β-CD-MAH-La 含量对诱导 iPP 生成 β 晶含量的影响。

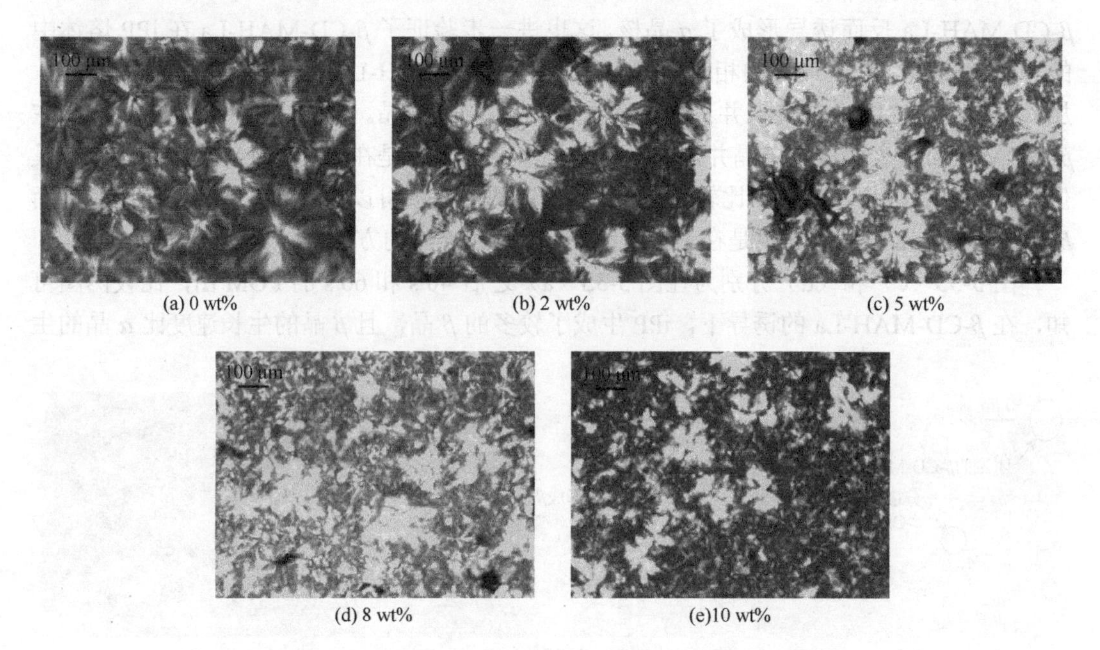

(a) 0 wt%　　(b) 2 wt%　　(c) 5 wt%

(d) 8 wt%　　(e)10 wt%

图 3-36　不同 β-CD-MAH-La 含量改性 iPP 的结晶 POM 图

由图3-36可知，随着β-CD-MAH-La含量的升高，POM视野中所含β晶的相对含量也越来越高，在β-CD-MAH-La含量为0.8 wt%时，β晶相对含量最多。而在β-CD-MAH-La含量为1.0 wt%时，β晶相对含量反而有所下降。此外，由图3-36（a）可知，空白iPP的球晶尺寸较大，且球晶完整。加入β-CD-MAH-La作为成核剂，引入了大量的晶核，加快了iPP的成核速率和结晶速率，导致球晶尺寸降低。β-CD-MAH-La含量越高，球晶尺寸下降越明显。

不同的成核剂能诱导iPP的螺旋链形成不同的空间排列，从而形成各自独特的多晶型晶体。了解聚丙烯β成核剂的成核机理，有利于设计符合结构要求的β成核剂。但目前只有很少的理论能用来解释聚丙烯β晶的成核和结晶机理。Lotz等提出的“晶格匹配理论”指出iPP的c轴和某些有机β成核剂晶体尺寸匹配。而由冯嘉春等提出的另一个机理指出，由钙金属和稀土金属与一些特殊配体形成的双核配合物在iPP加工过程中能生成新的物质，用以诱导β晶的生成。另外，Toyota等提出由于环糊精的特殊结构，iPP熔体能在环糊精的表面附着结晶，促使iPP的结晶速率提高。

由此推断，β-CD-MAH-La作为聚丙烯β成核剂的成核机理可以归纳为：β-CD-MAH-La是一种稀土金属镧与特殊配体β-CD-MAH的金属离子配合物，在过渡金属镧和环糊精笼形这一特殊结构的共同作用下，对iPP能起β成核剂的作用。由于环糊精具有疏水性的空腔，部分iPP分子链在熔融状态下进入环糊精的腔体内形成环糊精包含物；而环糊精表面由于被金属镧修饰，为iPP结晶提供了一个晶体生长面。因此，β-CD-MAH-La以其特殊的结构，诱导iPP的螺旋链在其表面外延结晶，从而起到β成核剂的作用。

2. 案例小结

（1）本节制备了一种新型的聚丙烯β成核剂——β-CD-MAH-La，通过红外光谱和元素分析等表征手段推断了β-CD-MAH-La的化学结构，并采用正交试验优化了合成β-CD-MAH-La的工艺条件：β-CD-MAH的最佳合成条件为β-CD与MAH的投料比为1∶10，反应温度为80℃，反应时间为8 h；β-CD-MAH-La的最佳合成条件为β-CD-MAH与$LaCl_3$的投料比为1∶18，反应温度为60℃，反应时间为15 h。

（2）采用熔融挤出法制备了β-CD-MAH-La改性iPP材料，力学性能测试和热变形温度测试结果表明，β-CD-MAH-La能有效提高iPP的韧性，β-CD-MAH-La的最佳添加量为0.8 wt%。

（3）采用WAXD和DSC考察了β-CD-MAH-La含量对改性iPP的β晶相对含量、结晶性能和熔融性能的影响。结果表明β-CD-MAH-La是一种高效的聚丙烯β成核剂，诱导iPP生成β晶的相对含量主要受其添加量控制，β-CD-MAH-La添加量为0.8 wt%时，β晶相对含量最大，其值为0.84。改性iPP的结晶温度较空白iPP有明显的提高，β-CD-MAH-La在iPP结晶过程中起成核剂的作用。

（4）采用POM观察空白iPP和β-CD-MAH-La改性iPP的结晶形态，发现β-CD-MAH-La的分散性会影响其β成核效果。在β-CD-MAH-La含量为1.0 wt%时产生团聚，失去了β晶成核作用，导致β晶相对含量下降。空白iPP主要形成完整的α晶，球晶之间有明显的边界。改性iPP中β晶在β-CD-MAH-La的诱导下支化生长，并互相重叠和贯穿来填满球晶之间的空洞，使韧性提高。随着 β-CD-MAH-La 含量的增加，改性 iPP 的球晶逐渐变小。

（5）讨论了 β-CD-MAH-La 诱导 iPP 生成 β 晶的成核机理，认为 β 晶的生成是由于过渡金属镧和环糊精笼形这一特殊结构的共同作用。

3.4.5 β-环糊精-马来酸酐镧配合物改性聚丙烯的等温结晶及熔融行为

聚合物本身的晶体结构和外在的结晶过程对其结晶行为和结晶形态有着重要的影响，并因此成为影响聚合物最终物理性能的重要因素。iPP 作为一种典型的多晶型聚合物，它的结晶度、球晶尺寸和晶粒尺寸对材料的最终性能有很大的影响，而且它的结晶形态也会对材料性能产生重要的影响。因此，控制 iPP 的结晶速率并调整 iPP 中不同晶相的比例，对 iPP 制品的实际应用起重要的作用。优化 β-iPP 的形成工艺条件首先需要对 β-iPP 的结晶动力学进行研究。结晶动力学研究不同条件下聚合物的宏观结晶参数随时间的变化规律，动力学理论和研究方法对聚合物结晶性能的表征具有重要意义。

不少文献对 β 成核剂改性 iPP 的等温结晶动力学和非等温结晶动力学进行了研究。Xiao 等研究了 iPP 和稀土复合物（WBG）及 N, N'-二环己基-对酞酰胺（TMB5）这两种 β 成核剂改性 iPP 的等温结晶动力学，采用 Avrami 方程计算而得的动力学参数表明这两种成核剂都能提高 iPP 的结晶速率，大大缩短了结晶时间。Bai 等比较研究了用 α 和 β 成核剂单独改性及 α 和 β 两种成核剂共同改性 iPP 的等温结晶行为、等温结晶动力学及结晶形态。Zhao 等发现，脂肪族二羧酸的ⅡB 族金属盐离子是一种高效的聚丙烯 β 成核剂，并采用 Caze 方程计算了改性前后 iPP 的结晶动力学参数，结果表明改性 iPP 的结晶模式为异相成核。

Avrami 方程和 Hoffman-Lauritzen 理论广泛应用于聚合物的等温结晶动力学研究。前者主要用于描述聚合物的总结晶速率，后者则用于描述聚合物在熔体中的成核及大分子的转化过程。本章主要考察了等温结晶对 β-CD-MAH-La 改性 iPP 材料的 β 晶相对含量、结晶行为和结晶形态的影响；分析了 iPP 和 β-CD-MAH-La 改性 iPP 的等温结晶行为、等温结晶动力学；考察了 iPP 和 β-CD-MAH-La 改性 iPP 等温结晶后的熔融行为，并采用线性和非线性 Hoffman-Weeks 方法计算它们的平衡熔点；通过晶粒生长速率计算 α 和 β 晶粒的表面自由能。

1. β-环糊精-马来酸酐镧配合物改性聚丙烯的合成

β-CD-MAH-La 的合成方法同 3.4.4 节一样，iPP 与 0.8 wt%的 β-CD-MAH-La 经高速混合后，经双螺杆挤出并切粒制备 β-CD-MAH-La 改性 iPP 材料，记为 iPP/β-CD- MAH-La。为方便对比，空白 iPP 也按同样的方法切粒制样，简记为 iPP。

1）iPP 和 iPP/β-CD-MAH-La 的等温结晶行为

等温结晶温度（T_c）能影响 β 晶的成核能力，进而影响 iPP 的晶型结构。采用 WAXD 表征 iPP 和 iPP/β-CD-MAH-La 在不同结晶温度下的晶型结构，其 WAXD 谱图如图 3-37 和图 3-38 所示，等温结晶实验温度分别为 25℃、100℃、110℃、120℃、130℃、140℃和 150℃（iPP 还包括 90℃实验温度）。

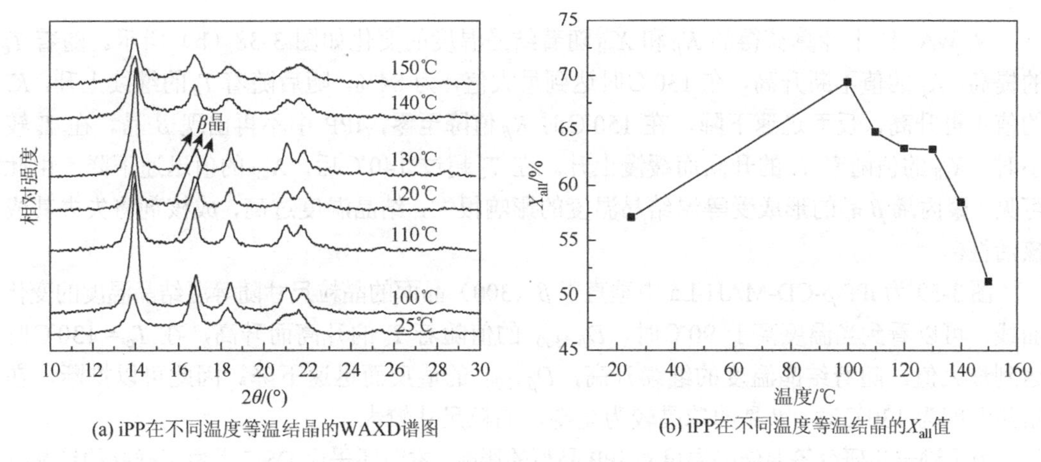

(a) iPP在不同温度等温结晶的WAXD谱图　(b) iPP在不同温度等温结晶的X_{all}值

图 3-37　等温结晶温度对 iPP 结晶的影响

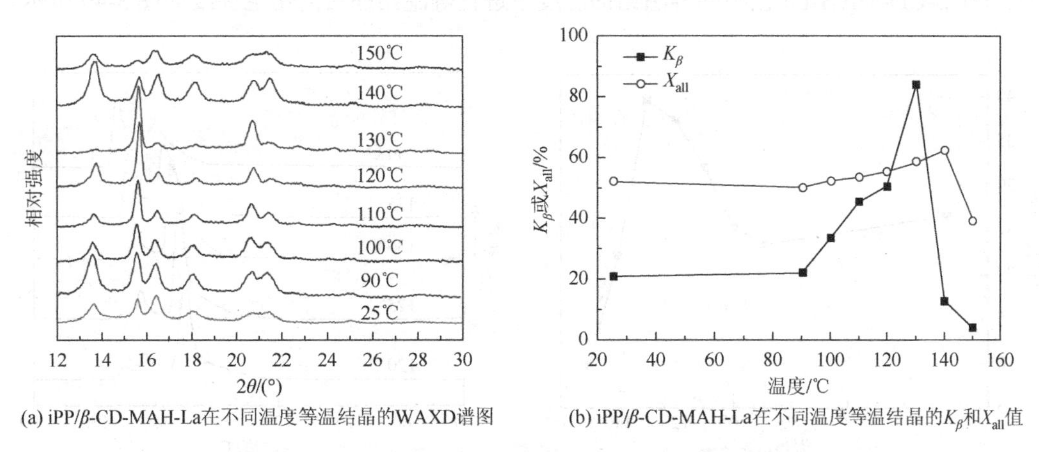

(a) iPP/β-CD-MAH-La在不同温度等温结晶的WAXD谱图　(b) iPP/β-CD-MAH-La在不同温度等温结晶的K_β和X_{all}值

图 3-38　等温结晶温度对 iPP/β-CD-MAH-La 结晶的影响

图 3-37 为 iPP 在不同 T_c 下测得的 WAXD 谱图和结晶度随 T_c 的变化规律。由图 3-37(a)可知，iPP 在所设的等温结晶温度下主要生成 α 晶，只有在 T_c 为 110℃、120℃和 130℃时，在 β（300）晶衍射峰的位置出现了一个极小的峰，说明温度为 110～130℃的确有利于 β 晶的生长。图 3-37（b）为 iPP 结晶度随 T_c 变化的曲线。由图 3-37（b）可知，在 100℃等温结晶时结晶度 X_{all} 有明显的提高，达到 69.4%，随着温度的继续升高，X_{all} 逐渐下降，在 150℃等温结晶时由于晶核开始熔融，X_{all} 低于在室温时等温结晶的值。

图 3-38 为 iPP/β-CD-MAH-La 在不同 T_c 下所测得的 WAXD 谱图及结晶度与 β 晶相对含量随 T_c 变化的规律。由图 3-38(a)的 WAXD 谱图可知，iPP/β-CD-MAH-La 在低于 150℃的结晶温度下等温结晶时出现 β（300）晶面的衍射峰，尤其 100～130℃时 β（300）晶衍射峰更强更尖锐，说明在这个温度范围内，β 晶的生长速率大于 α 晶，动力学上有利于 β 晶生长，且生成的 β 晶更完整。但结晶温度超过 130℃后，β 晶的峰强随着 T_c 的升高而降低，原因在于随着 T_c 的升高，α 晶的生长速度变快而 β 晶的生长速度变慢，β 晶的生长被抑制。在 150℃时几乎没有 β 峰出现，因此可以推断 150℃为聚丙烯 β 晶生成的上限温度。

从 WAXD 上计算获得的 K_β 和 X_{all} 随着结晶温度的变化如图 3-38（b）所示。随着 T_c 的提高，K_β 的值不断升高，在 130℃时达到最大值，为 84%。随后随着 T_c 的继续上升，K_β 的值不再升高，反而迅速下降，在 150℃时 K_β 值降至零，iPP 中不再出现 β 晶。在 T_c 较小时，X_{all} 的值随着 T_c 的升高而缓慢上升。在 T_c 超过 140℃后，X_{all} 的值迅速下降。由此可见，聚丙烯 β 晶的形成受等温结晶温度的影响很大，结晶温度过高，成核剂将失去其成核活性。

图 3-39 为 iPP/β-CD-MAH-La 中垂直于 β（300）晶面的晶粒尺寸随等温结晶温度的变化曲线。可以看到当温度高于 90℃时，$D_{\beta(300)}$ 的值随着 T_c 的升高而升高，在 T_c = 130℃时达到最大值。随着结晶温度的继续升高，$D_{\beta(300)}$ 的值反而迅速下降。因此可以推断，在结晶温度为 130℃时，β 晶的球晶较为完整，晶粒尺寸较大。

为了进一步研究等温结晶温度对 iPP 晶型的影响，本节还采用 DSC 考察了样品的结晶行为。iPP/β-CD-MAH-La 在不同等温结晶温度下进行等温结晶后的熔融曲线如图 3-40 所示。

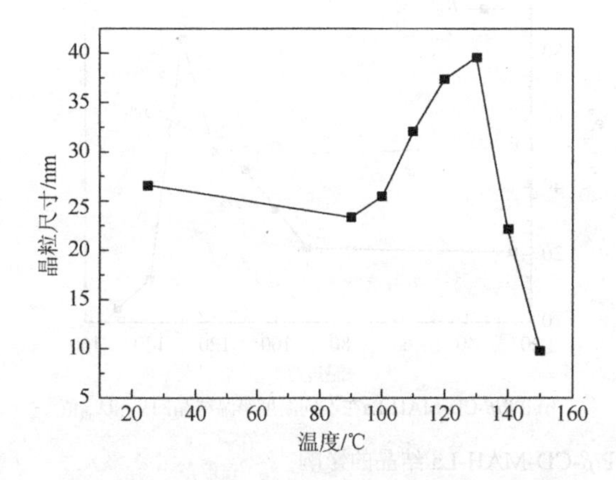

图 3-39 iPP/β-CD-MAH-La 中垂直于 β（300）晶面的晶粒尺寸随等温结晶温度的变化曲线

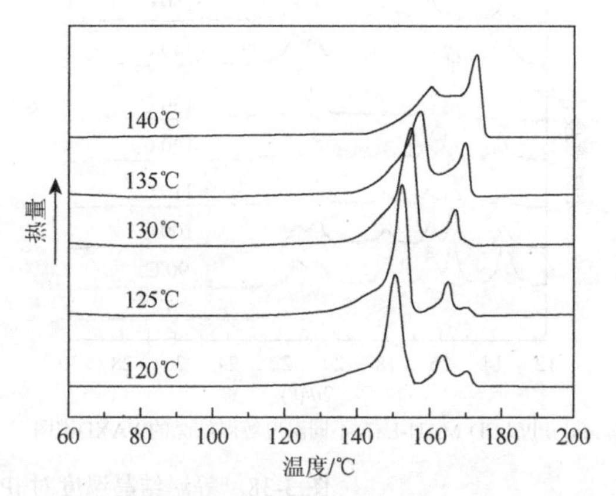

图 3-40 不同等温结晶温度下的 iPP/β-CD-MAH-La 的熔融曲线图

由图 3-40 可知，在 T_c 小于 130℃时，β 峰的强度随着 T_c 的升高而增强，而在 T_c 大于 130℃时，β 峰的强度则随着 T_c 的升高而迅速下降，这个趋势和 WAXD 计算而得 K_β 值的变化趋势一致。其原因可能是，热力学亚稳态的 β 晶在形成时主要受动力学控制，β 晶在上限温度[$T(\beta, \alpha)$ = 140～141℃]和下限温度[$T(\alpha, \beta)$ = 100～105℃]之间具有较高的生长速率，因此在该温度范围内能生成较多的 β 晶，这一解释已由 Varga 通过实验得到了证明。

由上述讨论可知，分散在聚丙烯基体中的 β-CD-MAH-La 能诱导 iPP 形成 β 晶，从而起聚丙烯 β 成核剂的作用。随着结晶温度的提高，iPP/β-CD-MAH-La 中的 β 晶相对含量提高，但继续升高结晶温度反而抑制了 β 晶的含量，因此不同的等温结晶温度会影响 iPP/β-CD-MAH-La 最终的结晶形态。

2）聚丙烯等温结晶的结晶形态

POM 是观察不同晶型的球晶构造的一种最直观的手段，有研究表明，在 POM 下观察时，β-iPP 的晶粒比 α-iPP 的晶粒更为明亮。iPP 和 iPP/β-CD-MAH-La 在 130℃下等温结晶的 POM 图如图 3-41 所示。

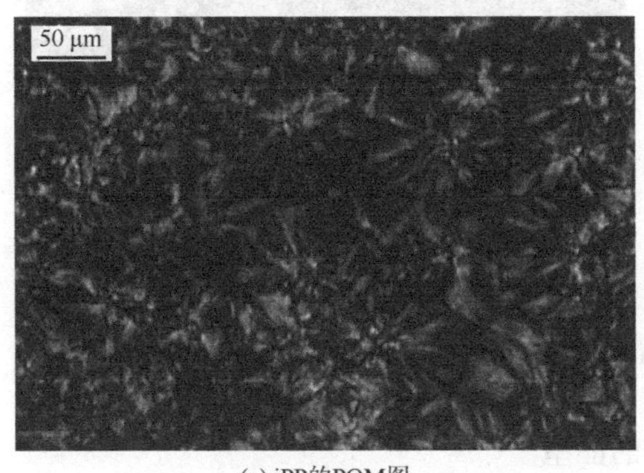

(a) iPP的POM图

(b) iPP/β-CD-MAH-La的POM图

图 3-41　iPP 和 iPP/β-CD-MAH-La 在 130℃下等温结晶的 POM 图

对 iPP 而言，主要生成黑白颜色的 α-iPP 球晶。由于 iPP 为均相成核，结晶速率较慢，生成完整的 α 晶晶粒，其直径超过了 100 μm，球晶与球晶之间界面明显。而对 iPP/β-CD-MAH-La 而言，在 β-CD-MAH-La 诱导作用下，主要生成明亮的彩色 β 晶晶粒，由于 iPP/β-CD-MAH-La 为异相成核，大量的晶核促使结晶速率大大加快，球晶之间互相重叠和贯穿，使界面模糊，其球晶尺寸小于 iPP 的球晶尺寸。

图 3-42 为 iPP 和 iPP/β-CD-MAH-La 分别在 130℃下等温结晶 30 s 和 10 min 后的结晶形态。图 3-42（a）和（c）分别为 iPP 和 iPP/β-CD-MAH-La 在 130℃下等温结晶 30 s 的结晶形态。可以明显看到在时间都为 30 s 的情况下，iPP/β-CD-MAH-La 所形成的晶粒比 iPP 形成的晶粒多。这说明 β-CD-MAH-La 能改变 iPP 的结晶过程，它在 iPP/β-CD-MAH-La 中起异相成核的作用，诱导形成大量的晶核，促使结晶速率提高。图 3-42（b）和（d）分别为 iPP 和 iPP/β-CD-MAH-La 在 130℃下等温结晶 10 min 后的结晶形态，可以看到 iPP 和 iPP/β-CD-MAH-La 的结晶形态有明显的不同，分别为 α 晶和 β 晶的形态特征。综上所述，β-CD-MAH-La 的加入不仅能诱导 β 晶的形成，同时提高了 iPP 的结晶速率。

(a) iPP等温结晶30 s

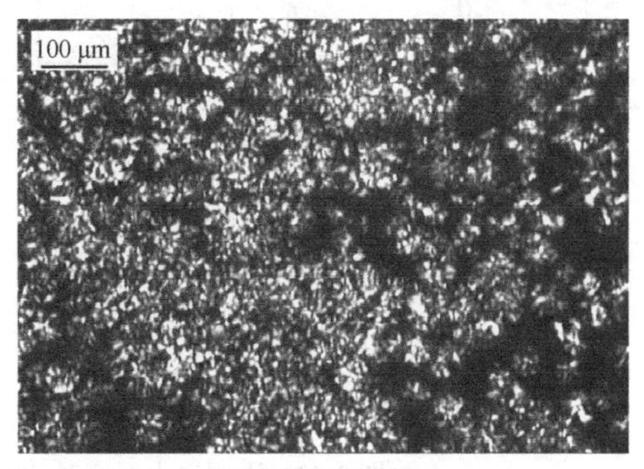

(b) iPP等温结晶10 min

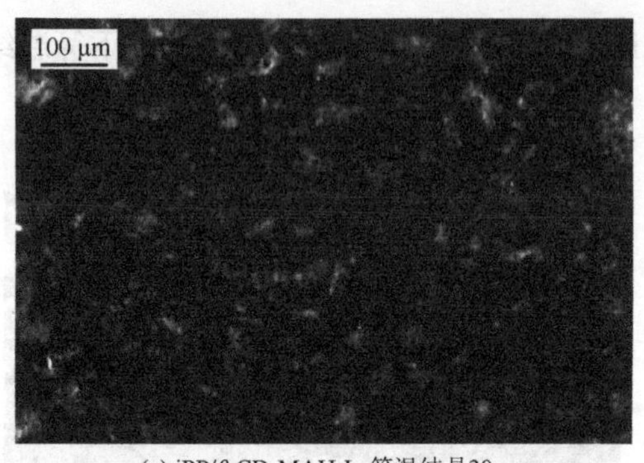

(c) iPP/β-CD-MAH-La等温结晶30 s

(d) iPP/β-CD-MAH-La等温结晶10 min

图 3-42　iPP 和 iPP/β-CD-MAH-La 在 130℃下等温结晶的 POM 图

3）iPP/β-CD-MAH-La 在等温退火处理后的晶型

iPP 的 β 晶为亚稳态晶型，在特殊条件下，会转变为较稳定的 α 晶。Padden 和 Keith 首次报道了 β-iPP 的晶型转变，此后在发生 $\beta\rightarrow\alpha$ 晶型转变的过程中，iPP 晶体的结构变化得到了广泛的研究，并总结了一系列 $\beta\rightarrow\alpha$ 晶型转变的机理，但目前该现象还处在争议中，没有明确的机理。

为了更进一步理解晶型成核剂改性 iPP 材料中出现的多晶型现象，采用 WAXD 表征 iPP/β-CD-MAH-La 在不同加热温度退火后的晶型转变。将 iPP/β-CD-MAH-La 在上述最佳等温结晶温度（130℃）下等温结晶 2 h 后，置于不同的加热温度下进行退火处理，退火时间为 2 h。

图 3-43 为在不同加热温度下退火的 iPP/β-CD-MAH-La 的 WAXD 谱图及不同晶型相对结晶度的变化趋势。由图 3-43 可知，在退火温度为 130℃时，iPP/β-CD-MAH-La 的 β 晶含量仍最高。但在温度超过 140℃后，随着温度的升高，β 晶相对含量迅速下降，温度为 150℃时 β 晶全部消失，与此对应的，该过程中 α 晶含量则迅速增加，直至退火温度达

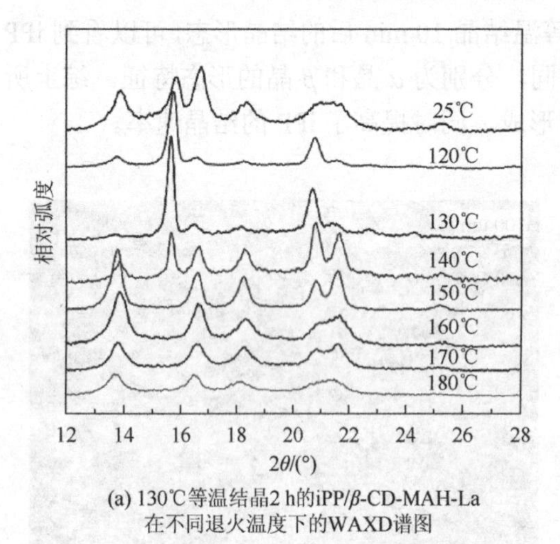

(a) 130℃等温结晶2 h的iPP/β-CD-MAH-La在不同退火温度下的WAXD谱图

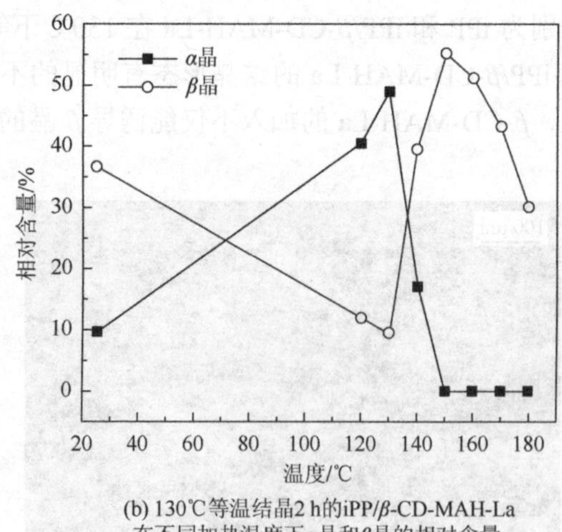

(b) 130℃等温结晶2 h的iPP/β-CD-MAH-La在不同加热温度下α晶和β晶的相对含量

图 3-43　不同退火温度对 iPP/β-CD-MAH-La 晶型转变的影响

150℃后，α 晶含量才逐渐下降。该结果表明，140℃以上在退火过程中发生了 β 晶→α 晶的晶型的转变。

有研究表明，在100～140℃的温度区间对成核剂改性iPP进行退火处理，iPP的 β 晶、α 晶及非晶相能同时存在于iPP中。当退火温度较低时，外界不能提供足够的能量来促进材料内部晶型的变化。而当退火温度较高时，β 晶会逐渐向 α 晶转变。但只有在热处理温度达到150℃时，β 晶才会在退火过程中完全转化为 α 晶。由于 β 晶是热力学不稳定的晶型，熔点大约为155℃，α 晶的熔点大约为175℃，根据熔融再结晶相变理论，β→α 晶的转变先要有一个熔融过程，即 β 晶熔融为转化提供能量，然后在恰当的温度下重新结晶转化为 α 晶。当退火温度为150℃时，接近 β 晶的熔点，因此 β 晶发生熔融，且在该温度下 α 晶的成核、生长速率高于 β 晶，因此材料中的 β 晶转化为 α 晶。

4）iPP和iPP/β-CD-MAH-La的等温结晶动力学

采用DSC表征了iPP和iPP/β-CD-MAH-La在等温结晶条件下的结晶和熔融曲线，并讨论了iPP和iPP/β-CD-MAH-La的等温结晶行为及其动力学。

图3-44为iPP和iPP/β-CD-MAH-La在等温结晶过程中的结晶曲线。由图3-44可知，在选择的结晶温度下所有的试样都呈现单结晶峰。从这些等温结晶曲线中可以明显看到 T_c 对iPP结晶过程的影响。随着 T_c 的提高，iPP和iPP/β-CD-MAH-La的结晶峰位置都往时间更长的方向移动，同时结晶峰的时间跨度也都变宽。这说明在较高的结晶温度下，样品结晶时间变长且结晶速率降低。对iPP而言，T_c = 121℃时iPP完成结晶大约需4 min，而当 T_c = 128℃时则需要大约34 min才能完成结晶。结晶温度越高，聚合物熔体的黏度越小，有利于高分子链段运动，但这种链段运动却不利于链段聚集成核及链段吸附在晶核表面折叠生长，因此高温下的成核速率和晶体生长速率反而比低温下的速率低。iPP/β-CD-MAH-La随着结晶温度的变化趋势与iPP的相似。

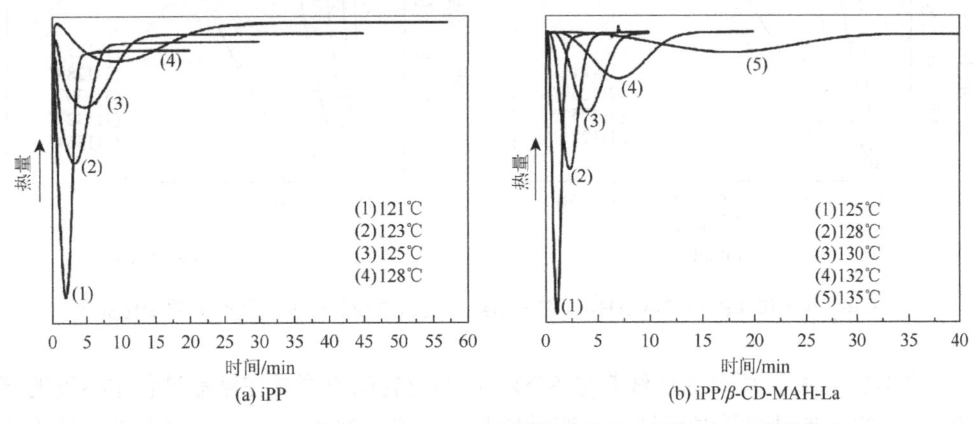

图3-44　iPP和iPP/β-CD-MAH-La在等温结晶温度下的DSC结晶曲线

在结晶曲线上达到结晶峰的峰位置所需要的时间（t_p）随着等温结晶温度的变化规律整理于图3-45。随着结晶温度的升高，t_p 延长，而且在同一结晶温度下，如在125℃或128℃时，iPP/β-CD-MAH-La达到结晶峰的峰位置所需要的时间比iPP所需要的时间短，这说明加入 β-CD-MAH-La后能大大加快聚丙烯的结晶速率。

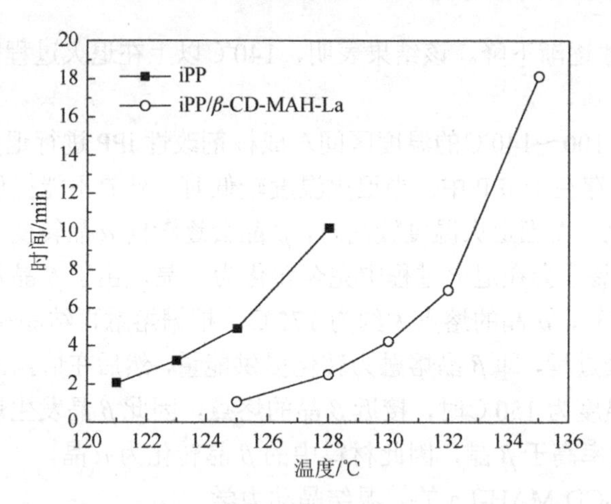

图 3-45　iPP 和 iPP/β-CD-MAH-La 在不同 T_c 下所需要的结晶时间

等温结晶随着时间的相对结晶度 $X(t)$能通过式（3-1）计算：

$$X(t)=\frac{\int_0^t (\mathrm{d}H/\mathrm{d}t)\,\mathrm{d}t}{\int_0^\infty (\mathrm{d}H/\mathrm{d}t)\,\mathrm{d}t} \tag{3-1}$$

式中，dH 为结晶焓；dt 为结晶的时间间隔；t 和 ∞ 分别为结晶过程中开始和结束的运行时间。iPP 和 iPP/β-CD-MAH-La 的相对结晶度 $X(t)$随着时间的变化曲线如图 3-46 所示。

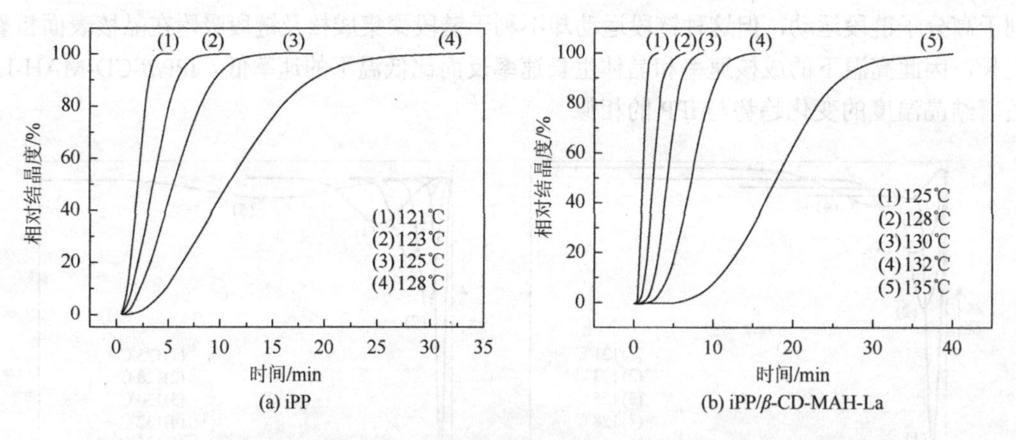

图 3-46　iPP 和 iPP/β-CD-MAH-La 在等温结晶过程中相对结晶度随时间的变化曲线

由图 3-46 可知，所有的曲线都呈 S 形，但其位置的不同是在结晶过程中温度的滞后效应所引起的，等温结晶温度越高，滞后越明显。诱导时间（$t_{0.05}$）为最初的晶核形成所需要的时间，定义为转化率为 5%时所需要的时间。半结晶期（$t_{0.5}$）定义为转化率为 50%时所需要的时间，是表征等温结晶的结晶速率最直观的数据。$t_{0.05}$ 和 $t_{0.5}$ 的值列于表 3-11。由表 3-11 可知，$t_{0.05}$ 和 $t_{0.5}$ 的值随着结晶温度的升高而升高，同时，在同一结晶温度下，iPP/β-CD-MAH-La 的 $t_{0.05}$ 和 $t_{0.5}$ 比 iPP 小得多，证明 β-CD-MAH-La 能有效地提高聚丙烯的结晶速率。

表 3-11　iPP 和 iPP/β-CD-MAH-La 的等温结晶动力学参数

样品	T_c/℃	$t_{0.05}$/min	t_{max}/min	$t_{0.5}$/min	k/min^{-n}	n
iPP	121	0.91	1.90	2.04	8.38×10^{-2}	2.99
	123	1.14	3.25	3.51	3.67×10^{-2}	2.34
	125	1.66	5.03	5.52	1.25×10^{-2}	2.34
	128	3.62	10.02	10.82	1.34×10^{-3}	2.63
					$\bar{n}=2.59\pm0.23$	
iPP/β-CD-MAH-La	125	0.52	1.10	1.14	2.61×10^{-1}	3.89
	128	1.14	2.41	2.40	3.16×10^{-2}	3.30
	130	2.15	4.24	4.15	2.32×10^{-3}	3.86
	132	3.53	7.05	7.29	5.22×10^{-4}	3.58
	135	9.04	18.06	17.95	1.41×10^{-5}	3.68
					$\bar{n}=3.66\pm0.18$	

采用 Avrami 方程分析了 iPP 和 iPP/β-CD-MAH-La 的等温结晶动力学。经典的 Avrami 方程是分析聚合物等温结晶动力学方法中最简单且最为广泛接受的方法，其方程式为

$$1-X(t)=\exp(-kt^n) \tag{3-2}$$

式中，t 和 $X(t)$ 分别为结晶时间和在 t 时间的相对结晶度；k 为总的结晶速率常数；n 为 Avrami 系数，其值由成核方式和球晶的生长维数确定。对于球晶三维生长，n 为 3 或 4；对于圆盘状（圆板）二维生长，n 为 2 或 3；对于纤维一维生长，n 为 1 或 2。将式（3-2）两边同时取对数可以得到式（3-3）：

$$\lg[-\ln(1-X(t))]=n\lg t+\lg k \tag{3-3}$$

在等温结晶条件下，将 iPP 和 iPP/β-CD-MAH-La 的 $\lg[-\ln(1-X(t))]$ 对 $\lg t$ 作图，见图 3-47。

对这些直线进行线性回归，k 和 n 直接由回归直线的截距和斜率获得。最佳的线性回归直线是取整条数据曲线中心的直线部分。在采用 Avrami 方程进行线性回归时，需要注意的是，由于 Avrami 方程是在比较理想的状态下推导出来的，与复杂的实际结晶过程有一定的偏离，一般只适用于低转化率阶段，即结晶初期过程。图 3-47 中在直线的末端（结晶后期）出现了偏离，这是因为两种结晶形态的生长速率不同，以及出现了二次结晶。另外，在最初部分（结晶初期）的一些点也是偏离直线，但是这些点是不考虑的，因为对 Avrami 方程取对数作图容易把结晶初期的评估出现的小错误放大。通过回归方程获得 k 和 n，列于表 3-11。

对同一个样品而言，k 值随着 T_c 的提高而减小，意味着成核速率的降低，这一结晶现象在成核控制的温度区间可以明显地观察到。温度越高，高分子链段运动越剧烈，导致链段运动成核及结晶越困难。根据晶体的成核和生长机理，Avrami 系数 n 应该是一个整数。但是在有些报道中，用 Avrami 方程分析等温结晶并不能完全匹配，因此 n 值通常也不是整数。这主要是聚合物本身的特征导致的，如二次结晶过程、混合的结晶模式和材料密度的变化。同时，一些实验操作上的失误也容易导致最后计算出的 n 值不为整数，如确定结晶起点时引起的误差，以及熔融滞留时间。在本章，在该结晶温度范围内，iPP 的 n 值为 2.59 ± 0.23，说明 iPP 为二维均相成核。而 iPP/β-CD-MAH-La 计算出的 n 值为

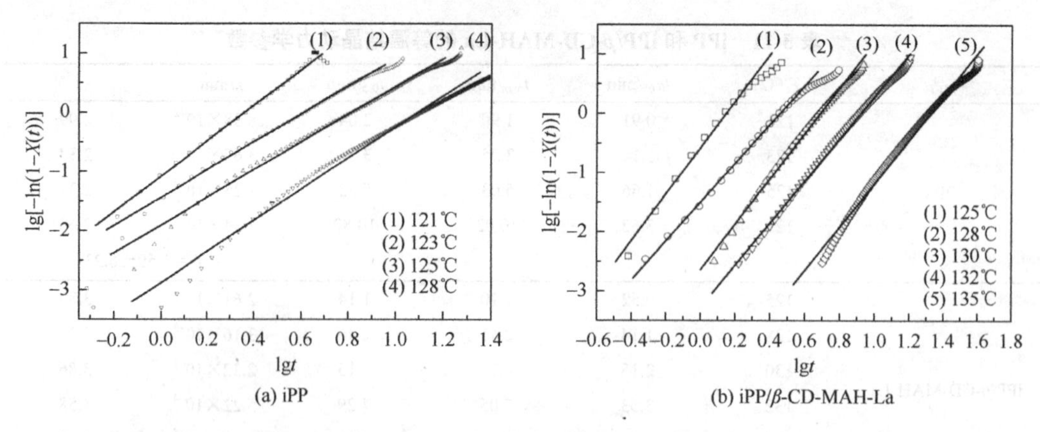

图 3-47 iPP 和 iPP/β-CD-MAH-La 在等温结晶过程中的 lg[−ln(1−$X(t)$)]-lg$t$ 方程

3.66±0.18，说明在 iPP/β-CD-MAH-La 中，聚合物晶体的生长从二维生长变化到三维生长。

5）iPP 和 iPP/β-CD-MAH-La 的等温结晶熔融行为和平衡熔点

（1）熔融行为。

在等温结晶结束后，样品重新加热到 220℃，研究其相应的熔融行为，它们的熔融曲线如图 3-48 所示。由图 3-48 可以得到 iPP 和 iPP/β-CD-MAH-La 在不同温度下等温结晶后的熔点，列于表 3-12。

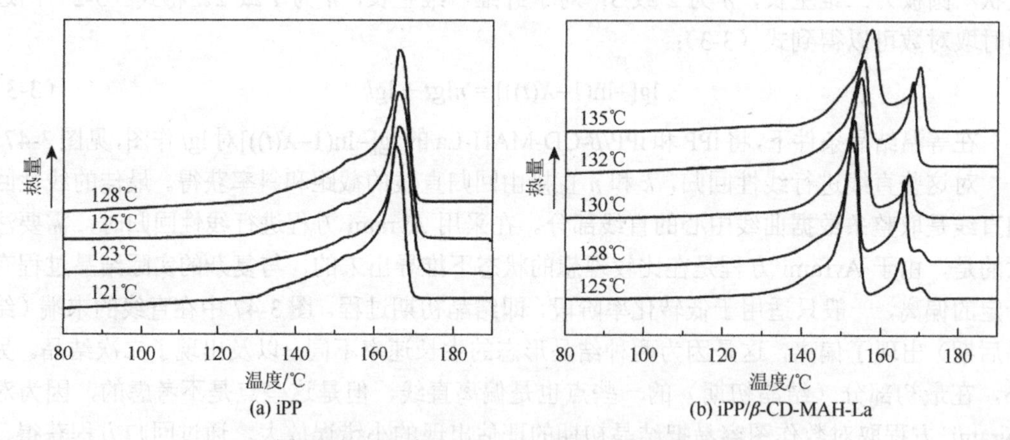

图 3-48 iPP 和 iPP/β-CD-MAH-La 的熔融曲线

表 3-12 iPP 和 iPP/β-CD-MAH-La 在不同温度下等温结晶后的熔点

iPP 的 α 晶		iPP/β-CD-MAH-La 的 α 晶		iPP/β-CD-MAH-La 的 β 晶	
T_c/℃	T_m/℃	T_c/℃	T_m/℃	T_c/℃	T_m/℃
121	165.0	125	165.0	125	152.5
123	165.9	128	165.7	128	153.0
125	166.0	130	167.0	130	154.7
128	166.5	132	167.9	132	155.3
		135	169.7	135	157.3

由图 3-48 可知，在 iPP 的熔融曲线上，只在约 166℃的位置出现了一个峰，这说明在 iPP 中只存在 α 晶。而在 iPP/β-CD-MAH-La 的熔融曲线中，在温度约为 167℃和 155℃的位置都有熔融峰，分别对应着 α 晶和 β 晶的熔点，这说明 β-CD-MAH-La 能诱导 iPP 生成 β 晶。随着结晶温度的升高，α 晶和 β 晶的熔点都向高温方向移动，说明相应的晶片厚度逐渐提高，结晶更完整。

（2）平衡熔点。

结晶聚合物的平衡熔点（T_{m}^{0}）定义为由分子量无限大的分子链形成的完全晶体的熔点，它是聚合物系统中结晶行为的一个重要的热力学参数。在本章，采用线性和非线性 Hoffman-Weeks 方法来计算 iPP 和 iPP/β-CD-MAH-La 的平衡熔点。

线性 Hoffman-Weeks（linear Hoffman-Weeks，LHW）方法是基于观察熔点 T_{m} 和结晶温度 T_{c} 之间的线性关系得到的。该方法经常用于计算线性平衡熔点 T_{mLHW}^{0}。该方法在数学上可表达为式（3-4）：

$$T_{\mathrm{m}}=\frac{T_{\mathrm{c}}}{\gamma}+\left(1-\frac{1}{\gamma}\right)T_{\mathrm{mLHW}}^{0} \tag{3-4}$$

以 T_{m} 为纵坐标，T_{c} 为横坐标作图，将表 3-12 中数据以（$T_{\mathrm{c}}, T_{\mathrm{m}}$）为坐标在图中标点，将坐标点连线并延长与直线 $T_{\mathrm{m}}=T_{\mathrm{c}}$（即对角线相交），相交点即为平衡熔点 T_{m}^{0}。晶片增厚系数 γ 定义为 $\gamma=l/l^{*}$，其中 l 和 l^{*} 分别为最终晶片厚度和起始晶片厚度。采用线性 Hoffman-Weeks 法对 iPP 和 iPP/β-CD-MAH-La 作图，如图 3-49 所示。

但是，在线性 Hoffman-Weeks 法中一个最重要的假设为，晶片增厚系数 γ 与结晶温度 T_{c} 和时间 t 无关，因此 T_{m} 和 T_{c} 之间为线性关系。这个假设已经被证实会低估平衡熔点，同时高估晶片增厚系数。Alamo 等已经证明了观察到的 T_{m} 和 T_{c} 为非线性关系。因此，采用非线性 Hoffman-Weeks 法（non-linear Hoffman-Weeks，NLHW）来计算非线性平衡熔点 T_{mNLHW}^{0}，并将其与 T_{mLHW}^{0} 进行对比。

在 Hoffman-Weeks 理论中，起始晶片厚度 l^{*} 可以通过式（3-5）中的关系用过冷度（$\Delta T=T_{\mathrm{m}}^{0}-T_{\mathrm{c}}$）来表达：

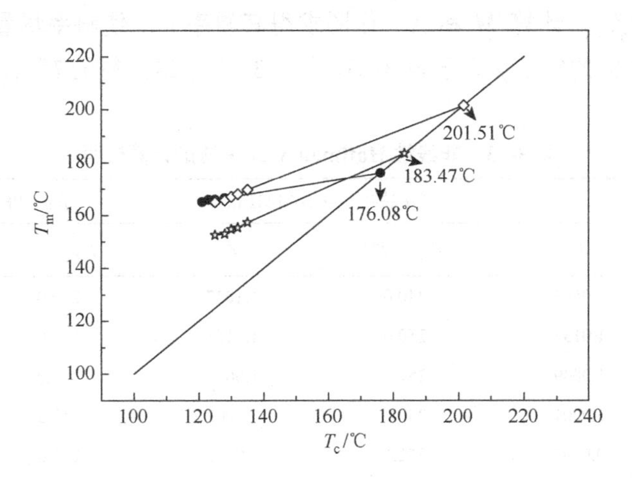

图 3-49　iPP 和 iPP/β-CD-MAH-La 的线性 Hoffman-Weeks 方程图

$$l^* = \frac{2\sigma_e T_m^0}{\Delta H_f(\Delta T)} + C_2 \tag{3-5}$$

式中，ΔH_f 为单位体积的熔融热焓；σ_e 为折叠表面自由能；C_2 为包括温度 T（该温度与动力学上的折叠表面自由能有关）的一个参数，在线性 Hoffman-Weeks 法中可忽略不计。

将式（3-5）与 $\gamma = l/l^*$ 以及吉布斯方程［式（3-6）］三式联立，得

$$T_m = T_m^0\left(1 - \frac{2\sigma_e}{l\Delta H_f}\right) \tag{3-6}$$

根据式（3-6），可用于计算考虑 T_c 对晶片增厚系数影响后的熔点：

$$\frac{T_m^0}{T_m^0 - T_m} = \gamma \cdot \frac{T_m^0}{\Delta T} + \gamma \cdot \frac{\Delta H_f}{2\sigma_e} \cdot C_2 \tag{3-7}$$

Marand 等介绍了一种将式（3-7）线性化的计算方法，通过将含有 T_m 和 T_c 的式子分别作如式（3-8）和式（3-9）所示两个定义：

$$X = \frac{T_{mNLHW}^0}{T_{mNLHW}^0 - T_c} \tag{3-8}$$

$$M = \frac{T_{mNLHW}^0}{T_{mNLHW}^0 - T_m} \tag{3-9}$$

因此式（3-9）能写成：

$$M = \gamma(X + a) \tag{3-10}$$

其中，

$$a = \frac{\Delta H_f C_2}{2\sigma_e} \tag{3-11}$$

如果 γ 为一常数，那么 M 与 X 即为简单的线性关系。由于 M 和 X 都是采用未知数 T_{mNLHW}^0 进行定义的，因此需要假设一系列的 T_{mNLHW}^0 值来代入式（3-10），并计算出一系列相应的斜率 γ。当得到的 $\gamma=1$ 时，此时假设的 T_{mNLHW}^0 即为真实的平衡熔点。在计算过程中，通过假设的 T_{mNLHW}^0 计算 M 和 X，作图求得其斜率 γ，使斜率尽量接近 1。本节假设的 T_{mNLHW}^0 与其相应的斜率 γ 列于表 3-13。由表 3-13 总结而得的 T_{mNLHW}^0 与相应的 a 列于表 3-14。

表 3-13　非线性 Hoffman-Weeks 法的计算过程

α 晶 iPP		α 晶 iPP/β-CD-MAH-La		β 晶 iPP/β-CD-MAH-La	
T_{mNLHW}^0 /℃	γ	T_{mNLHW}^0 /℃	γ	T_{mNLHW}^0 /℃	γ
197.0	1.0503	240.0	1.1037	210.0	1.0397
198.0	1.0136	250.0	1.0151	212.0	1.0172
198.3	1.0049	251.0	1.0075	213.0	1.0066
198.4	1.0001	252.0	1.0002	213.5	1.0015
198.4	0.9997	252.1	1.0000	213.6	1.0005
198.4	0.9989	252.1	0.9999	213.7	1.0000

续表

α 晶 iPP		α 晶 iPP/β-CD-MAH-La		β 晶 iPP/β-CD-MAH-La	
T^0_{mNLHW} /℃	γ	T^0_{mNLHW} /℃	γ	T^0_{mNLHW} /℃	γ
198.5	0.9963	252.1	0.9995	213.8	0.9989
199.0	0.9796	252.2	0.9991	214.0	0.9989
200.0	0.9483	252.3	0.9931	215.0	0.9867

表 3-14　非线性 Hoffman-Weeks 法计算而得的平衡熔点

样品	T^0_{mNLHW} /℃	a
α 晶 iPP	198.39	3.42
α 晶 iPP/β-CD-MAH-La	252.05	0.90
β 晶 iPP/β-CD-MAH-La	213.69	3.27

与 T^0_{mLHW} 的值相比，T^0_{mNLHW} 的值较高，相同的报道也出现在许多同时采用线性和非线性 Hoffman-Weeks 法计算平衡熔点 T^0_m 的文献中。其中，本实验中，iPP 的 α 晶计算出来的 a 值与 Xu 等报道的 a 值（$a = 3.45$）很接近。而 iPP/β-CD-MAH-La 的 α 晶和 β 晶的平衡熔点都因为 β-CD-MAH-La 的引入而升高，这说明 β 成核剂能提高 iPP 的结晶度。该结果也与 WAXD 计算的结果相一致。

6）iPP 和 iPP/β-CD-MAH-La 的等温结晶活化能

聚合物的结晶过程包括成核过程和晶体生长过程。为了进一步考察 iPP 和 iPP/β-CD-MAH-La 在熔体中等温结晶的晶体生长动力学，采用 Hoffman-Lauritzen 提出的第二成核理论对本实验体系进行分析。

Hoffman-Lauritzen 理论是研究高聚物在溶液或熔体中结晶行为和机理的较为系统和完善的理论，该理论实际上是球晶生长分子模型，根据该理论，聚合物的晶粒径向生长速率（G）可以定义为 $G = 1/t_{0.5}$，可以用式（3-12）表达：

$$G = G_0 \exp\left[-\frac{U^*}{R(T_c - T_\infty)}\right]\exp\left(\frac{-K_g}{T_c(\Delta T)f}\right) \tag{3-12}$$

为了计算方便，对式（3-12）两边取对数并整理可得

$$\ln G + \frac{U^*}{R(T_c - T_\infty)} = \ln G_0 - \frac{K_g}{T_c(\Delta T)f} \tag{3-13}$$

式中，G_0 为与温度无关的指前因子；U^*为结晶单元穿过液固界面到达结晶表面所需的转移活化能，对 iPP 而言，其值普遍为 $U^* = 6280$ J/mol；R 为摩尔气体常量；$\Delta T = T^0_m - T_c$，为过冷度；T_∞ 为黏流态停止运动的理论温度，通常定义为 $T_\infty = T_g - 30$ K，T_g 为玻璃化转变温度，对 iPP 而言，$T_g = 263$ K；f 为校正因子，定义为 $f = 2T_c/(T_c + T^0_m)$。

将 $\ln G + \frac{U^*}{R(T_c - T_\infty)}$ 对 $\frac{1}{T_c(\Delta T)f}$ 作图，从得到的直线斜率可以计算出 K_g 的值。

K_g为成核系数，其值反映不同结晶方式的特性，其表达式为

$$K_g = \frac{mb_0\sigma\sigma_e T_m^0}{k_B \Delta H_f} \tag{3-14}$$

根据晶体表面二次成核形成速率和晶体生长的扩散速率，聚合物经历增长可分为三个区，即Ⅰ区、Ⅱ区和Ⅲ区。m为不同分区的系数，当在Ⅰ区和Ⅲ区时$m=4$，在Ⅱ区时$m=2$，在本实验中，将结晶过程设定发生在Ⅲ区；b_0为单分子层厚度；k_B为玻尔兹曼常量，其值为1.38×10^{-23} J/K；ΔH_f为单位体积下聚合物晶体的熔融焓，参数σ和σ_e分别为折叠链侧表面自由能和折叠链端表面自由能；参数σ能通过式（3-15）进行估算：

$$\sigma = \alpha(a_0 b_0)^{\frac{1}{2}} \Delta H_f \tag{3-15}$$

式中，α由经验值推断为0.1；而a_0b_0为长链的横截面积。对iPP而言，在熔体-结晶过程中，α晶的晶体生长沿着α（110）的晶面来计算，而β晶的晶体生长则沿着β（300）的晶面来计算。α晶和β晶的ΔH_f值和横截面积参数列于表3-15。

表3-15 等温结晶下的Hoffman-Lauritzen参数

样品	ΔH_f/(J/m^3)	生长晶面	K_g/K^2		σ_e/(mJ/m^2)	
			$T_m^0=T_{mLHW}^0$	$T_m^0=T_{mNLHW}^0$	$T_m^0=T_{mLHW}^0$	$T_m^0=T_{mNLHW}^0$
α晶 iPP	1.96×10^8	（110） $a_0=5.49\times10^{-10}$ m $b_0=6.26\times10^{-10}$ m	3.24×10^5 $R^2=0.9931$	7.30×10^5 $R^2=0.9948$	67.81	145.55
α晶 iPP/β-CD-MAH-La			5.46×10^5 $R^2=0.9996$	3.02×10^6 $R^2=1$	110.58	541.29
β晶 iPP/β-CD-MAH-La	1.77×10^8	（300） $a_0=6.36\times10^{-10}$ m $b_0=5.51\times10^{-10}$ m	3.37×10^5 $R^2=0.9990$	1.08×10^6 $R^2=0.9999$	78.81	234.66

将K_g值代入式（3-15）可以计算得到折叠自由能σ_e。iPP和iPP/β-CD-MAH-La的K_g和σ_e的值列于表3-15。

K_g代表聚合物形成晶核所需要的自由能的临界值。iPP/β-CD-MAH-La中的α晶的K_g值比iPP中的α晶的K_g值高，这说明α晶链段在iPP/β-CD-MAH-La中的运动比在iPP中的更难。但是在iPP/β-CD-MAH-La中β晶的K_g值却远远低于iPP/β-CD-MAH-La中α晶的K_g值，这说明β-CD-MAH-La对iPP来说是一种有效的β成核剂。同时K_g的值对平衡熔点的值T_m^0很敏感，当采用较高的熔点值$T_m^0=T_{mNLHW}^0$时，K_g的值也较高。

一般来说，折叠表面自由能σ_e越小，对聚合物熔体形成晶核越有利，聚合物链段更容易折叠排列成片晶，成核速率越快。在iPP/β-CD-MAH-La中，β晶的运动较容易，同时限制了α晶的运动。加入成核剂β-CD-MAH-La，减小了产生β晶的晶面阻力，因此加快了β晶结晶速率。

2. 案例小结

本节讨论了iPP和iPP/β-CD-MAH-La的等温结晶行为、等温结晶动力学、熔融行为，并计算其平衡温度和结晶活化能。

（1）WAXD和DSC结果表明，结晶温度对iPP/β-CD-MAH-La的β晶相对含量影响很大，结晶温度为100～130℃适合β晶生成。在结晶温度为130℃时，β晶相对含量最大，为0.84，且在该温度下结晶时，β晶的球晶较为完整，晶粒尺寸较大。POM观察到，β-CD-MAH-La的加入改变了iPP的结晶形态，提高了iPP的结晶速率，模糊了球晶之间的界面，降低了球晶尺寸。

（2）采用WAXD表征了iPP/β-CD-MAH-La在不同退火温度下处理的结晶情况，结果表明在退火过程中发生了β晶→α晶的晶型转变。

（3）讨论了iPP和iPP/β-CD-MAH-La等温结晶行为及其等温结晶动力学。结果表明β-CD-MAH-La能提高iPP的结晶速率。采用Avrami方程分析iPP和iPP/β-CD-MAH-La的等温结晶动力学，得到iPP的n值为2.59±0.23，为二维均相成核，而iPP/β-CD-MAH-La的n值为3.66±0.18，说明在iPP/β-CD-MAH-La中，聚合物晶体的生长是从二维到三维变化的异相成核。

（4）表征了iPP和iPP/β-CD-MAH-La等温结晶后的熔融行为。采用线性和非线性Hoffman-Weeks方法计算了iPP和iPP/β-CD-MAH-La的平衡熔点，iPP/β-CD-MAH-La的α晶和β晶的平衡熔点都因为β-CD-MAH-La的引入而升高，这说明β成核剂能提高iPP的结晶度。采用Hoffman-Lauritzen理论计算了iPP和iPP/β-CD-MAH-La的等温结晶活化能，说明对iPP来说β-CD-MAH-La是一种有效的β成核剂。

3.4.6　β-环糊精–马来酸酐镧配合物改性聚丙烯的非等温结晶及熔融行为

半结晶聚合物的结晶过程在很大程度上影响着聚合物的物理和机械性能。聚合物材料的实际加工条件，如挤出、注塑等，通常是在动态、非等温条件下完成的，研究聚合物在非等温状态下的结晶过程可以优化工业生产条件，提高聚合物的使用性能，具有重要的实际意义。通常采用Jeziorny法、Ozawa法、Mo法和Caze法描述β-iPP的非等温结晶动力学。

Xiao等研究了稀土β成核剂对iPP晶体结构、形态和非等温结晶行为的影响，其中，对非等温结晶动力学分析表明，WBG的加入大大缩短了iPP结晶的成核诱导期和总结晶的时间。比较研究了WBG和N,N'-二环己基–对酞酰胺这两种β成核剂对iPP结晶和熔融行为的影响，研究表明WBG比TMB5更能提高iPP的结晶速率，WBG不仅能有效提高晶核数目，更能加快晶体的生长速率。

Zhao等制备了一种双羧酸根的镉盐BCHE30作为聚丙烯β成核剂，研究其对iPP力学性能、β晶相对含量和结晶行为的影响时发现，添加了该成核剂的聚丙烯抗冲击强度和结晶峰温度都有明显提高，而晶粒尺寸则大大减小。采用Kissinger法计算得到的改性前后iPP的结晶活化能分别为283 kJ/mol和300 kJ/mol。

Yi等首次将β成核剂（硬脂酸和硬脂酸镧复配物）与丙烯在聚合前期混合进行原位聚合，生成β成核剂改性iPP。改性iPP的结晶峰温度升高，而晶粒尺寸大大减小，采用Mo方程分析其非等温结晶动力学，并用Kissinger法计算其结晶活化能。在β晶相对含量为0%、8.5%、77.8%和91.2%时的结晶活化能分别为260 kJ/mol、256 kJ/mol、172 kJ/mol和164 kJ/mol。

Bai 等比较了 α 成核剂和 β 成核剂改性 iPP 的非等温结晶行为和熔融行为。在 iPP 结晶过程中，iPP 的非等温结晶行为及其晶型结构取决于成核剂的性质，α 成核剂的成核能力高于 β 成核剂的成核能力。尽管 β-iPP 具有更好的耐热性和机械性能，但其屈服应力和硬度却低于未改性 iPP 及 α-iPP。

Zhang 等采用了纳米 $CaCO_3$ 负载庚二酸钙 β 成核剂制备 β 成核改性聚丙烯复合材料，研究其非等温结晶动力学、熔融行为和结晶活化能。Avrami 和 Mo 方程很好地描述了该 β 成核剂改性聚丙烯的非等温结晶动力学，采用 Kissinger 方程计算了其结晶活化能。研究发现结晶活化能的降低有利于提高结晶速率和 β 晶的含量。

为了提高 β 成核剂的成核效率，并提高 β 成核改性 iPP 的机械性能，制备新型高效的 β 成核剂并优化其结晶过程成为目前 iPP 改性的热门课题。3.4.4 节所述 β-CD-MAH-La 的最佳添加量为 0.8 wt%，因此本节以 0.8 wt%的 β-CD-MAH-La 改性 iPP 为例讨论 β-CD-MAH-La 改性 iPP 的非等温结晶及非等温结晶后的熔融行为，并采用 Jeziorny-Avrami 方程、Ozawa 方程和 Mo 方程讨论 iPP 和 β-CD-MAH-La 改性 iPP 的非等温结晶动力学。

1. β-环糊精-马来酸酐镧配合物改性聚丙烯的制备

β-CD-MAH-La 的制备方法见 3.4.4 节。iPP 粒子与 0.8 wt%的 β-CD-MAH-La 经高速混合后，经双螺杆挤出并切粒，制备 β-CD-MAH-La 改性 iPP，记为 iPP/β-CD-MAH-La。为方便对比，空白 iPP 也按同样的方法切粒制样，简记为 iPP。

1）iPP 与 iPP/β-CD-MAH-La 的非等温结晶行为

iPP 与 iPP/β-CD-MAH-La 在不同降温速率下的非等温结晶曲线如图 3-50 所示。

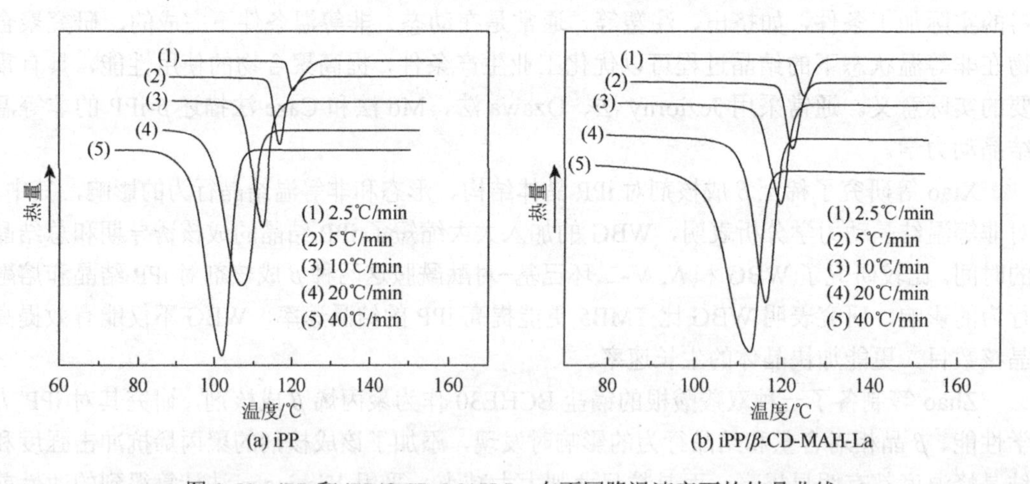

图 3-50　iPP 和 iPP/β-CD-MAH-La 在不同降温速率下的结晶曲线

由图 3-50 可知，随着降温速率的提高，改性前后 iPP 的结晶峰都往低温方向移动，且结晶峰变宽。这是由于链段的旋转和折叠是一个松弛过程，排入晶格需要一定时间，当降温速率增加时，大分子链段的活动能力越来越差，结晶时间短，分子链没有充分的时间堆砌，来不及排入晶格，使结晶的完善程度差异变大，导致结晶峰变宽。降温速率较慢时，结晶时间较长，iPP 分子链有足够的时间排列成有序结构，形成的球晶较完善，结晶峰温度较高。

从图 3-50 归纳而得的结晶数据列于表 3-16。从表中数据可知，在同一降温速率下，iPP/β-CD-MAH-La 的结晶起始温度和结晶峰温度都比 iPP 的高。例如，当降温速率为 10℃/min 时，iPP/β-CD-MAH-La 的结晶起始温度和结晶峰温度分别比 iPP 的提高了 6.3℃和 7.4℃。这是由于 β 成核剂的存在为 iPP 结晶提供了更多的晶核，使结晶更为容易，在较高温度下就可以发生结晶。综上所述，β-CD-MAH-La 在 iPP 中起异相成核的作用，使 iPP 在较高温度下便开始结晶，同时提高了 iPP 的结晶速率。

表 3-16　iPP 和 iPP/β-CD-MAH-La 的非等温结晶数据

样品	Φ/(℃/min)	T_{onset}/℃	T_{cp}/℃	ΔH/(J/g)	X_c/%
iPP	2.5	126.1	120.4	85.26	58.20
	5	122.3	116.9	85.29	58.22
	10	117.3	112.4	85.60	58.43
	20	114.1	107.3	85.96	58.68
	40	108.0	102.1	82.36	56.22
iPP/β-CD-MAH-La	2.5	128.6	124.6	86.92	59.33
	5	125.9	122.6	82.99	56.65
	10	123.6	119.8	88.10	60.14
	20	121.4	116.3	83.01	56.66
	40	117.9	112.4	75.52	51.55

在聚合物的结晶曲线上，该聚合物的结晶度（X_c）可以根据式（3-16）计算：

$$X_c = \frac{\Delta H_c}{\Delta H_c^0} \times 100\% \tag{3-16}$$

式中，ΔH_c 为结晶过程中的结晶焓，其值可由结晶曲线上结晶峰的积分面积获得；ΔH_c^0 为完全结晶的 iPP 的结晶焓，其值为 146.5 J/g。不同降温速率下，iPP 和 iPP/β-CD-MAH-La 的 X_c 值列于表 3-16。由表 3-16 可知成核剂的加入及降温速率的改变对 iPP 的结晶度的影响不大。

在非等温结晶过程中，相对结晶度 $C(T)$可由式（3-17）求得

$$C(T) = \frac{\int_{T_i}^{T} (\mathrm{d}H/\mathrm{d}T)\mathrm{d}T}{\int_{T_i}^{T_\infty} (\mathrm{d}H/\mathrm{d}T)\mathrm{d}T} \tag{3-17}$$

式中，T_i 和 T_∞ 为结晶的起始温度和结束温度；dH/dT 为结晶过程的热流变化率。

图 3-51 为相对结晶度与结晶温度的关系图。图中曲线呈反 S 形，说明样品在降温过程中经历了成核、初始结晶和二次结晶三个阶段。成核阶段的结晶速率较慢，进入初始结晶阶段时，结晶速率变快，最后在二次结晶阶段时，结晶速率下降。

相对结晶度与结晶温度的关系通过式（3-18）转化为结晶温度与结晶时间的关系：

$$t = (T_0 - T)/\Phi \tag{3-18}$$

式中，Φ 为降温速率；t 为结晶时间。

在不同的降温速率下，$C(T)$与 t 的关系曲线如图 3-52 所示。

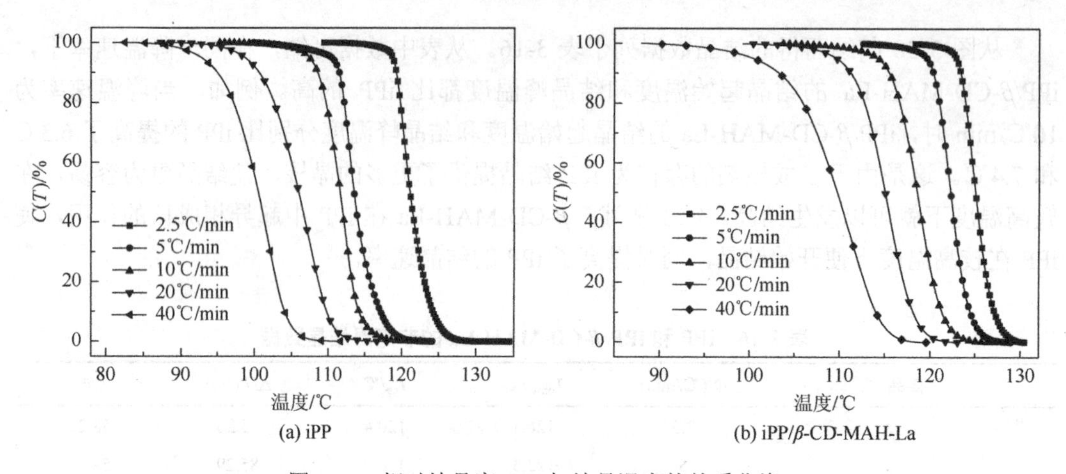

(a) iPP　　(b) iPP/β-CD-MAH-La

图 3-51　相对结晶度 $C(T)$与结晶温度的关系曲线

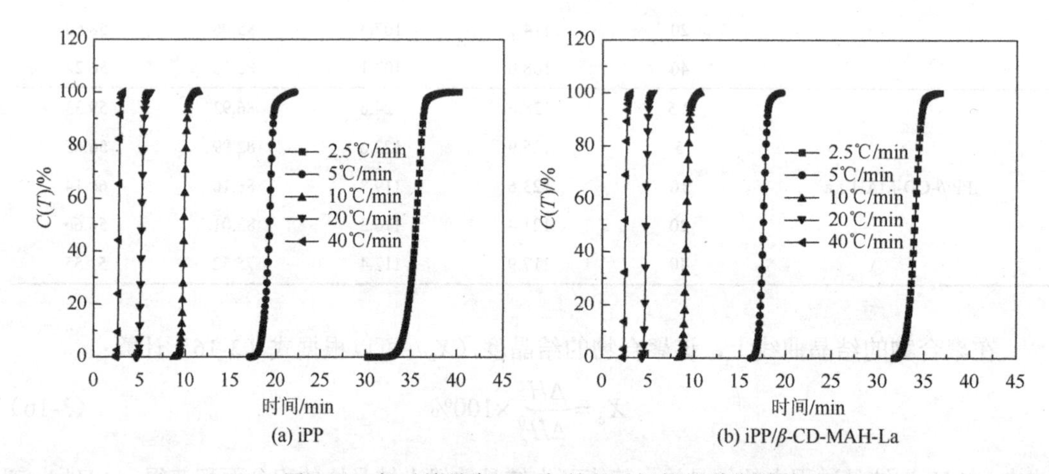

(a) iPP　　(b) iPP/β-CD-MAH-La

图 3-52　相对结晶度 $C(T)$与结晶时间的关系曲线

由图 3-52 可知，从相同的熔体温度下进行冷却时，结晶开始的温度不同，结晶开始的时间也不同。熔体的温度为 T_0，其值为 210℃。利用式（3-18）可以求出 t_{onset}、$t_{0.5}$ 以及 $t_{0.99}$ 等非等温结晶动力学参数，其中 t_{onset}、$t_{0.5}$ 及 $t_{0.99}$ 分别代表结晶开始的时间［从熔体到结晶开始的时间，可定义为 $C(T) = 1\%$所需的时间］、结晶完成一半[$C(T) = 50\%$]的时间及结晶完成[$C(T) = 99\%$]的时间，其值列于表 3-17。

表 3-17　iPP 和 iPP/β-CD-MAH-La 非等温结晶随时间变化的结晶参数

样品	Φ/(℃/min)	t_{onset}/min	$t_{0.5}$/min	$t_{0.99}$/min	Δt_c/min	t_{total}/min
	2.5	33.192	35.564	37.573	4.381	37.573
	5	17.964	19.265	21.176	3.212	21.176
iPP	10	9.234	9.836	10.652	1.418	10.652
	20	4.860	5.205	5.771	0.911	5.771
	40	2.574	2.738	3.042	0.468	3.042

续表

样品	Φ/(℃/min)	t_{onset}/min	$t_{0.5}$/min	$t_{0.99}$/min	Δt_c/min	t_{total}/min
iPP/β-CD-MAH-La	2.5	32.352	33.982	35.586	3.231	35.586
	5	16.651	17.549	18.700	2.049	18.700
	10	8.607	9.144	10.052	1.445	10.052
	20	4.464	4.747	5.234	0.770	5.234
	40	2.329	2.506	2.905	0.576	2.905

t_{onset}可认为是从熔体到开始出现晶核所需要的时间，在此之前熔体中没有任何晶核，在一定程度上可以反映体系成核的难易。从开始结晶到结晶完成所需的时间称为表观结晶时间Δt_c，其值$\Delta t_c = t_{0.99}-t_{onset}$，由成核时间和晶体生长时间两方面因素决定。从熔体到完成结晶所需的时间定义为t_{total}，其值$t_{total} = t_{onset} + \Delta t_c$，可近似认为$t_{total} = t_{0.99}$。

由图 3-52 和表 3-17 可知，随着降温速率的升高，iPP 和 iPP/β-CD-MAH-La 的结晶时间都大大缩短。此外，在同一个降温速率下，iPP/β-CD-MAH-La 所需的t_{onset}比 iPP 所需的少，这说明β-CD-MAH-La 对 iPP 的结晶具有成核作用，使其结晶过程在更广的温度范围内发生。iPP 和 iPP/β-CD-MAH-La 的表观结晶时间Δt_c随降温速率的变化没有明显的规律，其原因主要包括两个方面。其一，对高分子结晶而言，等温结晶动力学研究表明，在越高的温度下进行结晶时总的结晶速率越小，非等温结晶动力学可以看作是无数个微小温度范围的等温结晶动力学组成的。iPP 和 iPP/β-CD-MAH-La 在进行非等温结晶时，β-CD-MAH-La 的加入使 iPP/β-CD-MAH-La 的结晶在高于 iPP 近 10℃的温度下便开始结晶，结晶从开始发生到完成所需的时间不具可比性。其二，总的结晶过程主要由成核过程和晶体生长过程两方面决定，对Δt_c而言，较高温度下结晶时，成核过程发挥主要作用，而在较低温度下结晶时，成核过程主要由晶体生长过程控制。冷却速率越高，结晶发生的温度越低，成核剂的作用就越不明显。这两个方面的共同作用，使 iPP/β-CD-MAH-La 的Δt_c比 iPP 的大。采用$t_{0.5}$和$t_{0.99}$（t_{total}）衡量不同体系的非等温结晶时间更为合理。在降温速率为 2.5℃/min 时，iPP 所需的t_{total}为 37.573 min，而 iPP/β-CD-MAH-La 所需的t_{total}为 35.586 min，由此可得，β-CD-MAH-La 能减少 iPP 的t_{total}，加速结晶过程。

2）iPP 与 iPP/β-CD-MAH-La 的非等温结晶动力学

为了进一步对改性前后 iPP 的非等温结晶动力学变化进行分析，研究学者采用了很多物理模型，本章利用 Jeziorny-Avrami 方程、Ozawa 方程和 Mo 方程进行分析。

（1）Jeziorny-Avrami 方程。

Avrami 方程常被用来解释等温结晶过程，见式（3-19）和式（3-20）：

$$1-X(t) = \exp[-Z(t)t^n] \tag{3-19}$$

$$\lg[-\ln(1-X(t))] = n\lg t + \lg Z(t) \tag{3-20}$$

式中，$X(t)$为在t时的相对结晶度；$Z(t)$为等温结晶动力学常数；n为 Avrami 指数，反映聚合物的成核和生长机理（通常，对于球晶的三维生长过程，$n \geqslant 3$；对于二维片状生长过程，$n = 2$ 或 3；对于纤维状一维生长过程，$n = 1$ 或 2；即n值越大，表明成核和生长过程晶粒的生长维数越高）。

将实验数据与式（3-20）进行线性拟合，将 lg[−ln(1−X(t))]对 lg$t$ 作直线（如图 3-53 所示），参数 n 和 Z（t）可以从直线的斜率和截距中获得。

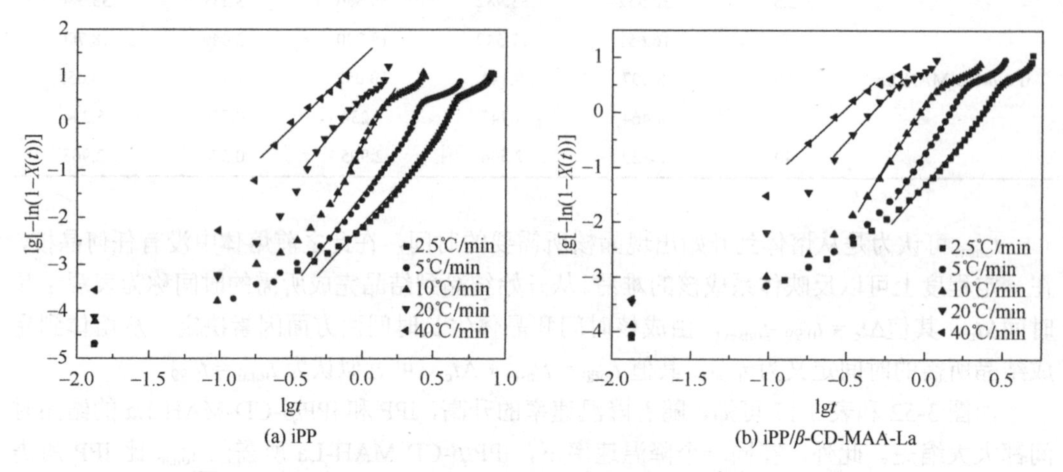

图 3-53　iPP 和 iPP/β-CD-MAH-La 对应的 lg[−ln(1−X(t))]～lg$t$ 曲线

由图 3-53 可知，采用 Avrami 方程描述改性前后 iPP 的非等温结晶动力学时，曲线的线性不是十分吻合，说明曲线与 Avrami 方程有所偏离。这是由于 Avrami 方程最初提出的时候是描述等温结晶动力学过程，而在非等温结晶条件下，温度是即时变化的，对成核和晶体的生长都有很大的影响，n 和 Z（t）所表示的物理意义也有所不同。因为非等温结晶动力学还取决于降温速率，因此在处理非等温结晶过程时，需要对 Avrami 方程进行修正。

采用 Jeziorny 方法对 $Z(t)$进行修正，见式（3-21）：

$$\lg Z_c = \frac{\lg Z(t)}{\Phi} \tag{3-21}$$

通过 Avrami 方程和 Jeziorny 方法所得的动力学参数列于表 3-18。Avrami 指数主要与分子量、成核类型及二次结晶有关，而与温度的关系不大。

表 3-18　非等温结晶过程中试样的 Avrami 模型参数

样品	Φ/(℃/min)	n	$Z(t)$/min^{-n}	Z_c
iPP	2.5	3.36	0.0069	0.14
	5	3.93	0.030	0.50
	10	5.25	0.35	0.90
	20	3.62	3.70	1.07
	40	2.95	24.55	1.08
iPP/β-CD-MAH-La	2.5	3.36	0.05	0.30
	5	4.47	0.19	0.72
	10	4.47	1.35	1.03
	20	3.20	12.08	1.13
	40	2.64	25.70	1.08

由表 3-18 可知，同一降温速率下，iPP/β-CD-MAH-La 的 Avrami 指数比 iPP 的高，说明 β-CD-MAH-La 在 iPP 中起异相成核作用，并且促使 iPP 的结晶成核和生长发生了变化；iPP/β-CD-MAH-La 的 $Z(t)$ 也高于 iPP 的，表明 β-CD-MAH-La 的加入提高了 iPP 的结晶速率。

由图 3-53 可知，iPP 和 iPP/β-CD-MAH-La 在结晶后期的 $\lg[1-\ln(1-X(t))]\sim\lg t$ 曲线偏离线性关系，这说明结晶初期的线性关系主要是描述聚合物结晶主期聚合阶段。而当在结晶后期，即次期结晶或二次结晶阶段，生长中的球晶相遇而影响生长，使得方程与实验数据存在偏差。

（2）Ozawa 方程。

Ozawa 将 Avrami 方程推广到非等温结晶过程，假设非等温结晶过程是由无数个极小的等温结晶过程组成，从而推断出下列公式来讨论非等温结晶过程：

$$1-C(T)=\exp\left[-\frac{K(T)}{|\Phi|^{m}}\right] \tag{3-22}$$

$$\lg[-\ln(1-C(T))]=m\lg\Phi+\lg K(T) \tag{3-23}$$

式中，$K(T)$为温度函数，与成核方式、成核速率及生长速率等因素有关；m 为 Ozawa 指数，与成核方式和球晶生长类型有关。

根据不同特定温度下的 $C(T)$和 Φ 值，以 $\lg[-\ln(1-C(T))]$对 $\lg\Phi$ 作图可得直线，由斜率和截距可得 Ozawa 指数和冷却函数 $K(T)$。根据 Ozawa 理论，对 iPP 和 iPP/β-CD-MAH-La 中的 $\lg[-\ln(1-C(T))]$对 $\lg\Phi$ 作图，结果如图 3-54 所示。

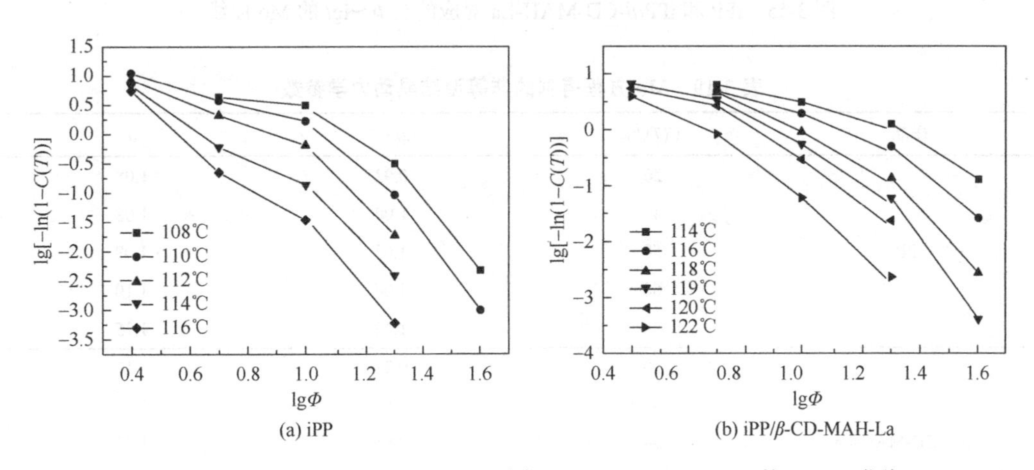

图 3-54　iPP 和 iPP/β-CD-MAH-La 对应 $\lg[-\ln(1-C(T))]\sim\lg\Phi$ 的 Ozawa 曲线

由图 3-54 可知，所有的线都有明显的折点，说明 Ozawa 参数 m 在不同的温度下都有不同的趋势，而且温度越高，曲线弯曲得越厉害。这意味 Ozawa 参数 m 在该结晶过程中并不是一个常数，Ozawa 方法并不适合描述 iPP 和 iPP/β-CD-MAH-La 的非等温结晶过程。

（3）Mo 方程。

任何体系结晶过程与降温速率 Φ、结晶温度 T 和结晶时间 t 都密切相关，因此 Mo 等综合 Avrami 和 Ozawa 方程，提出了另一种新的方法来描述非等温结晶过程：

$$n\lg t+\lg Z(t)=m\lg\Phi+\lg K(T) \tag{3-24}$$

$$\lg\Phi = \lg F(T) - a\lg t \tag{3-25}$$

式中，动力学参数 $F(T) = |K(T)/Z(t)|^{1/m}$，其物理意义为单位时间内，该体系为达到某一相对结晶度时必须选取的冷却速率值，$F(T)$可以表征聚合物结晶的快慢，$F(T)$越小，结晶速率越快。Mo 参数 a 是 Avrami 和 Ozawa 指数的比值，$a = n/m$。

对某个特定相对结晶度下的 $\lg\Phi$ 对 $\lg t$ 作图，结果如图 3-55 所示，且通过计算图中直线的斜率和截距得到 a 和 $F(T)$，列于表 3-19。

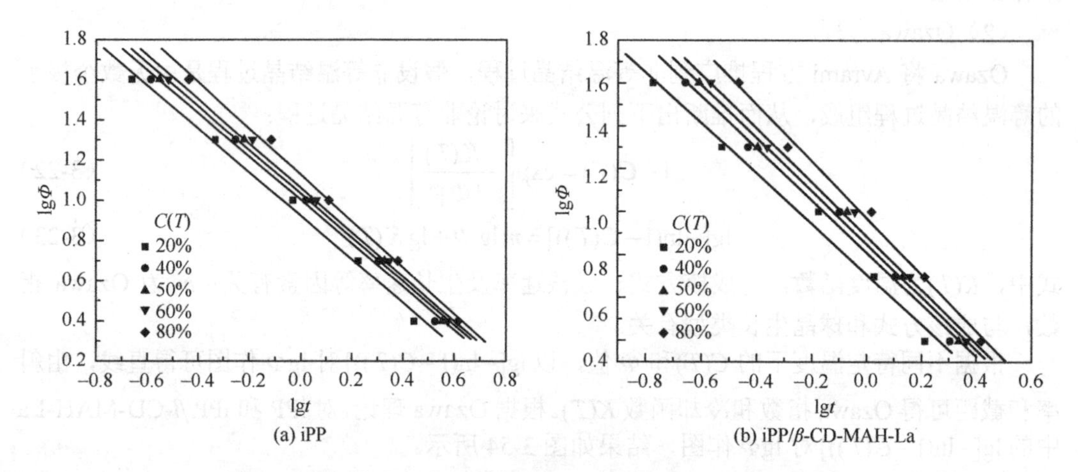

图 3-55 iPP 和 iPP/β-CD-MAH-La 对应的 $\lg\Phi$～$\lg t$ 的 Mo 曲线

表 3-19 Mo 方程得到的非等温结晶动力学参数

样品	$C(T)$/%	$\lg F(T)$	a
iPP	20	0.92	1.08
	40	1.00	1.08
	50	1.03	1.09
	60	1.06	1.10
	80	1.13	1.15
iPP/β-CD-MAH-La	20	0.71	1.17
	40	0.81	1.21
	50	0.85	1.23
	60	0.89	1.25
	80	0.97	1.32

由图 3-19 可知，iPP 的 a 值在 1.08～1.15，而 iPP/β-CD-MAH-La 的 a 值在 1.17～1.32，这说明 Avrami 指数 n 大于 Ozawa 指数 m。在一定的结晶分数下，加入成核剂后，iPP/β-CD-MAH-La 的 a 值若大于 iPP 的，说明成核剂 β-CD-MAH-La 对非等温结晶有很大的影响。对 iPP 和 iPP/β-CD-MAH-La 而言，$F(T)$和 a 的值随着相对结晶度 $C(T)$的提高而提高，说明 $C(T)$较高时，结晶速率较低。在给定的相对结晶度 $C(T)$下，iPP/β-CD-MAH-La 的 $F(T)$比 iPP 的小，说明 β-CD-MAH-La 能提高 iPP 的结晶速率。这个结果也与上述

结晶行为的讨论相符，说明 Mo 法适合研究 iPP 和 iPP/β-CD-MAH-La 的非等温结晶动力学。

3）iPP 和 iPP/β-CD-MAH-La 非等温结晶的熔融行为

由于 α 晶和 β 晶的熔融行为不同，采用 DSC 来考察 iPP 中不同的晶型的结构特点。

在熔融记忆效应现象的分析中，β-iPP 的熔融行为被证明是独一无二的。根据 β-iPP 的熔融记忆效应现象，β-iPP 的熔融行为在很大程度上取决于样品加热前的结晶热历史。控制 β-iPP 中 $\beta \to \alpha$ 转化重结晶发生与否的临界温度为 100～105℃，当结晶温度冷却至临界温度以下时，就会发生 $\beta \to \alpha$ 转化重结晶，这样就很难对 β-iPP 的熔融放热行为进行研究。但是，在一般工业加工条件下制备的 β 成核剂改性 iPP，都是将样品降至室温来研究其最终晶型结构的。

图 3-56 为在不同降温速率下非等温结晶处理后 iPP 和 iPP/β-CD-MAH-La 的 DSC 熔融曲线。由图 3-56（a）可知，iPP 的熔融曲线只在温度为 164℃左右的位置出现一个熔融峰，为 α 晶的熔融峰，熔融峰型基本相同，只是随着降温速率的加快，熔融峰变宽。说明 iPP 在非等温结晶条件下只会出现 α 晶，并不受降温速率的影响。

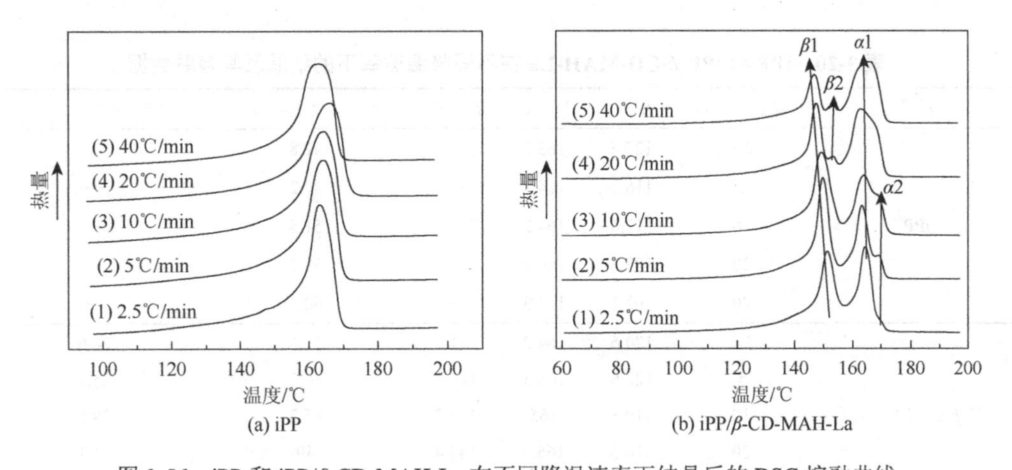

图 3-56　iPP 和 iPP/β-CD-MAH-La 在不同降温速率下结晶后的 DSC 熔融曲线

iPP/β-CD-MAH-La 的 DSC 熔融曲线上除了在 165℃左右的 α 晶的熔融峰外，还在较低温度（150℃左右）的位置上出现了属于 β 晶的明显熔融峰 $\beta1$。另外值得注意的是，在降温速率比较高（20℃/min 或 40℃/min）时，在邻近 β 晶熔融峰 $\beta1$ 的较高温度位置的熔融峰为 $\beta2$。$\beta2$ 峰是在 DSC 扫描过程中，部分 $\beta1$ 峰经过熔融重结晶转化为具有更高熔点的 $\beta2$ 晶的熔融峰，或者是在几何学和晶体排序上没有发生改变，但晶片中结晶更完全、晶片更厚的晶体的熔融峰。随着降温速率的降低，$\beta2$ 峰逐渐消失，$\beta1$ 峰的位置也逐步向高温靠近，所以较低的降温速率能使 β 晶的结晶更为完善。

在 iPP/β-CD-MAH-La 的 DSC 熔融曲线上，α 峰的位置也有出现两个熔融峰的情况。其中，出现在相对温度较低处的熔融峰是 α 晶中结构较不稳定的晶体（$\alpha1$ 晶）的熔融峰，而出现在相对温度较高处的熔融峰是具有规整结构的 $\beta \to \alpha$ 转化重结晶的晶体（$\alpha2$ 晶）的熔融峰。随着降温速率的降低，$\alpha1$ 和 $\alpha2$ 的熔融峰都往高温方向移动。并且随着降温速率的降低，$\alpha1$ 熔融峰的强度增加，而 $\alpha2$ 熔融峰的强度降低。当降温速率在 5℃/min 时，可以观察到三个明显的峰，最低温度的熔融峰属于 β 晶的熔融峰，较高温度的两个熔融峰属于 α 晶的熔融峰。

由 iPP/β-CD-MAH-La 的熔融曲线可以发现，β 晶的熔融峰的峰强度随着非等温结晶速率的增加先增大后减小。这是因为当降温速率比较慢时，结晶发生在较高的温度下，iPP 本身的自成核能力降低，而 β-CD-MAH-La 的存在为 iPP/β-CD-MAH-La 的结晶提供大量异相成核的晶核，促进 β 晶的生长；相反地，当降温速率较快时，结晶发生在较低温度下，iPP 本身的自成核能力增强，诱导 α 晶生长的能力也增强。在降温速率为 5～10℃/min 时，β 晶的峰强度较大。在降温速率较为合适时，样品在 β 晶生长速率较高的温度区间停留的时间较为合适，使 iPP 中 β 晶的相对含量提高。在本实验中，降温速率为 5～10℃/min 是提高 β 晶含量的最佳速率。

iPP 和 iPP/β-CD-MAH-La 在不同降温速率下不同晶型的熔融峰温度归纳于表 3-20。当降温速率降低时，α 晶和 β 晶的熔融温度都升高，其原因可能是在较慢的结晶速率下，能提供更为充分的结晶时间，促使晶体的排列更为规整，熔点升高。

表 3-20　iPP 和 iPP/β-CD-MAH-La 在不同降温速率下的结晶及其熔融数据

样品	Φ/(℃/min)	T_{cp}/℃	$T_{m,\alpha}$/℃	$T_{m,\beta}$/℃	$\Delta T_{p,\alpha}=T_{m,\alpha}-T_{cp}$/℃	$\Delta T_{p,\beta}=T_{m,\beta}-T_{cp}$/℃
iPP	2.5	120.4	163.2	—	42.8	—
	5	116.9	164.1	—	47.2	—
	10	112.4	164.2	—	51.8	—
	20	107.3	166.0	—	58.7	—
	40	102.1	162.3	—	60.2	—
iPP/β-CD-MAH-La	2.5	124.6	164.2	151.2	39.6	26.6
	5	122.6	163.3	147.7	40.7	25.1
	10	119.8	165	149.3	45.2	29.5
	20	116.3	165.3	147.4	49	31.1
	40	112.4	166.0	146.6	53.6	34.2

4）成核效率

为了更好地理解改性前后聚丙烯非等温结晶过程的演变，本书计算了 β-CD-MAH-La 在聚丙烯中的成核效率。Dobreva 法是描述成核效率最有效的方法。Kim 等描述的 Dobreva 方法计算样品的成核效率，为计算杂质在聚合物熔体中的成核效率提供了一种简便的手段，并将降温速率和过冷度考虑在内。

空白聚合物在熔点附近由熔体结晶的均相成核过程，可以用下式［式（3-26）］表示：

$$\lg\Phi = A - \frac{B}{2.3\Delta T_{p}^{2}} \tag{3-26}$$

但是，在杂质存在的异相成核的结晶过程中，就要对式（3-26）进行修正，如式（3-27）和式（3-28）所示：

$$\lg\Phi = A - \frac{B^*}{2.3\Delta T_p^2} \tag{3-27}$$

$$\varphi = \frac{B^*}{B} \tag{3-28}$$

式中，φ 为三维球晶的成核效率，φ 介于 0～1，其值随着杂质（成核剂）的加入而降低，在活性表面的成核过程的 φ 趋近于 0，而在惰性表面的成核过程的 φ 趋近于 1；Φ 为降温速率；A 为常数；ΔT_p 为过冷度，$\Delta T_p = T_m - T_{cp}$，$T_{cp}$ 为 DSC 结晶曲线上的结晶峰温度，T_m 为熔融曲线上的熔融峰温度。参数 B 可以用式（3-29）计算：

$$B = \frac{\omega\sigma^3 V_m^2}{3kT_m^0 \Delta S_m^2 n} \tag{3-29}$$

式中，ω 为几何参数；σ 为比能；V_m 为结晶部分的摩尔体积；n 为 Avrami 指数；ΔS_m 为熔融熵；T_m^0 为结晶平衡熔点；k 为玻尔兹曼常量。参数 B 和 B*可以分别利用 iPP 和 β-CD-MAH-La/iPP 的结晶及熔融数据（归纳整理于表 3-20），使 $\lg\Phi$ 对 $1/(2.3\Delta T_p^2)$ 作图并计算其斜率而得。成核效率 φ 可以通过它们的斜率之比得到。

由于在该结晶条件下，iPP 不形成 β 晶，因此在本节中通过计算 α 晶的成核效率来判断 β-CD-MAH-La 对 iPP 结晶的影响。将 $\lg\Phi$ 对 $1/(2.3\Delta T_p^2)$ 作图，如图 3-57 所示。

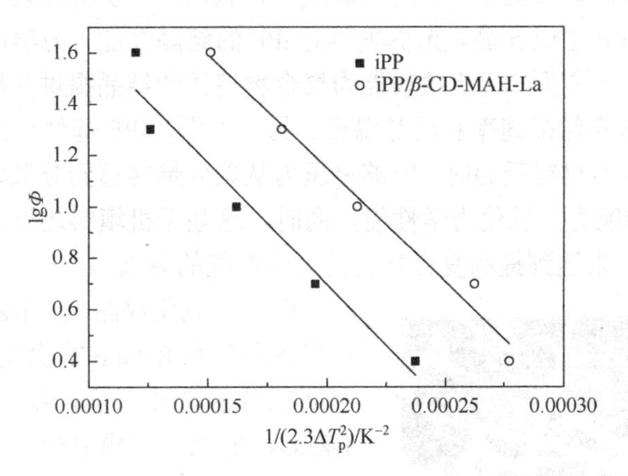

图 3-57　iPP 和 iPP/β-CD-MAH-La 的 $\lg\Phi \sim 1/(2.3\Delta T_p^2)$ 曲线

由图 3-57 可知，$\lg\Phi \sim 1/(2.3\Delta T_p^2)$ 拟合的线性关系较好，其拟合的相关系数均大于 0.95，从直线的斜率得到 iPP 的参数 B 和 iPP/β-CD-MAH-La 的参数 B^*，分别为 9486.9 和 8863.2。根据式（3-28）可得，iPP/β-CD-MAH-La 的成核效率为 0.93，其值低于 1，说明 β-CD-MAH-La 为 iPP 的结晶提供活性表面，是一种有效的成核剂。

2. 案例小结

本节以 0.8 wt%的 β-CD-MAH-La 改性 iPP 为例，讨论了 β-CD-MAH-La 对 iPP 非等温

结晶行为及其对非等温动力学的影响，同时讨论了 iPP/β-CD-MAH-La 经非等温结晶后的熔融行为，以及 β-CD-MAH-La 对 iPP 的成核效率的影响。

（1）通过对比 iPP 和 iPP/β-CD-MAH-La 在非等温结晶条件下的结晶行为发现，降温速率较慢有利于 iPP 和 iPP/β-CD-MAH-La 形成较完善的球晶，提高结晶温度。同时 β-CD-MAH-La 的加入，能提高 iPP 的结晶温度并提高结晶速率，减少结晶时间。

（2）采用 Jeziorny-Avrami 法、Ozawa 方程和 Mo 方程分别讨论了 iPP 和 iPP/β-CD-MAH-La 的非等温结晶动力学。结果表明，Jeziorny-Avrami 法和 Mo 方法能较好地描述 iPP 和 iPP/β-CD-MAH-La 的非等温结晶动力学，而 Ozawa 方程不适用。动力学研究表明，β-CD-MAH-La 在 iPP 中起异相成核的作用，提高了 iPP 的结晶速率。

（3）讨论了 iPP 和 iPP/β-CD-MAH-La 在非等温结晶后的熔融行为，在非等温结晶条件下，iPP 只生成 α 晶，而 iPP/β-CD-MAH-La 除了有 α 晶的熔融峰，还具有 β 晶的熔融峰，且较低的降温速率能使 β 晶的结晶更为完善。

（4）采用 Dobreva 法计算了 iPP/β-CD-MAH-La 的成核效率，说明 β-CD-MAH-La 对 iPP 的结晶能提供活性表面，是一种有效的成核剂。

3.4.7 四针状氧化锌晶须/聚丙烯复合材料

为了制备具有高 β 晶含量的聚丙烯材料，除了添加专门的 β 成核剂之外，许多无机填料，如蒙脱土（MMT）、二氧化硅、纳米碳酸钙、氧化锌、埃洛石纳米管、沸石、纤维素晶须等，也能诱导 iPP 生成 β 晶。无机填料对 iPP 的结晶性能、力学性能、耐热性和导电性都有重要的影响。一方面，无机填料能为聚合物熔体的结晶提供晶核，使晶体在这些填料表面附着成核，提高结晶速率和结晶温度。另一方面，iPP 基体和无机填料之间有良好的界面黏结力，在复合材料受力时，能够将压力从聚丙烯转移到分散好的添加剂上，提高 iPP 吸收冲击能量的能力，优化力学性能，同时，这些无机填料还能通过改变 iPP 的结晶晶型并提高结晶度，来达到提高复合材料的力学性能的效果。

图 3-58 四针状氧化锌晶须的扫描电镜图片

四针状氧化锌晶须（T-ZnOw），在 1990 年由日本科学家 Kitano 首次发现，是具有规整三维空间结构的特殊晶须，属于六方晶系纤锌矿。T-ZnOw 的微观结构中含有一个中心，并从该中心向三维方向生长出四根针状的晶体，四个方向即正四面体的四个顶点的方向，T-ZnOw 也因此得名。T-ZnOw 的每根针状体均为单晶体晶须，且任意两针状体间的夹角为 109°28′，其形貌如图 3-58 所示。

晶须具有许多优良的性质，如半导体性、耐磨性和抗菌性。相较于其他晶须，改性聚合物复合材料的性能为各向异性，T-ZnOw 作为一种新型的晶须，能够使改性聚合物复合材料的性能改为各向同性，因此被认为是一种能提高聚合物力学性能和导电性能的理想的填料。Shi 等制备了 T-ZnOw/PA6 复合材料，并考察了它们的力学性能，发现 T-ZnOw 能大幅度提高复合材料的拉伸性能和抗冲击强度，其原因是 T-ZnOw 的空间结构改变了样品中的压力分布。Wang 等研究了尼龙 11/T-ZnOw 复合材料的力学性能、结晶行为和熔融行为，发现 T-ZnOw 能起成核剂的作用，改变复合材料非等温结晶机制，并提高尼龙 11 的结晶速率。Zhou 等总结了聚合物/T-ZnOw 复合材料的导电机制，发现其导电机制可以分为隧道效应、晶须针尖的电荷浓缩效应及传导网络。

目前只有少数文献报道了关于 iPP/T-ZnOw 复合材料的研究。在本实验中，采用硅烷偶联剂对 T-ZnOw 进行改性，来提高 T-ZnOw 和 iPP 之间的界面黏结力，通过双螺杆挤出机熔融挤出，制备了 iPP/T-ZnOw 复合材料，比较了改性前后 T-ZnOw 对 iPP/T-ZnOw 复合材料性能的影响。同时，将 iPP/T-ZnOw 复合材料的性能与 iPP/ZnO 复合材料的性能进行比较，讨论 T-ZnOw 的特殊结构对复合材料的力学性能和结晶性能的影响。

1. 四针状氧化锌晶须/聚丙烯复合材料的制备

T-ZnOw 的表面改性采用如下方法进行：

首先，取计量的硅烷偶联剂 KH570 溶解在乙醇中，水解 30 min；然后加入 T-ZnOw 粉末，在带有机械搅拌桨和冷凝管的双口烧瓶中于 70℃下反应 4 h。最后，将混合物抽滤，得改性后的 T-ZnOw，在 120℃下干燥 18 h。

采用硅烷偶联剂 KH570 改性过的 T-ZnOw 命名为 KH-T-ZnOw，而未改性的 T-ZnOw 则命名为 UN-T-ZnOw。

ZnO 按照改性 T-ZnOw 的方法进行改性。采用硅烷偶联剂 KH570 改性后的 ZnO 命名为 KH-ZnO，而未改性的 ZnO 则命名为 UN-ZnO。

iPP 粒子分别和改性前后的 T-ZnOw 或 ZnO 混合均匀，混合物采用双螺杆挤出机进行熔融挤出，制备 iPP/T-ZnOw 或 iPP/ZnO 复合材料。复合材料颗粒在 75℃烘干 18 h 后，经注塑机注塑成标准样条，以便进行力学性能测试。

1）ZnO 和 T-ZnOw 的表面改性

偶联剂是指在不相容的材料组成的复合系统中，如无机材料和有机材料或者不相容的两种有机材料组成的系统，通过发生物理或化学作用来改善不相容的材料之间的亲和性，从而提高复合材料性能的物质。偶联剂的分子中含有两种不同化学性质的基团，一种是亲无机物的基团，能在无机材料的表面发挥亲和作用；另一种是亲有机物的基团，能和有机材料发生作用。因此，偶联剂能在无机材料和有机材料的界面上起“分子桥”的作用，把原本不相容的材料牢固地连接起来，发挥各自的作用，大大提高复合材料的性能。

本节中，采用的偶联剂为硅烷偶联剂 KH570，其化学名称为 γ-甲基丙烯酰氧基丙基三甲氧基硅烷，其化学结构如图 3-59 所示。采用硅烷偶联剂 KH570 对 T-ZnOw 和 ZnO 进行表面改性，并讨论它们改性前后对 iPP 复合材料性能的影响。

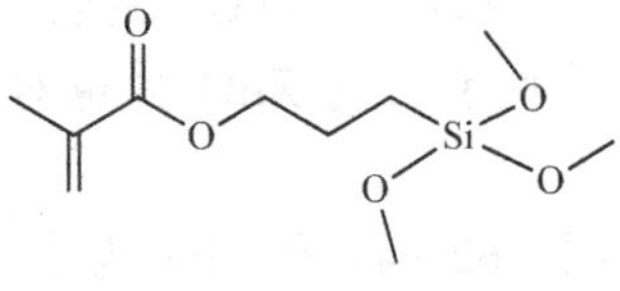

图 3-59　硅烷偶联剂 KH570 的化学结构

采用活化指数来表征 T-ZnOw 和 ZnO 的改性效

果。未改性的 T-ZnOw 和 ZnO 密度较大，且表面呈极性，在水中会自然下沉。而经硅烷偶联剂 KH570 表面改性后，其表面由亲水性变为疏水性，在水中具有巨大的表面张力，从而在水表面上漂浮不沉，材料在水中的沉浮情况反映了改性效果。因此，可以用活化指数（H）来表征 T-ZnOw 和 ZnO 的表面改性效果。

活化指数按下式计算：

$$\text{活化指数}=\frac{\text{样品中漂浮部分的质量(g)}}{\text{样品总质量(g)}}\times 100\%$$

活化指数的测定方法：准确称取一定量的改性 T-ZnOw，将其加入 100 mL 去离子水中，超声振荡 1 h 后，静置 1 h，取出上层漂浮的粉体烘干，并称量，按上式计算活化指数。ZnO 的活化指数也按同样的方法测定。

改性前后 T-ZnOw 在水中沉浮情况如图 3-60 所示。T-ZnOw 的密度为 5.3 g/cm^3。可知，未改性的 T-ZnOw 在水中几乎全部下沉，而改性后的 T-ZnOw 经 1 h 超声后，仍漂浮在水面上，计算得改性后的 T-ZnOw 的活化指数约为 95%。

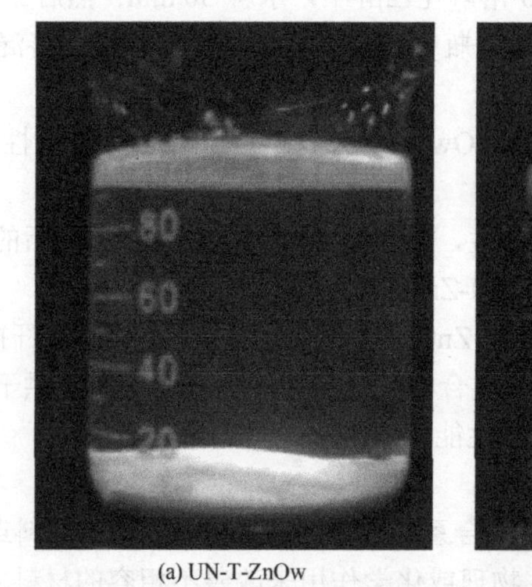

(a) UN-T-ZnOw

(b) KH-T-ZnOw

图 3-60 改性前后 T-ZnOw 在水中的漂浮情况

未改性的 ZnO 的密度比 T-ZnOw 略大，为 5.606 g/cm^3，为极性粒子，在水中自然下沉。经硅烷偶联剂 KH570 进行表面改性后，其表面极性得到改变，大部分漂浮于水面上，改性前后 ZnO 在水中沉浮情况如图 3-61 所示。通过计算，改性后的 ZnO 的活化指数约为 85%。

2）ZnO 和 T-ZnOw 的表面改性对 iPP 复合材料的力学性能的影响

改性前后的 ZnO 含量对 iPP/ZnO 复合材料的力学性能影响如图 3-62 和图 3-63 所示。

图 3-62（a）和（b）为改性前后 ZnO 含量对 iPP/ZnO 复合材料的拉伸性能的影响，可以看到 UN-ZnO 的加入使复合材料的拉伸强度变差，其原因主要为 UN-ZnO 与 iPP 的不相容性导致在 iPP 基体中出现缺陷，强度变低。相较于 UN-ZnO，经表面改性的 KH-ZnO 能

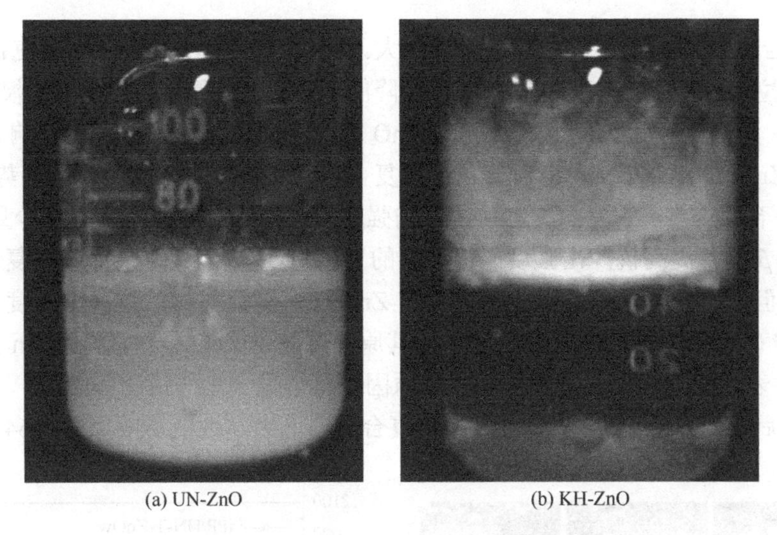

(a) UN-ZnO　(b) KH-ZnO

图 3-61　改性前后 ZnO 在水中的漂浮情况

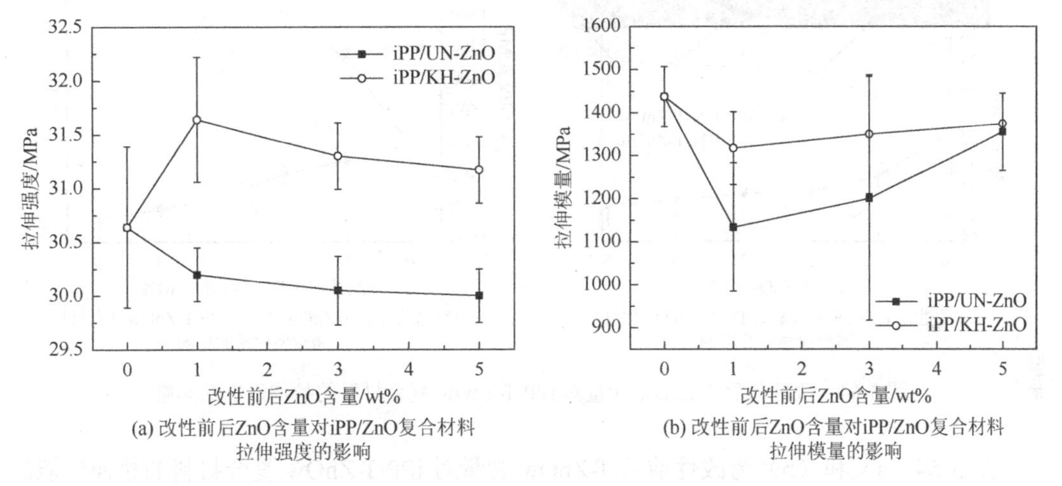

(a) 改性前后ZnO含量对iPP/ZnO复合材料拉伸强度的影响　(b) 改性前后ZnO含量对iPP/ZnO复合材料拉伸模量的影响

图 3-62　改性前后 ZnO 含量对 iPP/ZnO 复合材料拉伸性能的影响

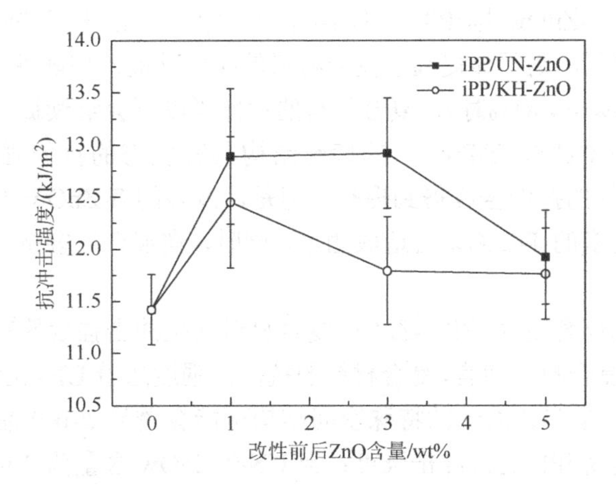

图 3-63　改性前后 ZnO 含量对 iPP/ZnO 复合材料的抗冲击强度的影响

提高 iPP 复合材料的拉伸强度，但提高幅度不大。加入过多的 KH-ZnO 反而会使 iPP/KH-ZnO 复合材料的拉伸强度降低。改性前后 ZnO 都降低了 iPP/ZnO 复合材料的拉伸模量。

图 3-63 为改性前后 ZnO 含量对 iPP/ZnO 复合材料的抗冲击强度的影响。由图 3-63 可知，UN-ZnO 和 KH-ZnO 含量对 iPP/ZnO 复合材料的抗冲击强度的影响趋势是一样的，即随着 ZnO 含量的增加，复合材料的抗冲击强度先增加后减小。这是因为少量 ZnO 能诱导 iPP 生成 β 晶，提高抗冲击强度，但过多的 ZnO 会造成团聚，从而降低复合材料的抗冲击强度。但值得一提的是，改性后的 KH-ZnO/iPP 复合材料的抗冲击强度比改性前的 UN-ZnO/iPP 复合材料的抗冲击强度还低，其原因可能是 ZnO 中过渡金属 Zn 的某些性质发挥在 ZnO 表面改性后受到了抑制。具体原因还有待进一步的讨论和验证。

改性前后 T-ZnOw 含量对 iPP/T-ZnOw 复合材料的力学性能影响如图 3-64 所示。

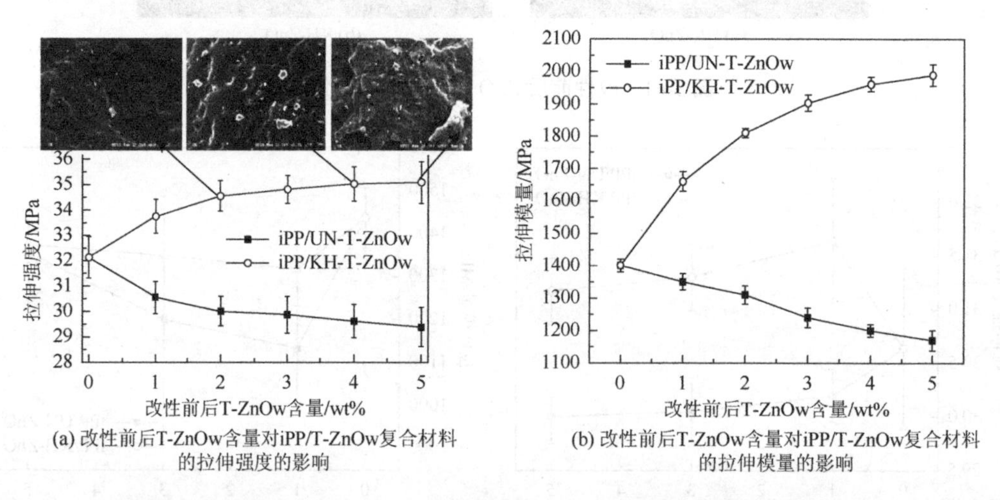

(a) 改性前后T-ZnOw含量对iPP/T-ZnOw复合材料的拉伸强度的影响

(b) 改性前后T-ZnOw含量对iPP/T-ZnOw复合材料的拉伸模量的影响

图 3-64　改性前后 T-ZnOw 含量对 iPP/T-ZnOw 复合材料的拉伸性能的影响

图 3-64（a）和（b）为改性前后 T-ZnOw 含量对 iPP/T-ZnOw 复合材料的拉伸性能的影响，可知，随着 UN-T-ZnOw 含量的提高，复合材料的拉伸强度和拉伸模量明显减小，其原因主要在于 UN-T-ZnOw 与 iPP 的界面结合力太弱，容易出现缺陷，导致强度变低。而 KH-T-ZnOw 的加入，则明显提高了复合材料的拉伸性能。但随着 KH-T-ZnOw 的继续加入（如 KH-T-ZnOw＞4 wt%时），复合材料的拉伸强度不会继续提高，而是趋于平缓。当 KH-T-ZnOw＜4 wt%时，T-ZnOw 的特殊结构具有优秀的拉伸强度和拉伸模量，使 iPP/T-ZnOw 复合材料的拉伸强度得到提高。但是，过多的 T-ZnOw 并不能持续提高拉伸强度，其原因在于过多的 T-ZnOw 会造成团聚，同时，在混合熔融挤出过程中晶须的结构已被破坏。

改性前后 T-ZnOw 含量对 iPP/T-ZnOw 复合材料的抗冲击强度的影响如图 3-65 所示。对 iPP/UN-T-ZnOw 复合材料而言，复合材料的抗冲击强度随着 UN-T-ZnOw 含量的增加先升高后降低，其原因是 T-ZnOw 的特殊空间结构可能会诱导 β-iPP 晶的产生，因此少量的 UN-T-ZnOw 能提高 iPP 的抗冲击强度；当 UN-T-ZnOw 含量为 3 wt%时，复合材料的抗冲击强度达到最大值，为 14.78 kJ/cm^2，继续加入 UN-T-ZnOw，复合材料的抗冲击强度直线下降，这是因为 UN-T-ZnOw 与 iPP 很差的界面黏结力，导致材料出现了相分离。对 iPP/KH-T-ZnOw 复合材料而言，由于硅烷偶联剂 KH570 提高了二者的界面黏结力，随着 KH-T-ZnOw 含量的增加，在诱导 β 晶产生和相容性好的共同作用下，复合材料的抗冲击强度也随之提高。

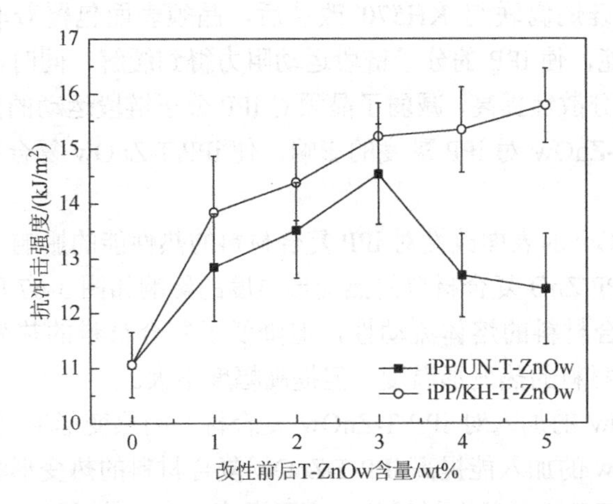

图 3-65　改性前后 T-ZnOw 含量对 iPP/T-ZnOw 复合材料的抗冲击强度的影响

3）ZnO 和 T-ZnOw 的表面改性对 iPP 复合材料的 MFR 的影响

分别考察了改性前后 T-ZnOw 和改性前后 ZnO 的含量对 iPP/T-ZnOw 和 iPP/ZnO 复合材料的熔体流动性的影响，为材料的加工成型奠定基础。改性前后 T-ZnOw 和改性前后 ZnO 的含量对复合材料熔体流动速率（MFR）的影响如图 3-66 所示。

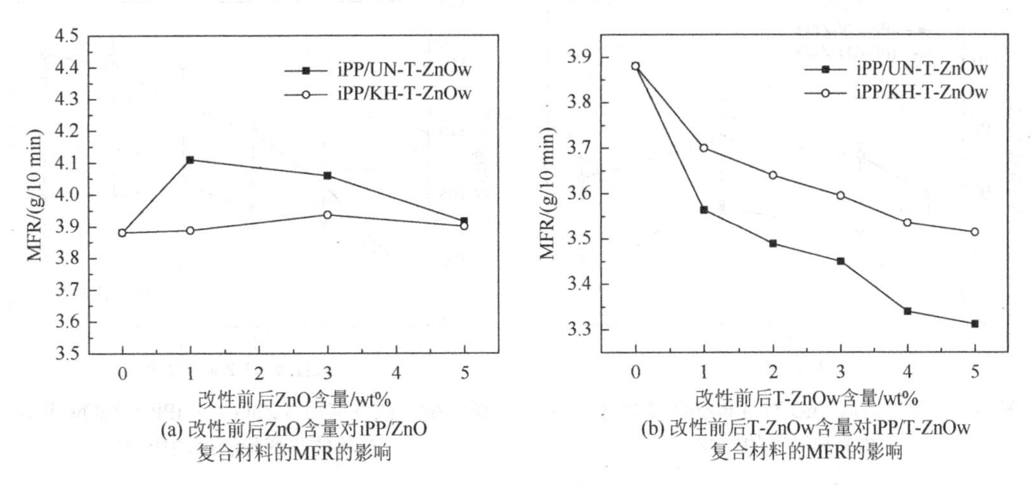

图 3-66　改性前后 ZnO 和 T-ZnOw 含量对 iPP 复合材料的 MFR 的影响

图 3-66（a）为改性前后 ZnO 的含量对 iPP/ZnO 复合材料的 MFR 的影响，可知，加入少量的 UN-ZnO 能提高复合材料的 MFR，原因可能为 UN-ZnO 本身具有润滑剂的作用，少量的 UN-ZnO 对改善材料流动性有一定的帮助。而 KH-ZnO 对复合材料的 MFR 没有太大的影响。

图 6-66（b）为改性前后 T-ZnOw 含量对 iPP/T-ZnOw 复合材料的 MFR 的影响，改性前后 T-ZnOw 的加入均导致复合材料的 MFR 降低。随着 UN-T-ZnOw 含量的增加，iPP/UN-T-ZnOw 复合材料的熔体 MFR 下降较大，通常认为，刚性粒子的加入会增大聚丙烯熔体分子链内的摩擦，使大分子链段运动受阻，添加量越多，这种阻碍作用越大，导致 MFR 一直降低。经硅烷偶联剂 KH570 改性后，晶须表面包覆着非极性基团，降低了 KH-T-ZnOw 的表面能，使 iPP 的分子链段运动阻力得到缓解。同时，KH-T-ZnOw 与 iPP 基体的相容性变好，分散性提高，减弱了晶须对 iPP 分子链段运动的限制。可见，T-ZnOw 的表面改性改善了 T-ZnOw 对 iPP 黏度的影响，使 iPP/T-ZnOw 复合材料具有较好的流动性能。

4）ZnO 和 T-ZnOw 的表面改性对 iPP 复合材料的热性能的影响

ZnO 的加入对 iPP/ZnO 复合材料的热变形温度的影响如图 3-67 所示。加入 UN-ZnO，改善了 iPP/ZnO 复合材料的熔体流动性，但降低了复合材料的热变形温度。改性后的 KH-ZnO 能提高复合材料的热变形温度，但提高幅度不大。

改性前后 T-ZnOw 的加入对 iPP/T-ZnOw 复合材料的热变形温度的影响如图 3-68 所示。总体而言，T-ZnOw 的加入能提高 iPP/T-ZnOw 复合材料的热变形温度。对 UN-T-ZnOw 而言，iPP/5 wt%UN-T-ZnOw 复合材料的热变形温度比 iPP 的（100℃）只提高了 5℃。而对改性的 KH-T-ZnOw 而言，iPP/5 wt%KH-T-ZnOw 复合材料的热变形温度为 116℃，比 iPP 的提高了 16℃。改性后的 KH-T-ZnOw 在 iPP/KH-T-ZnOw 复合材料中起到骨架的作用，当复合材料受到压力时，具有特殊结构的 T-ZnOw 分担了一部分负荷，阻碍了分子链段的运动，提高了复合材料的热变形温度。

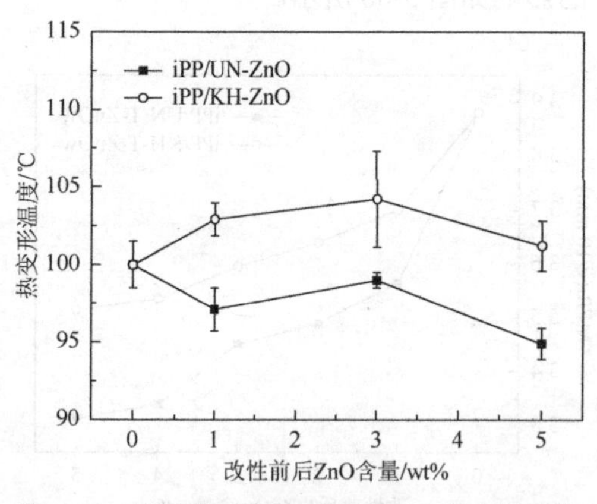

图 3-67　改性前后 ZnO 对 iPP/ZnO 复合材料的热变形温度的影响

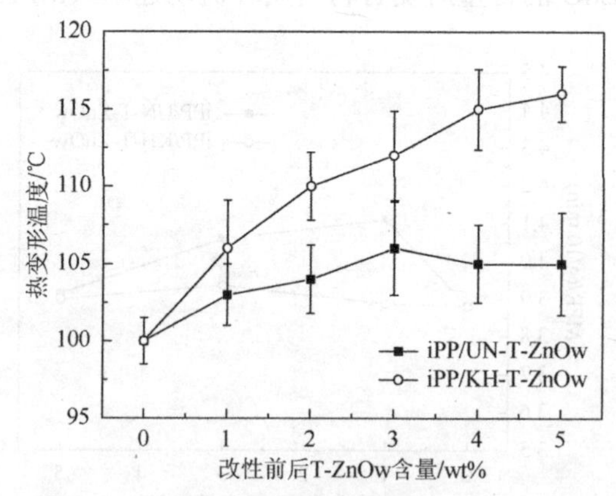

图 3-68　改性前后 T-ZnOw 对 iPP/T-ZnOw 复合材料的热变形温度的影响

5）iPP/T-ZnOw 和 iPP/ZnO 复合材料的晶型结构

众所周知，结晶聚合物的物理和力学性能很大程度受晶型结构和结晶度控制。因此，无机填料改性 iPP 复合材料的韧性的提高很可能与填料诱导产生的晶型结构的改变有关。WAXD 是表征晶型结构最直接的手段，采用与 3.4.4 节相同的 WAXD 表征方法对 iPP/ZnO 复合材料和 iPP/T-ZnOw 复合材料进行 WAXD 扫描，其结果如图 3-69 和图 3-70 所示。

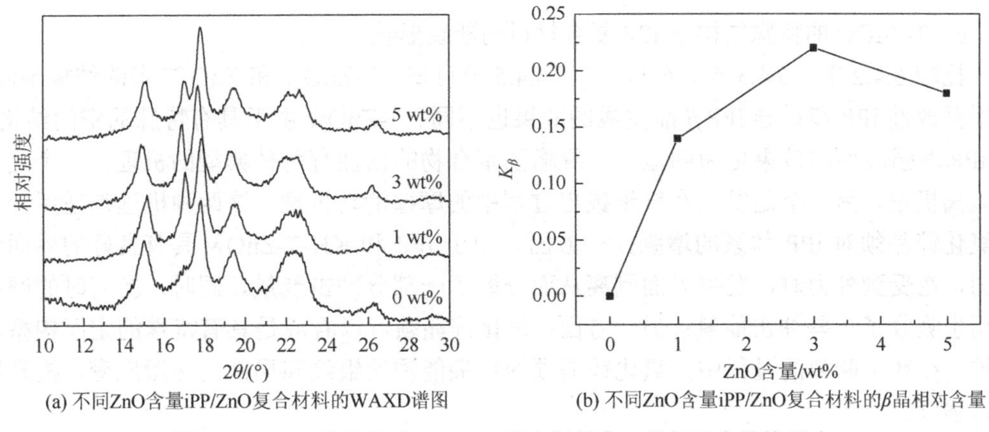

图 3-69　ZnO 的含量对 iPP/ZnO 复合材料中 β 晶相对含量的影响

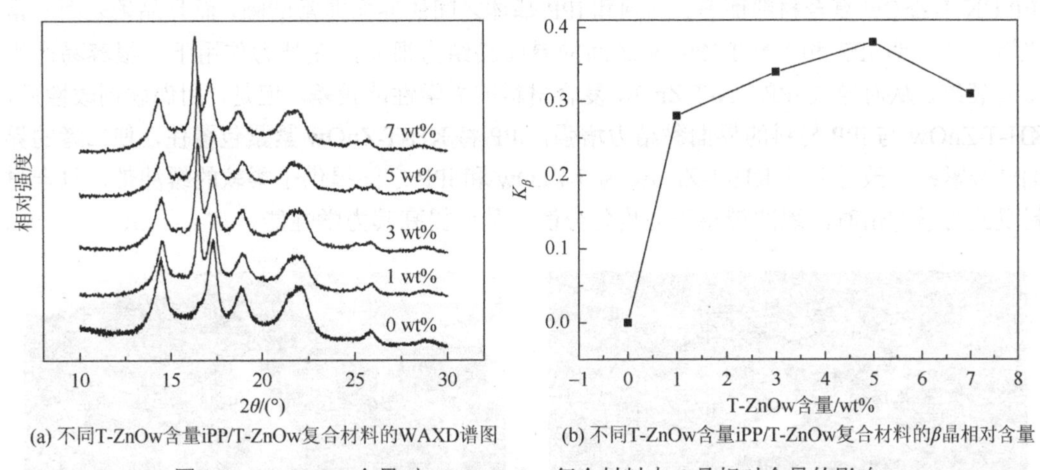

图 3-70　T-ZnOw 含量对 iPP/T-ZnOw 复合材料中 β 晶相对含量的影响

从图 3-69（a）可以看到 iPP 的 WAXD 谱图上只有在 $2\theta = 15.1°$、$17.9°$、$19.5°$、$22.2°$ 和 $22.8°$处出峰，分别对应着 α-iPP 在（110）、（040）、（130）晶面和（131）、（111）晶面重叠的衍射峰。相比于 iPP 的衍射峰，iPP/ZnO 复合材料的 WAXD 谱图上还在 $2\theta = 16.9°$ 的位置上出峰，对应着 β 晶的（300）晶面的衍射峰，说明在 iPP/ZnO 复合材料上有 β 晶的生成。根据 Turner-Jones 方程计算复合材料中的 β 晶相对含量（K_β）随 ZnO 含量的变化，其结果如图 3-69（b）所示。由图 3-69（b）可知，K_β 的值随着 ZnO 含量的增加先增加后减小，在 ZnO 含量为 3 wt%时最大，为 0.22。

由图 3-70（a）可知，iPP/T-ZnOw 复合材料的 β 晶的（300）晶面的衍射峰比 iPP/ZnO 的更强，说明在 T-ZnOw 能诱导 iPP 生成更多的 β 晶，其原因与 T-ZnOw 的特殊结构有关。通过 Turner-Jones 方程计算的 β 晶相对含量随 T-ZnOw 含量的变化结果如图 3-70（b）所示，可知 iPP/T-ZnOw 复合材料的 β 晶相对含量随 T-ZnOw 含量的增加先增加后减小，在 T-ZnOw 含量为 5 wt%时最大，为 0.38。其值高于 iPP/ZnO 复合材料的 β 晶相对含量的最大值，说明 T-ZnOw 具有更强的 β 成核能力。iPP/T-ZnOw 复合材料的抗冲击强度的提高，主要原因也是 T-ZnOw 能诱导 iPP 形成 β-iPP，从而提高 iPP 的抗冲击强度。

6）T-ZnOw 的特殊结构下 iPP 复合材料的断裂形貌

比较 6.4.2 节、6.4.3 节、6.4.4 节和 6.4.5 节可得，T-ZnOw 和 ZnO 二者的结构不同，其增强改性 iPP 和诱导 iPP β 晶生成的效果也不同。T-ZnOw 由于具有特殊的空间结构，对 iPP 增强改性的效果更为明显。纤维增强聚合物的韧性有两种典型的机理：一个是界面剥离机理，另一个是发生在纤维拔出过程中的摩擦滑动机理。这两种机理都适用于解释氧化锌晶须对 iPP 体系的增强。一方面，由于 iPP 和 KH-T-ZnOw 具有良好的界面结合力，在受到外力时，发生界面剥离从而分散了一部分冲击能量，同时，剥离时的摩擦作用也吸收了一些冲击能量；另一方面，氧化锌晶须可以看成是具有特殊的空间构型的纤维，在冲击断裂的过程中，氧化锌晶须的针尖能诱发银纹和局部的屈服应变，提高抗冲击强度。

iPP/UN-T-ZnOw 和 iPP/KH-T-ZnOw 复合材料的断裂表面形貌如图 3-71 所示。对 iPP/UN-T-ZnOw 复合材料而言，晶须和 iPP 基体之间的界面非常清晰，而且晶须表面非常光滑，这表明 iPP 和 UN-T-ZnOw 之间的界面黏结力很差，在外力作用下，很容易产生微观裂纹，从而导致 iPP/UN-T-ZnOw 复合材料的力学性能较差。但是，用偶联剂改性后，KH-T-ZnOw 与 iPP 材料的界面黏结力增强，iPP 将 KH-T-ZnOw 紧紧包覆住，使二者的界面结合紧密。改性后的 KH-T-ZnOw 为 T-ZnOw 和 iPP 之间提供了柔软的缓冲带，复合材料受到力学冲击时，缓冲带将压力均匀分散，从而提高其力学性能。

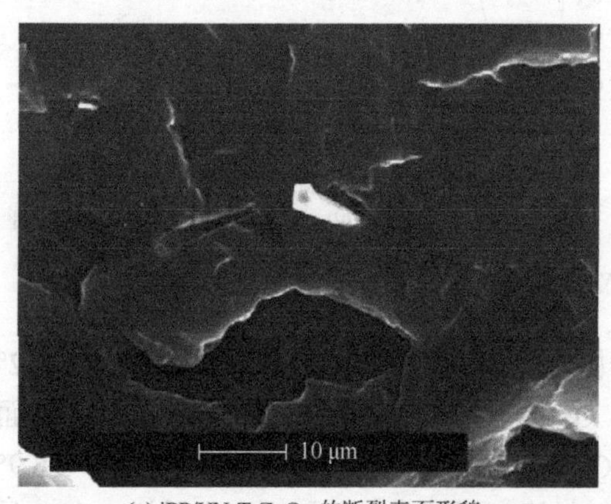

(a) iPP/UN-T-ZnOw的断裂表面形貌

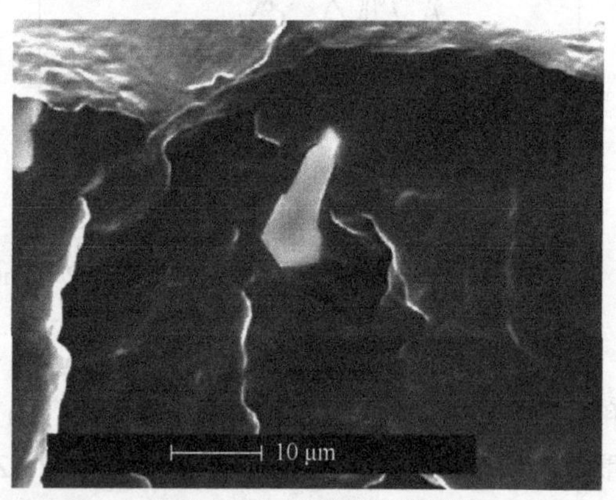

(b) iPP/KH-T-ZnOw的断裂表面形貌

图 3-71　iPP/T-ZnOw 复合材料的断裂表面形貌

为考察改性前后 T-ZnOw 对 iPP 热降解行为的影响，考察了 iPP、iPP/5 wt%UN-T-ZnOw 和 iPP/5 wt%KH-T-ZnOw 复合材料的热稳定性，其结果如图 3-72 所示。样品的热重曲线的突然下降意味着材料发生了热降解。iPP 及其复合材料都在 370℃左右开始热降解，在 480℃左右失去了大部分的质量，降解基本完全。材料在受热过程中，分子链发生断裂或分离，发生热降解行为，同时材料的结构瓦解。如图 3-72 所示，加入 T-ZnOw 提高了 iPP 复合材料的降解温度，尤其在加入的 T-ZnOw 为经表面改性的 KH-T-ZnOw 时，iPP/KH-T-ZnOw 复合材料的降解起始温度比 iPP/UN-T-ZnOw 高，进一步证实了 iPP/KH-T- ZnOw 的界面黏结力比 iPP/UN-T-ZnOw 更强。

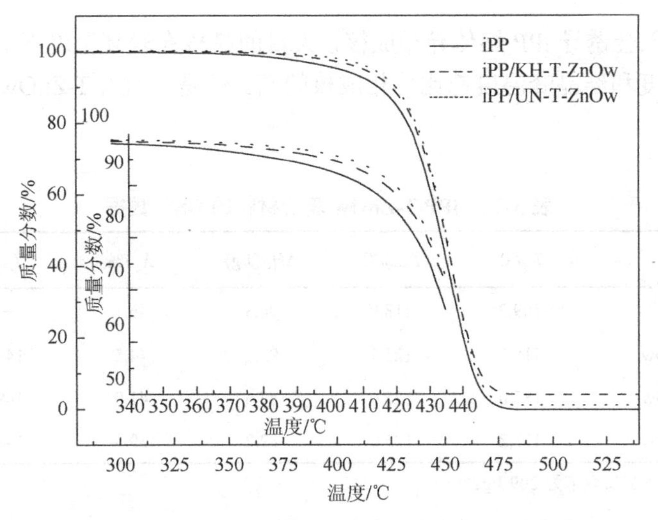

图 3-72　iPP 和 iPP/T-ZnOw 复合材料的热重曲线

7）iPP/T-ZnOw 复合材料的结晶及熔融行为

采用 DSC 考察了 iPP 和 iPP/T-ZnOw 复合材料的结晶和熔融行为，其结果如图 3-73 所示。

由图 3-73（a）可知，iPP 的熔融曲线上，只出现 α 晶的熔融峰，而在 iPP/T-ZnOw 复合材料的熔融曲线上，则出现了 α 晶和 β 晶的熔融峰。在较低温度（约 149℃）处出现的峰是 β 晶的熔融峰，而在较高温度（约 165℃）处出现的峰是 α 晶的熔融峰，进一步说明 T-ZnOw 能诱导 iPP 生成 β 晶，是一种有效的 β 成核剂。

从图 3-73（b）可以看到，iPP 的结晶起始温度（T_{onset}）和结晶峰温度（T_{cp}）都随着 T-ZnOw 的加入而有明显提高，其结果整理于表 3-21。加入 1 wt%的 T-ZnOw 时，iPP/T-ZnOw 复合材料的结晶峰温度比 iPP 提高了 7.5℃，但随着 T-ZnOw 含量的提高，结晶峰温度并没有继续提高。iPP/T-ZnOw 复合材料的结晶峰温度提高，意味着 T-ZnOw 的加入能提高复合材料的结晶速率，这种现象可以归因于 T-ZnOw 在 iPP 的结晶过程中起异相成核的作

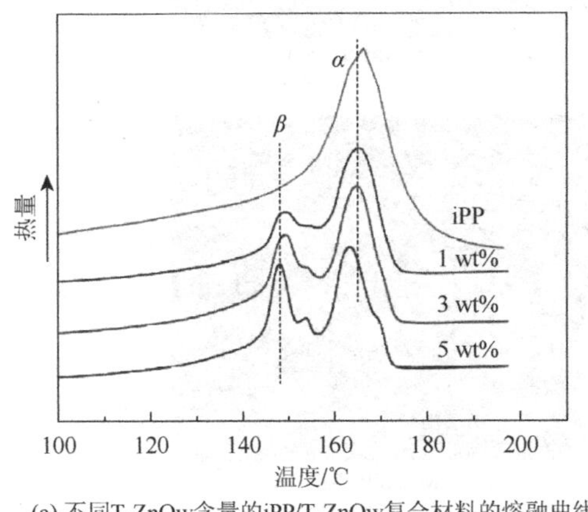

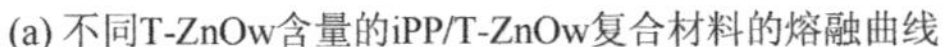

(a) 不同T-ZnOw含量的iPP/T-ZnOw复合材料的熔融曲线

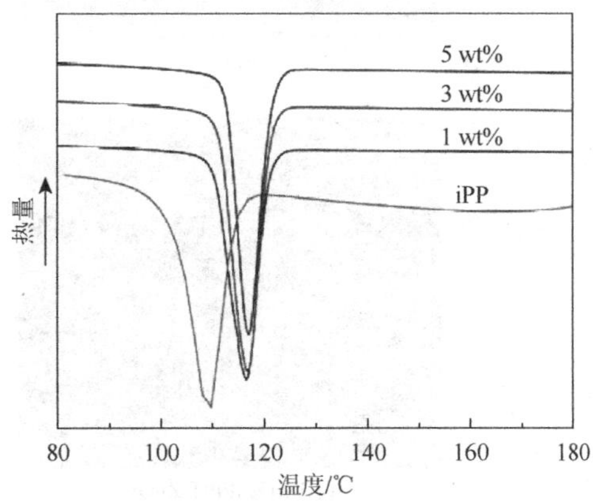

(b) 不同T-ZnOw含量的iPP/T-ZnOw复合材料的结晶曲线

图 3-73　iPP/T-ZnOw 复合材料的 DSC 曲线

用。成核剂的加入会诱导 iPP 熔体异相成核，大量的晶核在较高温度下形成，因此异相成核的结晶起始温度和结晶峰温度都比均相成核的高。但是，加入 T-ZnOw 后，复合材料的结晶度稍微降低。

表 3-21　iPP/T-ZnOw 复合材料的 DSC 数据

样品	T_{cp}/℃	T_{onset}/℃	ΔH_c/(J/g)	X_c^*/%	T_β/℃	T_α/℃
iPP	109.2	118.9	96.3	46.1	—	166.2
iPP/1 wt% T-ZnOw	116.7	125.1	93.1	44.5	149.0	165.0
iPP/3 wt% T-ZnOw	117.0	125.0	87.6	41.9	149.1	164.4
iPP/5 wt% T-ZnOw	117.2	125.0	82.2	39.3	148.9	163.2

*100%结晶的 iPP 的 ΔH_m 取值为 209 J/g。

8）iPP/T-ZnOw 复合材料的结晶形态

为了考察 T-ZnOw 对 iPP 晶粒尺寸和球晶生长的影响，采用 POM 对 iPP 和 iPP/T-ZnOw 复合材料的结晶形态进行了观察。图 3-74 为 iPP 和不同 T-ZnOw 含量的 iPP/T-ZnOw 复合材料在熔融状态下 T-ZnOw 的分散情况。由图 3-74 可知，随着 T-ZnOw 含量的增加，其在复合材料熔体中的分散性也越来越差，在 T-ZnOw 含量为 5 wt%时，开始出现团聚。T-ZnOw 分散性差造成团聚，使 iPP/T-ZnOw 复合材料中造成缺陷。这也进一步解释了过多加入 T-ZnOw 使复合材料的抗冲击强度下降的原因。

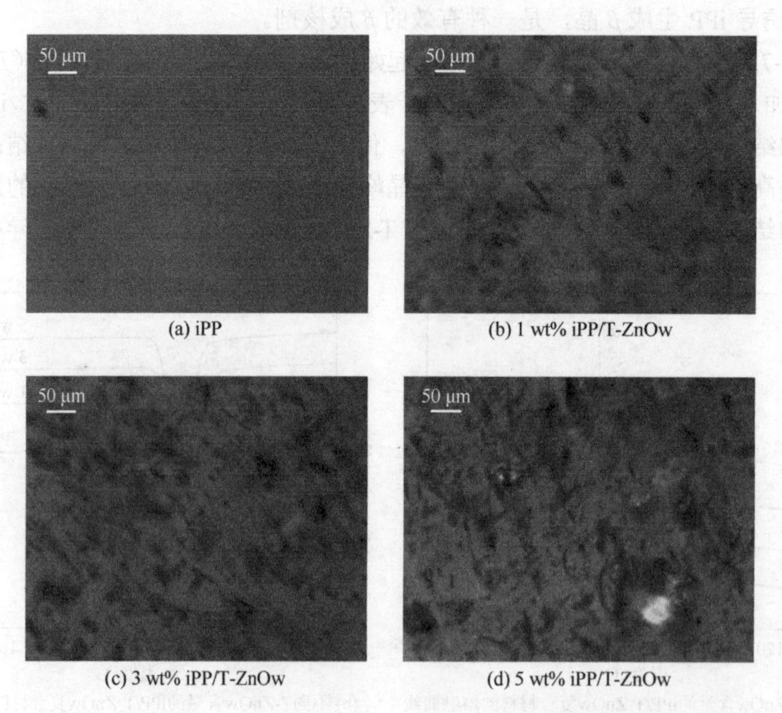

(a) iPP　(b) 1 wt% iPP/T-ZnOw　(c) 3 wt% iPP/T-ZnOw　(d) 5 wt% iPP/T-ZnOw

图 3-74　不同 T-ZnOw 含量的 iPP/T-ZnOw 复合材料熔融状态下的 POM 图

图 3-75 为 iPP 和不同 T-ZnOw 含量 iPP/T-ZnOw 复合材料在 130℃等温结晶的 POM 图。对 iPP 而言，球晶的生长相当完整，晶粒的尺寸超过了 100 μm，球粒之间的界面清晰。对 iPP/T-ZnOw 复合材料而言，由于 T-ZnOw 作为成核剂诱导产生了大量的晶核，结晶速率大大加快，复合材料的晶粒尺寸明显下降，且它们之间的界面模糊。1 wt% iPP/T-ZnOw 复合材料的球晶直径约为 50 μm，而 3 wt% iPP/T-ZnOw 复合材料的球晶直径下降得很明显，降至 10～20 μm。iPP 的晶型和球晶尺寸都会影响它的力学性能。空白 iPP 的球晶尺寸大，界面相互作用力较弱，在外力作用下球晶之间容易产生滑移破裂，使材料发生脆性断裂。T-ZnOw 的含量增加，球晶明显细化，晶粒完善程度降低且互相穿插，球晶间不易滑移，能促进基体发生屈服变形。但继续提高 T-ZnOw 含量，尺寸下降幅度很小，该结果与从 DSC 上观察到的结晶峰温度的变化趋势一致。

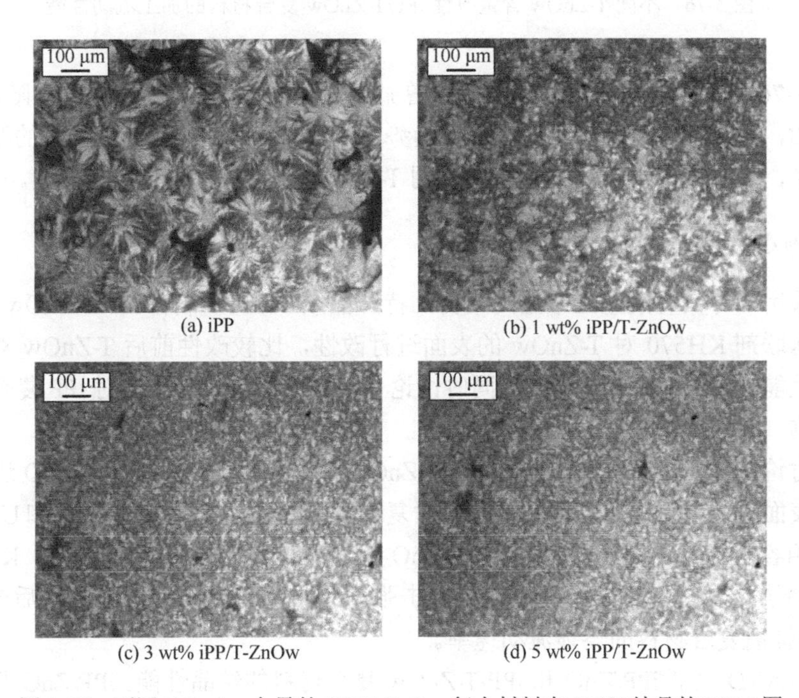

(a) iPP　(b) 1 wt% iPP/T-ZnOw

(c) 3 wt% iPP/T-ZnOw　(d) 5 wt% iPP/T-ZnOw

图 3-75　不同 T-ZnOw 含量的 iPP/T-ZnOw 复合材料在 130℃结晶的 POM 图

9）iPP/T-ZnOw 复合材料的加工性能

用转矩流变仪进一步研究了 iPP/T-ZnOw 复合材料在加工成型过程中的流变行为，讨论了 T-ZnOw 用量对复合材料扭矩及物料温度的影响。由图 3-76 的扭矩与时间曲线可知，随着 T-ZnOw 用量的增加，复合材料的加料峰扭矩明显上升。空白 iPP 的加料峰扭矩为 64.82 Nm，iPP/3 wt%T-ZnOw 复合材料的加料峰扭矩上升至 75.75 Nm，这是因为在 iPP 的熔融过程中，T-ZnOw 的加入使 iPP 颗粒间的相互摩擦加剧，使加料峰的扭矩上升。随着材料的熔融，扭矩趋于平衡，加入 T-ZnOw 后复合材料的平衡扭矩有所下降，这是因为 T-ZnOw 经表面处理后，在 iPP 中的分散性提高，界面相互作用力增强，降低了 T-ZnOw 晶须对 iPP 熔体的流动阻力，改善了 iPP/T-ZnOw 复合材料的流动性。

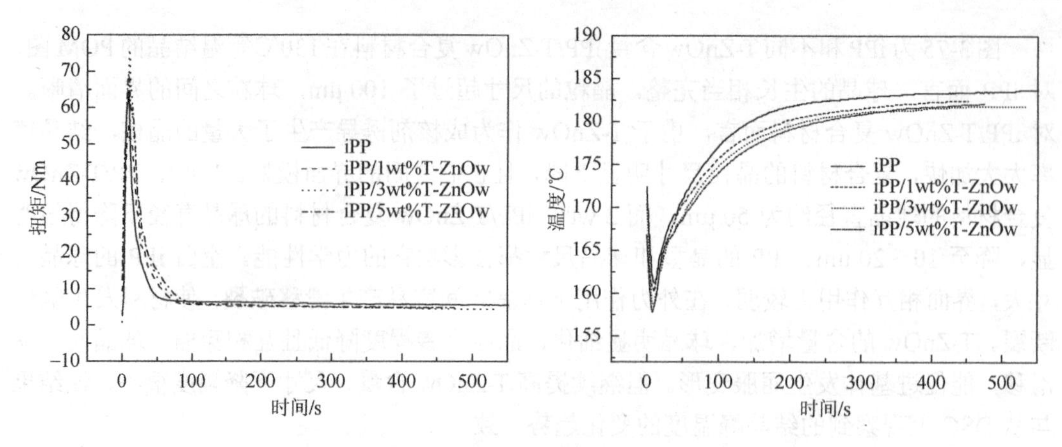

图 3-76　不同 T-ZnOw 含量改性 iPP/T-ZnOw 复合材料的加工流动性能

由图 3-76 可知，随着 T-ZnOw 含量的增加，复合材料的最低温度下降。随着 T-ZnOw 含量的增加，复合材料的熔体温度呈上升趋势，由于摩擦热的作用，等温区的温度超过了其控制温度，晶须参与混合的生热作用说明 T-ZnOw 在此时达到较好的分散。

2. 案例小结

本节采用一种具有规整三维空间结构的特殊晶须 T-ZnOw 制备 iPP/T-ZnOw 复合材料。利用硅烷偶联剂 KH570 对 T-ZnOw 的表面进行改性，比较改性前后 T-ZnOw 对 iPP 复合材料力学性能、热稳定性等的影响，同时讨论了 T-ZnOw 的特殊结构对 iPP 复合材料结晶性能的影响。

（1）讨论 T-ZnOw 的特殊结构对 iPP/T-ZnOw 的作用，同时制备 iPP/ZnO 进行比较。

比较表面改性前后的 T-ZnOw 和 ZnO 对复合材料性能的影响。UN-ZnO 和 UN-T-ZnOw 与 iPP 不相容，复合材料强度较差。KH-ZnO 对复合材料性能有所改善，而 KH-T-ZnOw 则明显提高了复合材料的拉伸性能、抗冲击强度和热变形温度。表面改性后的 ZnO 和 T-ZnOw 能提高复合材料的熔体流动速率。

采用 WAXD 表征 iPP/ZnO 和 iPP/T-ZnOw 复合材料的结晶性能。iPP/ZnO 复合材料的 K_β 值在 ZnO 含量为 3 wt%时最大，为 0.22。iPP/T-ZnOw 复合材料的 K_β 在 T-ZnOw 含量为 5 wt%时最大，为 0.38，说明 T-ZnOw 比 ZnO 具有更强的 β 成核能力，这与 T-ZnOw 的三维空间特殊结构有关。

通过对 iPP/ZnO 和 iPP/T-ZnOw 复合材料性能的比较，看出二者的结构不同，增强 iPP 的效果也不同，T-ZnOw 由于具有特殊的空间结构，对 iPP 增强改性的效果更为明显。改性后的 T-ZnOw 与 iPP 的界面黏结力增强，使 T-ZnOw 为复合材料提供了缓冲带，在受到外力作用时，分散压力，从而提高材料强度。加入 T-ZnOw 还提高了 iPP 复合材料的降解温度，尤其在加入 KH-T-ZnOw 时。

（2）采用 DSC 考察了 iPP 和 iPP/T-ZnOw 复合材料的结晶和熔融行为。T-ZnOw 的加入在 iPP 的结晶过程中起异相成核作用，提高复合材料的结晶速率。iPP/T-ZnOw 复合材料的熔融曲线上出现了 β 晶和 α 晶的熔融峰，进一步说明，T-ZnOw 能诱导 iPP 生成 β 晶。

从POM上观察得知，随着T-ZnOw含量的增加，其在复合材料熔体中的分散性变差，在T-ZnOw含量为5 wt%时，开始出现团聚。在130℃结晶下观察，随着T-ZnOw含量的提高，iPP/T-ZnOw复合材料球晶尺寸明显下降。

（3）采用转矩流变仪表征不同T-ZnOw含量改性iPP复合材料的加工流动性能时发现，T-ZnOw和iPP间的摩擦生热作用使复合材料的熔融黏度有所下降，使平衡扭矩降低，加工性能变好。

参 考 文 献

程雷，郑玉婴，曾安然，等. 2011. β成核剂对等规聚丙烯结晶性能的影响. 塑料，40（1）：29-31.

杜海南，刘洪，张杰. 2015. β成核剂含量对聚丙烯力学性能的影响. 塑料，44（1）：37-39.

付义，王鹏，赵成才，等. 2012. 聚丙烯生产工艺技术进展. 高分子通报，（4）：139-148.

洪定一. 2011. 聚丙烯——原理、工艺与技术. 北京：中国石化出版社.

胡智清，周全，熊建武. 2017. 国内车用改性聚丙烯的研究现状及进展. 工程塑料应用，45（6）：145-148.

李美，章自寿，谭韵红，等. 2015. 无规共聚聚丙烯中β-晶的增韧作用. 中山大学学报（自然科学版），54（5）：62-66.

鲁圣军，何敏，张敏敏. 2009. 纳米SiO_2及硅溶胶成核剂对透明聚丙烯结构与性能的影响. 高分子材料科学与工程，25（7）：61-64.

王鉴，李红伶，祝宝东，等. 2015. 聚丙烯/高岭土复合材料的结构与性能. 塑料工业，43（1）：71-74.

王锡军，陈晓东，徐群杰，等. 2015. 增强聚丙烯复合材料机械性能与热氧老化性能研究. 塑料工业，43（4）：97-101.

张梅，丁会利，聂鑫. 2011. 聚丙烯功能化改性材料研究进展. 塑料工业，39（S1）：53-56.

张跃飞，戴益民. 2013. 聚丙烯成核剂. 北京：化学工业出版社.

赵敏. 2010. 改性聚丙烯新材料. 北京：化学工业出版社.

郑玉婴. 2017. 高性能聚丙烯成核剂的制备及其应用. 北京：科学出版社.

Kato M，Usuki A，Okada A. 2015. Synthesis of polypropylene oligomer — clay intercalation compounds. Journal of Applied Polymer Science，66（9）：1781-1785.

Yong T，Yuan H，Lei S，et al. 2016. Preparation and thermal stability of polypropylene/montmorillonite nanocomposites. Guangzhou Chemical Industry，82（1）：127-131.

Zeng A，Zheng Y Y，Qiu S C，et al. 2011. Isothermal crystallization and melting behavior of polypropylene with lanthanum complex of cyclodextrin derivative as a β-nucleating agent. Journal of Applied Polymer Science，121（6）：3651-3661.

Zeng A，Zheng Y Y，Qiu S C，et al. 2011. Mechanical properties and crystallization behavior of polypropylene with cyclodextrin derivative as β-nucleating agent. Colloid and Polymer Science，289（10）：1157-1166.

Zeng A，Zheng Y Y，Qiu S C，et al. 2012. Effect of tetra-needle-shaped zinc oxide whisker（T-ZnOw）on mechanical properties and crystallization behavior of isotactic polypropylene. Materials & Design，34：691-698.

第 4 章　聚氯乙烯的配方设计及应用

4.1　聚氯乙烯简介

聚氯乙烯（PVC）是五大通用热塑性塑料之一，产量仅次于聚乙烯位居第二位。聚氯乙烯是 E. Baumann 在 1872 年以白色粉末的形式首先制备出来的，当时他将氯乙烯单体暴露在阳光下，阳光产生自由基并引发了聚合反应，同时 E. Baumann 还通过研究，基本确定了聚氯乙烯的密度及基本化学结构式。1912 年德国化学家 F. Klatte 开发了一种工业化生产氯乙烯单体的工艺路线，即从电石出发制备乙炔，用乙炔在高温和催化剂作用下与氯化氢（HCl）反应制备出氯乙烯。1926 年美国联合碳化物公司使用一种新工艺，利用二氯乙烯和氢氧化钠来制备氯乙烯。然而由于聚氯乙烯自身的特性导致其非常难加工，早期缺少合适的加工手段和有效的稳定技术，聚氯乙烯工业化应用进程十分缓慢，直到 1928 年，美国联合碳化物公司将氯乙烯与乙酸乙烯共聚合制备出了易加工成型的聚氯乙烯，同年，美国 BF Goodrich 公司制造了一系列聚氯乙烯产品才推动了聚氯乙烯工业的快速发展。

聚氯乙烯一般加有多种助剂。不含增塑剂或含增塑剂不超过 10 wt%的聚氯乙烯称为硬质聚氯乙烯，含增塑剂 40 wt%以上的聚氯乙烯称为软质聚氯乙烯，介于两者之间的为半硬质聚氯乙烯。助剂的品种和用量对聚氯乙烯的物理机械性能影响很大。

氯原子的存在增大了分子链间的作用力，不仅使分子链变刚，也使分子链间的距离变小。测试表明，聚乙烯的平均链间距为 4.3×10^{-1} m，聚氯乙烯的平均链间距为 2.8×10^{-10} m，其结果使聚氯乙烯宏观上比聚乙烯具有较高的强度、刚度、硬度和较低的韧性，断裂伸长率和冲击强度均下降。与聚乙烯相比，聚氯乙烯的拉伸强度可提高两倍以上，断裂伸长率下降约一个等级。聚氯乙烯耐磨性一般，硬质聚氯乙烯摩擦系数为 0.4～0.5，动摩擦系数为 0.23。

4.2　聚氯乙烯的配方设计

当聚氯乙烯及其大分子自由基在 50℃下单体链节超过 3 时，均不溶解于其单体内，但能被其单体溶胀成脂膏状的黏胶体沉析出来。沉析出的处于孤立状态的大分子自由基很难发生双基链终止（偶合和歧化）。因此，当所用的引发剂为非链转移剂时，大分子自由基与其溶胀单位之间的链转移反应便成为其唯一的或起主导作用的链终止过程，按此机理分析如下。

（1）链引发。

由一分子引发剂 I 分解形成一对初级自由基 R·，即

$$\mathrm{I} \xrightarrow{K_d} 2\mathrm{R}\cdot \tag{4-1}$$

R·与氯乙烯单体引发成自由基，即

$$R\cdot + CH_2 = CHCl \xrightarrow{K_i} RCH_2CHCl\cdot \quad (4\text{-}2)$$

（2）链增长。

通过首尾相连的链增长过程形成为大分子自由基：

$$RCH_2CHCl\cdot + nCH_2 = CHCl \xrightarrow{K_p} R\text{-}(CH_2CHCl)_n\text{-}CH_2CHCl\cdot \quad (4\text{-}3)$$

对于链增长反应，除速率外，还需考虑大分子微结构问题。在链增长中，两结构单元的连接以“头—尾”为主，间有“头—头”（或“尾—尾”）连接。

$$\sim CH_2CH\cdot + CH_2 = CH - \begin{cases} \rightarrow \sim CH_2CH(Cl)-CH_2CH\cdot \ (Cl) & \text{头—尾} \\ \rightarrow \sim CH_2CH(Cl)-CHCH_2\cdot \ (Cl) & \text{头—头} \end{cases} \quad (4\text{-}4)$$

（3）链终止。

假设大分子自由基与其溶胀单体的链转移反应为其唯一或起主导作用的链终止过程，如式（4-5）所示：

$$R\text{-}(CH_2CHCl)_n\text{-}CH_2CHCl\cdot + CH_2 = CHCl \xrightarrow{K_{tr,m}} R\text{-}(CH_2CHCl)_n\text{-}CH = CHCl + CH_3CHCl\cdot \quad (4\text{-}5)$$

式中，K_d为引发剂分解速率常数；K_i、K_p及$K_{tr,m}$分别为链引发、链增长及转移反应速率常数。由式（4-4）可知，具有初级自由基的大分子自由基链终止的同时，单体即活化成为单体自由基，它同样能与溶胀单体进行链增长和转移等反应。

聚氯乙烯塑料制品是一种多组分塑料，制品配方的设计是一项比较复杂的技术工作，它涉及主要原料和辅助材料的应用性能、产品的规格和质量、生产设备、模具及各种生产辅助设备的使用性能和加工工艺等各方面因素。因此，配方设计者在设计配方时，应对树脂和助剂有充分的认识和了解，树脂决定了该塑料品种的基本性能，而助剂对塑料制品的性能也有很大的影响，不同助剂可以制造用途不同的塑料制品，如弹性材料、导电材料、透明材料和耐磨材料等。聚氯乙烯配方设计应遵循以下几个原则。

（1）用途至上原则。配方设计的最终目的就是使制品具有良好的使用性能。因此，聚氯乙烯配方设计的首要原则就是用途至上原则。制品的性能、结构、用途、使用环境、使用寿命等，都是配方设计的主要依据。在设计配方前，一定要先明白所设计的聚氯乙烯制品的用途、应用要求及条件，然后列出保证满足这些条件的相关性能，再根据性能选择助剂品种、确定配比用量。这样设计出的配方才能更符合制品的实际需求，所加工的制品才能有较好的使用性能和效果。否则，即使配方组分搭配合理，配方与设备、工艺匹配，如果所生产的制品不能满足使用要求，也是一个失败的设计配方。

（2）匹配原则。匹配原则是聚氯乙烯配方设计的另一项重要原则。它包括配方与设备、工艺之间的匹配，助剂和聚氯乙烯树脂之间的匹配及各种助剂之间的匹配。单纯的一个配方很难保证生产出优秀聚氯乙烯制品，因为不同设备之间难免会有一定差异，即使设定同样工艺条件也会有一定出入，这些都会对物料加工过程产生影响，从而影响制品的表观或内在质量和性能，有些还会使制品产生较大的性能差异。所以一个好的配方是针对具体设备、工艺的，它们之间具有良好的匹配性。在一台设备上生产出应用优良的配方，换到同型号的另外一台设备上，使用相同工艺参数也不一定能生产出品质同样优秀的制品，往往需要对配方、工艺方面进行一些微调，才能获得同样优良的制品。另外，在配方设计中筛选助剂时，同样也应遵循匹配的原则。一般某一类助剂有很多个品种，它们之间有一定差异，应选用和树脂相容性好的助剂，这样可以保证助剂和树脂分子级互溶，更好地发挥助剂作用，同时选用具有协同效应的助剂搭配更佳。

（3）实用原则。配方设计的实用原则就是要求配方成本低廉化，制品性能够用化，满足生产实际需求。不能只刻意追求高性能，而忽略成本，造成配方因成本过高使产品市场无法接受而夭折。在满足产品质量要求的情况下，尽量选用来源方便、料源充足、售价低、性能比较稳定的原料组成配方。

聚氯乙烯制品各种各样，性能差异很大，聚氯乙烯助剂品种众多，因此聚氯乙烯制品的配方也千差万别，且数量庞大。但其基本组成或核心组成是一样的，一般包括聚氯乙烯树脂、稳定剂、润滑剂、增塑剂、加工助剂、填料等。着色剂可以赋予制品鲜艳的颜色；发泡剂和发泡助剂是聚氯乙烯泡沫制品配方中的主要成分；阻燃剂、抑烟剂是聚氯乙烯阻燃制品不可或缺的成分。

4.2.1 增塑剂

增塑剂（如 PVC 增塑糊）能够提高制品的柔软性、耐寒性及流动性，从而提高 PVC 树脂的加工性能。理想的增塑剂具备以下特性：与 PVC 树脂良好的相容性，较高的增塑效率，低挥发和迁移性，耐溶剂萃取性，耐水解，耐寒，非可燃性，良好的热、光稳定性与耐候性，良好的介电性能，无色，无味和无毒性。实际生产中，由于功能需求不同，增塑剂都是复配体系。表 4-1 列出了一些增塑剂的功能特性。

表 4-1　不同种类增塑剂的性能

序号	主要功能	增塑剂	缺点
1	高增塑效率	邻苯二甲酸二丁酯（DBP）	易挥发、易迁移
		邻苯二甲酸丁苄酯（BBP）	易挥发、易迁移
		磷酸三甲酚酯（TCP）	
		邻苯二甲酸二辛酯（DEHP、DOP）	
		邻苯二甲酸二异壬酯（DINP）	
		对苯二甲酸二辛酯（DOTP）	
		烷基磺酸苯酯	
2	耐寒性	己二酸酯类（DEHA、DINA）	可被水萃取、易挥发
		癸二酸酯类（DEHS）	增塑效率低
		直链邻苯二甲酸酯类（6～11 个碳原子）	
		脂肪酸酯类	相容性差
3	低挥发性	长碳链邻苯二甲酸酯类（DIDP、DITP）	
		直链邻苯二甲酸酯类	增塑效率低
		偏苯三甲酸酯类（TOTM）	

续表

序号	主要功能	增塑剂	缺点
4	阻燃性	磷酸酯类（TCP、TOP）	易挥发、易迁移
		氯化石蜡	辅助增塑剂
5	耐迁移和抽出	聚酯类	高黏度、增塑效率低
6	低黏度和存储稳定性	直链邻苯二甲酸酯类	
		辅助增塑剂（脂肪酸酯）	相容性差、增塑效率低
		烃类和聚乙二醇	易挥发、易燃

4.2.2　稳定剂

PVC 树脂的加工温度在 160℃以上，比其开始热分解的温度要高出 30～40℃，因此在 PVC 树脂的加工过程中必须添加一定份数的热稳定剂。PVC 树脂加工常用的热稳定剂有铅盐类、有机锡类、金属皂类、钡锌/钙锌复合类和稀土类等。有机锡类和铅盐类热稳定剂具有优良的热稳定性，但是因其具有毒性，对人体健康会产生危害而被限制并逐步被取代。钡锌/钙锌复合类和稀土类热稳定剂是被广泛应用的环保型、无毒害的热稳定剂。目前，钡锌/钙锌复合类热稳定剂在软质 PVC 制品中应用较为广泛，其热稳定体系通常采用液体与粉体的钡锌/钙锌复合热稳定剂复配。20 世纪 80 年代，我国率先开发了稀土热稳定剂，其具有高效、无毒、价格适中等优势，可以广泛应用于软质、硬质或透明、不透明的 PVC 制品。通常，稀土热稳定剂不能单独使用，需要与其他热稳定剂复配，如钙锌复合热稳定剂/稀土热稳定剂复配体系。

抗氧剂主要用于延缓或抑制高聚物因氧化而出现降解老化的现象，而这种老化现象是在热氧共同作用下产生的。目前，用于苯乙烯和聚烯烃树脂的抗氧剂发展较快，抗氧剂主要分为主抗氧剂和辅助抗氧剂。主抗氧剂的主要作用是清理聚合物因氧化产生的自由基，常用的有酚类抗氧剂，如受阻酚类抗氧剂 1076、抗氧剂 264、抗氧剂 2246、抗氧剂 1010。胺类抗氧剂作为主抗氧剂的效果优于酚类抗氧剂，但其有变色性和污染性，会导致聚合物变色，从而限制了它的应用范围，所以胺类抗氧剂主要应用于深色或黑色的高分子制品中。辅助抗氧剂可以分解聚合物氧化降解时产生的过氧化物，抑制过氧化物进一步诱发形成促进分解的自由基。常用的类型有亚磷酸酯类、硫醚类和金属钝化剂等。

聚合物制品长期暴露在户外环境中，会产生一系列的光物理和化学老化降解反应，从而影响制品的外观质量和使用性能。添加一定组分的光稳定剂，可以明显提高聚合物制品的光稳定性和耐候性。按作用机理，光稳定剂大致可以分为紫外线吸收剂、光屏蔽剂、猝灭剂和自由基捕获剂。紫外线吸收剂的应用最为广泛，它通过强烈吸收波长为 290～380 nm 的紫外线，将光能以热能的形式散出去，而不引发聚合物光化学反应，从而起到阻缓聚合物的光氧老化的作用。这类光稳定剂主要有二苯甲酮类、水杨酸苯酯类、苯甲酸酯类、苯并三唑类和肉桂酸酯类等有机化合物。光屏蔽剂主要是指能够吸收或反射紫外光线的固体无机颜料，常用的有钛白粉、炭黑和氧化锌。猝灭剂通过分子间能量的转移来消除处于激发态的高聚物分子的能量，使其回到低能状态，具有很好的光稳定效果。在与二苯甲酮类等紫外线吸收剂并用时，可以取得很好的协同效应。猝灭剂主要是二价镍的有机配合物，常用的类型有硫代双酚型、二硫代氨基甲酸镍盐和磷酸单酯镍型。自由基捕获剂通过捕获高聚物分子中产生的活性自由基，抑制光氧老化过程，起光稳定效果，这类光稳定剂主要是受阻胺类。

4.2.3　填料

填料主要是指添加到高聚物中降低制品成本的一类无机粉体材料，并且可以赋予制品一些新的性能，如耐磨性、耐化学腐蚀性、阻燃性、介电性和尺寸稳定性等。常用的无机填料有：滑石粉、碳酸钙、碳酸镁、方解石、白云石、硫酸钡、石英粉、二氧化硅（气相或沉淀法）、高岭土、氢氧化铝、氢氧化镁、硼酸锌、硼酸钡和锑氧化物等。

高岭土常用作聚氯乙烯、聚丙烯、聚乙烯、尼龙和酚醛树脂等塑料的填料，高岭土的添加量一般为 5%～60%。高岭土作为功能性填料可以改善制品的表面光滑性、耐化学腐蚀性、吸水性、介电性和力学性能等。煅烧高岭土经过表面处理后在高聚物中的应用主要体现在：降低了制品的成本；用于电线电缆的 PVC 覆皮，提高其电绝缘性；作为白色颜料可以替代价格较昂贵的钛白粉；具有较好的远红外阻隔性，用于保温、隔热薄膜材料；应用于聚丙烯中可以作为其结晶的成核剂等。

4.2.4　其他助剂

在软质 PVC 配方中，一般还有润滑剂、阻燃剂、抗菌剂等功能助剂。润滑剂按作用机理不同分为内润滑剂和外润滑剂，内润滑剂的作用机理是渗入聚合物分子和树脂初级粒子之间，削弱分子链段和初级粒子之间的相互作用力，促进塑化并降低熔体黏度。常用作 PVC 外润滑剂的有脂肪醇和脂肪酸单甘油酯等。外润滑剂主要作用是降低宏观粒子之间以及熔体与加工设备之间的摩擦力、黏附力等相互作用力，避免出现局部过热的现象，延迟塑化时间，提高热稳定性。这类润滑剂有固体石蜡、硬脂酸、聚乙烯蜡等。

PVC 常用的阻燃剂按化合物种类分为无机化合物和有机化合物两大类。无机化合物主要包括氧化锑、氢氧化镁、氢氧化铝、硼酸锌等。有机化合物主要是有机卤化物（如氯化石蜡、溴代联苯醚、全氯环戊癸烷）和有机磷化物（如磷酸酯）。

抗菌剂是添加到聚合物基体中具有抑制和杀灭菌种的功能助剂，主要分为无机抗菌剂和有机抗菌剂两大类。无机抗菌剂多为金属离子型抗菌剂，一般是将具有杀菌功能的银离子、铜离子、锌离子等负载到沸石等多孔无机载体上。常用的有机抗菌剂为季铵盐类、香醛、双胍类和乙基香草醛类化合物。有机抗菌剂的主要缺点是耐热性较差。

4.3　聚氯乙烯的制备工艺

PVC 是氯乙烯（VCM）按自由基聚合反应机理，在光、热作用下或由过氧化物、偶氮化合物等引发聚合而成的聚合物，其化学反应式如图 4-1 所示。

PVC 按原料来源路线可分为电石法和乙烯法，在我国以电石法为主，约占 80%；按聚合工艺主要包括悬浮法、本体法、乳液法、微悬浮法和溶液法等 5 种，商品化的 PVC 树脂大部分是用悬浮法聚合工艺生产的，占聚氯乙烯产量的 80%～90%。悬浮法聚合工艺的流程见图 4-2。

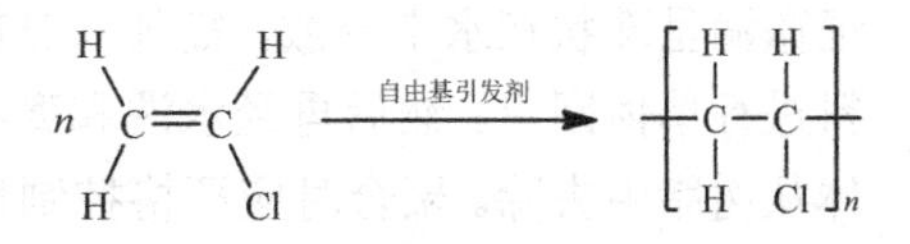

图 4-1　PVC 聚合反应

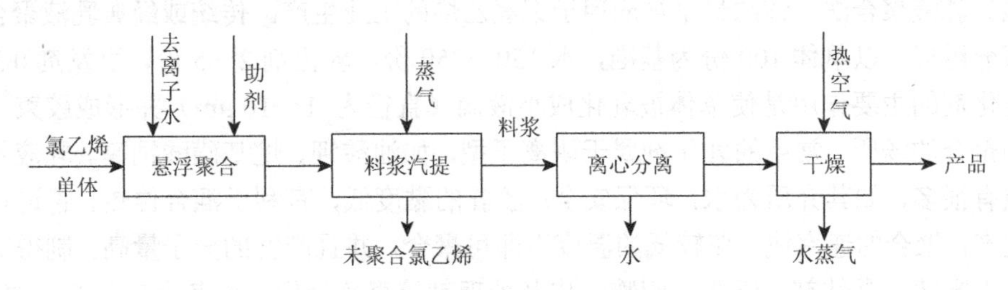

图 4-2　悬浮法聚合工艺流程

国产通用型悬浮法 PVC 树脂执行 GB/T 5761—2006 标准，其典型的型号规格及物理性能指标见表 4-2。

表 4-2　常用几种聚氯乙烯典型牌号的物理性能指标（优等品）

序号	项目	型号		
		SG-3	SG-5	SG-7
1	平均聚合度	1370～1251	1135～981	845～741
2	K 值	72～71	68～66	62～60
3	黏度/(mL/g)	135～127	118～107	95～87
4	表观密度/(g/mL)	≥0.45	≥0.48	≥0.50
5	挥发物（包括水）/wt%	≤0.3	≤0.4	≤0.4
6	“鱼眼”数/(个/400 cm^2)	≤20	≤20	≤30
7	100 g 树脂增塑剂吸收量/g	≥26	≥19	≥12
8	白度（160℃，10 min）/%	≥78	≥78	≥75
9	残留 VCM 单体含量/(μg/g)	≤5	≤5	≤5

研究结果发现，PVC 树脂颗粒内在结构属于“多层粒子”结构，即悬浮 PVC 树脂颗粒粒径为 50～250 μm 的，其颗粒表面包覆着厚 0.5～5 μm 的薄壳层，颗粒内部则包含着尺寸 0.7～1.0 μm 的初级粒子堆砌成的直径 3～10 μm 的初级粒子聚集体，初级粒子由大约 1000 万个分子组成，是 PVC 熔融过程中的主要流动单元，其在熔体中通过系带分子与微晶连接在一起。在宏观方面，PVC 树脂的物理性能包括树脂颗粒的粒径大小及分布、表观密度、孔隙率与增塑剂吸收量等方面。聚氯乙烯的合成方法有很多，常用的有以下三种。

（1）悬浮聚合法。一般是单体呈微滴状悬浮分散于水中的聚合，将油溶性引发剂溶于单体中，聚合反应则发生在这些微滴中，由于聚合时产生的反应热被水及时吸收，为了保证微滴呈珠状在水中分散，需加入分散剂，如明胶，聚合后，用单体回收罐或汽提塔对物料进行单体回收。然后再经水洗和离心脱水，干燥即得成品，反应后应尽可能将氯乙烯单体从树脂中去除。聚合时应严格控制反应温度和压力，从而使树脂具有预期的分子量及分子量分布，同时，又可预防爆聚。搅拌速度、分散剂的种类及用量影响树脂的粒径和粒径分布。在制备 PVC 树脂时，当分散剂为聚乙烯醇和纤维素醚类时，得到的 PVC 树脂具有疏松、多孔隙、大的表面积和易吸收增塑剂的特点，因此塑化更加容易。

（2）乳液聚合法。该法最早被应用于聚氯乙烯的工业生产。传统或经典乳液聚合体系由四部分组成，以单体 100 份为基准，水 150～250 份，乳化剂 2～5 份，引发剂 0.3～0.5 份。乳化剂的主要作用是使单体被乳化成小液滴（直径为 1～10 μm）并形成胶束，提供引发和聚合的场所。常用的乳化剂属于阴离子型，如油酸钾、烷基磺酸钠等。乳液聚合法的优点有很多，如其介质为水，环保安全；胶乳的黏度低，有利于混合传热、管道输送和连续生产；聚合的速率快，在较低的温度下即可聚合，并且产物的分子量高；制得的胶乳可作为水乳漆，黏结剂，纸张、织物、皮革处理剂等直接使用。但其存在生产工序复杂，成本高，且产品中残留乳化剂杂质，难以完全除净从而影响电性能等缺点。

（3）本体聚合法。聚合分 2 步进行，第 1 步在预聚釜中加入定量的 VCM 单体、引发剂和添加剂，经加热后在强搅拌（相对第 2 步聚合过程）的作用下，釜内保持恒定的压力和温度进行预聚合。当 VCM 的转化率达到 8%～12%时停止反应，将生成的“种子”送入聚合釜内进行第 2 步反应。聚合釜在接收到预聚合的“种子”后，再加入一定量的 VCM 单体、添加剂和引发剂，在这些“种子”的基础上继续聚合，使“种子”逐渐长大到一定的程度，在低速搅拌的作用下，保持恒定压力进行聚合反应。当反应转化率达到 60%～85%（根据配方而定）时终止反应，并在聚合釜中脱气、回收未反应的单体，而后在釜内汽提，进一步脱除残留在 PVC 粉料中的 VCM，最后经风送系统将釜内 PVC 粉料送往分级、均化和包装工序。

1）本体聚合特点

方法最简单，相对放热量较大，有“自加速效应”，形成的聚合物分子量分布变宽。本体聚合生产流程短、设备少、易于连续化、生产能力大、产品纯度高、透明性好，此法适合生产板材或其他型材。

2）本体法聚氯乙烯产品的特征

本体聚合的粒子是多边形，无包封皮层，因此本体聚合的 PVC 树脂流动性好、粒径分布集中、吸收增塑剂快、塑化速率快。聚合过程中使用的助剂少，聚合物的杂质含量低，能生产出具有类似玻璃透明度的制品。

3）本体聚合的工艺过程

本体聚合过程中，体系的物态可分为两个阶段：第一阶段，体系基本呈现液相，是微粒形成阶段；第二阶段，物料由黏稠变成粉状，是微粒生长变大的过程。第一阶段反应在初级粒子表面和内部进行，粒子间靠静电引力稳定。第二阶段，再加入单体和引发剂，反应温度为 40～70℃。第二阶段是聚合的主要阶段。聚合温度应准确控制，相反应终止时的转化率是决定聚合产物分子量和孔隙率的重要因素。

综上所述，PVC 的制备主要以悬浮聚合法为主，乳液聚合法面临淘汰，本体聚合法虽生产简单但却不适合工业化生产。

4.4　聚氯乙烯的应用案例

4.4.1　聚氯乙烯管材

PVC 管材指的是以 PVC 树脂为主要原料，加入适量的稳定剂、润滑剂、填充增强剂、加工助剂、抗冲改性剂、着色剂、增塑剂等，经螺杆挤出机挤出加工成型而成，广泛应用于给排水领域。自 PVC 树脂发明以来，直到 20 世纪 50 年代初，国外开始了 PVC 管材的研究和开发，PVC 是最早开发成功的大品种塑料，我国大约是从 20 世纪 60 年代开始开发 PVC 管材，随着“以塑代钢”的推进，塑料管材迅速发展，2013 年，中国行业研究网统计数据显示，全球塑料管总产量约为 2000 万 t，我国每年的塑料管材的产量（1100 万 t）占全球的一半以上，其中 PVC 管材产量约为 600 万 t。主要产区集中在广东、浙江、山东和福建等地。PVC 管材一直是我国产量和消费量最大的塑料管道品种，约占塑料管材总量的 60%。

PVC 管材具有一般塑料管材的优势，即与传统的金属管和水泥管相比，密度小、质量轻，一般仅为金属管的 1/6～1/10；耐化学性好、耐腐蚀；塑料管内表面比铸铁管光滑得多、摩擦系数小、流体阻力小、可降低输水能耗 5%以上；综合节能性好，制造能耗约降低 75%；运输方便，安装简单，使用寿命长达 50 年。除此之外，PVC 管材还具有以下独特的优势：

（1）阻燃性好。PVC 树脂中氯含量高达约 57%，氧指数在 47 左右，是理想的阻燃材料，一般情况下，不需要另外多加阻燃剂即可满足大部分的阻燃要求，相比聚烯烃等易燃材料，PVC 管材在电工、电信管道等领域上的使用具有不可替代的重要优势。

（2）强度高。在通用塑料品种中，特别是与通用聚烯烃（大类）相比，PVC 材料具有最高的强度，其弯曲模量高达 3000 MPa，是普通 PE 的 3 倍多，拉伸强度大于 45 MPa，是普通聚烯烃（大类）的 2 倍多，因此 PVC 管材经常被视为“刚性管”，PVC 管材良好的刚性在压力管领域，特别是在埋地波纹管等需要高刚度的领域具有很大的优势，可减少壁厚，节约大量的材料，性价比很高。

（3）价格便宜。PVC 树脂中氯含量占比约 57%，可消耗大量的氯碱工业中剩余的氯，是完善氯碱化工产业链非常重要的一个品种。无机氯元素来源广泛，价格便宜，可以节约大量的石油资源，长期以来，相比严重依赖石油资源的聚烯烃，PVC 价格便宜且性能优异，只要经过合理的改性利用，相信其在往后的竞争中仍然具有十分巨大的优势。

（4）安装方便。PVC 管材的使用已有 70 多年的历史，生产安装技术十分成熟，可采用胶水粘接、弹性密封圈连接、螺纹连接和承插连接等多种方式，安装方便，无需热熔焊接设备，安装费用很低。

然而，PVC 管材也有一些明显的缺点，主要表现在，使用温度范围狭窄，耐热性差，一般只能在零下几摄氏度至 50℃之间使用；抗冲击性能差，未经改性的 PVC-U 管材缺口的抗冲击强度只有 3～5 kJ/m^2；热膨胀系数大，是钢铁的近 7 倍，故安装时应使用伸缩节或多加支点；另外，当制造管材的 PVC 树脂中 VCM 单体含量超标，或者使用非环保类稳定剂如含铅、镉等重金属时，会危害环境及人类健康。

PVC管材主要包括PVC给水用管材、建筑排水用实壁管材、建筑排水用螺旋消音管材、通信或排污用双壁波纹管材、排水用芯层发泡管材、建筑用绝缘电工套管材、雨落水管材、化工用PVC-U管材和埋地塑钢复合缠绕排水管材等，广泛应用于市政给排水、建筑内给排水、建筑内电工套管、电信电缆护套管、灌溉工程、化工工程、高速公路工程、养殖与渔业、园艺和高尔夫球场工程等领域，具有十分广阔的市场空间。

PVC管材可使用单螺杆挤出机或双螺杆挤出机挤出加工，双螺杆挤出机按照螺杆结构的不同又可分为平行双螺杆挤出机和锥形双螺杆挤出机。典型的挤出加工工艺流程为：按预先确定的配方比例准确称量各组分，再与PVC树脂一起在高速混合机中搅拌至110～120℃，转入冷混桶搅拌，冷却至45℃左右出料，混好的原料静置8 h以上，消除静电及进一步熟化后，即可送往双螺杆挤出机生产。

随着我国经济的高速发展，塑料管道行业特别是PVC管材行业连续二十几年处于高增长态势，近年来，许多生产塑料管道的企业仍在大量投资扩大产能，或者在全国各地建立分厂，由沿海转战内陆，以响应国家“西部大开发”战略，各地投资扩张塑料管道的热潮不退。但繁荣的背后，也有许多需要冷静思考、面对的严峻问题。首先，PVC管材产能已过剩，市场竞争非常激烈，导致一些厂家以劣充好，大量添加填充剂及回收料，产品质量很差，严重损害了PVC管材在市场用户中的形象；其次，PVC管材产品总体水平仍不高，反观国外，在国内进行残酷的价格战时，发达国家的PVC管材企业仍在不断进行技术创新，以此推动PVC管材行业的发展，如稳定剂的环保高效化、结构壁管道、复合管道的研究，以及近年来国内很热门的PVC-M管材和PVC-O管材等高端管材的开发。但国内外的技术差距仍十分明显，具体表现在高效助剂目前基本仍靠进口，PVC-O管材技术仍尚未突破等。面对PE、PP等材料的竞争，特别是PE材料已经由PE63、PE80发展到PE100级，甚至后续的PE112、PE125等高等级聚乙烯压力管道料也已在市场化的进程中，PVC管材行业只有加紧技术创新，才有可能在塑料管道市场中继续占有主要份额。

4.4.2 抗冲改性聚氯乙烯管材

PVC-M管材是指抗冲改性PVC管材，其以PVC树脂为主要原料，添加高效抗冲改性剂，通过先进的加工工艺挤出成型，是兼有高强度及高韧性的高性能新型管材。产品执行行业标准CJ/T 272—2008《给水用抗冲改性聚氯乙烯（PVC-M）管材及管件》，性能优异。相比PVC-U管材，PVC-M管材在基本保持了PVC-U管材强度的同时，还大幅度提高了管材的韧性，如图4-3所示，因此大大提高了管材的可靠性。PVC-M管材不仅可以替代原有PVC-U管材，还可应用在许多对抗冲击性能要求很高的苛刻环境，如作为矿山用管材甚至非开挖铺设和修复用管材。

PVC-M管材的主要特点如下：

（1）质量轻，便于运输与安装。由于原料进行了高抗冲改性，在同等压力下，PVC-M管壁厚度更小，质量也更轻。

（2）PVC-M管材在保持PVC-U管材的弹性模量的同时，提高了管材的柔韧性，抗冲击性能优异，能抵抗外界冲击，环境适应性强。PVC-M管材耐环境开裂性能的提高能有

图 4-3　PVC-M 管材的韧性破坏实验

效抵抗安装和运输过程中对管材的外力冲击。与同规格的普通 PVC-U 管材相比，PVC-M 管材抗冲击性能显著提高，能更有效地抵抗点载荷和地基不均匀沉降。

（3）卫生环保，无污染，保证输水水质，不结垢，不滋生细菌。管道使用无铅配方生产，卫生性能符合 GB/T 17219—1998 安全性评价标准规定及国家卫生部相关的卫生安全评价规定。

（4）连接方式简便可靠。产品使用简单易行的胶黏剂粘接或弹性密封圈连接，安装简易牢固。

（5）管道运行、维护成本更低，产品壁厚小，管道流径大，节能低耗。PVC-M 管材的水力坡降值小于 PVC-U 管材，在出厂水压相同时，在管网相同的地点，用户水压相对较高，可以保证更多用户对水压的要求，且常年运行的费用将大大降低。产品韧性的提高，提升了管道抗水锤能力，减少管线在运行过程中的破坏，降低管道维护成本。

（6）耐腐蚀，使用寿命长，耐化学腐蚀性能强，可用于任何适用于普通 PVC-U 管道的场合。在正常使用条件下，使用寿命在 50 年以上。

PVC-M 管材被广泛应用于市政给排水、民用给排水、工业供水、工业排水、灌溉以及植被浇水等。

PVC-M 的增韧方式主要包括化学增韧改性和物理共混增韧改性两种，化学增韧改性是将单体引入 PVC 主链，从而降低 PVC 的玻璃化转变温度，使增韧剂与 PVC 分子链进行共聚接枝，均匀分散达到增韧改性的目的，但此方法一般会降低 PVC 的耐热性和刚性，且成本较高，灵活性较差。故目前 PVC-M 的增韧方式一般采用物理共混增韧改性的方式，通过添加高效抗冲改性剂，严格控制配方工艺，得到具有优良的刚性与韧性的 PVC-M 管材。

经高抗冲改性的 PVC-M 管材的可靠性大大提高，故相比 PVC-U 管材，可采用较小的设计系数，即较高的设计应力，因此，相同公称压力的给水管材，PVC-M 管材的壁厚可比 PVC-U 管材薄约 30%。因此，PVC-M 管材在输水能力、运输和安装铺设上具有明显优势，并且由于壁厚减小，可节约大量的材料，有利于环境保护，是一类具有广阔发展前景的塑料管材。以同等压力等级的 DN110 mm PN1.0 MPa 为例，相关对比数据见表 4-3。

表 4-3　几种塑料管材数据对比

名称	压力等级/MPa	管材外径/mm	壁厚/mm	米重/(kg/m)	24 h 出水量/m^3
PVC-M	PN1.0	110	3.4	1.6～1.8	约 722
PVC-U	PN1.0	110	4.2	2.0～2.3	约 700
PE100	PN1.0	110	6.6	2.1～2.35	约 636
PP-R	PN1.0	110	8.2	2.35～2.5	约 599

PVC-M管材的关键技术点为如何在保持PVC刚性的同时大幅度提高材料的抗冲击强度，即实现刚韧平衡，这也是一直以来 PVC 高端工程型管材创新发展的主要研究课题之一，是突破 PVC 压力管材局限性的关键。

1. PVC-M 管材的制备工艺

1）混料操作

按预先确定的配方比例准确称量各组分，其中抗冲改性剂如甲基丙烯酸甲酯-丁二烯-丙乙烯共聚物（MBS）与丙烯酸酯类共聚物（ACR）、功能助剂 M、碳酸钙及钛白粉一起称量，另外放置。加料顺序对 PVC 制品的质量有一定的影响，但对于半自动化的混料厂家来说（目前绝大部分的厂家均采用此混料工艺），太复杂的加料顺序显然很难控制，并且极大地增加了工人的工作量，不利于连续生产。因此将料分两次加入，首先低速启动热混机，加入 PVC 树脂、稳定剂、润滑剂及加工助剂等，高速搅拌到 85℃时，再加入抗冲改性剂、碳酸钙及钛白粉，继续搅拌到 120℃后，立即转入冷混桶冷混到 45℃出料，防止物料在高温下时间过长而分解和吸水返潮。之所以如此操作，是由于抗冲改性剂 MBS 与 ACR 为核壳结构，过早加入，壳层受摩擦时间过长，壳层容易受到破坏，会影响其后续在 PVC 熔体中的分散效果，另外碳酸钙及钛白粉也不宜过早加入，一方面，防止其对助剂的吸收，另一方面，其坚硬的表面与设备摩擦太大，容易加速设备的磨损，特别是钛白粉自身表面受磨损后对性能影响很大，严重时甚至引起管材色相偏灰。混好的原料静置 8 h 以上，消除静电，进一步熟化后即可送往双螺杆挤出机生产。

混料时需要注意的其他事项：①投料量：以高混机容积的 60%～70%为宜。投料量过小，物料自摩擦所产生的热量小，高混机的温度升高得很慢，混料时间较长，影响生产效率；若投料量过大，混料机中的物料翻滚不均匀，电机负载过重，分散不均匀，影响混料的效果。②一般以混料温度控制，但建议同时结合混料时间参考，每锅混料时间在 8～13 min，第一锅冷锅混料时间会稍长一点，若混料时间过长或过短，需要查找原因，如热电偶不准、搅拌桨磨损过大等。③热混温度一般为 110～130℃，设定值随原料配方、环境温度等的不同会有所不同，不能一概而论。如碳酸钙添加量较大的配方，热混温度宜设置高一些，以提高分散性、降低水分含量；对于塑化能力较差的挤出机，热混温度也可适当高一些，以弥补挤出机塑化能力的不足。

2）挤出管材

将混好的原料，在 KM Φ90 平行双螺杆挤出机中挤出规格为 PVC-M DN 110 mm×4.2 mm PN1.25 MPa 管材。生产工艺流程如下所示：

树脂/助剂→高速热混→冷混→定量加料→挤出机→模具成型→真空冷却定径
↓
入库←包装←检验←成品←扩口←定长切割←牵引←喷码印字←二次喷淋冷却

将备好的混合料送往 KM Φ90 平行双螺杆挤出机中，定量加料，物料在螺杆的转动下向前输送，受剪切力及温度的共同作用，逐步塑化成熔融态，并经由机头口模压缩成型为一定尺寸的管胚，在牵引机的牵引下，通过真空喷淋箱定型冷却固化成所需的形状、尺寸，随即进行喷码印字，计数达到预定的长度，控制器发出指令，启动切割机切割成预定长度的管材，产品再进行扩口、包装，经检验合格入库。

2. 案例分析

1）机器设备的选择

一般 PVC-M 管材的挤出生产线基本沿用 PVC-U 的设备，典型的 PVC-U 管材挤出生产线见图 4-4。

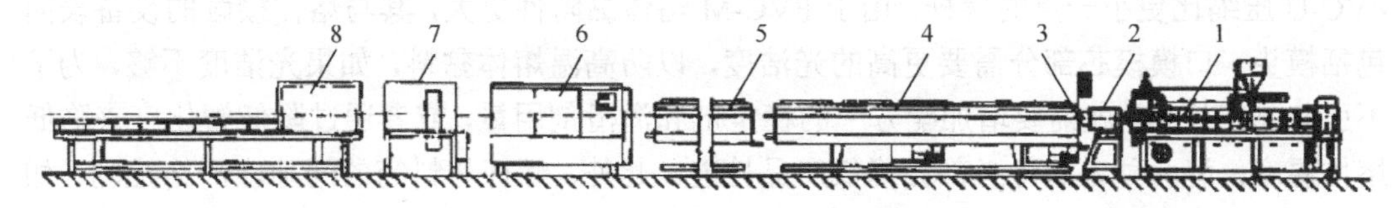

图 4-4　典型 PVC-U 管材挤出生产线

1. 双螺杆挤出机；2. 管机头；3. 定径套；4. 真空定径系统；5. 冷却系统；6. 牵引机；7. 切割装置；8. 扩管机

但严格来说，PVC-M 管材的挤出生产线与 PVC-U 的设备仍然有一些差别。首先，喂料结构的差异，将德国克劳斯玛菲（Krauss-Maffei，国内简称 KM 公司）双螺杆挤出机中进行了 PVC-M 管材的试制研究，发现部分机台生产不稳定，电流波动大，引起管材壁厚波动，而同样的混料在其他机台上却能正常稳定地生产，没有很大的电流波动，经过认真比对研究，发现问题出在喂料结构的设计不同上，原来出现不稳定现象的挤出机喂料采用弹簧式输送方式，见图 4-5（a），而可正常生产的机台喂料结构采用螺杆式输送，见图 4-5（b），原因可能是 PVC-M 管材混料有大量的弹性体抗冲改性剂，并且碳酸钙添加量很少，故混合好的粉料相对普通 PVC-U 混配料较蓬松，流动性较差，且有一定的弹性，用弹簧输送时容易原地打转，影响输送的稳定性，从而引起挤出波动，后经改为螺杆式输送结构，问题得以解决。

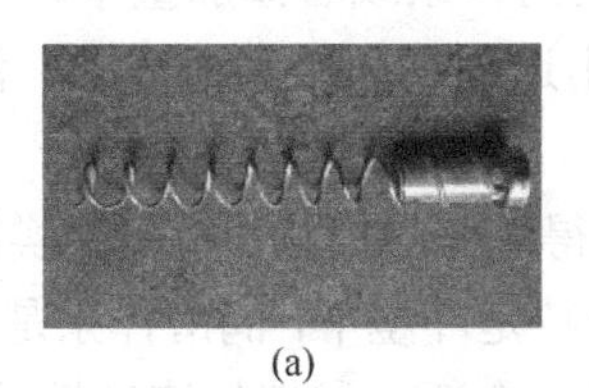

(a)

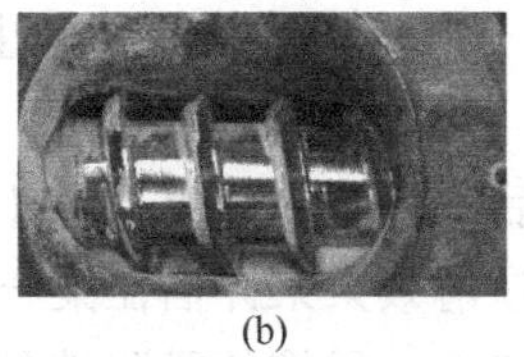

(b)

图 4-5　挤出机喂料结构

其次，PVC-M 管材与 PVC-U 管材的一个显著差别是 PVC-M 熔体的收缩率更大，当使用与 PVC-U 同样尺寸的定径套生产时，在同样定径真空度下，PVC-M 管材的外径容易偏小，严重时，会引起管材质量不合格，在与配件连接时，连接处密封性不够，引起漏水等工程问题。故实际生产中，当采用 PVC-U 定径套生产 PVC-M 管时，应特别注意测量管材的外径是否合格，当采用提高定径真空度等工艺措施仍无法使外径达标时，应使用专用的 PVC-M 定径套生产，避免不合格现象的发生。

再次，螺杆是挤出机最核心的部件之一，其设计的差异明显影响 PVC 管材制品的性能，包括配方工艺也因不同的螺杆结构而产生差异。随着近十几年来挤出机设备的不断完善，挤出机的性能比过去有了很大的提高，双螺杆挤出机的锥度、长径比、压缩比、螺槽深度、螺纹头数和螺旋角等参数决定了挤出机的塑化性能。螺杆的设计也日趋专用化，例如，由于 PVC 排水管碳酸钙添加量的不断加大，市面上甚至出现了专用的高钙螺杆，其与低钙螺杆的显著差别在于，输送段具有更深的螺槽，压缩比更大，塑化能力更强。为了生产方便，PVC-M 管材所用的料筒螺杆可基本与 PVC-U 的一致，如有条件则可使用比 PVC-U 压缩比更小一点的螺杆。由于 PVC-M 熔体黏附性更大，其与熔体接触的设备表面包括模头、口模模芯部分需要更高的光洁度，以防高温熔体黏料，如果光洁度不够，为了不引起黏料烧焦，就需要增加配方中的稳定剂和润滑剂用量，或者通过降低塑化度来降低熔体温度，但两种方法势必都会降低产品性能。此外，螺杆与料筒的间隙应严格控制，如 Φ65/132 锥形双螺杆的间隙应控制在 0.15～0.25 mm，间隙过大，容易造成熔体回流且剪切塑化能力减弱，间隙过小，设备磨损加速，如果国产尺寸精度不够，间隙过小时还会引起“扫膛”现象，当螺杆较新时，可采用较大的间隙。

最后，在 PVC-M 管材破碎回收时，由于 PVC-M 管材韧性明显比 PVC-U 管材有了大幅度的提高，其弹性很强，破碎时容易在破碎机里面跳弹，因此 PVC-M 管材比 PVC-U 管材破碎起来更困难，破碎效率很低。随着 PVC-M 管材大量代替 PVC-U 管材，破碎机效率的改进也不容忽视。

2）配方工艺优化

对于一个成功的 PVC 配方，润滑体系设计起到非常重要的作用，同时也是较难把控的部分，需要比较高的理论与实践相结合的能力。其根本原因是纯的 PVC 熔体黏附性大，流动性差，若不加润滑剂几乎无法在加工设备上加工。PVC 润滑剂是一种影响 PVC 熔融性能、加工性能及流动行为的添加剂。根据润滑剂作用机理的不同，一般把润滑剂分为外润滑剂和内润滑剂两种，但这种分法十分粗浅，因为有的润滑剂本身可同时起到内外润滑的作用，并且同一种润滑剂，在不同的体系或者添加量下，可能起到完全不同的润滑效果，应更细分一点，根据挤出机挤出过程不同的润滑需求，润滑剂还有前、中、后期润滑的区分。

然而，复杂的背后如何简单定量，是值得思考的问题，对生产实际也很有意义。本节比较倾向于用实际的润滑效果来评估在某一特定环境下，润滑体系是否设计得当。评价润滑效果的指标主要有三个：①熔体黏附性是否合适；②熔体流动性是否合适；③对 PVC 塑化度调节或影响是否合适。其他一些评价指标也要重视，如高剪切速率下的热耗散（注塑过程需要考虑）、析出问题（一般由不相容的润滑剂引起）、配方成本等。

控制润滑剂用量的大体原则是，在满足润滑需求的前提下，用量应尽可能少，处于边界润滑状态。使用好的润滑剂，润滑效率高，达到同样润滑要求时的添加量就小，这样对 PVC 制品性能的负面影响就小；反之，使用差的润滑剂，添加量过大，势必对性能产生影响，但在要求不高的场合则有利于控制成本。故对于 PVC-M 高性能管材应优先选用好的润滑剂体系，而对 PVC 绝缘电工套管则选用更经济的润滑剂。

本节固定 PVC（DG1000/DG1300 = 50/50）∶MBS∶ACR∶$CaCO_3$ = 100∶7∶3∶2，在 KMΦ90 平行双螺杆挤出机中生产 Φ110 mm×4.2 mm PVC-M 管材，对润滑剂体系进行了研究，由于钙锌稳定剂中含有部分润滑剂，故在考察时一起讨论。表 4-4 列出了实验过程中的三种不同的润滑剂配比。三种不同的润滑剂配比的润滑效果见表 4-5。

表 4-4　三种不同的润滑剂配比

原料编号	钙锌稳定剂 8965R/4	硬脂酸钙 SAK-CS-P	氧化聚乙烯蜡 AC629A	聚乙烯蜡 H1N6
1#	4.0	0.2	0.2	0.2
2#	4.0	0.2	0.2	0.4
3#	4.0	0.2	0.3	0.4

注：其他组分固定为 PVC（DG1000/DG1300 = 50/50）100 份；MBS（B564）7 份；ACR（KM355P）3 份；PA21 1 份；碳酸钙 2 份；钛白粉 1.5 份。

表 4-5　三种不同润滑剂配比的润滑效果

	螺杆转速 /(r/min)	喂料转速 /(r/min)	主机电流/A	熔体温度/℃	产品外观	二氯甲烷浸泡实验（15℃，30 min）
1#	23	26	98	201	发黄、不光滑、烧焦黄线	无变化
2#-1	23	28	86	193	正常白色、光滑	无变化
2#-2	23	28	84	199	颜色发黄	无变化
3#	23	28	81	198	正常白色、光泽度好	无变化

注：生产机台：KMΦ90 平行双螺杆挤出机；产品：110 mm×4.2 mm PVC-M 管材（PN1.25）；螺杆转速 23 r/min。

首先使用 1# 配方进行试生产，结果电流偏高，物料塑化过快，管材外观发黄，且生产一段时间后，出现烧焦黄线，管胚出口模发软，定型困难，降低喂料转速及料筒温度有所改善，但生产效率极低，且管材外观仍不够光亮。

根据 1#配方挤出的现象，判断为配方外润滑不足，塑化过快，2#-1 配方补充了 0.2 份聚乙烯蜡进行生产，挤出顺利了很多，相比 1# 配方，电流由 98A 下降到 86A，管材不再发黄，光亮度也明显提升，但当熔体温度适当升高 6℃后，见 2#-2，管材外壁出现几条轻微的烧焦黄线，判定为由模头支架处熔体黏料烧焦引起，可见 2# 配方加工工艺窗口仍然太窄，工艺控制困难，不利于连续正常生产，仍然需要改进。

3# 配方在 2# 配方的基础上，增加了 0.1 份 AC629A，AC629A 为霍尼韦尔有限公司生产的氧化聚乙烯蜡，具有十分优异的润滑性能，添加少量即可大幅度提高脱模效果，并能在一定程度上抑制析出。有研究指出，在合理的选择和使用条件下，润滑剂特别是氧化聚乙烯蜡，可在一定程度上提高体系的抗冲击强度，但其原因有待考究，可能是氧化聚乙烯蜡良好的润滑性能利于 PVC 的加工成型，并与体系的抗冲改性剂产生某种协同效应。由表 4-5 可知，3# 配方的主机电流比 2# 略低，管材内外壁光滑，光泽度好，白度比 2# 有所提高，在加工温度比 2#-1 提高 5℃的情况下，仍然没有烧焦黄线产生，说明 3# 配方的工艺窗口范围较宽，生产工艺比较好控制，二氯甲烷浸泡实验表明 3# 配方塑化良好。

3）塑化度

PVC 制品的性能不仅取决于配方，还与 PVC 的加工条件息息相关，特别是与 PVC 的塑化度有关。原因是 PVC 树脂具有独特的熔融特性，PVC 树脂的典型颗粒结构见表 4-6，与 PE、PP 等热塑性塑料不同，PVC 树脂在加工过程中，由于存在少量间同立构规整系列及缨状微束结晶而不能完全熔融，其在加工过程中的流动是以直径 0.7～1 μm 的初级粒子为基本单元的流动，而不是像大多数热塑性树脂的完全熔融的分子水平流动。为了说明 PVC 树脂的凝胶化过程，大体上提出了三种主要的假说，即结晶度理论、PVC 粒子破坏理论和缠结理论。缠结理论认为，PVC 的凝胶化过程就是在高熔融温度下，由于微晶的部分熔融，初级粒子流动单元相对松散地缠结在一起，在粒子表面形成更多的缠结，在随后冷却过程中，缠结的初级粒子重结晶形成强的连接，这称为塑化或凝胶化。可见，PVC 的加工过程将强烈影响最终制品的性能，因此实际生产过程中，对 PVC 的塑化度的控制显得非常重要。

表 4-6　悬浮聚合 PVC 颗粒的尺寸层次结构（μm）

微区	初级粒子	初级粒子凝聚体	液滴粒子	树脂颗粒
0.01	1	3～10	30～100	100～200

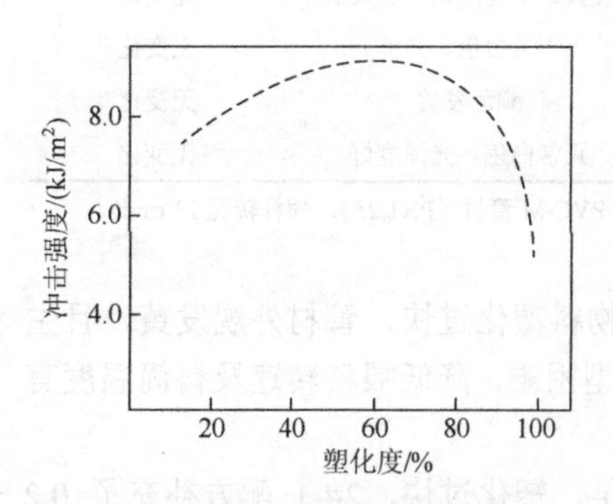

图 4-6　制品的塑化度与冲击强度的关系

塑化度与 PVC 性能的关系见表 4-7，当塑化度在 32%时，管材塑化度较低，二氯甲烷浸泡实验不合格，产品力学性能很差；当塑化度达到 44%时，管材开始可以经受二氯甲烷的侵蚀，性能开始大幅度提升，当塑化度在 60%～70%时，拉伸强度与冲击强度达到最大值，此时产品综合性能最好。另一研究中关于塑化度与产品抗冲击性能的关系见图 4-6，也表明了塑化度在 60%～70%时，产品冲击强度达到最大值。因此，为了保证 PVC 制品获得最佳性能，塑化度应控制在 60%～70%。

表 4-7　塑化度对硬 PVC 管材物性的影响

物性 \ 塑化度/%	32	44	68	90
耐二氯甲烷的侵蚀	严重侵蚀	轻微侵蚀	不侵蚀	不侵蚀
显微观察均匀性	不均匀	有些不均匀	均匀	均匀
拉伸强度/MPa	54	55	56	56

续表

物性＼塑化度/%	32	44	68	90
断裂伸长率/%	108	133	115	58
0℃下冲击强度/(kJ/m^2)	381	706	711	856
20℃下冲击强度/(kJ/m^2)	624	763	732	697
临界应变/%	0.8	15	5.1	3.6

既然塑化度如此重要，那么实际生产过程中如何测量塑化度呢？董跃等根据已有的研究提出了四种主要的测量方法，分别是目测法、溶剂法、拉伸法和DSC法。其中，目测法与溶剂法无法定量测量塑化度，目测法只能用于粗略判断，溶剂法迅速，易操作，但无法定量测量；拉伸法尽管可以定量测量塑化度，但需要大量样品，且影响因素太多，准确性有待考量；DSC法是一种相对准确的可定量测量塑化度的方法，比较科学合理，但需要昂贵的仪器，且操作较麻烦。其他测量方法主要包括密度法、断裂伸长率法、丙酮法等。每种方法都各有优缺点，但实际生产中，都很难真正准确地定量测出PVC塑化度，并且这些方法都基于一定的参照样，当条件发生变化时，其得到的数值未必准确。所以，本书根据生产的实际情况，提出一种较容易实施的方法，即现场调试工艺时，以目测法为主，结合二氯甲烷实验，辅以熔体温度值观测，基本可保证塑化度适中；再结合管材一些物理力学性能的变化作为参考，精细调整加工工艺参数，则可达到最佳塑化度。

生产中为了得到合适的塑化度，需要对影响塑化度的一些因素有所了解，这样在具体的生产过程中才能灵活运用一些方法使塑化度调整到60%～70%。一般来说，影响塑化度的因素主要包括机器设备（特别是螺杆结构、螺杆料筒间隙、背压等）、原料配方（特别是润滑剂与ACR加工助剂）和挤出工艺条件。在以上的讨论中，确定了加工PVC-M管材的合适的设备，优化了润滑体系，现在将进一步对ACR加工助剂与挤出工艺参数的变化对PVC-M管材塑化度及质量的影响进行研究。

实验研究了不同PA21添加量对熔体温度变化、PVC-M管材塑化情况与质量的影响。由表4-8可知，随着ACR加工助剂PA21添加量的增加，熔体温度逐步提高，可见PA21的加入有效促进了PVC体系的塑化。在不添加PA21的情况下，二氯甲烷实验管材切面被轻微侵蚀，说明塑化度不足，产品的性能较差，特别是20 m高速落锤冲击实验结果显示，管材冲击处出现明显的裂纹。当加入PA21为0.5份时，二氯甲烷实验合格，产品质量有所提升，但还达不到20 m冲击要求。当PA21添加量为1份时，拉伸强度达到41.5 MPa，20 m高速落锤冲击试验呈韧性破坏，冲击处为圆洞，上下冲击面均无裂缝，具有良好的耐裂纹扩展能力。继续增加PA21用量，由于已经达到较好的塑化度，产品性能变化不大，甚至在PA21添加量为2份时，产品性能反而有所下降，原因可能是此时PVC管材过塑化了，更多的初级粒子熔化再结晶，形成贯穿整个产品的结晶网络，过量的晶网限制了分子链段的运动，导致管材质量特别是冲击强度的下降，这与前面提到的塑化度在60%～70%的产品力学性能最好的结论一致。综上分析，PA21的最佳添加量为1～1.5份。

表 4-8 不同 PA21 添加量与管材性能的关系

基本配方/份	PA21 添加量/份	熔体温度/℃	二氯甲烷实验（15℃，30 min）	拉伸强度/MPa	20 m 高速冲击
119	0	187	切面轻微侵蚀	40.8	冲击处裂纹明显，达 6～10 cm
119	0.5	191	均无侵蚀	41.0	冲击处裂纹 2～4 cm
119	1	194	均无侵蚀	41.5	冲击处为圆洞，无裂纹扩展
119	1.5	197	均无侵蚀	41.4	冲击处为圆洞，基本无裂纹扩展
119	2	199	均无侵蚀	41.2	冲击处裂纹 1～3 cm

注：1. Φ90 平行双螺杆挤出机组制备 Φ110 mm×4.2 mm PN 1.25 MPa PVC-M 管材，螺杆转速 23 r/min。

2. 固定基本配方为：PVC（50/50）100 份；碳酸钙 2 份；8965R/4 4 份；硬脂酸钙 0.2 份；AC629A 0.3 份；聚乙烯蜡 0.4 份；B564 7 份，KM355P 3 份；功能助剂 M 0.6 份，钛白粉 1.5 份，ACR 加工助剂 PA21 为变量。

4）PVC-M 管材的制备

综合考虑，在德国克劳斯玛菲公司 Φ90 平行双螺杆挤出机组制备 Φ110 mm×4.2 mm PN1.25 MPa PVC-M 管材的配方比例如表 4-9 所示。

表 4-9 PVC-M 管材挤出工艺配方

配方组分	规格牌号	份数
PVC 树脂	DG-1000	50
PVC 树脂	DG-1300	50
钙锌稳定剂	8965R/4	4
纳米碳酸钙	CZ-30 nm	2
硬脂酸钙	SAK-CS-P	0.2
氧化聚乙烯蜡	AC629A	0.3
聚乙烯蜡	H1N6	0.4
MBS 抗冲改性剂	B564	7
ACR 抗冲改性剂	KM355P	3
功能助剂	M	0.6
ACR 加工助剂	PA21	1.0
钛白粉	R902+	1.5

注：此配方为固定机器设备条件及管材规格条件下的优化配方，若条件变动，由于各机台塑化能力等差异，应需视情况微调稳定润滑体系，保证原料处于最佳塑化状态。

优化的挤出工艺如表 4-10 所示，挤出过程中有两个位置可现场观察，初步判断管材塑化情况，一是观察料筒真空口处物料的塑化情况，一般要求物料在此处的充满度在 60%以上，呈豆腐渣状，稍微结块，若呈粉状，则说明塑化不足，若结块严重甚至呈黏稠状，则说明塑化过度；二是观察熔体刚从模具流出处，要求此处熔体胚具有较好的黏弹性，软硬适中，颜色光泽正常，这需要操作人员具有一定的经验；此外，可对熔体温度进行监测。本实验配方体系由于采用 MBS 及 ACR 作为抗冲改性剂，其预定的粒子结构对剪切力和温度的变化较不敏感，可以采用稍高的塑化度，推荐熔体温度在 195℃左右。

表 4-10　PVC-M 管材挤出成型优化工艺

项目	原配方	项目	原配方
螺杆转速 r/min	23	料筒 3 区温度/℃	175
喂料转速 r/min	28	料筒 4 区温度/℃	175
扭矩/%	58～59	料筒 5 区温度/℃	160
电流/A	82	料筒 6 区温度/℃	160
熔体温度/℃	194	连接器温度/℃	163
熔体压力/MPa	24.6	模头 1 区温度/℃	168
主机真空度/MPa	−0.09	模头 2 区温度/℃	172
定径真空度/MPa	−0.042	模头 3 区温度/℃	175
牵引速度/(m/min)	2.1	模头 4 区温度/℃	175
料筒 1 区温度/℃	172	模头 5 区温度/℃	193
料筒 2 区温度/℃	175	模芯温度/℃	190

最终制得了 Φ110 mm×4.2 mm PN1.25 MPa PVC-M 管材，按照城镇建设行业标准 CJ/T 272—2008《给水用抗冲改性聚氯乙烯（PVC-M）管材及管件》进行了检测，检测结果见表 4-11。

表 4-11　PVC-M 管材的测试结果

检测项目	技术指标	实测结果
外观	应符合标准 6.1.1 要求*	符合
平均外径/mm	110～110.4	110.18
壁厚/mm	4.2～4.9	4.2～4.5
平均壁厚偏差/mm	0～0.7	0.05～0.4
密度/(kg/m^3)	1350～1460	1382
维卡软化温度/℃	≥80	81.7
纵向回缩率/%	≤5	2.3
二氯甲烷浸泡实验	表面无变化	表面无变化
落锤冲击实验/0℃	TIR≤5%	合格（50 次均无破裂）
液压实验	无破裂、无渗漏	无破裂、无渗漏
C-环韧度	韧性破坏	韧性破坏
20 m 高速冲击试验	韧性破坏	韧性破坏

注：管材为 PVC-M Φ110×4.2 mm PN1.25 MPa；C-环韧度检测委托国家塑料制品质量监督检验中心检测；TIR 表示真实冲击率，即冲击破坏总数除以冲击总数。

* CJ/T 272—2008 标准中 6.1.1 要求管材内外表面应光滑、平整，无裂口、凹陷、分解变色浅和其他影响管材性能的表面缺陷。管材中不应含有可见杂质，管材端面应切割平整，并与轴线垂直。

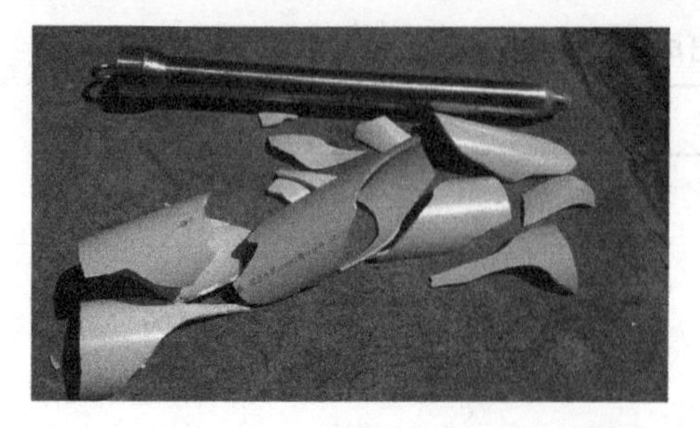

图 4-7 普通 PVC-U 管材 Φ110 mm×4.2 mm PN1.0 20 m 高速冲击图

由表 4-11 可知，所研制的 PVC-M 管材所检测的指标全部符合 CJ/T 272—2008 标准要求。其中高抗冲击改性 PVC-M 管材与普通 PVC-U 管材的 20 m 高速冲击试验效果见图 4-7 与图 4-8。

由图 4-7 与图 4-8 对比，可知，经过高抗冲改性的 PVC-M 管材具有很高的韧性，在受到 20 m 高速冲击时，呈明显的韧性破坏特征，而反观普通的 PVC-U 管材，则表现为脆性破坏，受冲击时破裂为许多碎片。图 4-9 为 Φ110 mm×4.2 mm PN1.25 PVC-M 管材 20 m 高速冲击断面的扫描电镜图，可见冲击断面凹凸不平，包含大量的孔洞和凹坑，呈“蜂窝”状结构，属于典型的韧性破坏特征，表明管材具有很高的抗冲击能力。因此，高抗冲改性的 PVC-M 管材称为第二代 PVC 管材，其高韧性带来的可靠性越来越被市场认可，预期将逐步替代普通 PVC-U 管而得到广泛应用。

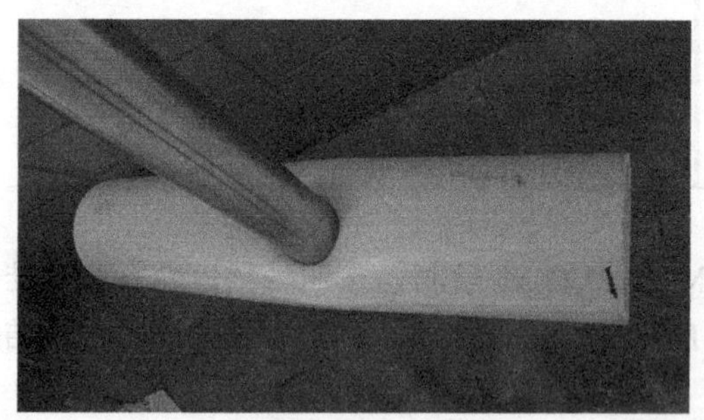

(a) 高速冲击正面

(b) 高速冲击背面

图 4-8 PVC-M 管材 Φ110 mm×4.2 mm PN1.25 20 m 高速冲击图

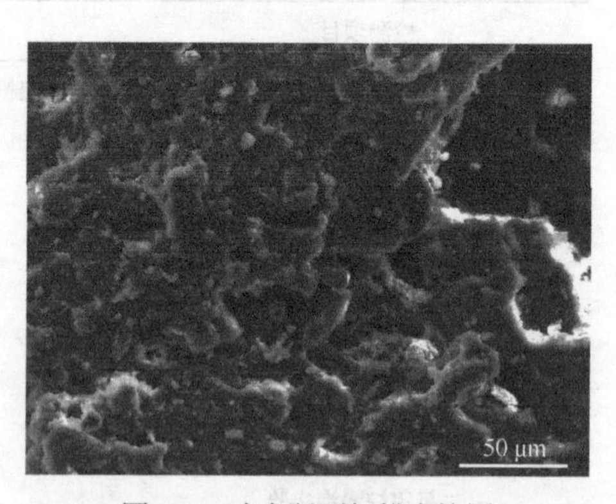

图 4-9 冲击断面扫描电镜图

3. 案例小结

（1）比较了 PVC-M 管材挤出设备模具与 PVC-U 管材的异同点，提出 PVC-M 管材的喂料结构应采用螺杆式结构设计，由于 PVC-M 管材物料收缩率比 PVC-U 管材大，在使用相同定径套生产时应加大定径真空度，必要时应使用专用的 PVC-M 管材定径套装置，以保证管材外观尺寸合格。另外，生产 PVC-M 管材的螺杆结构要求压缩比稍大，螺杆与料筒的间隙应大小适宜，防止熔体回流，螺杆料筒及机头模具的表面光洁度要好，以防止 PVC-M 熔体黏附烧焦。此外，PVC-M 管材的破碎机设计应具有比 PVC-U 管材更高的破碎效率。

（2）根据 PVC-M 管材的生产特点，对润滑体系进行了优化研究，最佳的润滑配比为：硬脂酸钙 0.2 份；氧化聚乙烯蜡 0.3 份；聚乙烯蜡 0.4 份。采用此润滑体系挤出生产 Φ110 mm×4.2 mm PVC-M 管材电流适中，管材颜色正常，内外壁光滑。

（3）塑化度对 PVC 管材制品的性能具有重大影响，当塑化度控制在 60%～70%时，制品的力学性能较好。研究了 ACR 加工助剂 PA21 对塑化度的影响，发现随着 PA21 添加量的增加，管材塑化度逐步提高，当添加量在 1～1.5 份时，塑化度最佳。此外，挤出工艺对塑化度的影响也十分巨大，在机器配方确定的前提下，可通过调节挤出工艺达到最佳塑化度。

（4）综合上述研究，确定了 PVC-M 管材的挤出工艺配方，制得了高性能 PVC-M 管材，其性能指标经检测符合 CJ/T 272—2008《给水用抗冲改性聚氯乙烯（PVC-M）管材及管件》标准的要求。

4.4.3　聚氯乙烯绝缘电工套管

目前建筑用穿线管几乎全部使用 PVC 绝缘电工套管，产品口径较小，外径一般在 16～63 mm。执行标准 JG/T 3050—1998《建筑用绝缘电工套管及配件》。与其他 PVC 产品一样，PVC 绝缘电工套管市场经过多年的发展，已经相当成熟，在激烈的竞争面前，一些厂家为了降低成本，往往以牺牲管材质量为代价，大量添加无机填料，这容易引起工程质量问题。作为 PVC 管材生产厂家，应积极利用最新的 PVC 技术成果，通过企业消化吸收，在保证产品质量的同时，努力降低成本，使 PVC 管材具有更高的性价比和更宽的应用领域。

本节在前面研究的基础上，通过在传统配方的基础上引入大分子增容剂 QT523（氯乙烯-丙烯酸酯共聚接枝端胺基环氧丙烷、高级脂肪酸酯复配物），作为 PVC/CPE(氯化聚乙烯)/$CaCO_3$三元共混体系的界面改性剂，以达到进一步增韧的效果，研究了不同配方的性能差异，并对挤出加工设备工艺进行了讨论，总结了管材挤出过程中的异常现象，并提出解决办法，试图研究开发出一种新型的建筑用高性价比 PVC 绝缘电工套管，其性能指标符合 JG 3050—1998 标准的要求，性价比高，适合批量生产。

PVC 绝缘电工套管是以 PVC 树脂为主要原料，加入稳定剂、润滑剂、增强剂、抗冲改性剂、加工助剂和着色剂等，经螺杆挤出机挤出加工而成的一种 PVC 管材，用于建筑物或构筑物内保护，并保障电线或电缆布线的圆形电工套管。PVC 绝缘电工套管的主要特点如下。

（1）绝缘性能好。PVC 绝缘电工套管绝缘性好，抗电流击穿电压高，能抵受 25000 伏电压而不被击穿，所以精品家装 PVC 绝缘电工套管没有带电危险。

（2）抗冲击能力强。PVC 绝缘电工套管能承受压力，可暗敷于混凝土内，不怕高压、冲击的破坏。

（3）阻燃性好。PVC 绝缘电工套管氧指数高，具有难燃性，离开火焰瞬间自熄灭。

（4）防潮、耐酸碱。PVC 绝缘电工套管防潮，不像金属套管产生锈蚀，且耐酸、耐碱、耐油。

（5）防虫鼠。PVC 绝缘电工套管不发出虫鼠喜欢的气味，可避免虫鼠啃咬破坏。

（6）易弯曲，连接方式方便。管内只需插入一根弹簧，无需加热，用手轻轻用力，即可进行弯曲；用胶黏剂直接将管与各种配件进行连接，便可完成各种布线要求。

1. 案例分析

1）原材料

影响PVC绝缘电工套管质量的原材料主要包括PVC树脂、无机填充物和抗冲改性剂三种，大分子增容剂QT523作为新型助剂引入，对最终管材制品性能的提高非常显著。

PVC树脂的选取主要考虑加工性能与物理力学性能的平衡，在保证塑化度的前提下，适当选择分子量高的PVC树脂，有助于提高产品的韧性和刚性，本节选择分子量适中的SG-5型树脂粉作为主原料，由于PVC绝缘电工套管的壁厚一般较薄，故要求树脂的“鱼眼”数要少，必要的时候可将打好的粉料过40目筛，以去除大颗粒杂质。

无机填充物选择平均粒径 1～2 μm 的活性重质碳酸钙，其价格相对较便宜，且粒径适中，较易在分散性与产品质量上取得平衡。在PVC绝缘电工套管中的碳酸钙添加比例一般在10～40份。

此外，对抗冲改性剂品种的选择也至关重要，目前常见的PVC用抗冲改性剂主要有丙烯酸酯类共聚物、甲基丙烯酸甲酯-丁二烯-苯乙烯共聚物、氯化聚乙烯、丙烯腈-丁二烯-苯乙烯共聚物（ABS）、乙烯-乙酸乙烯酯共聚物等几种，其中CPE在国内具有广泛的市场基础，具有优秀的低温性能、良好的耐化学性，特别是价格低廉且具有高填充性，因此本节选择CPE作为主抗冲改性剂。CPE的分子量大小、氯含量及氯原子在HDPE分子链上的无规分布均明显影响其增韧效果。然而CPE与PVC的相容性有限，近年来，对此体系性能改进的研究较为活跃，如福建师范大学的朱德钦等用自制的丙烯酸丁酯-甲基丙烯酸甲酯共聚物[P(BA-CO-MMA)]与CPE复合包覆改性$CaCO_3$，对PVC起到了协同增韧的效应，但目前还难以大规模推广使用。故本节引入大分子增容剂QT523作为PVC/CPE/$CaCO_3$三元共混体系界面改性剂的意义就在于此，由之前的讨论我们选用江苏天腾化工有限公司CPE135作为主抗冲击改性剂，大体确定CPE与QT523的最佳配合比例在10∶3到10∶4之间。

2）挤出设备与工艺

生产PVC绝缘电工套管的设备一般选用Φ55/110或者Φ65/132锥形双螺杆挤出机，设备的特点是压缩比大、塑化能力强、混炼效果好，同时输送能力强，产量高；模头结构一般选用典型的PVC直通式支架模头，“一出二设计”即一个模头同时挤出两根管材，目前较热门的甚至有“一出四设计”，不过实用性有待考量。本节选用德国克劳斯玛菲公司Φ50/103锥形双螺杆挤出机，模头“一出二设计”。

在确定了模头压缩比及尺寸后，模具方面影响最大的是模唇间隙及口模长度。模唇间隙应与所生产的管材产品外径壁厚相匹配，保证拉伸比适中，成型顺利。过大的拉伸比将导致取向增大，降低产品性能，严重时还导致生产过程中内壁拉裂，引起断管。口模长度对制品的性能影响也很大，口模过短，制品密实度较低，强度及韧性都较差；但口模过长，由于PVC绝缘电工套管本身口径较小，一般外径在16～40 mm，并且壁厚比给水管薄很多，过长的口模将引起压力过大，产品发黄毛糙，产量降低，生产中不得不加大配方外润滑剂用量，并且在以CPE为抗冲改性剂的配方中，过长的口模导致取向增大，破坏了CPE的网络结构，导致增韧效果下降。此外，还有一点需要特别注意，就是PVC绝缘电工套管模具的模芯平直段直径很小，压力过大或操作不当容易变形弯曲，引起壁厚偏差，有时生产中调节调模螺丝，仍然无法保证壁厚均匀的原因就在于此。PVC 绝缘电工套管的壁厚很薄，壁厚的微小变动将导致成本的大幅变化，以 Φ16 mm×1.3 mm 电工套管为例，总体壁厚仅增加 0.02 mm，将导致产品质量增加 1.5%左右，换算为成本约增加 85 元/t，按一个月生产 200 t 计算则多花费 17000 元。

本实验选用德国克劳斯玛菲公司 Φ50/103 锥形双螺杆挤出机组，其螺杆结构及模头结构均经过精细设计，物料塑化能力强，结构设计合理。模唇间隙及口模长度根据产品外径壁厚不同而变化，根据生产经验，选择设计 Φ20 mm 中型口模平直段长度为 6.5 cm，模唇间隙为 1.56 mm。

塑化度的调整对 PVC 绝缘电工套管的质量同样非常关键，与 PVC-M 管材不同的是，PVC 绝缘电工套管的口模温度设置要高很多，一方面，由于 PVC 绝缘电工套管线速度较快，在口模处停留时间短，可以采用较高的温度；另一方面，一般 PVC 绝缘电工套管拉伸比较大，高温有利于塑化透彻，较软的熔胚可防止被“拉伤”，口模温度设置建议在 205～225℃。

PVC 绝缘电工套管挤出生产过程中常见的异常现象及其形成原因和解决办法见表 4-12。

表 4-12　管材生产中常见异常现象分析及解决办法

异常现象	原因分析	解决办法
管材外壁无光泽	口模温度过低 口模温度过高，颜色偏黄	提高口模温度 降低口模温度
管材内壁毛糙	塑化不良 芯模温度过低 螺杆转速太快 螺杆温度太高	调节工艺使塑化良好 提高芯模温度 降低螺杆转速 降低螺杆油温
管材内壁有裂纹	加工温度过低 料内有杂质	提高加工温度 检查原料，混合料过筛，料筒抽真空处防焦料掉落
壁厚不均匀	拉伸比过大，管材拉裂 口模模芯不对中 机头温度不均匀，出料忽快忽慢 牵引速度不稳定 冷却水不稳定	检查模具间隙是否过大，降低牵引速度 调模使口模模芯对中 检查加热圈 维修牵引机，保证牵引速度稳定 保证喷淋冷却水均匀，水压稳定
管材表面有烧焦分解线	加工温度过高 模具黏料烧焦 混合料热稳定性不足	降低加工温度 检查模具，并进行清理电镀 适当增加混合料稳定剂添加量
管材表面划痕	口模表面有沟槽或异物 定径套表面划伤或有异物 冷却水有杂质 支撑板等有毛刺	检查处理口模表面 检查处理定径套表面 检查冷却水杂质来源，并处理 检查支撑板等与管材直接接触的地方是否有毛刺，并处理
出料忽快忽慢，不稳定	喂料不稳定 螺杆转速不稳定 混合料搅拌不均匀 牵引速度不稳定 口模温度过高，冷却不足，定型困难	检查原料是否架桥，喂料电机转速是否稳定 检查螺杆转速是否波动，并处理 更换混合料 检查牵引机电机 降低口模温度，提高冷却水流量
管材发脆	塑化不良 机器背压不足 原料太差	调整塑化度到 60%～70% 修改模具结构，适当加长口模平直段长度 检查原料质量，调整配方

3）高性价比 PVC 绝缘电工套管的制备

综合考虑，在公司原配方的基础上，用 2.5 份 QT523 等量替换 CPE135，并增加碳酸钙 12.5 份，QT523 具有促进塑化的作用，故原配方的加工助剂 ACR401 由 2 份减为 1 份，同时适当增加稳定剂 0.2 份及聚乙烯蜡 0.1 份，其他助剂适量微调。原配方及改进配方组分比例具体见表 4-13。

表 4-13　原配方及改进配方的基本组分（份）

	PVC 树脂	碳酸钙	复合铅稳定剂	CPE 135	QT523	ACR401	聚乙烯蜡	钛白粉	其他助剂
原配方	100	25	2.4	10	0	2	0.4	1.5	适量
改进配方	100	37.5	2.6	7.5	2.5	1	0.5	1.5	适量

原配方与改进配方挤出成型加工工艺参数具体见表 4-14。

表 4-14　原配方与改进配方挤出成型加工工艺

项目	原配方	改进配方	项目	原配方	改进配方
螺杆转速/(r/min)	27	27	料筒 1 区温度/℃	182	180
喂料转速/(r/min)	30	31	料筒 2 区温度/℃	185	182
扭矩/(N·m)	57	56	料筒 3 区温度/℃	165	165
电流/A	26.3	25.8	料筒 4 区温度/℃	160	158
熔体温度/℃	191	192	连接器温度/℃	162	162
熔体压力/MPa	26.3	26.1	模头 1 区温度/℃	168	167
主机真空度/MPa	−0.09	−0.09	模头 2 区温度/℃	168	167
1#定径真空度/MPa	−0.04	−0.042	模头 3 区温度/℃	185	184
2#定径真空度/MPa	−0.041	−0.041	模头 4 区温度/℃	185	184
1#牵引速度/(m/min)	5.1	5.3	模头 5 区温度/℃	210	210
2#牵引速度/(m/min)	5.3	5.4	模头 6 区温度/℃	210	210

由表 4-14 可知，保持螺杆转速 27 r/min 不变，改进配方在喂料转速增加 1 r/min 的情况下，扭矩为 56%，比原配方的 57%还略低一点，且背压改进配方比原配方低，说明改进配方的流动性较好；控制产品在相同壁厚时，改进配方牵引速度比原配方提高了 2.88%，说明改进配方产量有所提高；此外，两种配方生产的管材内外表面均光滑，无明显缺陷；改进配方与原配方的二氯甲烷浸渍实验表面均无变化，表明管材塑化良好，而改进配方加工温度比原配方低 2～3℃，这也印证了 QT523 含有的高分子量共聚丙烯酸酯聚合物成分有效提高了 PVC 树脂塑化程度的推断；热烘箱实验对比了两种配方加工前后的静态热稳

定性，结果发现，两种配方差别不大。由此可见，QT523 的加入在一定程度上改善了物料的加工性能，拓宽了管材成型加工工艺窗口。

表4-15是两种配方生产的PVC电工套管性能测试结果。经检测对比，发现改进配方在碳酸钙含量比原配方增加12.5 phr①的情况下，韧性有一定幅度的提高，产品最主要的两个指标抗压性能及弯曲性能均合格，而其他性能指标，两者差别不大，均符合JG/T 3050—1998标准的要求。可见相比原配方，改进配方的韧性有所提高，刚性指标变化不大，根据改进配方生产的GY305-20电工套管可符合JG/T3050—1998标准的要求。

表4-15　两种配方生产的PVC电工套管性能测试结果

检验项目		标准要求	实测结果	
			原配方	改进配方
抗压性能		载荷1 min时，df≤25%	最大值：21.7%	最大值：22.1%
		卸荷1 min时，df≤10%	最大值：8.5%	最大值：8.8%
冲击性能		12个试样中至少10个不坏、不裂	12个试样均不破、不裂	12个试样均不破、不裂
弯曲性能	室温	无可见裂纹	符合	符合
	低温（–5℃，2 h）	无可见裂纹	符合	符合
弯扁性能		量规自重通过	符合	符合
跌落性能		无震裂、破碎	符合	符合
耐热性能		≤2 mm	最大值：0.9	最大值：0.9
阻燃性能	自熄时间	≤30 s	最大值：1 s	最大值：1 s
	氧指数	≥32	41	42
电气性能	绝缘强度	15 min内不击穿	15 min内不击穿	15 min内不击穿
	绝缘电阻	≥100 MΩ	≥500 MΩ	≥500 MΩ
空弯性能		标准无要求（75 cm/段，5℃水中浸泡30 min）	10/12通过	12/12通过

注：产品检测试样为GY305-20电工套管，产品壁厚1.35 mm。

4）碳酸钙的微观形貌图

由图4-10的SEM图可见，加入2.5份QT523的改进配方中碳酸钙分散良好，而未加QT523的原配方中可见大量碳酸钙裸露在外，不能被良好包覆及分散，从而验证了大分子增容剂QT523中的强极性接枝基团建立起了PVC树脂与无机填料碳酸钙之间的强化学作用结合力，并可改善PVC与增韧剂CPE135的相容性，提高共混物料相互间的兼容性、分散性、均一性，减轻无机填料对PVC制品物理性能的负面影响。所以，通过QT523部

① phr表示每百份橡胶或树脂中添加剂的百分含量。

分取代 CPE135，可以使共混体系的性能得到很大的提升，并可增加填充量，在保证产品质量的前提下有效降低成本。

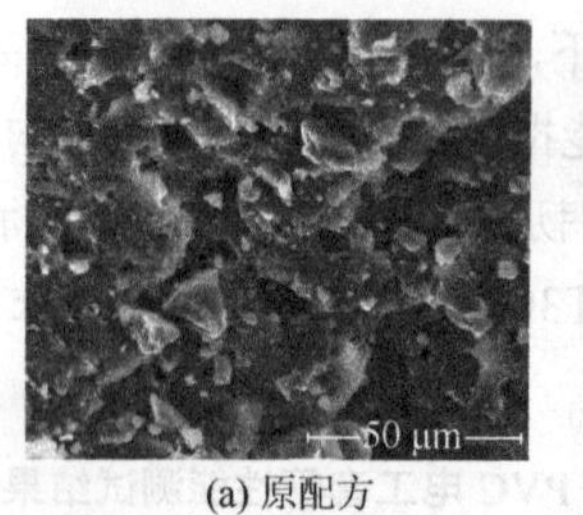

(a) 原配方

(b) 改进配方

图 4-10　原配方与改进配方所生产的管材中碳酸钙的 SEM 图

5）价格对比

PVC 树脂价格按 6500 元/t 计算，两种配方的成本对比见表 4-16。

表 4-16　两种配方的成本对比

	原配方	改进配方
配方成本/(元/t)	6132	5760
密度/(g/cm^3)	1.501	1.548
单重(以 20 mm×1.35 mm 计算)/(kg/m)	0.11873	0.12244
成本/(元/m)	0.728	0.705
约节约成本/(元/t)	0	186

由表 4-16 可知，改进配方比原配方每吨综合成本节约 186 元，公司每年电工套管产量以 1500 t 计算，则每年可节约成本 27.9 万元，具有良好的经济效益。

2. 案例小结

对影响 PVC 绝缘电工套管的主要原材料进行了讨论，PVC 树脂粉选用新疆中泰化学股份有限公司 SG-5 型；碳酸钙采用平均粒径小于 2 μm 的活性重质碳酸钙；主抗冲击改性剂选用江苏天腾化工有限公司生产的 CPE135；并引入大分子增容剂 QT523 作为 PVC/CPE/$CaCO_3$ 三元共混体系的界面改性剂，CPE 与 QT523 的最佳配合比例在 10∶3～10∶4。

对挤出加工设备工艺进行了讨论，特别对比了模具方面影响最大的模唇间隙及口模长度两个因素，提出生产 Φ20 mm 中型电工套管的适合模具尺寸为口模平直段长度 6.5 cm，模唇间隙 1.56 mm。PVC 电工套管的口模温度设置应高一些，建议在 205～225℃。最后总结了 PVC 绝缘电工套管挤出过程中的异常现象并提出解决办法，制备了型号为 GY305-20 的 PVC 绝缘电工套管，通过与原配方比较，发现改进配方加工性能优异，在碳酸钙含量比原配方增加 12.5 phr 的情况下，韧性有一定幅度的提高，而其他性能指标差别不大，均符合 JG/T 3050—1998 标准要求，且改进配方比原配方每吨综合成本节约 186 元，公司每年电工套管产量以 1500 t 计算，则每年可节约成本 27.9 万元，具有良好的经济效益。

对原配方与改进配方所生产的管材中碳酸钙进行了 SEM 分析，结果表明，加入 2.5 份 QT523 的改进配方中碳酸钙的分散明显好于未加 QT523 的原配方，从而验证了大分子增容剂 QT523 中的强极性接枝基团增强了 PVC 树脂、CPE 与无机填料碳酸钙之间的强化学作用结合力，提高了共混物料相互间的兼容性、分散性和均一性，使共混体系的性能得到很大的提升。

4.4.4 新型聚氯乙烯共混料

PVC 是一种硬质脆性材料，本体抗冲击强度较差，并且对缺口十分敏感，大大限制了 PVC 的应用领域。鉴于高抗冲击 PVC 材料巨大的市场空间，目前对于 PVC 的增韧改性研究仍十分活跃。

随着对增韧机理的研究日益深入，一些新型的高性能 PVC 共混物被开发出来，研究的重点仍然是如何在保持 PVC 高强度的前提下，大幅度提高 PVC 的抗冲击强度，此外还需考虑成本因素及实际应用可行性等。

传统 PVC 增韧改性方法通常是在树脂中加入橡胶类弹性体，常用的有 CPE、ACR、MBS、ABS、EVA、苯乙烯-丁二烯-苯乙烯嵌段共聚物（SBS）及聚氨酯（PU）等，增韧效果十分显著，但在提高材料韧性的同时，降低了材料宝贵的刚性、耐热性及尺寸稳定性，目前橡胶相增韧 PVC 的研究已经从单一改性剂发展到二元甚至多元体系协同增韧；此外，刚性粒子增韧对 PVC 的强度、耐热、弯曲模量等性能影响不大，近年来日益受到人们的关注，发展迅速。但是，无论采用何种增韧手段，共混体系的相容性对性能的影响均非常重要，一些研究从界面相容性入手，利用偶联剂及相容剂，提高 PVC 与增韧剂的界面作用，对体系性能的提高取得了一定的进展。

为了获得具有实际应用价值的 PVC 新型增韧体系，本节借鉴 PE100 双峰分子量分布的高强高韧特性，将不同分子量 PVC 树脂混合使用，研究了不同比例的 PVC 混合树脂的性能，同时，利用橡胶相 MBS、ACR、CPE 与一定粒径的 $CaCO_3$ 协同增强增韧，最后引入了大分子增容剂 QT523，试图通过提高混合体系的界面相容性，进一步提高体系的性能。本节针对两个不同的应用领域，即高抗冲改性 PVC-M 管材及高性能低价位 PVC 绝缘电工套管的不同性能要求，有所侧重地研究了两种新型的 PVC 增韧混合物，即 PVC/MBS/ACR/$CaCO_3$ 高抗冲共混料和 PVC/CPE/$CaCO_3$/QT523 高性价比共混料，探讨了各组分对共混料性能的影响，并对共混物微观结构进行了 SEM 分析。

1. 聚氯乙烯共混料的合成

PVC/MBS/ACR/$CaCO_3$ 高抗冲共混料的制备工艺为：将 PVC 树脂（不同比例 DG-1000 与 DG-1300）、$CaCO_3$、稳定剂、润滑剂、加工助剂、抗冲改性剂（MBS、ACR）和钛白粉等在高速混合机中充分混合，然后将混合料置于双辊塑炼机上，在 180℃下开炼 6 min 后，在平板硫化机中于 185℃、14.5 MPa 的条件下热压 8 min，再在一定压力下冷却至室温，压制成 150 mm×150 mm×4 mm 的板材。将压制好的板材在万能制样机上制成拉伸样条和冲击样条备用。PVC/CPE/$CaCO_3$/QT523 高性价比共混料的实验室制备工艺流程同上。

2. 案例分析

1）PVC/MBS/ACR/$CaCO_3$高抗冲共混料的性能

PVC树脂是一种无定形聚合物，结晶度一般小于10%，用于挤出管材的PVC树脂基本是用悬浮法生产的，少量用本体法，其树脂颗粒形态呈类似于石榴的多层粒子结构。分子量是PVC树脂非常重要的一个指标，很大程度上影响着PVC混合料的加工性能和力学性能。分子量一般用三个数值来表征，即数均分子量M_N、重均分子量M_W和Z均分子量M_Z，我国国家标准《悬浮法通用聚氯乙烯树脂》（GB/T 5761—2006）采用黏数、K值和平均聚合度来表征。

相关文献资料及PVC加工的历史经验都说明，提高PVC树脂的分子量可以提高拉伸强度、断裂伸长率、冲击强度和其他物理性能，但是也不能盲目地选择高分子量PVC树脂用于生产，一般在需要高流动性的情况下，如PVC注塑管件应选择较低分子量的树脂，而在对力学性能要求较高的场合，且对流动性要求不高的地方，如PVC压力管材挤出，则可选用稍高分子量的树脂，具体如何选择取决于对制品性能的要求及加工性能的最佳组合。贾小波等测试了三种不同聚合度PVC树脂的力学性能，结果如表4-17所示。

表4-17 三种PVC树脂力学性能测试结果

测试项目	PVC S-1000	PVC QS-1050P	PVC SG-3
拉伸强度/MPa	46.6	47.2	48.6
缺口冲击强度/(kJ/m^2)	16.63	17.97	18.76

注：在PVC树脂100份的基础上，添加有机锡稳定剂2份，ACR加工助剂2份，ACR抗冲改性剂3份，复合润滑剂2份，其他助剂适量。

由表4-17可知，分子量最高的PVC SG-3型树脂相比SG-5型的常规PVC挤出管材级树脂PVC S-1000及QS-1050P具有更高的拉伸强度和更高的缺口冲击强度。具有较高分子量的聚氯乙烯树脂在保证塑化足够的条件下，其更长的分子链起到类似系带分子的作用，分子链间的缠绕程度越大，整个分子间的作用力也越大，在材料受冲击时，系带分子充当了原纤，必须被抽出或拉断，因此增强了抵抗裂纹扩展的能力，而低分子量的PVC具有较低的缠结密度，控制原纤生长的缠结较少，因而往往抗冲击强度较差。

然而由于分子量最高的SG-3型树脂塑化时间较长，且扭矩较大，加工性能差，PVC材料的性能强烈地依赖加工条件，即PVC的塑化度，考虑现有挤出设备的加工能力，如果不能使高分子量的PVC树脂很好地熔融塑化，最终制品的物理力学性能可能还不如使用低分子量的树脂。

如何将高分子量PVC树脂较高的力学性能与低分子量PVC树脂的易加工性结合起来？聚乙烯压力管材料PE100分子量分布呈双峰特征，低分子量均聚物组分形成均质的、具有高结晶度的结构，有助于提高材料的刚性，并且具有较小的蠕变性；高分子量组分（共聚物）则被包进低分子量的结晶晶体中，长链分子贯穿数个晶体区而加强了晶区间的作用，并以其较高的柔顺性赋予材料优异的韧性和良好的抗应力开裂性能，因此双峰聚合物具有较高的韧性、刚性、强度和耐应力开裂等综合性能。那么是否也可以将 SG-5 型树脂与 SG-3 型树脂按一定比例混合使用，从而得到一种物理力学性能与加工性能均较好的新型 PVC 混合物。基于这种想法，本节进行了一些实验。

表 4-18 为 DG-1000/DG-1300 不同比例对 PVC 拉伸性能的影响，其中，PVC 树脂 DG-1000 的平均聚合度为 1000，相当于 SG-5 型树脂，而 DG-1300 平均聚合度达到 1300，相当于 SG-3 型树脂。可知，随着体系中 DG-1300 比例的增加，混合物的拉伸强度及断裂伸长率均有所增大，但两者增加的趋势有所不同，拉伸强度随着 DG-1300 比例的增加而缓慢增加，当 DG-1000/DG-1300 混合比例达到 50/50，拉伸强度达到 54.2 MPa，再增加 DG-1300 的用量，变化不大甚至有所降低。而断裂伸长率先随 DG-1300 比例的增加而快速增加，在 60/40 至 50/50 左右达到一极大值后开始下降，这主要是由于 DG-1300 分子量大，其碳链越长，分子链之间的缠绕程度越大，分子间作用力越大，故拉伸强度与断裂伸长率均较高。但实验发现，DG-1300 比例增加到一定程度后，其性能加强速度开始变缓甚至轻微下降，可见并非 PVC 分子量越大越好。

表 4-18　DG-1000/DG-1300 不同比例对 PVC 拉伸性能的影响

DG-1000/DG-1300	拉伸强度/MPa	断裂伸长率/%
100/0	51.7	61
80/20	52.2	65
60/40	53.0	71
50/50	54.2	70
40/60	53.6	68
20/80	53.8	67
0/100	53.5	68

注：DG-1000/DG-1300 比例变化是在保持两者总量在 100 份的基础上，8965R/4：3.5 phr，PA21：1.5 phr，润滑剂总量：1 phr，TiO_2：1 phr，其他适量。

图 4-11 是 DG-1000/DG-1300 不同比例对 PVC 冲击强度的影响。由图可见，随着体

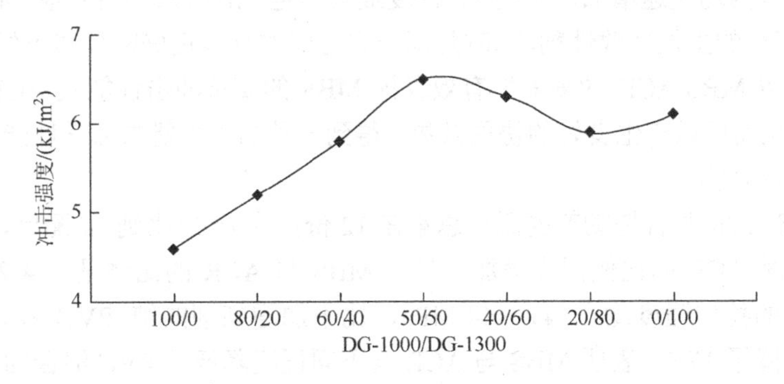

图 4-11　DG-1000/DG-1300 不同比例对 PVC 冲击强度的影响

系中 DG-1300 比例的增加，混合物的冲击强度先快速增加，当比例为 50/50 时，混合物冲击强度为 6.5 kJ/m^2，比纯的 DG-1000 体系冲击强度提高 41.3%，随后再增加 DG-1300 的比例，冲击强度有所降低。

表 4-19 为 DG-1000/DG-1300 不同比例对 PVC 流变性能的影响。由表 4-19 可知，随着 DG-1000/DG-1300 混合体系中高分子量组分 DG-1300 比例的增加，扭矩提高，当 DG-1000/DG-1300 比例在 50/50 时最大扭矩达到 37.8 N·m，比纯 DG-1000 增加了 29.9%；平衡扭矩达到 33.1 N·m，比纯 DG-1000 增加了 37.34%；同时，体系塑化时间延长，当 DG-1000/DG-1300 比例达到 50/50 时，塑化时间为 131 s，比纯的 DG-1000 延长了 36 s，说明 DG-1300 的加入导致体系加工性能下降，这是由于 DG-1300 分子量更大，塑化更困难，且黏度增加，因此实际生产中，应结合挤出机的剪切塑化性能，选择合适的配比。

表 4-19　DG-1000/DG-1300 不同比例对 PVC 流变性能的影响

DG-1000/DG-1300	最小扭矩/(N·m)	最大扭矩/(N·m)	平衡扭矩/(N·m)	塑化时间/s	平衡温度/℃
100/0	17.3	29.1	24.1	95	193.4
80/20	18.1	32	27.2	113	193
60/40	27.4	36.4	32	127	192.6
50/50	27.8	37.8	33.1	131	191.7
40/60	28.5	38.7	33.9	137	192.1
20/80	30.1	40.2	35.2	149	190.5
0/100	30.3	40.5	35.4	163	189.6

注：1. 基本配方：DG-1000/DG-1300 比例变化是在保持两者总量在 100 份的基础上，8965R/4：3.5 phr，PA21：1.5 phr，润滑剂总量：1 phr，TiO_2：1 phr，其他适量。

2. 流变加工实验条件：180℃、60 r/min、5 min，加料量：60 g。

2）PVC/MBS/ACR 共混料的力学性能

目前，常见的 PVC 弹性体增韧剂主要包括 ACR、MBS、CPE、ABS、TPU、EVA、NBR 等，其中，在 PVC 管材中使用较多的是 ACR、MBS 及 CPE 三种。贾小波等研究了三种抗冲改性剂对 PVC 力学性能的影响。

由图 4-12 可见，对三种典型的抗冲改性剂 ACR、MBS 及 CPE，随着添加量的增加，材料的拉伸强度均呈下降趋势，下降幅度最大的是 CPE，最小的是 ACR；缺口冲击强度在一定用量范围内均快速增加，其中提高幅度最大的是 MBS。故综合考虑，本节采用 MBS 作为 PVC 共混料的主抗冲改性剂，同时复配一定比例的具有良好刚性和耐候性的 ACR 抗冲改性剂，期望 MBS/ACR 的复配能有效发挥 MBS 的高抗冲击性能及 ACR 的良好加工性能和刚性，从而可以产生良好的协同效果，得到一种加工性能与力学性能、刚性与韧性均相对平衡的混合物。

固定 MBS/ACR 复合增韧剂的添加总量在 12 份，从 1# 配比到 7# 配比，MBS 的比例逐渐减少，同时 ACR 的比例同步增加，具体 MBS 与 ACR 的比例见表 4-20。由表 4-20 可知，共混物的拉伸强度均在 41～44 MPa，比不加增韧剂的纯 PVC 树脂的拉伸强度 51.7 MPa 约下降了 17%，表明 MBS 与 ACR 均不同程度降低了 PVC 混合物的刚性，这主要是由于弹性体增韧剂 MBS 与 ACR 的模量均比纯 PVC 树脂低。再具体比较 MBS 与 ACR

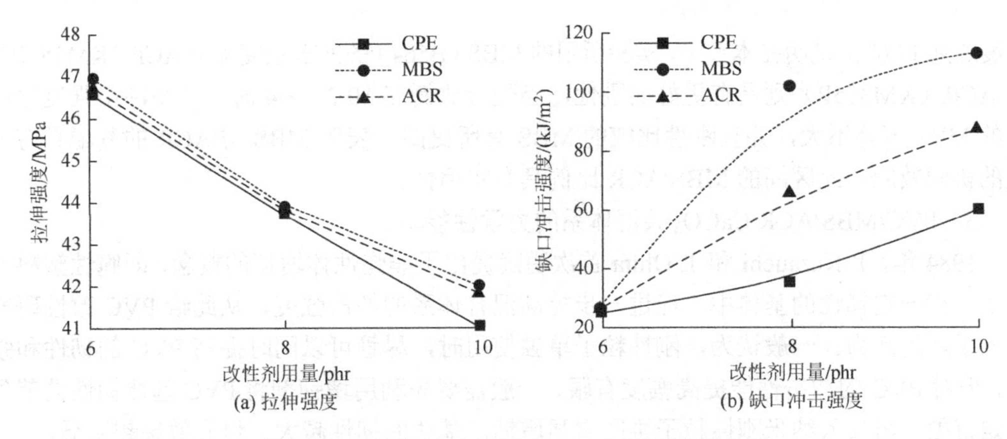

图 4-12　不同抗冲改性剂对 PVC 力学性能的影响

的刚性差异，随着 MBS/ACR 配比中 MBS 比例的减少，拉伸强度稍有增加，可见 ACR 的刚性比 MBS 的高，使用部分 ACR 代替 MBS，有助于减少 PVC 的刚性损失，这可作为细致调节 PVC 高抗冲共混物刚韧平衡的手段之一，此外，使用 ACR 体系的断裂伸长率比 MBS 的略高，但变化不大。

表 4-20　MBS/ACR 复配对 PVC 材料力学性能的影响

序号	MBS/份	ACR/份	拉伸强度/MPa	断裂伸长率/%	冲击强度/(kJ/m^2)
1#	12	0	41.9	126	78.8
2#	10	2	42.3	129	78.0
3#	8	4	43.1	131	77.0
4#	6	6	42.4	125	72.3
5#	4	8	43.3	134	70.1
6#	2	10	43.7	138	67.4
7#	0	12	43.9	136	64.9

注：基本配方：固定 DG-1000/DG-1300 = 50/50，保持两者总量在 100 份，8965R/4：3.5 phr，PA21：1.5 phr，润滑剂总量：1 phr，TiO_2：1 phr，其他适量。

由图 4-13 可知，随着体系中 MBS 比例的减少，同时 ACR 的比例同步增加，共混物的冲击强度呈下降趋势，由纯 MBS 12 份的 78.8 kJ/m^2 降低到纯 ACR 的 64.9 kJ/m^2，下降

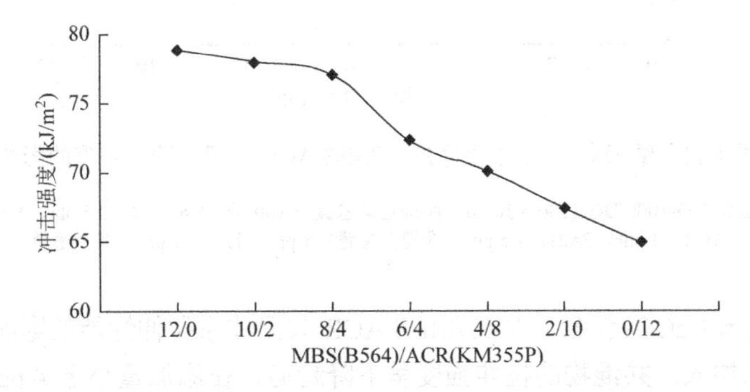

图 4-13　MBS/ACR 复配对 PVC 材料冲击性能的影响

幅度达到 17.6%，说明在本节中，实验所用的 MBS（B564）的冲击强度优于 ACR（KM355P），而 ACR（KM355P）则具有更好的刚性，当配合比例在 10/2～8/4 时，体系冲击强度比起纯的 MBS 下降不大，并且刚性比纯的 MBS 有所提高，表明 MBS 与 ACR 的复配具有一定的协同效应，此区间的 MBS/ACR 比例具有实用性。

3）PVC/MBS/ACR/$CaCO_3$ 共混体系的力学性能

1984 年，T. Kurauchi 和 T. Ohita 首次明确提出了非弹性体增韧的概念，即脆性塑料分散于具有一定韧性的基体中，能进一步提高混合体系的冲击强度，从此给 PVC 改性研究注入了新的活力。一般认为，刚性粒子单独使用时，尽管可以同时提高 PVC 的韧性和强度，但对 PVC 的冲击性能提高幅度有限，一般需要先利用增韧剂将 PVC 基体韧性调节到一定范围，再加入纳米刚性粒子协同增强增韧，基体的韧性越大，协同效果越明显。

本节选择纳米 $CaCO_3$ 作为刚性粒子，固定 PVC（DG-1000/DG-1300 = 50/50）/MBS/ACR = 100/8/3，研究了不同纳米 $CaCO_3$ 添加量对 PVC/MBS/ACR/$CaCO_3$ 共混体系力学性能的影响，通过查阅文献，将纳米 $CaCO_3$ 添加量控制在 0～10 份，在此区间，纳米 $CaCO_3$ 对共混体系增强增韧效果较明显。

图 4-14 为纳米 $CaCO_3$ 含量对 PVC/MBS/ACR 共混体系冲击强度的影响。从中可见，在 PVC（DG-1000/DG-1300 = 50/50）/MBS/ACR = 100/8/3 的基础上，随着纳米 $CaCO_3$ 的加入，共混物的冲击强度呈先上升后下降趋势，当纳米 $CaCO_3$ 的添加量在 4 phr 时，共混体系的简支梁缺口冲击强度达到最大值 77.1 kJ/m^2，继续增加纳米 $CaCO_3$ 的添加量，共混体系的冲击强度开始下降，大于 6 phr 后，下降幅度增大，出现这一现象的原因可能是当 $CaCO_3$ 用量较小时，材料中的 $CaCO_3$ 细颗粒作为应力集中体，诱发大量的银纹和剪切带吸收能量，同时又阻止银纹扩大成裂纹，与弹性体产生协同效果，使材料的冲击性能显著增加。随着 $CaCO_3$ 添加量的增大，PVC 基体中 $CaCO_3$ 颗粒团聚增加，分散性变差，颗粒之间的距离过于接近，导致银纹容易形成大的裂纹，这时 $CaCO_3$ 对于 PVC 共混物的增韧效果反而下降。

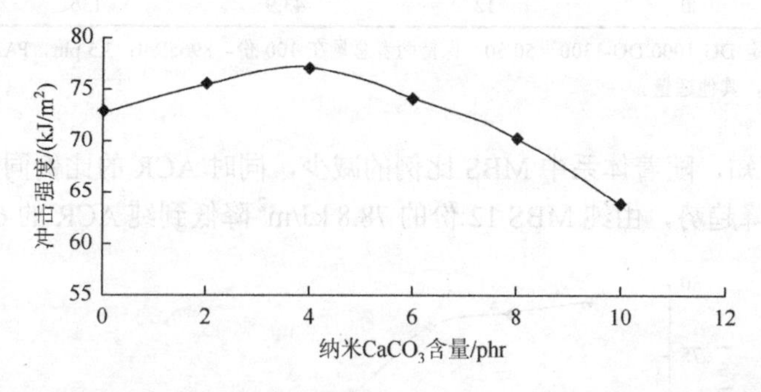

图 4-14　纳米 $CaCO_3$ 含量对 PVC/MBS/ACR 共混物冲击强度的影响

基本配方为固定 DG-1000/DG-1300 = 50/50，保持两者总量在 100 份，8965R/4：3.5 phr，MBS：8 phr，ACR：3 phr，PA21：1.5 phr，润滑剂总量：1 phr，TiO_2：1 phr，其他适量

图 4-15 是纳米 $CaCO_3$ 含量对 PVC/MBS/ACR 共混体系拉伸性能的影响。由图可知，随着纳米 $CaCO_3$ 的加入，共混物的拉伸强度呈下降趋势，在添加量小于 4 phr 时，下降幅度较小，但当纳米 $CaCO_3$ 添加量过多时，特别是大于 6 phr 时，下降幅度急剧增大，这可能

是由于在外力作用下基体树脂易从填料颗粒表面拉开，承受外力的总面积减小，填充 $CaCO_3$ 后，拉伸强度有所下降；当添加量超过 6 phr 时，纳米 $CaCO_3$ 分散困难程度增加，产生团聚，导致应力集中，在拉伸过程中，形成微裂纹，造成拉伸强度急剧下降。由图 4-15 可知，PVC 混合物的断裂伸长率随着 $CaCO_3$ 添加量的增加先略微增大，后开始下降，原因可能是，少量的 $CaCO_3$ 粒子分散在 PVC 分子之间，起到隔离作用，削弱了 PVC 分子间的作用力，促使分子链更容易运动，从而提高了材料的断裂伸长率，随着添加量进一步增加，$CaCO_3$ 分散困难，产生团聚，导致应力集中的负面影响占主导地位，表现为断裂伸长率下降。

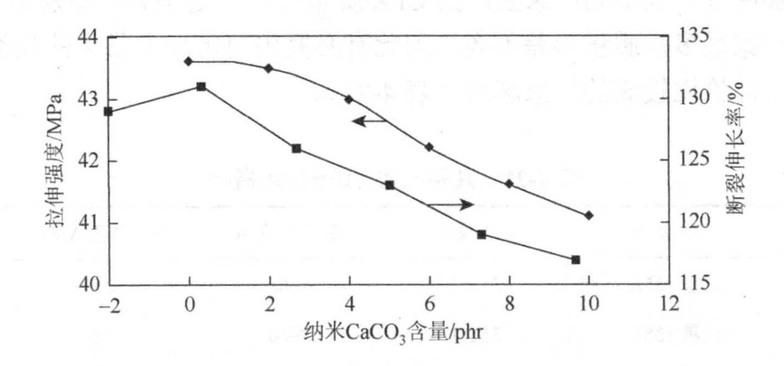

图 4-15　纳米 $CaCO_3$ 含量对 PVC/MBS/ACR 共混体系拉伸性能的影响

基本配方为固定 DG-1000/DG-1300 = 50/50，保持两者总量在 100 份，8965R/4：3.5 phr，MBS：8 phr，ACR：3 phr，PA21：1.5 phr，润滑剂总量：1 phr，TiO_2：1 phr，其他适量

图 4-16 是 PVC/MBS/ACR/$CaCO_3$ = 100/8/3/2 共混体系的冲击断面形貌，由图可知，断面形貌复杂，包含大量的孔洞和凹坑，呈“空穴化”结构，属于典型的韧性破坏特征，表明共混体系具有很高的抗冲击能力。

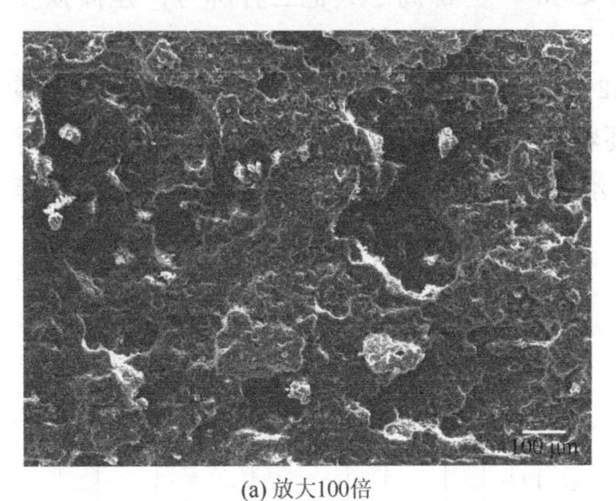

(a) 放大100倍

10 μm

(b) 放大2000倍

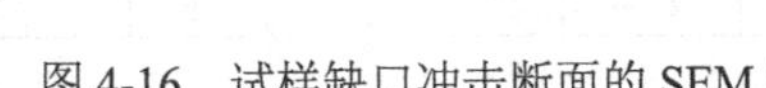

图 4-16　试样缺口冲击断面的 SEM 图

4）PVC/CPE/$CaCO_3$/QT523 高性价比共混料的性能

（1）PVC/CPE 共混料的力学性能。

CPE 在国内具有广泛的市场基础，具有优秀的低温性能、较好的耐候性、良好的耐化学性及电气性能，特别是价格低廉且具有高填充性，目前在我国 PVC 管材和型材生产中，CPE 是占主导地位的抗冲改性剂。

CPE 是利用高密度聚乙烯在水相中进行悬浮氯化反应制得的一种高分子材料，其玻璃化转变温度 T_g 一般认为在−10～−20℃，氯含量一般为 25%～48%，可获得与 PVC 基体具有足够的相容性，又同时具有低温韧性的橡胶态，目前市场常用的作为 PVC 抗冲改性剂的 CPE 氯含量为 30%～40%，典型的在 35%左右，如 CPE135A。

影响 CPE 增韧效果的主要因素有：HDPE 主链构造、分子量、氯含量、氯原子的无规度和残余结晶度等。故不同厂家生产的 CPE 质量存在一定差异，特别是 CPE 在我国用量最大，生产厂家很多，质量参差不齐，因此有必要先对市场上常见的几类 CPE 进行实验对比，筛选出性价比较高的厂家牌号（表 4-21）。

表 4-21　几种 CPE 牌号性能指标

序号	CPE 牌号	氯含量/%	邵氏硬度/A	拉伸强度/MPa	断裂伸长率/%
1#	亚星 135A	35±1	≤65	≥6	≥600
2#	亚星 135B	35±1	≤60	≥6	≥600
3#	亚星 7130	30±1	≤70	≥8	≥800
4#	江苏天腾 CPE135	35±1	≤65	≥8	—
5#	江苏天腾 CPE130	30±1	≤65	≥8	—

图 4-17 为不同牌号 CPE 对 PVC/CPE 共混物力学性能的影响，由图可知，在添加量均为 10 份的情况下，PVC 混合物的缺口冲击强度由高到低分别是：1#、4#、3#、2#、5#，其中 1#与 4#数值比较接近，仅相差 1.1 kJ/m^2，但都高于其他三种牌号；拉伸强度由高到低分别是 3#、1#、4#、2#、5#，其中 1#、3#与 4#相差不大。可见，不同厂家生产的不同牌号 CPE 存在质量差异，实际选择时，应结合管材厂的生产配方及加工工艺条件、性能要求及价格因素等综合考虑，需要特别注意的是，由于市场竞争激烈，有时 CPE 厂家会通过添加大量填料，如碳酸钙、滑石粉或者掺混一定比例的 PVC 树脂粉等

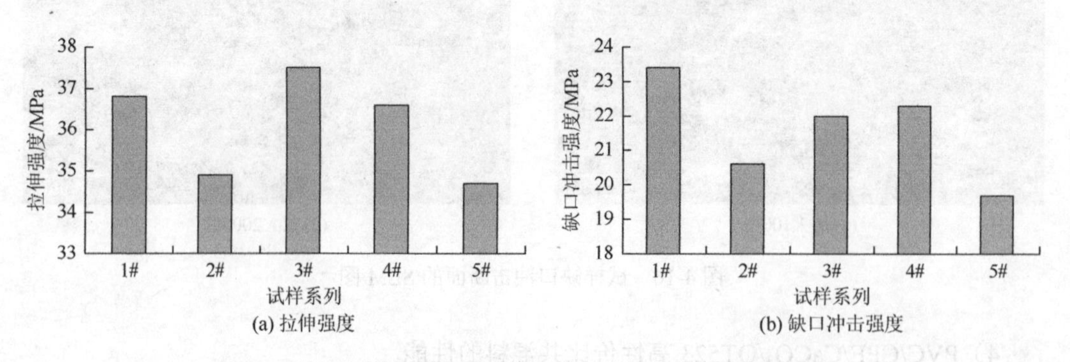

图 4-17　不同牌号 CPE 对 PVC/CPE 共混物力学性能的影响

基本配方：PVC（SG-5）：100 份，复合铅盐稳定剂：2.5 phr，CPE：10 phr，ACR401：2 phr，润滑剂：1 phr，碳酸钙：25 phr，TiO_2：1 phr，其他适量

手段，降低成本，以次充好，用低价位吸引眼球，因此采购时不应只看价格，还应该综合对比 CPE 的质量情况，选用性价比最高的产品。本研究中，1# 和 4# CPE 性能较优，考虑价格因素，优选 4# CPE 做进一步实验，并在研究的 PVC 绝缘电工套管中采用 4# 作主抗冲改性剂。

优选出 4# CPE 作为 PVC 抗冲改性剂，实验进一步研究了不同 CPE 添加量对 PVC/CPE 共混物力学性能的影响，实验结果见图 4-18。由图 4-18 可知，随着 CPE 添加量的增加，体系冲击强度逐渐增大，冲击强度曲线呈典型的“S”形，当添加量少于 6 份时，体系冲击强度增长缓慢，在添加 6～10 份时快速增长，达到 12 份后，继续增加 CPE 添加量，体系冲击强度变化不大，因此实际应用中较适合的 CPE 添加量最好在 CPE 快速增长的 6～10 份选择，不同体系，特别是碳酸钙添加量不一样，CPE 对韧性的影响趋势也有所差别，一般随着碳酸钙添加量的增加，CPE 的添加量也要相应增加。此外，由图 4-18 可见，体系拉伸强度随着 CPE 添加量的增加下降幅度较大，这是由于 CPE 的模量明显低于 PVC 材料。因此，使用时要注意刚性的损失程度在材料要求的允许范围内。

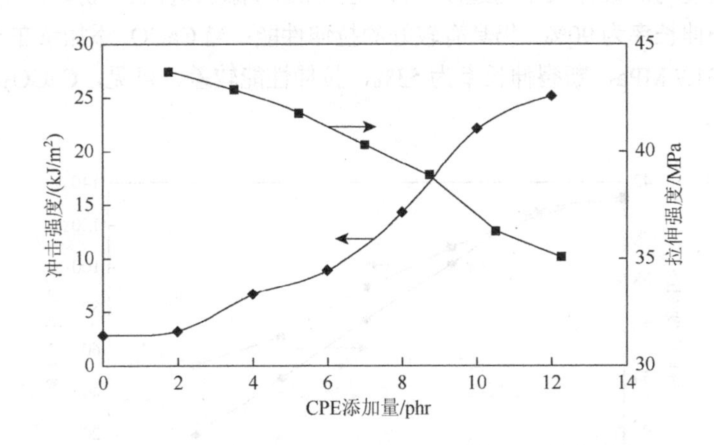

图 4-18　CPE 添加量对 PVC/CPE 共混物力学性能影响

基本配方：PVC（SG-5）：100 份，复合铅盐稳定剂：2.5 phr，CPE：变量，ACR401：2 phr，润滑剂：1 phr，碳酸钙：25 phr，TiO_2：1 phr，其他适量

（2）$PVC/CPE/CaCO_3$ 共混料的力学性能。

本节研究 $PVC/CPE/CaCO_3$ 共混料的目的是将其应用于生产高性价比 PVC 绝缘电工套管，考虑实际生产配方及市场需求，一般碳酸钙添加的比例都比较大，因此碳酸钙的质量与添加比例对最终产品的性能就显得尤为重要。本节选择平均粒径约 2 μm 的活性重质碳酸钙，其价格相对较便宜，且粒径适中，较易在分散性与产品质量方面取得平衡，碳酸钙粒径越大，对 PVC 管材质量的负面影响就越大，少量填充即可引起管材冲击强度的大幅降低；然而，一味追求粒径超细甚至达到纳米级，对目前的大批量生产也不现实，添加量大的情况下，其分散困难且成本降低幅度有限。

由图 4-19 可见，随着 $CaCO_3$ 添加量的增加，冲击强度先急剧下降，后慢慢趋缓，当 $CaCO_3$ 添加量达到 50 份时，体系的冲击强度仍有 15.1 kJ/m^2，说明 CPE 增韧体系的填充性很好。

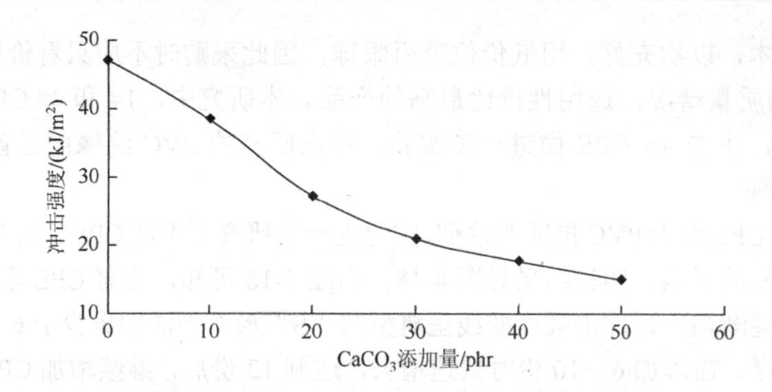

图 4-19　$CaCO_3$ 添加量对体系冲击强度的影响

基本配方：PVC（SG-5）：100 份，复合铅盐稳定剂：2.5 phr，CPE：10 phr，ACR401：2 phr，润滑剂：1 phr，碳酸钙：变量，TiO_2：1 phr，其他适量

图 4-20 为 $CaCO_3$ 添加量对体系拉伸性能的影响，由图可知，随着 $CaCO_3$ 添加量的增加，体系拉伸强度与断裂伸长率均逐步下降，当 $CaCO_3$ 添加量在 30 份时，体系拉伸强度为 36.4 MPa，断裂伸长率为 90%，仍具有较好的拉伸性能；当 $CaCO_3$ 添加量在 50 份时，体系拉伸强度仅剩 31.7 MPa，断裂伸长率为 53%，拉伸性能较差。可见，$CaCO_3$ 较适宜的添加量在 40 份以内。

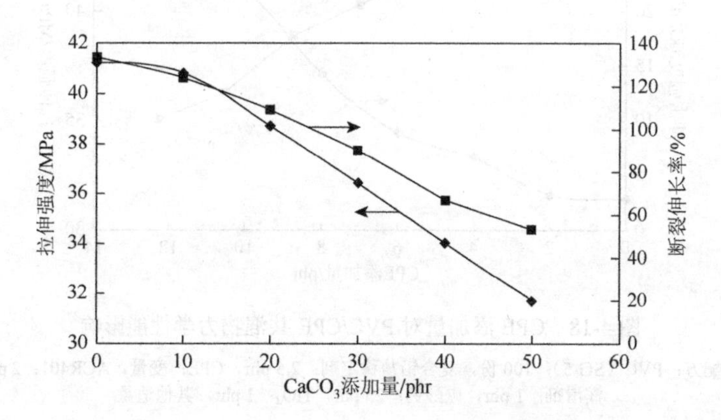

图 4-20　$CaCO_3$ 用量对体系拉伸性能的影响

（3）PVC/CPE/$CaCO_3$/QT523 高性价比共混料的力学性能。

本节引入大分子增容剂 QT523 作为 PVC/CPE/$CaCO_3$ 三元共混体系界面改性剂，研究了其对 PVC/CPE/$CaCO_3$/QT523 共混料力学性能的影响。

图 4-21 是 QT523 添加量对共混料冲击强度的影响。由图 4-21 可知，QT523 的加入大大提高了共混体系的冲击强度，当 QT523 的添加量在 3～4 份时，体系的冲击强度达到最大值，为 34.7 kJ/m^2，再增加 QT523 的添加量，冲击强度稍有下降。这是由于大分子增容剂 QT523 属于氯乙烯-丙烯酸酯共聚接枝端胺基环氧丙烷、高级脂肪酸酯复配物，作为一种新型 PVC 改性加工添加剂，其强极性接枝基团建立起 PVC 树脂与无机填料 $CaCO_3$ 之间的强化学作用结合力，并可改善 PVC 与 CPE 的相容性，提高共混物料相互间的兼容性、分散性和均一性，减轻无机填料对 PVC 制品物理性能的负面影响，从而有效提高共

混体系的冲击强度，但 QT523 的添加量也不宜太大，添加量过大，体系间分子作用力太强，且“过饱和”的 QT523 树脂聚集，共混体系的冲击强度反而下降。因此，实际使用时，应注意 QT523 的添加比例，在合适的添加量下，达到成本与性能的最优化。

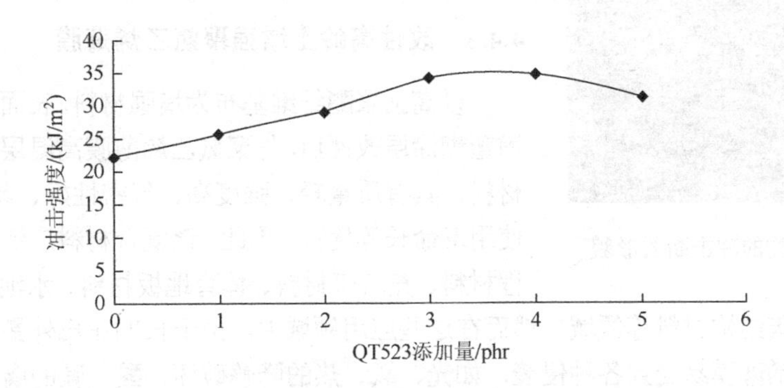

图 4-21 QT523 添加量对共混料冲击强度的影响

基本配方：PVC（SG-5）：100 份，复合铅盐稳定剂：2.5 phr，CPE：10 phr，QT523：变量，ACR401：2 phr，润滑剂：1 phr，碳酸钙：25 phr，TiO_2：1 phr，其他适量

图 4-22 为 QT523 添加量对共混料拉伸强度的影响。由图 4-22 可见，PVC/CPE/$CaCO_3$/QT523 共混料的拉伸强度随着 QT523 添加量的增加而下降，当 QT523 添加量小于 3 份时，共混料的拉伸强度降幅不大，而当 QT523 添加量超过 3 份时，共混料的拉伸强度迅速下降，这是因为 QT523 树脂的自身拉伸强度小于加入前 PVC/CPE/$CaCO_3$ 三者混合物的拉伸强度，添加量很小时，体系相容性好，各组分间的作用力较强，拉伸强度降幅较小；添加量太大，QT523 自身的低强度迅速降低了整体共混物的拉伸强度。

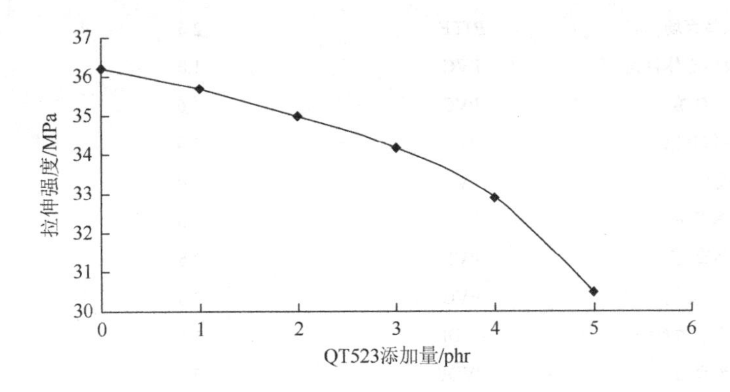

图 4-22 QT523 添加量对共混料拉伸强度的影响

基本配方：PVC（SG-5）：100 份，复合铅盐稳定剂：2.5 phr，CPE：10 phr，QT523：变量，ACR401：2 phr，润滑剂：1 phr，碳酸钙：25 phr，TiO_2：1 phr，其他适量

图 4-23 为 PVC/CPE/$CaCO_3$/QT523 = 100/10/37.5/3 共混体系的冲击断面形貌图，由图可知，冲击断面包含大量的孔洞，表面凹凸不平，表明体系具有很好的塑性变形能力，从而吸收大量的冲击能量，表现出良好的韧性特征。此外，由图 4-23 还可知，体系中裸露

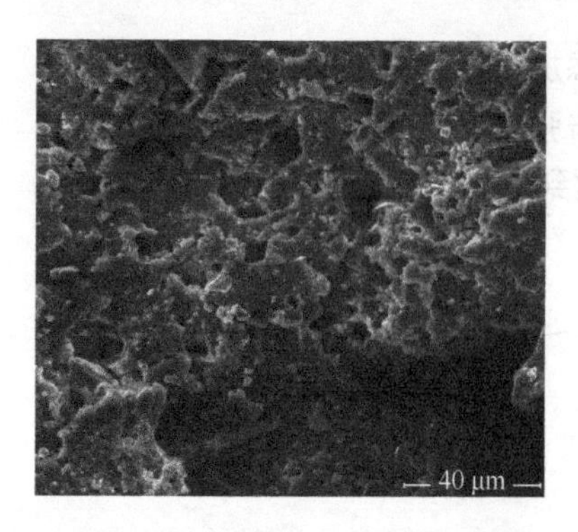

图 4-23　共混物的冲击断面形貌

在外面的 $CaCO_3$ 颗粒很少，包覆较完整，说明共混体系中 $CaCO_3$ 粒子得到很好的分散，组分间相容性良好，具有优异的性能。

4.4.5　改性高岭土增强聚氯乙烯薄膜

以高强聚酯纤维基布为增强材料，表面经过聚氯乙烯增塑糊涂层改性后，与聚氯乙烯薄膜高温层压而成的复合材料，具有质量轻、强度高、气密性好、易焊接、阻燃、使用寿命长等优点。因此，该复合材料广泛应用于沼气工程材料、充气艇材料、体育地板材料、水池衬垫材料、新型篷盖材料及膜结构材料等领域。然而在这些应用领域中，由于长期在户外暴露，复合材料表层的聚氯乙烯薄膜易受到各种侵袭，如光、氧、热的降解破坏，酸、碱的腐蚀和外部作用力引起的磨损等，这些都会破坏聚氯乙烯薄膜表面的完整性。薄膜表面出现破损，就会导致聚酯网布暴露在环境中，从而致使整个复合材料的力学性能下降及使用寿命缩短。因此，高性能聚氯乙烯薄膜的开发和研究就显得尤为重要。通过调节增塑剂的含量，聚氯乙烯可以制备成软质、半硬及硬质材料。聚氯乙烯的热降解行为可以划分为两个阶段，即逐步分解和催化热解阶段。聚氯乙烯长链分子上脱氯化氢反应发生在较低的温度（300℃），释放出来的氯化氢对聚氯乙烯树脂进一步的热降解有催化作用。我国已建成膜结构建筑如表 4-22 所示。

表 4-22　我国已建成膜结构建筑

名称	膜材类型	膜材投影面积/10000 m^2	建成时间（年）
上海八万人体育场	PTFE	3.6	1997
上海虹口体育场	PTFE	2.6	1999
广州黄埔体育中心体育馆	PVC	1.0	2000
义乌市体育馆	PVC	1.6	2001
青岛颐中体育馆	PVC	3.0	2001
武汉体育中心	PVC	3.0	2001
烟台市体育馆	PVC	1.6	2001
威海市体育馆	PVC	2.5	2001
郑州航海体育场	PVC	2.0	2001
威海市体育中心体育场	PVDF	1.5	2001
芜湖市体育场	PVDF	2.1	2003
广西南宁国际会展中心	PTFE	1.6	2003
广州白云国际机场	PTFE	5.0	2003
嘉峪关体育场	PTFE	1.0	2003
厦门市工人体育馆	PTFE	2.1	2006
山西晋城体育场	PVDF	1.0	2006
国家体育场（鸟巢）	ETFE/PTFE	4.2	2008
国家游泳中心（水立方）	ETFE	3.1	2008

高岭土作为一种重要的黏土矿物材料，在工业上有着广泛的应用。例如，用作纸张、塑料和橡胶行业的颜填料，用来制备插层聚合物基复合材料和用作制备一些具有特殊结构的无机材料的前驱体。在聚合物基质中，高岭土作为功能性填料，具有阻燃、耐化学腐蚀、尺寸稳定性好、耐析出、耐磨、热传导率低和电导率低等优点，同时，还可以降低聚合物基复合材料的成本。高岭土在 600℃煅烧处理后，去除了结晶水，形成具有无定形和多孔结构的偏高岭土。煅烧处理可以提高铝氧结构单元的酸活性，这有利于在聚氯乙烯基质中吸收降解释放出来的氯化氢气体。

本节所涉及的高岭土为煅烧处理的偏高岭土，具有无定形和多孔性等特点，经过有机改性后，与聚氯乙烯熔融共混制备了薄膜材料。研究了复合材料的力学性能、加工性能、热性能及脆断面的微观形貌，并通过紫外-可见光谱研究了高岭土对聚氯乙烯体系热降解的影响。

1. 高岭土/聚氯乙烯复合材料的制备

高岭土改性：改性前将高岭土在 80℃下烘干处理 12 h，然后与铝钛复合偶联剂按 100∶1.5 的质量配比，温度设定为 110℃，在高速混合机中高速搅拌 15 min 即可。

以 PVC 100 份，DINP 45 份，粉体钡锌稳定剂 2 份，液体钡锌稳定剂 1 份，高岭土为变量（分别为 5 份、10 份、15 份、20 份），进行计量配料（以质量计），机械混合均匀后，在转矩流变仪中熔融共混，达到塑化平衡后取出样料，然后在炼塑机上制备成一定厚度的样品（厚度为 0.3 mm 的样品用来进行力学性能测试，厚度为 10 μm 的样品用来进行 X 射线衍射分析测试，厚度为 80 μm 的样品用来进行紫外-可见光谱测试）。

1）煅烧高岭土，改性高岭土和铝钛复合偶联剂的红外谱图

图 4-24 为煅烧高岭土、改性高岭土和铝钛复合偶联剂的红外光谱图。在煅烧高岭土红外谱图中可以看到较宽的羟基吸收峰，3697 cm^{-1}、3622 cm^{-1} 处的吸收峰为煅烧后高岭土片层上残留的羟基振动峰，1074 cm^{-1} 处的吸收峰为 Si—O 伸缩振动峰，799 cm^{-1} 处的吸收峰为游离硅或石英的吸收峰，539 cm^{-1} 处的吸收峰为 Si—O—Al 弯曲振动峰，472 cm^{-1} 处的吸收峰为 Si—O—Si 面内弯曲振动吸收峰。改性高岭土红外谱图与改性前相比，不同

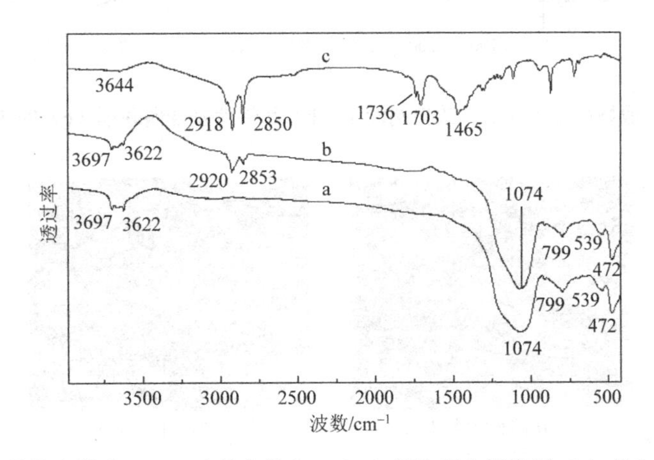

图 4-24　煅烧高岭土（a）、改性高岭土（b）和铝钛复合偶联剂（c）的红外光谱图

之处是在 2920 cm^{-1} 和 2853 cm^{-1} 处出现了—CH_3 和—CH_2 的伸缩振动峰，表明铝钛复合偶联剂使煅烧高岭土的表面有机化。

2）煅烧高岭土、改性高岭土和铝钛复合偶联剂的热重曲线

图 4-25 为煅烧高岭土、改性高岭土和铝钛复合偶联剂的热重曲线。由图 4-25 中 a 曲线可知，煅烧高岭土的热重曲线可以划分为两个阶段：第一阶段，从室温到 200℃，是一个缓慢的失重过程，这主要是高岭土表面物理吸附的水分子的脱除引起的。第二阶段，失重从 500℃开始，一直持续到 800℃。这主要归因于与高岭土片层以氢键结合的结构水分子的脱除。与煅烧高岭土相比，改性高岭土在 288～342℃出现了相对快速的失重特征，如图 4-25 中 b 曲线所示，这主要是偶联剂的热分解引起的。由图 4-25 中 c 曲线可知，纯铝钛复合偶联剂的热重曲线有两个失重阶段，第一阶段在 180～480℃，失重率约 50%，第二阶段在 600～720℃，失重率约 20%。在改性高岭土中，铝钛复合偶联剂的初始分解温度由 180℃上升到 288℃，提高了 108℃，这表明高岭土提高了铝钛复合偶联剂的热稳定性，铝钛复合偶联剂与高岭土表面的结合不只是简单的物理吸附，很有可能形成了一定的键合。

3）改性高岭土的扫描电镜图

图 4-26 为煅烧高岭土偶联剂改性前后的扫描电镜图。由图 4-26（a）可知，改性处理

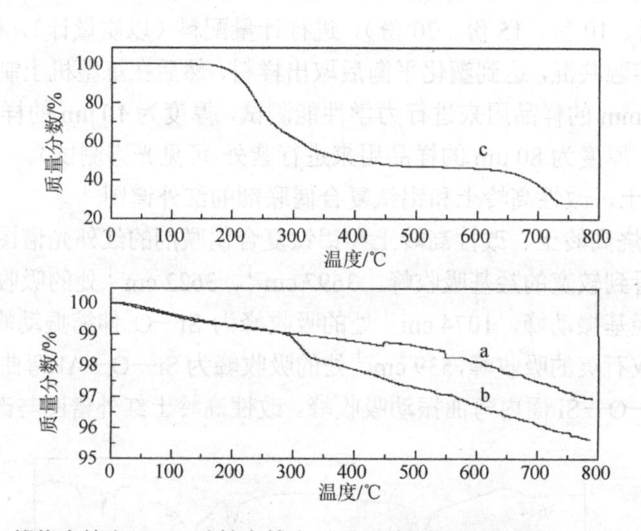

图 4-25　煅烧高岭土（a）、改性高岭土（b）和铝钛复合偶联剂（c）的热重曲线

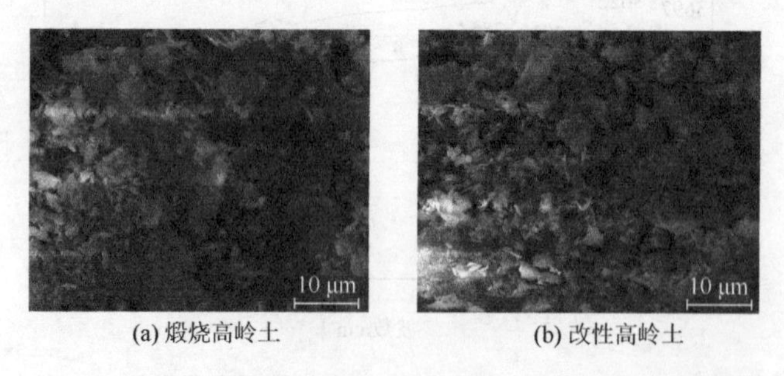

(a) 煅烧高岭土　(b) 改性高岭土

图 4-26　煅烧高岭土和改性高岭土的扫描电镜图

前高岭土的团聚现象较为明显，甚至有 10 μm 以上的团聚颗粒。经过铝钛复合偶联剂改性处理后，高岭土的片层更加细小，团聚粒子在一定程度上被打散，粒子分布相对均匀。这是因为改性过程中，高速搅拌产生的剪切作用力将团聚的粒子进一步分散，同时铝钛复合偶联剂对高岭土表面的有机包覆作用降低了高岭土表面的静电引力，降低了打散的粒子再次团聚的概率。

2. 高岭土/聚氯乙烯复合材料性能

1）高岭土/聚氯乙烯复合材料加工性能分析

图 4-27（a）和（b）分别为高岭土和改性高岭土填充 PVC 的扭矩流变曲线。由图可知，随着高岭土含量的提高，PVC 体系的最大扭矩和平衡扭矩均呈上升趋势。这表明，随着高岭土粒子添加到 PVC 基质中，固体粒子对转子产生了额外的阻力，因此表现为扭矩增大。而改性后的高岭土填充 PVC 体系比未改性的高岭土填充 PVC 体系的最大扭矩和平衡扭矩均要小。如表 4-23 所示，当改性高岭土的含量为 10 wt%时，PVC 体系的平衡扭矩与纯 PVC 的相等，这主要是因为改性后的高岭土在从 PVC 熔融到再次达到稳定的均化态时，表现出了良好的相容性。因此，有机化改性处理可以在一定程度上削弱高岭土填料对 PVC 体系加工性能产生的消极影响。

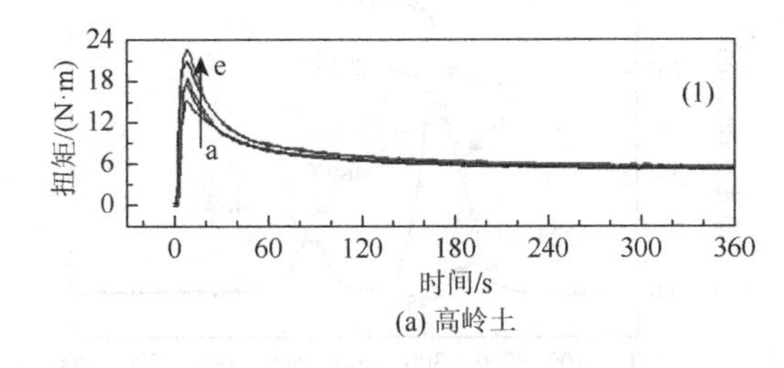

(a) 高岭土

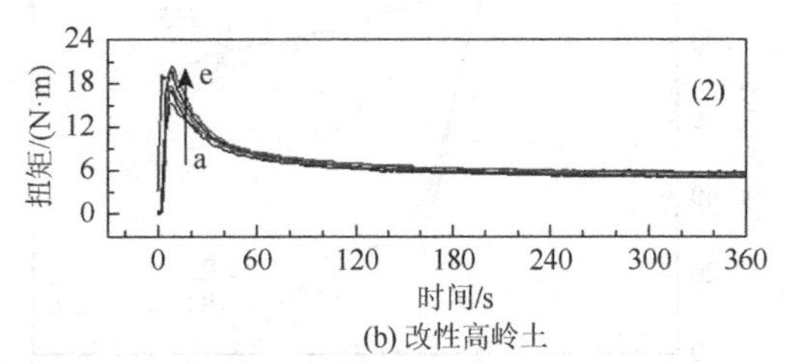

(b) 改性高岭土

图 4-27　高岭土和改性高岭土在不同填充份数（a：0 份，b：5 份，c：10 份，d：15 份，e：20 份）时 PVC 体系的扭矩流变曲线

表 4-23　高岭土/聚氯乙烯复合材料改性前后的转矩流变性能

复合材料	最大扭矩/(N·m)	平衡扭矩/(N·m)	平衡温度/℃
m（K）/*m*（PVC）(0 wt%)	15.3	5.2	175.5
m（MK）/*m*（PVC）(5 wt%)	17.0	5.1	175.4
m（MK）/*m*（PVC）(10 wt%)	17.7	5.2	176.2
m（MK）/*m*（PVC）(15 wt%)	19.7	5.7	175.8
m（MK）/*m*（PVC）(20 wt%)	20.3	5.5	176.6
m（UK）/*m*（PVC）(5 wt%)	17.5	5.4	175.7
m（UK）/*m*（PVC）(10 wt%)	18.4	5.5	175.9
m（UK）/*m*（PVC）(15 wt%)	20.9	5.5	176.9
m（UK）/*m*（PVC）(20 wt%)	22.6	5.7	177.0

注：UK 为高岭土；MK 为改性高岭土，下同。

2）改性高岭土/聚氯乙烯复合材料的热重分析

图4-28为纯PVC膜材和改性高岭土/聚氯乙烯复合材料的TGA-DrTGA曲线。由TGA曲线图可知，纯PVC膜材和改性高岭土/聚氯乙烯复合材料均有两个失重台阶，在165～350℃为第一阶段降解，主要涉及PVC长链脱氯化氢作用形成多烯结构和一些有机配合剂的失重。第二阶段失重温度范围为420～535℃，主要涉及碳链的分解，这个阶段伴随着烷基芳香族化合物和残碳的形成。由TGA-DrTGA曲线可知，改性高岭土/聚氯乙烯复合材料有着与纯PVC膜材相似的热失重曲线，PVC复合材料出现明显热失重的温度为235℃，而纯PVC膜材是224℃，这要归因于改性高岭土在煅烧后铝氧层的酸活性增加，可以吸收PVC长链脱出的氯化氢，延缓了氯化氢的催化降解。最后纯PVC膜材的残碳率约为11%，而改性高岭土/聚氯乙烯复合材料的残碳率为20%。高岭土在800℃的失重率为4.4%，通过理论计算，改性高岭土填充PVC体系的残碳量增加了0.54%。改性高岭土/聚氯乙烯复合材料的TGA和DrTGA结果如表4-24所示。改性高岭土/聚氯乙烯复合材料的最大失重速率温度在第一失重阶段提高了3℃，在第二失重阶段提高了7℃，这表明改性高岭土在PVC长链的热降解过程中可以起到吸收释放的氯化氢气体的作用，在一定程度上，改性高岭土可以提高复合材料的热稳定性。

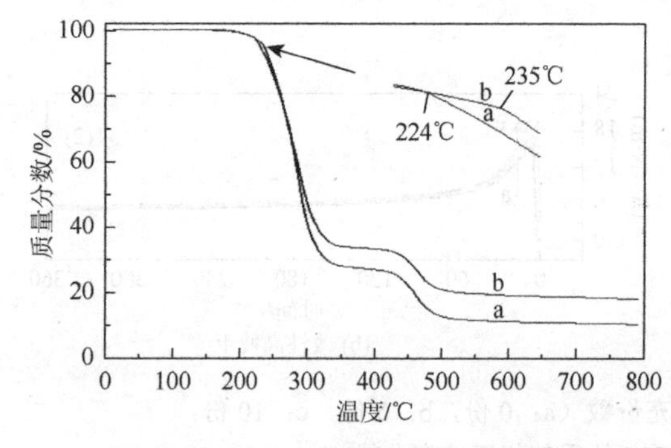

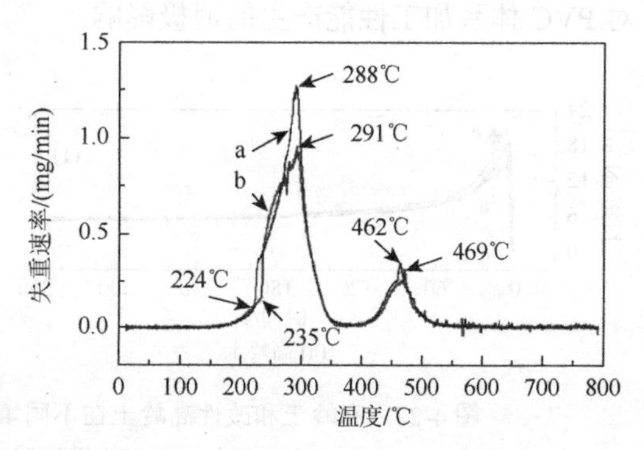

图4-28　纯PVC膜材（a）和改性高岭土/聚氯乙烯复合材料（高岭土含量为10%）（b）的TGA（左）和DrTGA（右）曲线

表4-24　改性高岭土/聚氯乙烯复合材料的TGA和DrTGA数据

改性高岭土含量/wt%	第一失重阶段			第二失重阶段		
	T_{onset}/℃	T_{max}/℃	ΔW_1/%	T_{onset}/℃	T_{max}/℃	ΔW_2/%
0	165	288	72.6	420	462	14.1
10	165	291	66.4	420	469	16.2

3）改性高岭土/聚氯乙烯复合材料XRD谱图

图4-29为纯PVC膜材和改性高岭土/聚氯乙烯复合材料的X射线衍射谱图。由图可知，纯PVC膜材和改性高岭土/聚氯乙烯复合材料均显示了两个较宽的特征峰：$2\theta=18.7°$和$2\theta=24.6°$。在图4-28曲线a和b中，$2\theta=26.6°$处出现了游离二氧化硅或石英吸收峰，且强度随着改性高岭土含量的增加明显增强，这是改性高岭土中所含杂质二氧化硅所致。在相同的加工条件下，改性高岭土添加到PVC基质中，并未对PVC的结晶相产生十分明显的影响。

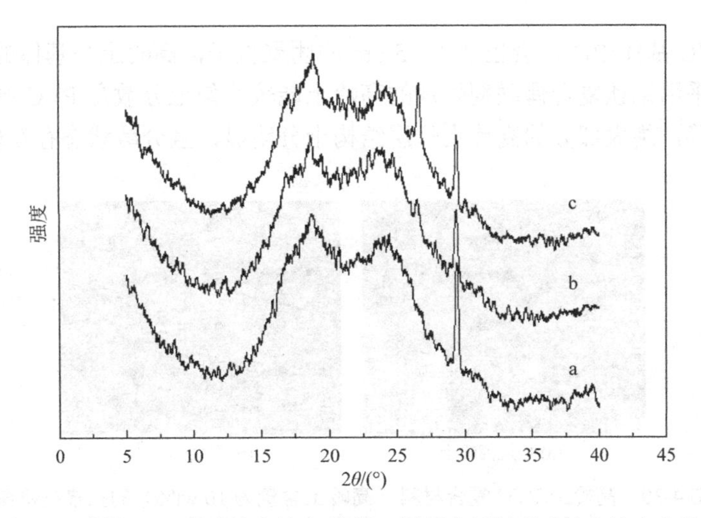

图 4-29　纯 PVC 膜材（a）和改性高岭土/聚氯乙烯复合材料［改性高岭土含量为 10 wt%（b）、20 wt%（c）］的 X 射线衍射谱图

4）改性高岭土/聚氯乙烯复合材料力学性能

由表 4-25 可知，随着改性高岭土含量的增加，复合材料的力学性能出现先增后降的趋势，拉伸强度和断裂伸长率在改性高岭土含量为 10 wt%时达到最大值，分别为 16.5 MPa 和 343.2%。撕裂强度在高岭土含量为 5 wt%时达到最大值，为 47.7 kN/m。综合看来，改性高岭土的含量在 10 wt%时，综合力学性能达到最佳，拉伸强度由纯 PVC 膜材的 15.8 MPa 上升到 16.5 MPa，断裂伸长率由 263.7%上升到 343.2%，撕裂强度由 37.0 kN/m 上升到 46.8 kN/m。当改性高岭土含量超过 10 wt%后，复合材料的力学性能开始下降，当含量在 20 wt%时，复合材料的拉伸强度、断裂伸长率和撕裂强度较纯 PVC 膜材分别下降了 0.8 MPa、11.1 个百分点和 2.7 kN/m。数据表明，改性高岭土在低含量的时候，对复合材料的力学性能起到明显的增强、增韧作用；而当改性高岭土的含量过高时，复合材料的力学性能会降低。这可能是因为在低含量时，改性高岭土在 PVC 基质中分散的效果较佳，改性高岭土与 PVC 基质的相容性较好，而随着含量的增加，分散较为困难，形成团聚的粒子，很难进一步分散，从而影响复合材料的力学性能。

表 4-25　改性高岭土/聚氯乙烯复合材料的机械力学性能

复合材料	拉伸强度/MPa	断裂伸长率/%	撕裂强度/(kN/m)
m（MK）/*m*（PVC）(0 wt%)	15.8	263.7	37.0
m（MK）/*m*（PVC）(5 wt%)	16.2	311.4	47.7
m（MK）/*m*（PVC）(10 wt%)	16.5	343.2	46.8
m（MK）/*m*（PVC）(15 wt%)	15.4	269.7	40.3
m（MK）/*m*（PVC）(20 wt%)	15.0	252.6	34.3

5）高岭土/聚氯乙烯复合材料微观断面形貌

图 4-30 为未改性和改性高岭土填充 PVC 的断面扫描电镜图，未经有机改性的高岭土

直接添加到 PVC 基体中时，会出现 1～5 μm 的团聚粒子，高岭土与基体的相容性较差，分散不均匀。采用铝钛复合偶联剂处理的高岭土能较均匀地分散在 PVC 基体中，团聚现象得到明显改善，绝大部分的高岭土片层结构十分明显，且分散状态存在较高的取向性。

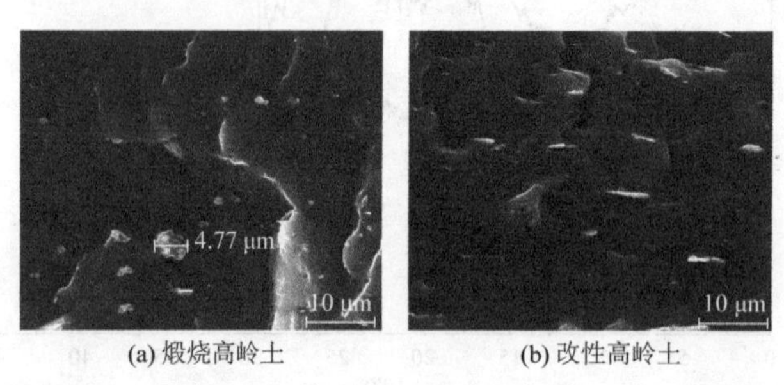

(a) 煅烧高岭土　(b) 改性高岭土

图 4-30　高岭土/PVC 复合材料（高岭土含量为 10 wt%）的扫描电镜图

6）改性高岭土/聚氯乙烯复合材料紫外-可见光谱

图 4-31 为纯 PVC 膜材和改性高岭土/聚氯乙烯复合材料在不同热老化时间下的紫外-可见光谱图。根据相关报道，紫外-可见光吸收波长与 PVC 体系中共轭多烯链长的对应关系为：$H\text{—}(CH{=}CH)_n\text{—}$ 中 n 在 3～10 时，吸收波长分别对应于 268 nm、304 nm、334 nm、364 nm、390 nm、410 nm、428 nm、447 nm。由图 4-31（a）可知，随着热老化时间的延长，4～7 个碳原子的共轭多烯结构的含量明显增加，对应于 300～400 nm 波长范围的吸收强度不断提高。如图 4-31（b）中所示，添加了 10 份改性高岭土的 PVC 体系，在 300～

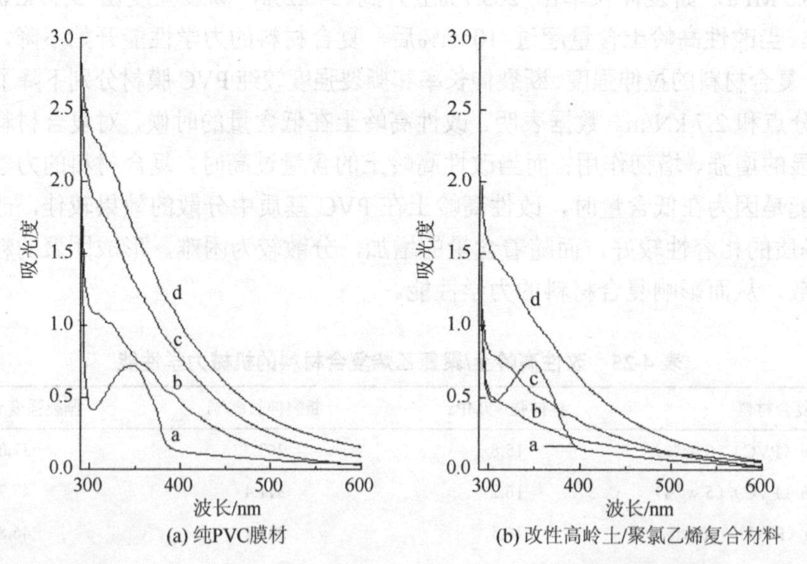

(a) 纯PVC膜材　(b) 改性高岭土/聚氯乙烯复合材料

图 4-31　纯 PVC 膜材和改性高岭土/聚氯乙烯复合材料（改性高岭土含量为 10 wt%）在不同老化时间（a：0 min，b：30 min，c：60 min，d：90 min）时的紫外-可见光谱图

400 nm 的吸收强度的变化趋势是随着老化时间的延长增强，但明显低于相同老化时间的纯 PVC 膜材的。这表明，改性高岭土在 PVC 体系中能与钡锌稳定剂形成协同效应，可以

进一步提高改性高岭土/聚氯乙烯复合材料体系的热稳定性，这可能要归因于煅烧高岭土中的活性氧化铝能吸收 PVC 长链热降解中产生的氯化氢，在一定程度上抑制或延缓了氯化氢催化降解 PVC 长链的作用。

图 4-32 为不同高岭土含量的复合材料在热老化 90 min 后的紫外–可见光谱图。从图 4-32 中曲线 a 可知，未添加高岭土的 PVC 体系热老化 90 min 后，在 300～400 nm 的吸收强度最大，表明 4～7 个碳原子的共轭多烯结构的含量最多。高岭土/聚氯乙烯复合材料体系的吸收强度随着高岭土含量的增加而逐渐降低。高岭土含量在 15 wt%时，体系在 300～400 nm 的吸收强度最低，这表明该体系中共轭多烯结构（4～7 个碳原子）的含量相对较低，复合材料的热稳定效果最佳。在高岭土的含量为 20 wt%时，体系在 300～400 nm 的吸收强度反而略高于 15 wt%的，这可能与体系中高岭土的分散状态有关。高岭土的含量增多时，材料在体系中的分散就越困难，形成团聚的概率增加，形成团聚的粒子很难进一步分散，从而使得高岭土在 PVC 基质中的分散粒径增大，粒子的比表面积减小，降低了吸收氯化氢的效能。

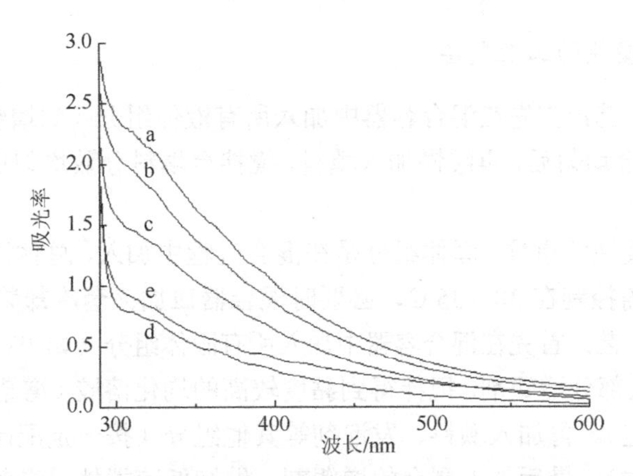

图 4-32　高岭土/聚氯乙烯复合材料（高岭土含量分别为 a：0 wt%，b：5 wt%，c：10 wt%，d：15 wt%，e：20 wt%）热老化 90 min 的紫外–可见光谱图

3. 案例小结

（1）采用铝钛复合偶联剂对高岭土进行有机化改性处理，可以抑制高岭土的团聚现象，改善无机高岭土粒子与 PVC 的相容性，提高高岭土在 PVC 基质中的分散性。

（2）在改性高岭土含量为 10 wt%时，高岭土/聚氯乙烯复合材料的综合力学性能达到最佳：拉伸强度、断裂伸长率和撕裂强度分别提高了 0.7 MPa、79.5 个百分点和 9.8 kN/m。

（3）煅烧高岭土中活性氧化铝能吸收 PVC 长链热降解中产生的氯化氢，在一定程度上抑制或延缓了氯化氢催化降解 PVC 长链形成共轭多烯结构的作用。高岭土在 PVC 体系中能与钡锌稳定剂形成协同效应，可以进一步提高高岭土/聚氯乙烯复合材料体系的热稳定性。

4.4.6　聚氯乙烯增塑糊

PVC 增塑糊（或增塑溶胶）是以 PVC 糊树脂和增塑剂为主要原料，添加热稳定剂、填料等助剂，通过机械混合的方式制备而成。PVC 增塑糊是细小的 PVC 颗粒均匀分散在增塑剂里面而形成的悬浮液。当增塑糊受热后，PVC 颗粒开始吸收增塑剂，进而发生溶胀作用，形成均化结构。随着温度的升高，PVC 粒子在最大程度上吸收增塑剂，经过凝胶化、熔融和塑化等阶段，最终失去流动性而形成固相结构。PVC 增塑糊可以视作具有两相的简单体系，即刚性的微晶和韧性的无定形相。

PVC 增塑糊的成型工艺主要有：涂层、浸渍、喷涂和模塑等。其中涂层工艺是指以纸张或纤维织物等为基材，通过浸涂、刮涂、滚涂等方式，在基材表面涂覆一定厚度的 PVC 糊，然后经过烘箱进行烘干和塑化处理。通过该工艺生产的制品广泛应用于篷盖、膜结构、墙纸、人造革、发泡地板、充气玩具和充气艇等领域。

根据流变学理论，影响 PVC 糊树脂颗粒分散在增塑剂中形成的悬浮体系黏度的因素主要有：PVC 糊树脂颗粒的布朗运动，PVC 糊树脂颗粒之间的相互作用力，PVC 糊树脂颗粒与增塑剂分子之间的作用力，游离的增塑剂含量。影响 PVC 增塑糊制品质量的主要因素有两个方面：其一是 PVC 增塑糊的黏度及其稳定性；其二是 PVC 增塑糊塑化工艺控制（塑化温度、时间等）。

1. 聚氯乙烯增塑糊的工业制备

（1）高速搅拌工艺：首先在混合容器中加入所有液体组分（如增塑剂、稳定剂、稀释剂等），中速搅拌混合均匀后，再缓慢加入填料，搅拌至填料分散均匀后，再缓慢加入 PVC 树脂，最后高速搅拌。

该工艺的特点及注意事项：固体组分是在混合过程中加入，总体混合搅拌的时间不宜超过 20 min，温度需控制在 30～35℃，必要时混合器皿加夹套冷却装置。

（2）低速搅拌工艺：首先在混合容器中加入所有固体组分（如 PVC 树脂、填料等），低速启动搅拌，加入部分增塑剂，搅拌得到黏度较高的均化溶胶（增塑剂的添加量视 PVC 树脂和填料的量而定）。再加入颜料、发泡剂等其他组分（按一定配比与增塑剂制备成均化相母料的形式加入），最后加入剩余的增塑剂，继续低速搅拌，当各组分充分分散均匀后，再高速搅拌 15 min。

该制备工艺的特点：制备的 PVC 增塑糊的均匀性和稳定性更好，避免了结块的现象。

（3）均化作用：只通过搅拌分散制备的 PVC 增塑糊，会因某些组分分散不完全而产生结块。在黏度允许的范围内，可以通过真空或常压过滤装置加以去除。

通常为了得到细度和稳定性更好的 PVC 增塑糊，需要将 PVC 增塑糊在三辊研磨机上进行研磨。研磨辊筒的转速不一样，产生的剪切力可以进一步分散团聚的粒子。操作过程中，辊筒需要通冷却水，避免摩擦产生的热量导致 PVC 增塑糊凝胶化。

一些固体组分的添加剂（如稳定剂、填料、颜料、发泡剂、增稠剂等）与一定比例的增塑剂混合后，在三辊研磨机上制备成均化母料。经过母料制备过程中的预分散，可以提高其在增塑糊体系中的分散性。

（4）脱泡、陈化与储存：在制备 PVC 增塑糊的过程中，会不可避免地引入空气，需要采用真空脱泡或真空过滤进行脱泡处理。

PVC 增塑糊在制备好后需要陈化 24 h，让 PVC 增塑剂充分浸润 PVC 树脂颗粒，PVC 增塑糊会发生溶胀，黏度会出现一定程度的上升，并趋于稳定。在进行下道工序时，陈化的 PVC 增塑糊需要再搅拌一下。

PVC增塑糊的储存采用不锈钢容器，注意控制环境湿度，温度不超过35℃。

2. 聚氯乙烯增塑糊的实验室制备

将固体组分按配方比例准确称量，加入不锈钢容器中，再加入部分增塑剂，用玻璃棒搅拌，使增塑剂充分浸润固体组分，再利用分散机边分散边加入剩余的增塑剂组分，搅拌均匀后，采用篮式研磨分散机进行分散研磨，先低速（600 r/min）分散10 min，再高速（1200 r/min）分散10 min，分散过程通冷却水。

具体工艺路线如下：

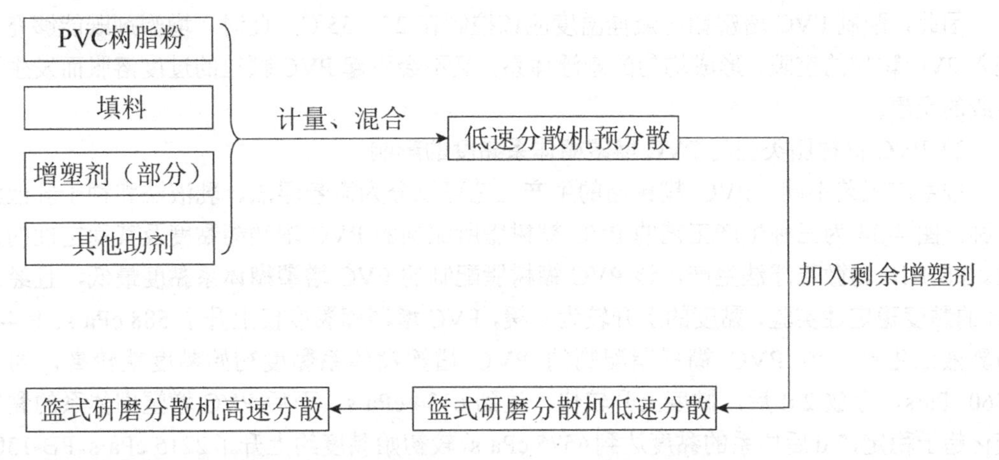

3. 聚氯乙烯增塑糊固化样品的制备

采用线性刮棒将制备好的PVC增塑糊涂刮在聚四氟乙烯薄膜上，然后送入烘箱（设定好温度），塑化一定时间后取出，待冷却后取下PVC膜即为所制样品。

4. 聚氯乙烯增塑糊体系黏度

1）温度对PVC增塑糊体系黏度的影响

PVC糊树脂凝胶化和熔融示意图如下：

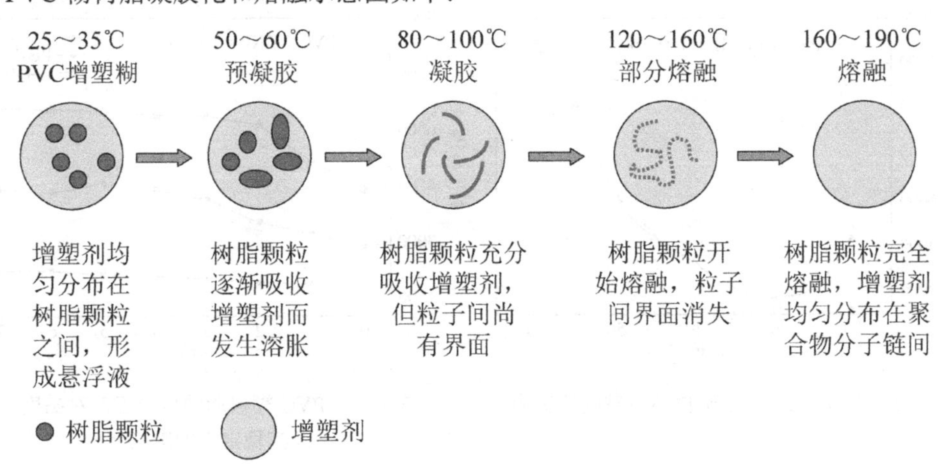

图 4-33 为温度对 PVC 增塑糊体系黏度的影响曲线。由图可知，当温度在 20℃时，温度较低，增塑剂的溶剂化能力受到影响，从而导致 PVC 增塑糊体系的黏度偏高。在 25～35℃，PVC 增塑糊体系的黏度最低。随着温度的升高，PVC 增塑糊体系的黏度逐渐升高，当温度超过 45℃时，PVC 增塑糊体系的黏度上升速度显著加快，温度为 60℃时，体系的黏度已经达到 13000 cPa·s，PVC 增塑糊的流动性已经被严重破坏。由于温度的升高，增塑剂进入 PVC 颗粒孔隙中的速度加快，当 PVC 粒子充分吸收增塑剂后，PVC 颗粒发生溶胀，从而导致体系的黏度逐渐上升。在 50～60℃，充分吸收增塑剂的 PVC 颗粒发生溶胀后，有的开始出现预凝胶的现象，从而导致体系的黏度急剧上升。

因此，配制 PVC 增塑糊的最佳温度应该控制在 25～35℃。此时，增塑剂既能够充分进入 PVC 颗粒的空隙，形成均匀的悬浮体系，又不会引起 PVC 颗粒的过度溶胀而发生预凝胶的现象。

2）PVC 糊树脂类型对 PVC 增塑糊体系黏度的影响

按生产工艺不同，PVC 糊树脂的生产工艺可以分为微悬浮法、乳液法和种子乳液法三种。图 4-34 为三种生产工艺的 PVC 糊树脂所配制的 PVC 增塑糊黏度及其稳定性的曲线。PSH-10 为微悬浮法生产，该 PVC 糊树脂配制的 PVC 增塑糊体系黏度最低，且经过 7 d 的黏度稳定性实验，黏度的上升较为平缓，PVC 增塑糊黏度仅上升了 588 cPa·s。P-440 为乳液法生产，该 PVC 糊树脂配制的 PVC 增塑糊体系黏度初始黏度就较高，约为 4360 cPa·s，存放 2 d 后，黏度上升较快，达到 6134 cPa·s，而后 PVC 增塑糊体系的黏度变化趋于稳定，7 d 后体系的黏度达到 6575 cPa·s，较初始黏度约上升了 2215 cPa·s。PB-1302 为种子乳液法生产，该 PVC 糊树脂配制的 PVC 增塑糊体系黏度初始黏度为 2860 cPa·s，在存放 5 d 后，体系的黏度上升到 4530 cPa·s，而后黏度有所下降，在 7 d 后黏度为 4380 cPa·s，较初始黏度上升了 1520 cPa·s。综上所述，微悬浮法生产的 PVC 糊树脂配制的 PVC 增塑糊体系黏度最低，且稳定性最好，种子乳液法次之，乳液法最差。PVC 糊树脂颗粒的粒径尺寸与粒径尺寸分布、团聚二次粒子和乳化剂的残留是影响 PVC 增塑糊黏度的关键因素。微悬浮法生产的 PVC 糊树脂，粒径分布相对较宽，粒径较大，为 0.1～5 μm，

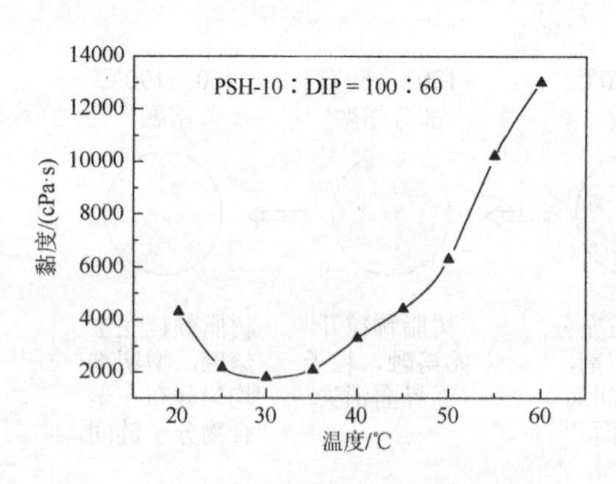

图 4-33　温度对 PVC 增塑糊体系黏度的影响

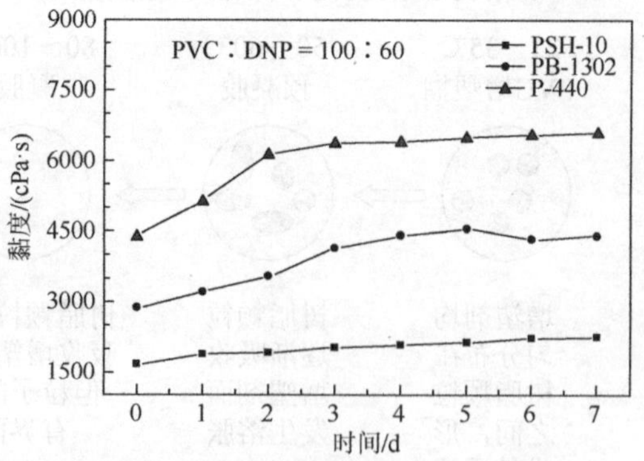

图 4-34　PVC 糊树脂的聚合工艺对黏度及其稳定性的影响

平均粒径为 1.0 μm。乳液法生产的 PVC 糊树脂，粒径分布较窄，平均粒径约为 0.3 μm。种子乳液法生产的 PVC 糊树脂，粒径分布呈双峰分布，粒径大部分约为 1.0 μm，少数约为 0.3 μm。而 PVC 糊树脂团聚二次粒子的粒径为 30～60 μm，在研磨破碎处理后，粒径减小到 5～20 μm。

图 4-35 为三种牌号 PVC 糊用掺混树脂对 PVC 增塑糊的黏度及稳定性的影响曲线。由图 4-35 可知，随着掺混树脂含量的提高，增塑糊体系的黏度逐渐下降，当掺混树脂的含量达到 30 wt%时，PVC 增塑糊体系的黏度已下降约 50%。继续增加掺混树脂的含量到 40%，PVC 增塑糊体系的黏度下降已趋于平缓。从降黏效果看，LB110 最优，其次分别为 SB100、EXT。在 PVC 增塑糊稳定性实验中可以看出，在存放 2 d 的时间内，三种牌号的稳定性效果基本一致。存放 7 d 后，添加 LB110 体系的黏度较初始时上升了 280 cPa·s，EXT 体系上升了 350 cPa·s，而 SB110 体系上升了 410 cPa·s。从 PVC 增塑糊体系的稳定性来看，LB110 最优，其次分别为 EXT、SB110。

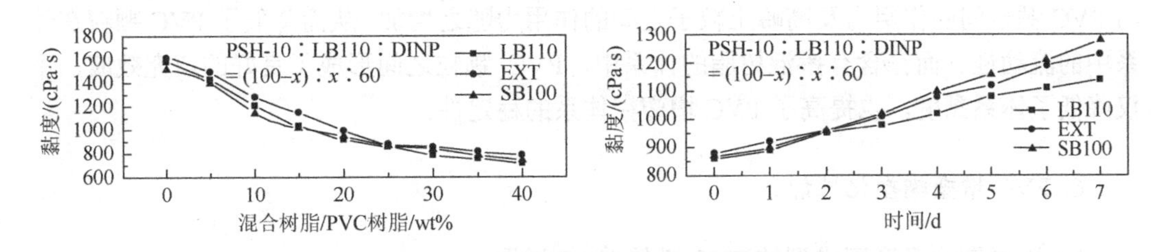

图 4-35　PVC 糊用掺混树脂对 PVC 增塑糊的黏度及稳定性的影响

PVC 糊用掺混树脂是采用特殊悬浮法工艺制备，相对通用悬浮树脂而言，具有更细的粒径（10～150 μm），PVC 掺混树脂颗粒结构较紧密，空隙率低，具有较优的表面积-体积比。与 PVC 糊树脂（5～20 μm）混合使用时，可以获得良好的填充效应，PVC 糊树脂的粒径较小，可以填充在大粒径的 PVC 掺混树脂之间的缝隙，这样就会增加游离的增塑剂的量，于是可提高 PVC 颗粒的流动性，从而降低 PVC 增塑糊体系的黏度。

5. 增塑剂对 PVC 增塑糊体系黏度的影响

图 4-36 为三种主增塑剂含量对 PVC 增塑糊体系黏度的影响曲线。由图可知，PVC 增塑糊黏度随着增塑剂含量的增加而逐渐降低。当增塑剂含量从 45 wt%增加到 50 wt%时，PVC 增塑糊体系的黏度下降幅度十分显著，三种增塑剂体系的黏度下降 76%～79%，当增塑剂含量超过 55%以后，PVC 增塑糊体系的黏度变化趋于平缓。总体来看，DOP 的增塑效率最佳，其次分别为 DINP、DOTP。

增塑剂与 PVC 糊树脂颗粒界面发生一系列物理化学作用，包括润湿、溶剂化、溶胀、凝胶化、塑化等过程。理想的 PVC 增塑糊悬浮体系，是增塑剂与 PVC 颗粒的作用停留在增塑剂向 PVC 颗粒孔隙渗透的状态，该状态下游离的增塑剂较多，在 PVC 颗粒之间起到充分润滑的作用。而当过度溶剂化后，PVC 颗粒发生溶胀，游离的增塑剂减少，颗粒之间的相互作用力增加，增塑糊体系的黏度开始上升。

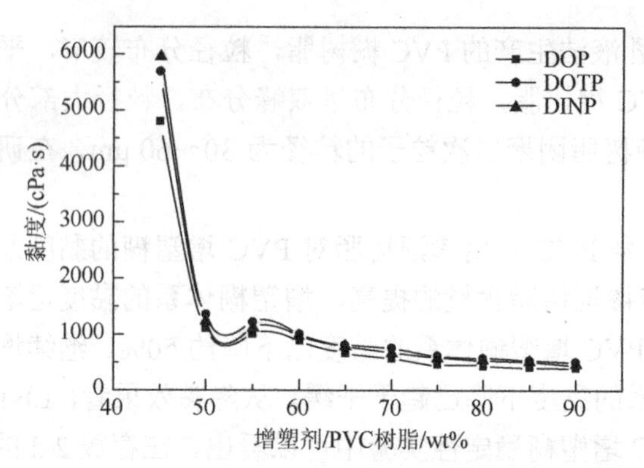

图 4-36　增塑剂含量对 PVC 增塑糊体系黏度的影响

高岭土作为功能填料，经过有机化改性后，提高了其在 PVC 增塑糊体系中的分散性。高岭土会吸收部分增塑剂，使得游离的增塑剂减少，随着高岭土含量的增加，高岭土粒子与 PVC 颗粒间的作用力及高岭土粒子之间的作用力随之增加，从而降低了 PVC 颗粒在体系中的流动性。而在含有掺混树脂的体系中，PVC 颗粒之间形成了良好的填充效应，不仅降低了体系黏度，也提高了 PVC 增塑糊体系的稳定性。

6. PVC 增塑糊塑化性能

1）不同塑化温度下成型的 PVC 膜的 XRD 谱图

图 4-37 为不同塑化温度下成型的 PVC 膜的 XRD 谱图。由图可知，所有的 PVC 膜样品均显示了典型的 PVC 微晶特征衍射峰，即 2θ 为 18.6°（110）和 23.8°（210）。随着塑化温度的升高，PVC 微晶的衍射强度出现了轻微的下降，表明 PVC 的结晶率出现了一定程度的下降。这可能是 PVC 微晶在高温凝胶过程中发生融化或被破坏而引起的，温度升高，微晶的破坏程度增加。在添加了高岭土的 PVC 样品中，温度升高引起的 PVC 结晶率的下降较纯 PVC 样品要更为明显，这可能与高岭土减少了熔融的 PVC 微晶形成二次结晶的概率有关。

2）不同塑化时间下成型的 PVC 膜的 XRD 谱图

图 4-38 为不同塑化时间下成型的 PVC 膜的 XRD 谱图。由图可知，在未添加高岭土的 PVC 样品中，塑化时间由 2 min 延长到 6 min 时，PVC 微晶的衍射强度略有增加，而塑化时间延长到 10 min 时，PVC 微晶的衍射强度又出现下降。随着塑化时间的延长，PVC 微晶的破坏程度增加，同时形成二次结晶结构的能力也随之加强。在塑化时间为 6 min 时，形成二次结晶的速率大于 PVC 微晶熔融的速率，所以表现为 PVC 微晶衍射强度的提高；而塑化时间延长到 10 min 后，PVC 微晶熔融的速率明显提高，PVC 微晶的衍射强度随之出现下降。在添加了高岭土的 PVC 样品中，随着塑化时间的延长，PVC 微晶的衍射强度先下降后又略有上升，但整体而言，当塑化时间延长，PVC 微晶的结晶率有所下降。随着塑化时间的延长，PVC 微晶的破坏程度增加，且高岭土影响了二次结晶结构的形成，所以表现为结晶率的下降，而塑化时间延长到 10 min 时，高岭土对二次结晶形成的影响有所削弱，而表现为结晶率略有上升。

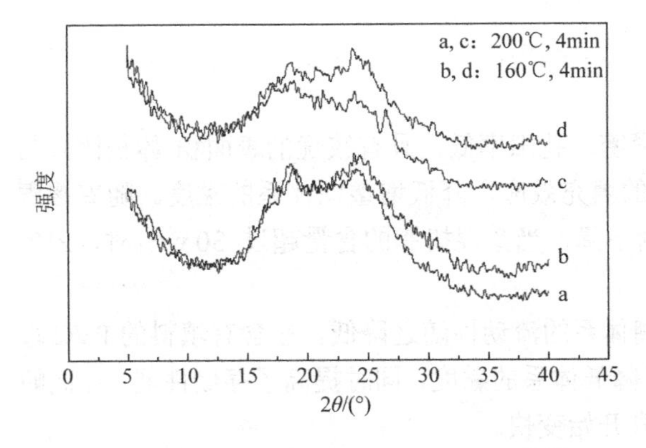

图 4-37　不同塑化温度下成型的 PVC 膜的 XRD 谱图

a，b：未添加高岭土；c，d：添加 10 wt%高岭土

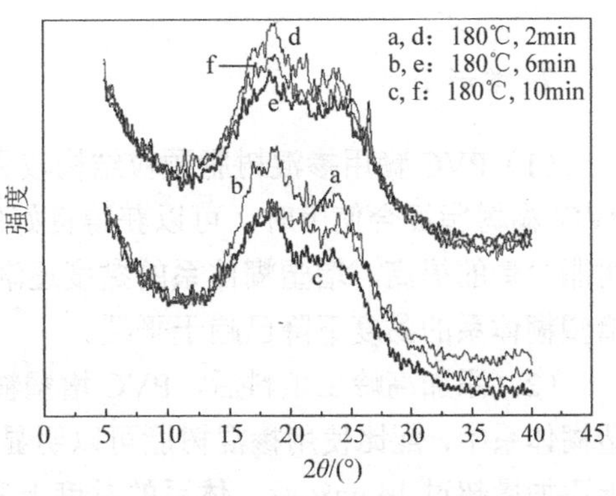

图 4-38　不同塑化时间下成型的 PVC 膜的 XRD 谱图

（a～c）：未添加高岭土；（d～f）：添加 10 wt%高岭土

3）不同塑化温度成型的 PVC 膜脆断面的环境扫描电镜图

图 4-39 不同塑化温度成型的 PVC 膜脆断面的环境扫描电镜图。由图 4-39（a）、（b）和（c）可知，随着塑化温度的提高，PVC 膜的脆断面变得越来越致密、光滑与平整。在添加了高岭土的样品中，如图 4-39（d）、（e）和（f）所示，高岭土与 PVC 基质结合紧密且分散较为均匀，并未对 PVC 的塑化性能产生明显的影响。PVC 塑化过程是增塑剂分子与 PVC 颗粒相互作用形成均一基质的过程，对于 PVC 增塑糊的静态塑化而言，温度是最为关键的因素。由图 4-39（a）和（d）可知，塑化温度为 160℃时，还有明显的 PVC 颗粒未被熔融；如图 4-39（b）和（e）所示，当温度提高到 180℃时，未被熔融的 PVC 颗粒已经变得十分细小且与 PVC 基质界面并不明显；在 200℃时，PVC 基本上形成了均一的体系，结构致密光滑［图 4-39（c）和（f）］。

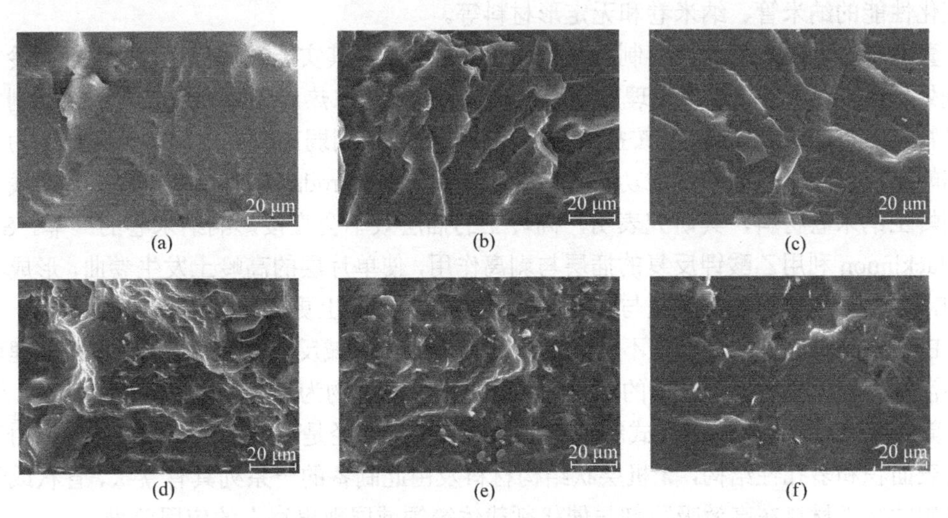

图 4-39　不同塑化温度成型的 PVC 膜脆断面的环境扫描电镜图

（a～c）：未添加高岭土且塑化温度分别为 160℃、180℃、200℃；
（d～f）：添加 10 wt%高岭土且塑化温度分别为 160℃、180℃，200℃

7. 案例小结

（1）PVC 糊用掺混树脂颗粒结构较紧密，孔隙率低，具有较优的表面积-体积比，与 PVC 糊树脂混合使用时，可以获得良好的填充效应，降低增塑糊体系的黏度。随着掺混树脂含量的提高，增塑糊体系的黏度逐渐下降，当掺混树脂的含量超过 30 wt%时，PVC 增塑糊体系的黏度下降已趋于平缓。

（2）添加高岭土填料后，PVC 增塑糊体系的流动性随之降低。在含有填料的 PVC 增塑糊体系中，配比使用掺混树脂可以明显降低体系的黏度，同时提高了存储性能。在高岭土添加量超过 14 wt%后，体系的黏度上升开始变快。

（3）气相二氧化硅具有较高的比表面积，在增塑糊体系中通过形成三维的“交联网络”，使体系的黏度增加。当气相二氧化硅含量超过 0.6 wt%时，增塑糊体系的黏度上升速度显著加快。

（4）添加了高岭土的 PVC 膜在第一和第二个失重阶段中的失重率都要比纯 PVC 膜的低，表明高岭土可以提高 PVC 体系的热稳定性。随着塑化温度由 160℃提高到 200℃，未添加高岭土的 PVC 膜的第一失重阶段的最大热失重温度由 284℃提高到 291℃，而添加了 10 wt%高岭土的 PVC 膜的第一失重阶段的最大热失重温度由 287℃下降到 278℃。添加了 10 wt%高岭土的 PVC 膜的第二失重阶段的最大热失重温度较未添加高岭土的 PVC 膜提高了 10℃。

4.4.7 改性高岭土复合催化剂

高岭土[$Al_2Si_2O_5(OH)_4$]，是一种典型的 1∶1 型层状硅酸盐黏土，在工业上已经得到了广泛的应用，如陶瓷、纸张、橡胶和塑料等领域。由于 $AlO_2(OH)_4$ 八面体和 SiO_4 四面体在片层结构上的不对称性，高岭土的有机插层复合物成为近年来的研究热点，如制备具有催化性能的纳米管、纳米卷和无定形材料等。

董文钧等以高岭土为原料制备了二氧化硅纳米管，其实验过程包括：先进行高岭土的煅烧处理，然后用硫酸溶液处理去除活性氧化铝，再在水热反应中利用表面活性剂制备最终产物。Matusik 等通过烷基铵盐的插层与脱嵌效应，削弱高岭土层间的氢键作用力，增加高岭土片层的不适应性，成功制备了管状高岭土。Kuroda 等采用“一步法”路线制备了高岭土纳米卷材料，其研究表明，高岭土的插层效率会直接影响纳米卷的产率。Singh 和 Mackinnon 利用乙酸钾反复的插层与剥离作用，使单片层的高岭土发生卷曲，形成卷状结构，并发现这种卷曲在垂直与母体高岭土 *C* 轴的方向上更容易发生。

Belver 等研究了高岭土在不同煅烧温度处理后与酸碱反应的活性，并证实酸处理可以制备活性二氧化硅，而碱处理的产物是沸石。以黏土矿物为硅源，如高岭土、蛭石、海泡石、莫来石等，通过酸洗的方式制备无定形二氧化硅已经是一种稳定高效的方法。由于高的比表面积和多孔性结构，无机层状结构材料及由此制备的一系列具有卷状、管状或无定形结构的纳米材料在高效吸附剂与催化剂载体等领域展现出喜人的应用前景。

Kun 等和 Ménesi 等成功制备了二氧化钛/蒙脱土光催化剂，光催化效率得到明显提高。Ökte 和 Sayınsöz 以海泡石为载体，采用溶胶凝胶法制备了二氧化钛/海泡石光催化剂。Vohra 和 Tanaka 制备了 SiO_2-TiO_2 复合催化剂，显示了较高的催化效率。Nakagaki 首先对高岭土的插层改性，得到高比表面积的管状高岭土或剥离的片层，再进行卟啉类离子化合物的负载，从而合成了氧化催化剂。Vimonses 等采用两步溶胶凝胶法，制备了 TiO_2 浸渍改性高岭土的复合催化剂。总之，高比表面积载体的引入，增强了有机污染物的吸附性，减少了复合催化剂表面的电子空穴复合的概率，从而提高了光催化降解效率。

改性高岭土复合催化剂首先以纯化高岭土为原料，通过二甲基亚砜（DMSO）插层后再与甲醇进行置换反应，制备了高岭土/甲醇插层复合物，然后与十六烷基三甲基氯化铵（CTAC）反应，制备了卷状高岭土。通过煅烧处理去除有机插层物，同时使高岭土片层结构活化，与盐酸溶液反应除去活性氧化铝，得到二氧化硅纳米管。以二氧化硅纳米管为载体，采用溶胶凝胶法制备光催化剂，并通过光催化实验测试其光催化效率。

1. 二氧化钛/二氧化硅纳米管复合催化剂的制备

1）二氧化硅纳米管的制备

采用沉降分离法，对高岭土原土进行纯化。称取 100 g 高岭土原土放入反应釜中，再注入 3 L 水，搅拌 12 h 后转移至 5 L 窄口瓶中，沉降分离 12 h 后，取液面下 10 cm 的悬浮液，经抽滤、干燥、研磨后得到纯化高岭土。

将 10 g 纯化高岭土磁力搅拌分散于 150 mL 二甲基亚砜和 10 mL H_2O 的混合溶液中，80℃下磁力搅拌 3 d，室温下搅拌 2 d，过滤，异丙醇洗涤 3 次，60℃干燥 4 h，即得到高岭土/二甲基亚砜（K/DMSO）插层复合物。

取 5 g K/D 插层复合物磁力搅拌分散于 100 mL 甲醇溶液中，每 12 h 更换一次新鲜的甲醇溶液（甲醇更换过程中保持样品处于湿润状态），室温下磁力搅拌反应 3 d，即得到高岭土/甲醇（K/MeOH）插层复合物湿样。样品采用甲醇浸泡、密封、低温保存。

取适量上述湿样，分散于 60 mL CTAC 的甲醇溶液中（CTAC 溶度为 1 mol/L），室温下磁力搅拌 24 h，抽滤，60℃干燥 12 h，得到高岭土/十六烷基三甲基氯化铵（K/CTAC）插层复合物。

将 K/CTAC 插层在电阻炉中煅烧处理 12 h，去除插层有机物，温度设定为 500℃，升温速率为 10℃/min，取出样品冷却至室温，即得到高岭土纳米管（K-NT）。然后取适量 K-NT，分散在盛有 250 mL 盐酸溶液（溶度为 6 mol/L）的三颈烧瓶中，水浴温度设定为 90℃，通冷却水进行冷凝回流。盐酸溶液处理 24 h 后，抽滤，去离子水洗涤多次（pH 试纸测试清洗液为中性即可），60℃干燥 12 h，即得到二氧化硅纳米管（Si-NT）。

2）TiO_2 的负载

将 10 mL 钛酸四丁酯和 12 mL 无水乙醇在三颈烧瓶中混合，磁力搅拌，再加入 25 mL 稀释的硝酸溶液（溶度为 2.5 mol/L），搅拌 30 min 得到透明溶胶。将 2 g Si-NT 分散到 100 mL 去离子水中，注入三颈烧瓶中，超声 10 min，然后在水浴 37℃下磁力搅拌 4 h。反应结束后，冷却到室温，陈化 15 h 后抽滤，65℃干燥 10 h，500℃煅烧处理 5 h，即得到二氧化钛/二氧化硅纳米管（TiO_2/Si-NT）复合催化剂。

纯 TiO_2 的制备过程不加入 Si-NT，其他步骤同上述实验。

2. 高岭土的插层改性

1）纯化高岭土的粒径分析

图 4-40 为高岭土原土和纯化高岭土的粒径分布曲线，由图 4-40（a）可知，原土粒径在 1.54 μm 以下的占 10%，3.64 μm 以下的占 50%，11.96 μm 以下的占 90%，31.93 μm 以下的占 99%，平均粒径为 5.69 μm，粒径分布范围较宽。图 4-40（b）显示，高岭土原土经沉降后，10%高岭土粒径在 1.13 μm 以下，50%在 1.90 μm 以下，90%在 3.41 μm 以下，99%在 7.91 μm 以下，纯化高岭土平均粒径为 2.19 μm，粒径分布范围较窄。沉降法是一种有效的高岭土粒径筛选和除杂质的方法。

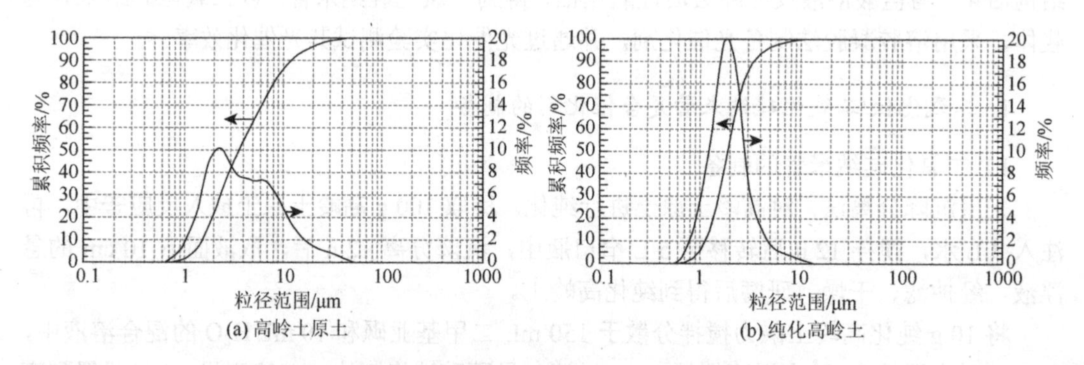

图 4-40　高岭土原土和纯化高岭土的粒径分布曲线

2）改性高岭土的 XRD 谱图

图 4-41 为高岭土、高岭土/二甲基亚砜、高岭土/甲醇（湿样）和高岭土/十六烷基三甲基氯化铵的 XRD 谱图（2θ：2°～40°）。由图 4-41 中 a 曲线可知，高岭土的 d_{001} 衍射峰位于 12.3°（2θ），层间距 $d_{001} = 0.72$ nm。在 $2\theta = 18° \sim 22°$处有三个明显的衍射峰，表明高岭土的结晶度较高。经过二甲基亚砜插层后，高岭土的层间距由原来的 0.72 nm 增大到 1.12 nm，层间距增大了 0.40 nm。单个甲基单元的分子尺寸在 0.40 nm 左右，高岭土层间距的增加值明显小于二甲基亚砜分子的尺寸，表明二甲基亚砜分子中只有一个甲基单元进入高岭土的复三方孔穴中。长链烷基铵盐不能直接与高岭土原土发生插层反应，也不能与高岭土/二甲基亚砜插层复合物进行置换反应而插入高岭土层间。但是，长链烷基铵盐可以与高岭土/甲醇插层复合物进行置换反应，而进入高岭土层间。由图 4-41 中 c 曲线可知，在甲醇分子置换高岭土层间的二甲基亚砜分子后，高岭土层间距有所下降，$d_{001} = 1.08$ nm。而采用十六烷基三甲基氯化铵插层后，高岭土的层间距增大到 3.86 nm，这表明长链分子已经进入高岭土的层间，高岭土/甲醇插层复合物是制备其他长链有机插层复合物优良的前驱体。

3）改性高岭土的红外光谱图

图 4-42 为高岭土、高岭土/二甲基亚砜、高岭土/甲醇（干样）和高岭土/十六烷基三甲基氯化铵的红外光谱图。由图 4-42 曲线 a 可知高岭土原土的红外吸收特征峰。高岭土片层上 O—H 基团的伸缩振动吸收峰位于 3695 cm^{-1}、3669 cm^{-1}、3652 cm^{-1} 和

3621 cm^{-1}处。在二甲基亚砜插入层间后，在3700～3600 cm^{-1}区域的O—H伸缩振动吸收峰发生了明显的变化。3540 cm^{-1}和3503 cm^{-1}处出现了两个新的吸收峰，3695 cm^{-1}和3621 cm^{-1}处的吸收峰强度有所减弱，3669 cm^{-1}处的吸收峰强度增大。这些变化表明，二甲基亚砜的插入破坏了高岭土层间原有的氢键，内表面羟基与S＝O基团缔合形成了新的氢键。同时，3020 cm^{-1}和2937 cm^{-1}处出现了新的吸收峰，证实了二甲基亚砜分子的存在。在甲醇分子置换二甲基亚砜后，3669 cm^{-1}和3652 cm^{-1}处的吸收峰完全消失，3695 cm^{-1}和3621 cm^{-1}处的吸收峰强度进一步减弱。这可能是甲醇分子进入层间与内表面羟基形成了新的键合引起的。由图4-42中曲线d可知，在十六烷基三甲基氯化铵插层复合物中，出现了一个相对较宽的O—H吸收峰，3695 cm^{-1}和3621 cm^{-1}的吸收峰强度相对较弱。这可能是由于十六烷基三甲基氯化铵插入高岭土层间，层间的氢键进一步削弱。同时，高岭土片层在表面活性剂的作用下发生了卷曲，从而改变了内表面羟基的伸缩振动环境。XRD谱图证实层间距发生了进一步的膨胀，FE-SEM和TEM图像显示了高岭土卷状结构的形成。此外，3018 cm^{-1}、2965 cm^{-1}、2920 cm^{-1}和2850 cm^{-1}处出现的甲基和亚甲基的特征吸收峰辅证了十六烷基三甲基氯化铵与高岭土/甲醇插层复合物发生了置换反应。

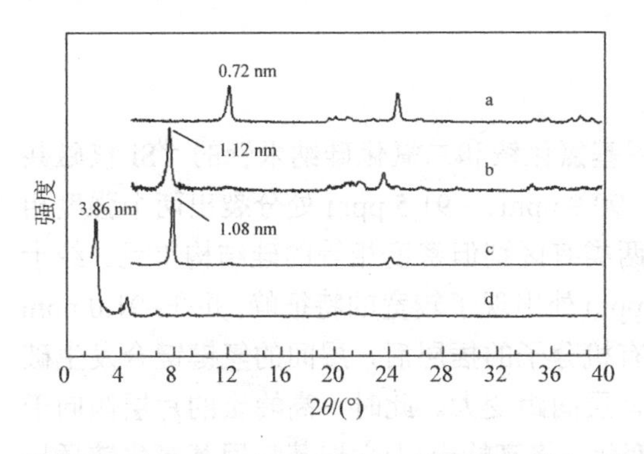

图4-41　高岭土（a）、高岭土/二甲基亚砜（b）、高岭土/甲醇（湿样）（c）和高岭土/十六烷基三甲基氯化铵（d）的XRD谱图

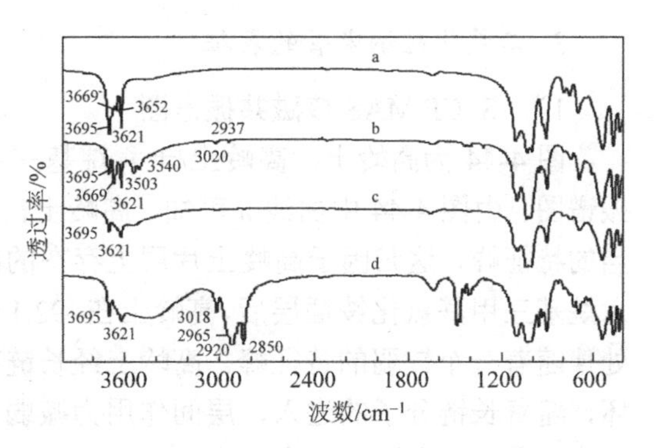

图4-42　高岭土（a）、高岭土/二甲基亚砜（b）、高岭土/甲醇（干样）（c）和高岭土/十六烷基三甲基氯化铵（d）的红外光谱图

4）改性高岭土的FE-SEM形貌

图4-43为高岭土和高岭土/十六烷基三甲基氯化铵插层复合物煅烧前后的环境扫描电镜图像。由图4-43（a）可知，高岭土原土（纯化后）绝大部分呈现假六边型堆叠或单片状结构，少量片层晶角变钝，呈现浑圆状，表明高岭土的结晶度较高，晶型较好。由图4-43（b）可知，经过十六烷基三甲基氯化铵插层反应后，长链分子进入高岭土的片层中，绝大多数的高岭土发生卷曲，并形成明显的卷状结构；少数高岭土仍呈现片层结构，这可能与十六烷基三甲基氯化铵的插层效率有关，未受到插层作用的高岭土片层无法发生卷曲，插层效率将直接影响高岭土卷的产率。通过煅烧处理除去包覆在高岭土片层表面和插入高岭土层间的表面活性剂，如图4-43（c）和（d）所示，高岭土绝大多数发生了卷曲，并形成了明显的中空管状结构。

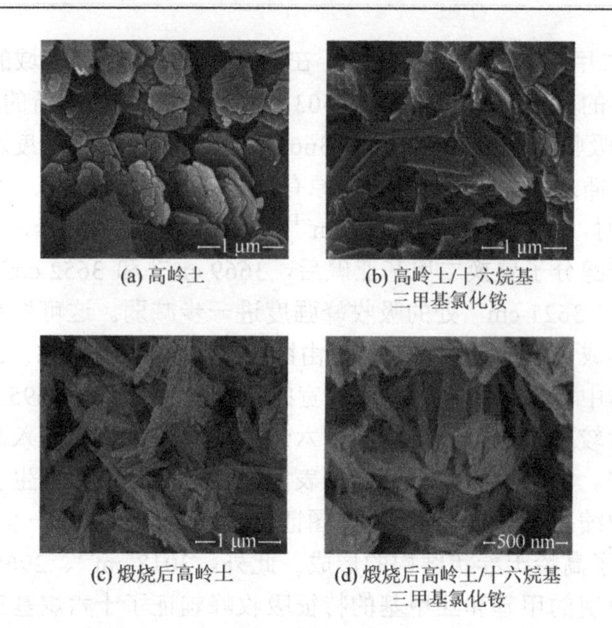

(a) 高岭土　(b) 高岭土/十六烷基三甲基氯化铵

(c) 煅烧后高岭土　(d) 煅烧后高岭土/十六烷基三甲基氯化铵

图 4-43　高岭土和高岭土/十六烷基三甲基氯化铵及煅烧后的场发射扫描电镜图像

3. 二氧化硅纳米管的表征

1）^{29}Si CP/MAS 核磁共振谱图

图 4-44 为高岭土、高岭土/十六烷基三甲基氯化铵和二氧化硅纳米管的 ^{29}Si 核磁共振谱图。由图 4-44 中曲线 a 可知，高岭土在−90.9 ppm、−91.5 ppm 处分裂出两个强度相当的特征峰，这归因于高岭土片层上存在的两类有区别但密度相等的硅结构单元。经十六烷基三甲基氯化铵插层后，高岭土在−92.1 ppm 处出现了较宽的特征峰，并在−91.0 ppm 处伴随着一个较弱的特征峰。高岭土经长链有机分子的插层后，层间的氢键键合发生破坏，随着长链分子的进入，层间作用力减弱，层间距变大。此时，高岭土的片层倾向于发生弯曲，形成管状结构，以适应层间距的变化。将高岭土/十六烷基三甲基氯化铵插层复合物在 500℃的温度下煅烧处理 12 h，除去插层复合物中的有机分子，同时使得高岭土活化，经过盐酸溶液处理 24 h 后，八面体中的 Al^{3+}有 95%被溶解。^{29}Si MAS NMR 谱图在−101.3 ppm 处显示了一个较宽的特征峰，两边分别存在一个弱的特征峰：−91.3 ppm 和−110.6 ppm。

2）高岭土、偏高岭土和二氧化硅纳米管的红外光谱图

图 4-45 为高岭土（a）、偏高岭土（b）和二氧化硅纳米管（c）的红外光谱图。由图 4-45 可知，在低波数范围（400～1200 cm^{-1}）内红外吸收特征峰发生了明显的变化。高岭土原土（如图 4-45 曲线 a 所示）典型的 Si—O 伸缩振动峰出现在 1114 cm^{-1}、1032 cm^{-1} 和 1009 cm^{-1} 处，913 cm^{-1} 归属于 Al—Al—O 键，789 cm^{-1} 处的特征吸收峰归属于游离二氧化硅或石英杂质，754 cm^{-1} 和 538 cm^{-1} 归属于 Si—O—Al 键，698 cm^{-1} 和 430 cm^{-1} 归属于 Si—O 键，468 cm^{-1} 归属于 Si—O—Si 键。从图 4-45 曲线 b 中可以看出，偏高岭土（高岭土/十六烷基三甲基氯化铵插层复合物经煅烧后制得）显示的谱图相对简单，主要特征吸收峰出现在 1066 cm^{-1}、801 cm^{-1} 和 474 cm^{-1} 处。1066 cm^{-1} 和 474 cm^{-1} 分别对应于 SiO_4

结构片层中的 Si—O 键和 Si—O—Si 键，表明高岭土在煅烧过程中，其原始结构发生变形，硅氧四面体片层发生了变化。801 cm^{-1} 处的吸收表明，煅烧过程并没有对游离二氧化硅或石英杂质产生影响。由图 4-44 中曲线 c 可知，盐酸处理后，主要特征吸收峰出现在 1083 cm^{-1}、798 cm^{-1} 和 460 cm^{-1} 处。高岭土原土中 Si—O—Si 键的振动吸收峰接近 1000 cm^{-1}，而酸处理后，该吸收峰向高波数方向移动，接近 1100 cm^{-1}。1083 cm^{-1} 处的特征吸收峰表明，酸处理的过程中，随着铝氧八面体的去除，硅酸盐结构中 Si—O—Mg—O—Si 键转化为无定形二氧化硅结构中的 Si—O—Si—O—Si 键。798 cm^{-1} 归属于在酸处理过程中未发生变化的游离二氧化硅或石英杂质。460 cm^{-1} 归属于 Si—O—Si 键。

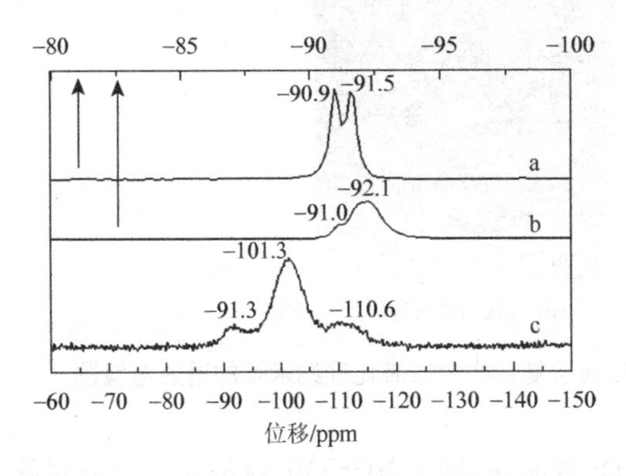

图 4-44　高岭土（a）、高岭土/十六烷基三甲基氯化铵（b）和二氧化硅纳米管（c）的 ^{29}Si 核磁共振谱图

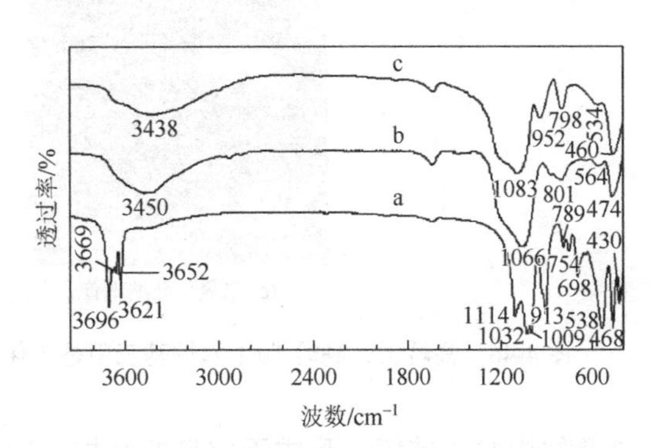

图 4-45　高岭土（a）、偏高岭土（b）和二氧化硅纳米管（c）的红外光谱图

3）高岭土、偏高岭土和二氧化硅纳米管的 FE-TEM 形貌

图 4-46 为高岭土、高岭土/十六烷基三甲基氯化铵插层复合物和二氧化硅纳米管的透射电镜图。由图 4-46（a）可知，高岭土原土呈现假六边形片层结构，结晶度较高，晶型较好。经过十六烷基三甲基氯化铵插层后，高岭土呈现出管状结构，由图 4-46（b）可知，层间距约为 3.8 nm，这与图 4-41 曲线 d 中 X 射线衍射谱图中的层间距 d_{001} = 3.86 nm 一致。高岭土片层发生卷曲，会引起 Si 环境的改变，图 4-44 曲线 b 硅核磁共振谱图显示了这一变化。图 4-46（c）和（d）显示了二氧化硅纳米管的微观形貌，棒形的中空管呈无规排列，两端开口，外径约为 50 nm，内径约为 32 nm。在煅烧及盐酸溶液处理后，仍然可以观察到具有完好管型的结构，这表明了先制备管状高岭土，再去除铝氧结构单元来制备二氧化硅纳米管的方案具有可行性。

4. 二氧化钛/二氧化硅纳米管复合催化剂的表征

1）高岭土/十六烷基三甲基氯化铵煅烧后、二氧化硅纳米管和 TiO_2 负载二氧化硅纳米管的 XRD 谱图

图 4-47 为高岭土/十六烷基三甲基氯化铵插层复合物煅烧后、二氧化硅纳米管和 TiO_2 负载二氧化硅纳米管的 XRD 谱图。由图 4-47 曲线 a 可知，高岭土/十六烷基三甲基氯化铵插层复合物在 500℃煅烧处理后，原高岭土层间结构的衍射峰完全消失，插层复合物的

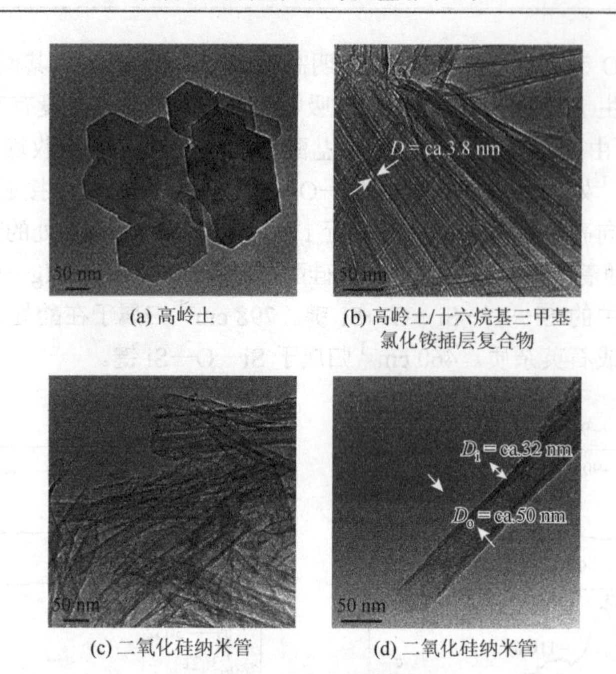

(a) 高岭土　(b) 高岭土/十六烷基三甲基氯化铵插层复合物

(c) 二氧化硅纳米管　(d) 二氧化硅纳米管

图 4-46　高岭土、高岭土/十六烷基三甲基氯化铵插层复合物和二氧化硅纳米管的透射电镜图

结晶结构发生破坏，形成无定形的结构。XRD 谱图在 $2\theta = 20° \sim 30°$内呈现一个非对称的吸收峰，在 $2\theta = 26.6°$处的尖峰为游离二氧化硅或石英杂质的吸收峰，与图 4-45 中红外吸收峰形成辅证。经过盐酸溶液的处理后，在 $2\theta = 26.6°$处的游离二氧化硅或石英杂质吸收峰仍然存在，强度略有增加，而 $2\theta = 20° \sim 30°$内的吸收峰演变为相对均匀且对称的形态。在盐酸溶液处理后，绝大部分的活性铝氧层（Al_2O_3）被去除，得到二氧化硅组分富集（>95 wt%）的无定形结构，结合透射电镜图像观察到的管状结构，即得到二氧化硅纳米管。采用 TiO_2 溶胶凝胶法与二氧化硅纳米管复合后的 XRD 谱图，如图 4-47 曲线 c 所示，出现了典型的锐钛型 TiO_2 的衍射峰：2θ 分别为 25.3°（101）、37°（103）、37.8°（004）、38.6°（112）、48°（200）、54°（105）和 55°（211）。TiO_2 有两种晶型，在 400℃时，锐钛型会向金红石型转变，而谱图中并未出现金红石型 TiO_2 的特征衍射峰，即 $2\theta = 27.4°$（110），这表明在 500℃热处理的过程中，并未发生大量的晶型转化，可能是因为体系中二氧化硅的稳定效应。同时，$2\theta = 26.6°$处的吸收峰减弱，二氧化硅纳米管在 $2\theta = 20° \sim 30°$内的衍射峰也出现明显减弱，这是二氧化硅纳米管表面包覆了 TiO_2 引起的。

2）纯 TiO_2、高岭土/十六烷基三甲基氯化铵插层复合物煅烧后、二氧化硅纳米管和 TiO_2 负载二氧化硅纳米管的 TGA 谱图

图 4-48 为纯 TiO_2、高岭土/十六烷基三甲基氯化铵插层复合物煅烧后、二氧化硅纳米管和 TiO_2 负载二氧化硅纳米管的热重曲线。由图 4-48 曲线 a 可知，在室温到 160℃内有一个轻微的热失重阶段，这主要是 TiO_2 粒子表面吸附水的脱除引起的。另外一个相对比较明显的热失重阶段出现在 450℃，并一直持续到 1000℃。这主要归因于粒子表面的羟基基团（Ti—OH）的脱除及锐钛型与金红石型发生相转变。高岭土/十六烷基三甲基氯化铵

插层复合物煅烧后的偏高岭土产物中有机物已经提前被去除，由图 4-48 曲线 b 可知，在室温到 200℃内有一个缓慢的热失重阶段，主要是偏高岭土表面物理吸附水的脱除引起的。另外一个相对急剧的热失重阶段出现在 550℃，并一直持续到 1000℃。这主要归因于偏高岭土表面的羟基基团和结构水的脱除。而二氧化硅纳米管的热失重曲线与之相比，有着明显不同，在室温到 100℃内出现了快速的失重，主要是二氧化硅纳米管表面物理吸附水的脱除引起的。出现这一现象的主要原因是，二氧化硅纳米管的高比表面积与多孔性使得它对水分子和一些有机小分子的吸附力得到增强，二氧化硅表面吸附了更多水分子。另一个热失重阶段出现在 300℃，并一直持续到 1000℃。这主要归因于 $Si(OSi)_3OH$ 结构单元上的羟基基团和固定在上面的水分子（以氢键结合的方式）的脱除。由图 4-48 曲线 c 可知，TiO_2 负载二氧化硅纳米管的热失重曲线和纯二氧化硅纳米管的基本相似。不同之处是在 500℃处出现了进一步的热失重，这主要是二氧化硅纳米管表面吸附了 TiO_2 引起的。与纯 TiO_2 粒子表面 Ti—OH 的失重温度（450℃）相比提高了 50℃，这表明二氧化硅对 TiO_2 的热稳定性有一定积极作用。

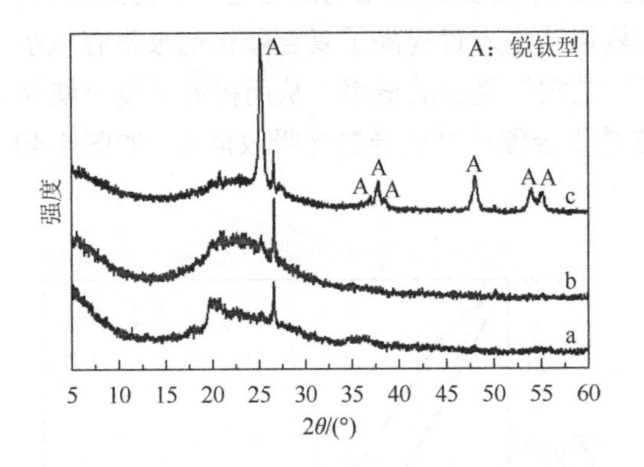

图 4-47　高岭土/十六烷基三甲基氯化插层复合物铵煅烧后（a）、二氧化硅纳米管（b）和 TiO_2 负载二氧化硅纳米管（c）XRD 谱图

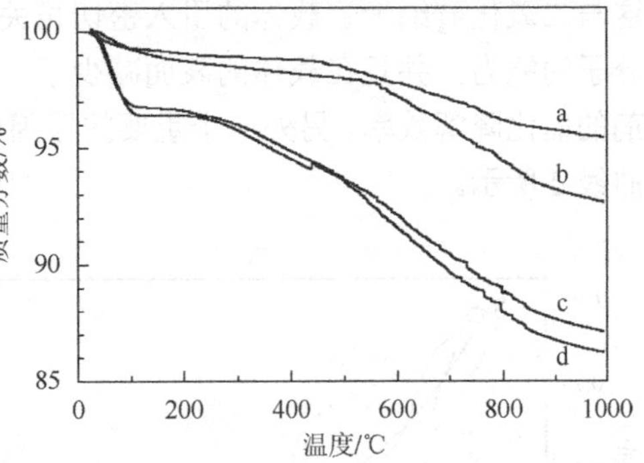

图 4-48　纯 TiO_2（a）、高岭土/十六烷基三甲基氯化铵插层复合物煅烧后（b）、二氧化硅纳米管（c）和 TiO_2 负载二氧化硅纳米管（d）的热重曲线

3）纯 TiO_2、高岭土/十六烷基三甲基氯化铵插层复合物煅烧后、二氧化硅纳米管和 TiO_2 负载二氧化硅纳米管的紫外-可见吸收光谱图

为了评估 TiO_2 负载二氧化硅纳米管、纯 TiO_2、二氧化硅纳米管和高岭土/十六烷基三甲基氯化铵插层复合物煅烧后样品的光吸收能力，采用紫外-可见分光光度计表征其吸收谱图，如图 4-49 所示。图 4-49 曲线 a 显示的为锐钛型 TiO_2 典型的紫外-可见吸收谱图。纯 TiO_2 的强吸收主要在 300 nm 以下的紫外光区，而在 400 nm 以上的可见光区基本无吸收。高岭土/十六烷基三甲基氯化铵插层复合物在煅烧后制备的偏高岭土，在可见光区与紫外光区都出现了明显的吸收，而二氧化硅纳米管的吸收曲线与偏高岭土相比明显上移，表明酸处理去除铝氧层后，样品的光吸收能力得到了进一步的提高。由图 4-49 曲线 d 可知，TiO_2 负载二氧化硅纳米管的光吸收能力比纯 TiO_2 有了明显的提高，在 260 nm 以下的紫外光区的吸收强度有略微的下降，但在 260 nm 以上的紫外光区和可见光区的吸收

强度都有明显的提高。与二氧化硅纳米管相比，负载 TiO_2 后的二氧化硅纳米管在 320 nm 以下的紫外光区吸收强度明显增强，在 320 nm 以上的光区的吸收强度有一定的下降。总而言之，TiO_2 通过与二氧化硅纳米管复合后，提升了纯 TiO_2 的光吸收能力，使得复合催化剂的光吸收从紫外光区延伸到可见光区。这可能要归因于二氧化硅纳米管的表面效应。

4）纯 TiO_2 和 TiO_2 负载二氧化硅纳米管对甲基橙溶液的光催化降解性能

在光化学反应器中，分别测试了纯 TiO_2 和 TiO_2 负载二氧化硅纳米管对甲基橙溶液的光催化降解效率，如图 4-50 所示。在光催化降解测试前，催化剂在甲基橙溶液中到达吸附平衡后，纯 TiO_2 催化体系的甲基橙溶液的浓度下降了约 19%，而 TiO_2 负载二氧化硅纳米管体系下降了约 39%，结果表明二氧化硅纳米管作为载体有较强的吸附甲基橙分子的作用，这与二氧化硅纳米管高的比表面积和多孔性结构有关。在光照反应 30 min 和 60 min 后，TiO_2 负载二氧化硅纳米管体系的甲基橙溶液降解效率分别达到 74%和 91%，而纯 TiO_2 催化体系的甲基橙溶液降解效率为 51%和 73%。在实验 180 min 后，两种体系的甲基橙溶液的降解效率均达到 98%。显然，TiO_2/二氧化硅纳米管复合催化剂的催化效率得到提高，这与二氧化硅纳米管载体的引入密切相关。二氧化硅纳米管提高了复合催化剂吸附有机小分子的能力，并且在载体的表面减少了"电子–空穴"复合的概率，从而提高了复合催化剂的催化降解效率。另外一个重要的原因可能是复合催化剂优异的光吸收能力，如图 4-49 曲线 d 所示。

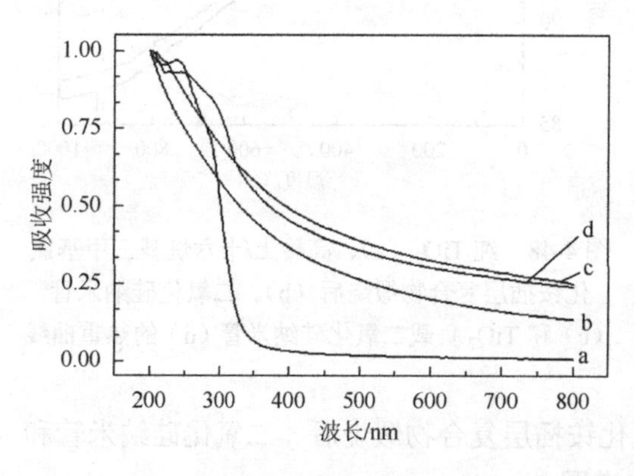

图 4-49　纯 TiO_2（a）、高岭土/十六烷基三甲基氯化铵插层复合物煅烧后（b）、二氧化硅纳米管（c）和 TiO_2 负载二氧化硅纳米管的紫外–可见吸收光谱图

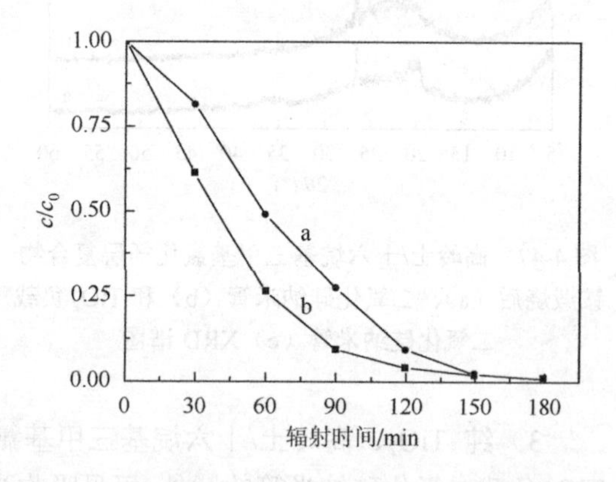

图 4-50　纯 TiO_2（a）和 TiO_2 负载二氧化硅纳米管（b）对甲基橙溶液的光催化降解效率

5. 案例小结

（1）采用甲醇置换高岭土/二甲基亚砜插层复合物中的二甲基亚砜，制备了高岭土/甲醇插层复合物，以此为前驱体与表面活性剂十六烷基三甲基氯化铵进行插层反应，成功制备了卷状高岭土插层复合物。

（2）以卷状高岭土插层复合物为原料，经过高温煅烧和盐酸溶液洗涤，可以去除活性氧化铝，同时卷状结构大部分得以保持，可以制备二氧化硅纳米管。

（3）以二氧化硅纳米管为载体，采用溶胶凝胶法与 TiO_2 复合制备了复合光催化剂。光催化降解甲基橙溶液测试表明：与纯 TiO_2 相比，复合催化剂的光催化降解效率在光照反应 30 min 和 60 min 后，分别提高了 23%和 18%，吸附能力提高了 20%。

4.4.8　表面涂层剂改性聚氯乙烯膜材

1970 年大阪世界博览会上，美国馆首次采用了玻璃纤维织物涂层聚氯乙烯树脂的膜材，这标志着现代膜结构建筑的开始，并在膜结构建筑的发展史上具有里程碑的意义。随着膜结构材料的革新和膜结构技术的发展，2010 年上海世界博览会上涌现出了许多新的膜结构建筑和膜结构材料。世博轴膜结构采用聚四氟乙烯（PTFE）膜材，由 69 片单元拼接而成，并裁出花瓣的造型，展开面积达 68000 m^2，是国内最大的全张拉索膜结构工程，在世界建筑史上独树一帜。德国馆设计采用银灰色网格膜，既能反射大部分太阳光，又能保证空气流通，达到低碳、环保、节能的目的。日本馆在乙烯-四氟乙烯共聚物（ETFE）气枕中采用集成内置非晶硅太阳能电池技术，充分利用太阳能资源，具备 20～30 kW 的发电能力。

一些新的膜结构材料，如带 TiO_2 涂层的 PVC 膜材和 ETFE 膜材、可折叠的纯 PTFE 膜等展示了新技术的独特魅力。现代膜结构材料对透光率、印刷性、色彩、节能、保温、隔热和吸音等功能特性提出了新的要求。

目前，市场上广泛应用的膜材还是以 PTFE 膜材和 PVC 膜材为主。PVC 膜材主要在尺寸稳定性、耐老化和防污自洁性能等方面不够理想。为了改善 PVC 膜材的表面性能，一般采用的表面涂层技术主要有聚丙烯酸酯类涂层、氟碳树脂类涂层和纳米 TiO_2 涂层。纳米 TiO_2 涂层技术在韩国应用较早，其原理是利用紫外光的辐照，实现 TiO_2 的光催化作用，分解有机污染物，同时在膜表面形成亲水基，使膜表面具有优异的防污自洁能力，保持膜材表面的美观整洁。

Bigaud 等研究了涂层织物上初始裂纹长度和方向对材料撕裂性能的影响。Luo 等研究了涂层织物上初始裂纹的长度和方向对材料拉伸性能的影响，表明采用多轴拉伸模型比单轴拉伸能更好地表征材料的各向异性。Galliot 和 Luchsinger 通过建立模型，研究了 PVC 膜材双轴向拉伸性能，证明非线性模型比有限元分析计算更容易，其精确度比线性正交模型更高，且不增加计算时间。Abdul Razaka 等通过两年的户外耐候测试实验，表明 PTFE 膜材具有比 PVC 膜材更优异的耐候性和防污性，而 TiO_2 涂层处理的 PVC 膜材具有最理想的自清洁性能。

本节采用自制的表面涂层剂对 PVC 膜材进行表面处理，经过户外暴露和紫外加速老化实验后，分析了膜材的表面性质，并测试了膜材的力学性能等指标。

1. 表面涂层剂的制备

采用 Si-NT 光催化剂为改性剂，添加到市售的含氟涂层剂中，经分散后制备改性含氟涂层剂。

Si-NT 改性含氟涂层剂的制备工艺流程图如下：

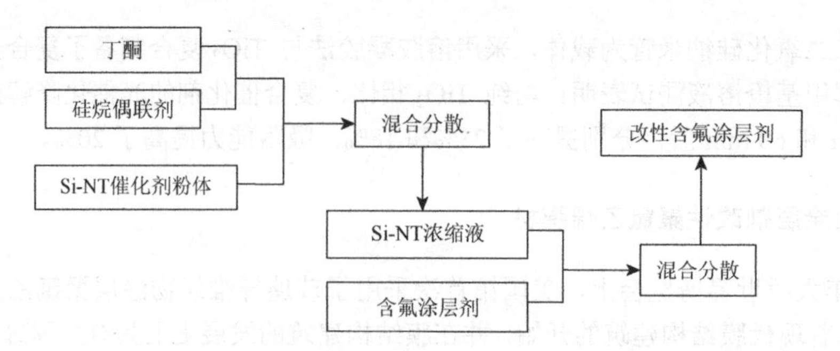

Si-NT 浓缩液的制备：首先把硅烷偶联剂 KH570 与丁酮（溶剂）均匀混合，然后把复合催化剂粉体加入其中，在一定转速下搅拌，分散一定时间后制得 Si-NT 浓缩液。

Si-NT 改性含氟涂层剂的制备：取一定量含氟涂层剂，在搅拌的条件下加入适量 Si-NT 浓缩液，搅拌均匀，即配得 Si-NT 改性含氟涂层剂。

2. 聚氯乙烯膜材的表面处理

采用 30 μm 的线性刮棒在 PVC 膜材表面进行涂层处理，在 120℃下烘箱烘干 2 min。PVC 膜材选用涂刮法制备的膜材，未经表面处理的记为 A 样品，采用含氟涂层剂进行表面处理的 PVC 膜材记为 B 样品，采用 Si-NT 改性含氟涂层剂进行表面处理的 PVC 膜材记为 C 样品。

3. Si-NT 浓缩液的分散稳定性

沉降法：将制备好的悬浮浓缩液计量倒入 5 mL 量筒中（上端密封处理），静置一定时间（以天计）后，通过观察沉降体积（以清液柱高度来表示）来表征 Si-NT 在丁酮中的分散效果。

分光光度计分析法：取一定量悬浮浓缩液倒入离心试管中，在离心机上以 1000 r/min 离心 10 min，然后取上层清液，用分光光度计测其透过率。

图 4-51 为在不同转速条件下（分散时间为 2 h）浓缩液的沉降实验结果。由图 4-51 可知，相对于较高转速（5000～6000 r/min）下制得的浓缩液而言，在较低转速（3000～4000 r/min）下制得的浓缩液在第 1～2 d 沉降更为明显。但 7 d 后的沉降结果表明，在各个转速条件下制得的浓缩液沉降现象都很严重。随着转速的提高，较高的剪切力可以打散二次团聚的粒子，从而得到分散性较好的浓缩液，但是分散的粒子会因为静电引力重新团聚，出现沉降的现象。

将不同转速、不同分散时间下制得的浓缩液在离心机上处理后，采用分光光度计法表征其分散效果。实验结果如图 4-52 所示。由图 4-52 可知，随着转速的提高，分散效果会逐渐改善。当转速提高到 5000 r/min 以上时，分散效果的改善就不再明显。在转速为 3000 r/min 时，随着分散时间的延长浓缩液的透过率逐渐降低，表明其分散效果逐渐提高。而在较高转速下（4000 r/min 以上时），随着分散时间的延长，其浓缩液的透过率呈现无规律的变化。整体而言，在分散时间为 90～120 min 时，浓缩液的透过率并无明显的降低（转速为 5000 r/min、6000 r/min），有的甚至出现升高的现象（转速为 4000 r/min）。这是因为高速的剪切作用下会产生大量的热量，随着分散时间的延长，反而会增加粒子之间的相互碰撞的概率，打散的团聚粒子再次发生团聚。因此，分散时间和转速需以达到分散效果为宜，过高的转速和较长的分散时间并不能达到最佳的分散效果。

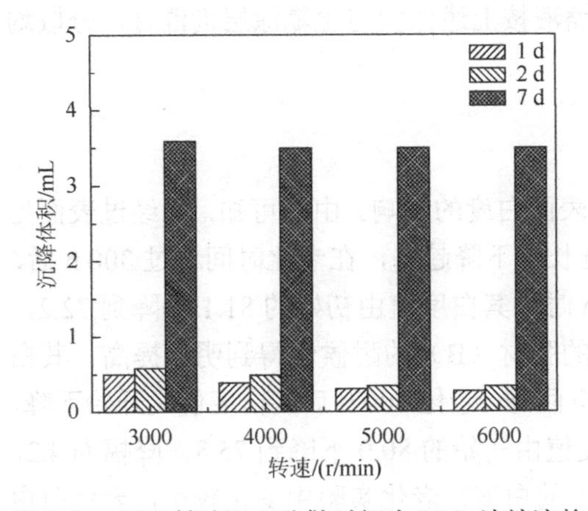

图 4-51　不同转速下（分散时间为 2 h）浓缩液的沉降实验结果

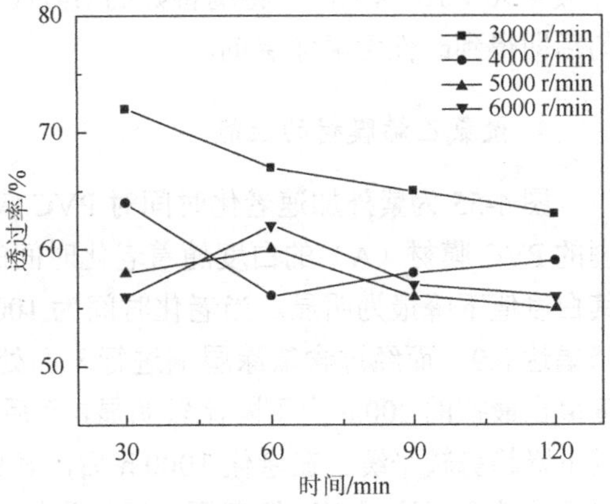

图 4-52　不同转速、不同分散时间对浓缩液透过率的影响

对于无机粒子在液体中的分散来说，仅仅采用机械分散的方法并不能获得均匀稳定的分散效果。本实验采用硅烷偶联剂 KH570 提高 Si-NT 在丁酮中的分散稳定性，同时可提高涂层剂在 PVC 膜材表面的附着力。

图 4-53 为 KH570 的含量对浓缩液透过率的影响。由图 4-53 可知，随着 KH570 的含量的增加，体系的透过率出现了先降低，随后逐渐升高，最后又降低的变化趋势。KH570 的含量在 1.0 wt%～1.5 wt%时，浓缩液的透过率较低，体系的分散效果达到最佳。从其沉降实验结果也可知（如图 4-54 所示），KH570 的添加明显提高了浓缩液的分散稳定性，尤其在 7 d 后的沉降实验表明，浓缩液的沉降体积由 3.5 mL 降低到 1 mL。

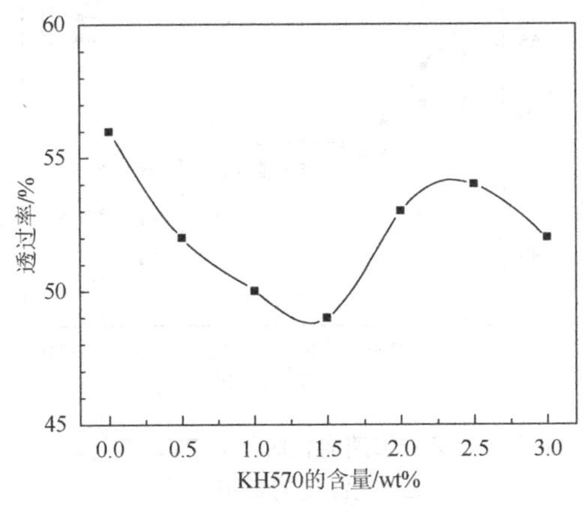

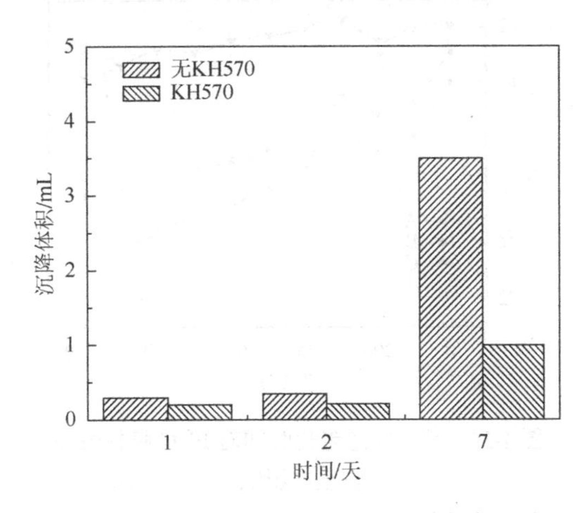

图 4-53　KH570 的含量对浓缩液透过率的影响

图 4-54　添加 KH570 对浓缩液沉降性的影响

综上所述，本实验制备 Si-NT 浓缩液的条件即分散转速为 4000～5000 r/min，分散时间 1.5～2 h，硅烷偶联剂 KH570 用量 1.0 wt%～1.5 wt%。

本实验中 Si-NT 浓缩液的配方设计为：丁酮：Si-NT：KH570 = 100：5：0.07（wt%）。改性剂（Si-NT）含量为 0.5 wt%的改性含氟涂层剂的配方设计为：含氟涂层剂：Si-NT 浓缩液 = 90：10（wt%）。将制备好的 Si-NT 浓缩液按上述比例与含氟涂层剂混合，分散均匀后即得到改性含氟涂层剂。

4. 聚氯乙烯膜材的性能

图 4-55 为紫外加速老化时间对 PVC 膜材表面白度的影响。由图可知，未经过表面处理的 PVC 膜材（A）的白度随着老化时间的延长呈下降趋势，在老化时间超过 300 h 后，其白度值下降最为明显。当老化时间为 1000 h 时，其白度值由初始的 81.1 下降到 72.2，降幅达 8.9。而经过含氟涂层剂进行表面处理的膜材（B）的耐候性得到明显提高，其白度值在最初的 200 h 内下降比较明显，而后略有回升，老化 300 h 后其白度值又开始下降，且下降趋势较平缓。在老化 1000 h 后，其白度值由初始的 80.0 下降到 75.8，降幅为 4.2。采用改性含氟涂层剂进行表面处理的膜材（C）的白度在老化实验中变化较小，老化前白度为 82.1，老化 1000 h 后白度为 80.2，降幅仅为 1.9。

图 4-56 为紫外加速老化时间对 PVC 膜材表面光泽度的影响。由图可知，未经过表面处理的 PVC 膜材（A）的光泽度随着老化时间的延长逐渐下降，老化 200 h 后其光泽度略有回升，而后持续下降，老化时间在 100～200 h 区间内，其光泽度下降最为明显。当老化时间为 1000 h 时，其光泽度值由初始的 54.3 下降到 37.6，降幅达 16.7。而经过含氟涂层剂进行表面处理的膜材（B）的耐候性得到明显提高，其光泽度在超过 200 h 时出现了明显下降，老化 300 h 后其光泽度有所回升，之后再次下降，在老化 1000 h 后，其光泽度由初始的 51.3 下降到 42.8，降幅为 8.5。采用改性含氟涂层剂进行表面处理的膜材（C）的光泽度在老化实验中变化较小，老化前光泽度为 50.8，老化 1000 h 后光泽度为 45.7，降幅仅为 5.1。

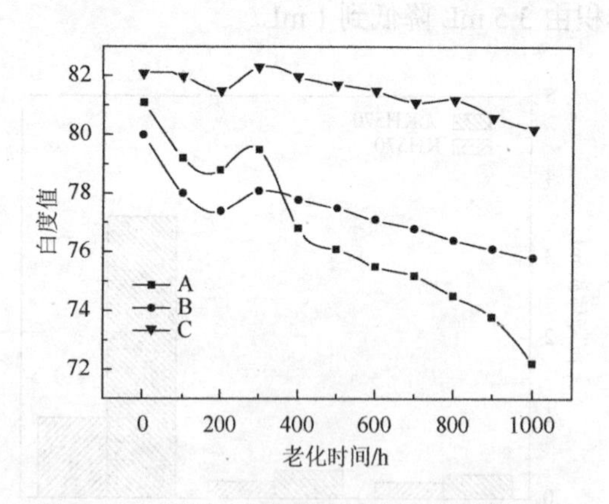

图 4-55　紫外加速老化时间对 PVC 膜材表面白度的影响

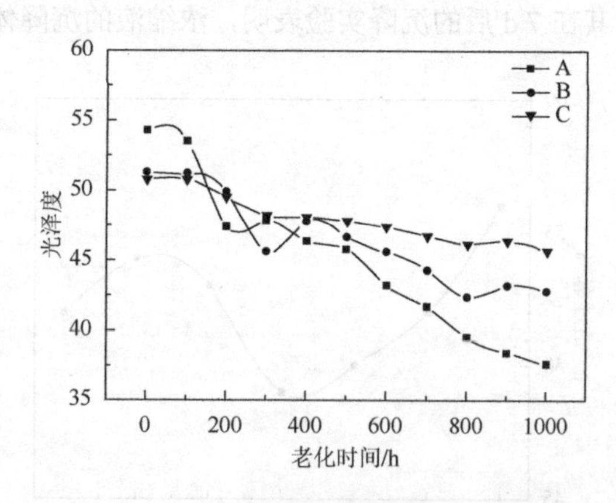

图 4-56　紫外加速老化时间对 PVC 膜材表面光泽度的影响

Si-NT 是以改性高岭土（二氧化硅纳米管）为载体，负载纳米二氧化钛制备而成，具有无规则分布的管状结构，可以增加涂层剂的物理机械强度，提高涂层的阻隔性，表现在涂层具有更好的耐刮、耐磨、耐腐蚀、隔热、耐候等性能。

在 CIE1976 色空间中，颜色均可以用 L^*、a^*、b^*这三个指数来表示，其中，L^*为明度指数（亮度轴），a^*为色品指数（红绿轴），b^*为色品指数（黄蓝轴）。试样与标准样品 L^*、a^*、b^*的差值表示为 ΔL^*、Δa^*、Δb^*，ΔE^*为总色差。表 4-26 为紫外加速老化后 PVC 膜材表面的色差数据。由表 4-26 可知，在前 400 h 的老化时间里，未表面处理（A）、含氟涂层剂进行表面处理（B）、改性含氟涂层剂进行表面处理（C）三种样品的总色差值 ΔE^*变化相对较小，表明紫外辐照对膜材表面颜色的影响较小。当老化时间在 600～1000 h 时，三种样品的总色差值 ΔE^*出现明显的增加，其中 A 样品的 ΔE^*变化最大，ΔE^*从 1.76（老化 400 h）增大到 9.20（老化 1000 h）。C 样品的 ΔE^*变化最小，整个老化实验中 ΔE^*值保持在 1～3。B 样品的 ΔE^*从老化 400 h 时的 1.71 增大到老化 1000 h 时的 4.53。从总色差值 ΔE^*来看，经过含氟涂层剂表面处理后的膜材具有较佳的耐紫外线性能，能够起到保护膜材的作用，表面的颜色变化较未进行表面处理的膜材有很大程度的减小。而添加了改性剂的含氟涂层剂应用在膜材的表面后，能进一步提高涂层的抗紫外线能力。Δb^*为正值，表明样品较标准样品颜色偏黄，且值越大，偏黄越严重。黄变问题是 PVC 膜材在使用过程中受到广泛关注的问题，黄变严重的膜材会极大地影响其美观效果。

表 4-26　紫外加速老化后 PVC 膜材表面的色差数据

样品	老化时间	ΔL^*	Δa^*	Δb^*	ΔE^*	Δb^*修正值
A	100 h	0.49	−0.31	1.97	2.06	0
	200 h	0.52	0.27	1.97	2.05	0
	400 h	0.51	−0.18	1.68	1.76	0
	600 h	−8.14	1.14	4.49	6.51	0
	800 h	−11.00	1.40	6.32	9.03	0
	1000 h	−10.84	1.45	6.48	9.20	0
B	100 h	0.68	−0.03	1.28	1.45	−0.69
	200 h	0.68	−0.15	1.54	1.69	−0.43
	400 h	0.65	−0.09	1.58	1.71	−0.10
	600 h	−5.25	0.77	2.30	3.58	−2.19
	800 h	−4.96	0.73	2.52	3.76	−3.80
	1000 h	−6.54	0.88	2.96	4.53	−3.52
C	100 h	0.39	−0.12	1.33	1.39	−0.64
	200 h	0.20	−0.22	1.41	1.44	−0.56
	400 h	−0.10	−0.35	1.13	1.18	−0.55
	600 h	−1.87	0.38	1.36	2.34	−3.31
	800 h	−2.04	0.39	1.73	2.70	−4.59
	1000 h	−2.06	0.35	1.61	2.64	−4.87

从表 4-26 中 Δb^*数据来看，随着老化时间的延长，三种样品的 Δb^*都出现不同程度的增大，其中，A 样品增加最多，B 样品其次，C 样品稳定性最好。从 Δb^*修正值来看，

PVC 膜材表面经过涂层改性后，能明显改善其黄变现象，其中，C 样品比 B 样品表现出了更优异的抑制黄变的能力。

图 4-57 为 PVC 膜材在紫外加速老化前后表面的微观形貌图。在人工加速老化的实验过程中，PVC 膜材经氙灯的辐照和循环喷淋处理后，其表面老化过程可以概括为：可溶性无机填料开始渗出，膜材的表面开始变得粗糙，一些无机粒子也开始暴露出来，甚至形成微孔或孔洞。随着增塑剂的析出速度加快，会引起 PVC 分子链的“聚集”，造成孔洞的进一步变大，最后形成裂纹。由图 4-57（a）、（b）可知，未经表面处理的 PVC 膜材在老化前表面结构致密且比较光滑，而老化后的膜材表面变得十分粗糙，出现了大量无机填料的溶出现象，且在表面形成了一些团聚体，膜材表面的完整性遭到破坏。如图 4-57（c）、（d）所示，采用含氟涂层剂处理后的 PVC 膜材表面十分光滑平整，在老化后膜材表面只出现部分溶出的现象，且团聚颗粒较少，这表明表面进行涂层处理后，可以较好地保护基材，提升膜材抗紫外线的能力。而采用改性涂层剂处理后的 PVC 膜材，在老化后表现出了优异的抗紫外线性能，膜材表面仍然比较光滑，并未出现无机填料的溶出现象，只是部分区域出现了细小的“凸起”。

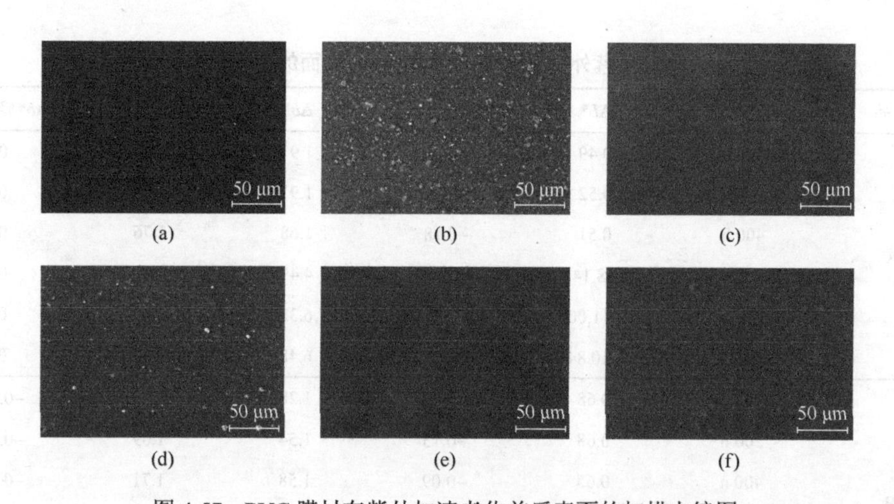

图 4-57　PVC 膜材在紫外加速老化前后表面的扫描电镜图

未经表面处理（a）：0 h，（b）：1000 h；含氟涂层剂表面处理（c）：0 h，（d）：1000 h；改性涂层剂表面处理（e）：0 h，（f）：1000 h

PVC 膜材在户外暴露 6 个月后，未经表面处理的膜材表面积满了污渍，并且能看到发黄的现象，有雨水冲刷的痕迹，但并没有带走表面的灰尘等污渍。采用含氟涂层剂进行表面处理后，膜材表面积累的污渍相对较少，而采用改性涂层剂进行表面处理后，膜材具有一定的耐污和自清洁能力，膜材表面基本上看不到明显的污渍，膜材表面白度和光泽度比较均匀。这与在人工老化实验中观察到的表面形貌结果相一致。未经处理的膜材在老化后，表面会出现粗糙和增塑剂析出的现象，灰尘等污渍易吸附在表面，且不易被雨水冲刷带走。而采用含氟涂层剂处理后，膜材的耐候性得到提高，在老化过程中其表面完整性较好，从而显示了更好的耐污能力。经过改性涂层剂处理后的膜材，在老化后具有比含氟涂层剂处理的膜材更优异的表面性质，这也是在户外暴露实验中其表面效果最佳的原因。

5. 聚氯乙烯膜材的力学性能

表 4-27 为 PVC 膜材在使用中主要的力学性能指标。由表 4-27 可知，在基布规格相同的情况下，涂刮法制备的膜材厚度更小、克重更轻，而膜材的强度并不逊色。膜材的强度主要由纤维基布的强度决定，工艺路线、参数控制和基布与 PVC 的结合情况等也是影响膜材强度的重要因素。

表 4-27　PVC 膜材的力学性能（参考标准 DIN 53）

项目		1#PVC 膜材	2#PVC 膜材	标准
基布		聚酯纤维 2000D 15×15	聚酯纤维 2000D 15×15	—
克重/(g/m^2)		1037	1015	DIN EN ISO 2286-2
厚度/mm		0.82	0.78	—
拉伸强度/(N/5 cm)	经向	4449.3	4246.3	DIN 53354
	纬向	3852.6	4127.2	
断裂伸长率/%	经向	20.59	23.18	DIN 53354
	纬向	28.29	25.54	
撕裂强度/N	经向	410.0	560.1	DIN 53363
	纬向	480.2	580.1	
剥离强度/(N/5 cm)		139	—	DIN 53357

注：1#贴合法；2#涂刮法。

涂刮法是直接将 PVC 增塑糊涂覆到纤维基材上，经烘干、塑化而成型的一种工艺。涂刮法制备的膜材 PVC 面层与纤维基布的结合较好，具有优异的抗剥离性能，而贴合法制备的膜材主要缺点在于剥离强度较差。通常为了提高贴合法膜材的剥离强度，增加黏合剂的用量或提高纤维基布的上糊量，但这样会影响膜材的撕裂强度。

从经纬向拉伸强度和撕裂强度的同一性来看，涂刮法制备的膜材更具有优势。如表 4-27 所示，2# 膜材的拉伸强度经纬向相差约 120 N/5 cm，断裂伸长率经纬向基本相当，撕裂强度经纬向相差仅为 20 N；1# 膜材的拉伸强度经纬向相差约 600 N/5 cm，断裂伸长率经纬向相差 7.7 个百分点，撕裂强度经纬向相差 70.2 N。这种力学性能的差异会导致膜材在不同方向受力时产生较大差异的形变，材料的稳定性较差，易产生缺陷。

2# 膜材的撕裂强度明显要高于 1# 膜材，且两种膜材纬向的撕裂强度要高于经向的。梯形法撕裂主要是撕裂“三角区”中沿拉伸方向的纱线被逐渐拉断的一种破坏形式。撕裂强度的大小取决于撕裂破坏时“三角区”内承受纱线根数的多少，承载纱线根数越多，撕裂强度越高。贴合法制备的膜材在撕裂时，纤维的滑移就会变得困难，这主要是由于浸入纤维间隙增塑糊的量过多。

图 4-58 为 PVC 膜材（A、B、C 样品）在紫外加速老化处理 1000 h 后其力学性能保持率的直方图。由图 4-58 可知，未经过表面处理的 PVC 膜材（A 样品）在老化后，其力学性能降低得比较明显，拉伸强度降低到 97%（经向）和 95%（纬向），断裂伸长率降低

到 98%（经向）和 97.4%（纬向），撕裂强度降低到 96.3%（经向）和 95.3%（纬向）。经过表面处理后的膜材的抗紫外线性能得到增强，减少了紫外辐照对膜材的损伤程度。采用含氟涂层剂进行表面处理的膜材（B 样品）的拉伸强度降低到 98.2%（经向）和 98%（纬向），断裂伸长率降低到 98.1%（经向）和 98%（纬向），撕裂强度降低到 98%（经向）和 97.6%（纬向）。采用改性涂层剂进行表面处理的膜材（C 样品）的力学性能在老化后的保持率最高，拉伸强度的保持率为 99.5%（经向）和 99.3%（纬向），断裂伸长率为 99.3%（经向）和 99.1%（纬向），撕裂强度为 98.8%（经向）和 98.2%（纬向）。

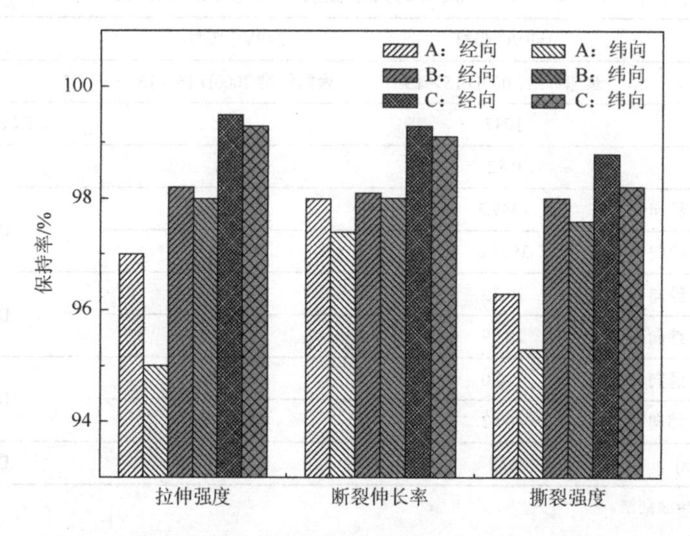

图 4-58　PVC 膜材紫外加速老化 1000 h 后力学性能的保持率

图 4-59 是 PVC 膜材经、纬向纱线的伸展状态图。从整体上来看，各力学性能在经向的保持率要高于纬向。不论纤维基布的织造过程还是膜材的生产工艺中，纬向所受的张力在不同程度上都要小于经向的纱线，一般经向的纱线处于伸直的状态，而纬向的纱线会有明显的弯曲。因此，在膜材厚度相同的情况下，在纬纱上的 PVC 保护层就会相对较少。这可能就是膜材纬向的力学性能保持率低于经向的原因。

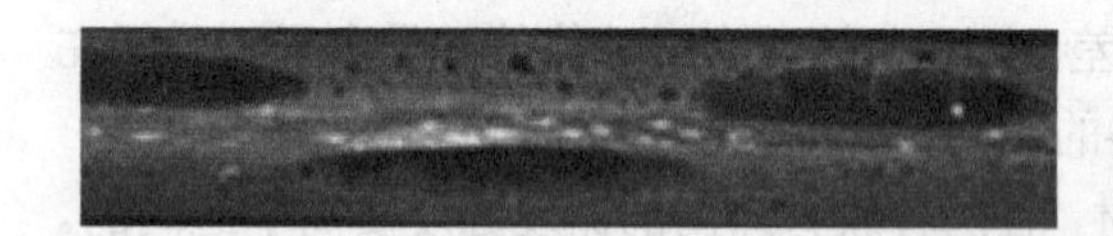

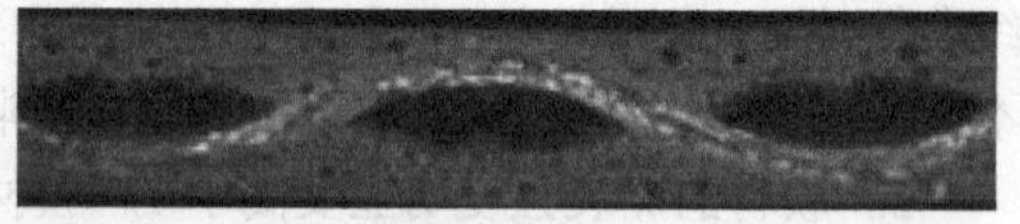

图 4-59　PVC 膜材经向（左）和纬向（右）纱线的伸展状态

表 4-28 为 PVC 膜材的耐磨性实验结果。未经表面处理的膜材（A 样品）的磨损量为 0.0687 g，而经过含氟涂层剂进行表面处理的膜材（B 样品）的磨损量降低到 0.0325 g，这表明含氟树脂的耐磨性优于 PVC 树脂，表面经过涂层处理后提高了膜材的耐磨性。采用改性涂层剂进行表面处理的膜材（C 样品）的磨损量降低到 0.0126 g，Si-NT 改性剂的加入明显提高了涂层剂的耐磨性。

表 4-28　PVC 膜材的耐磨性测试结果

样品	测试前质量/g	测试后质量/g	磨耗量/g
A	9.6182	9.5495	0.0687
B	9.7946	9.7621	0.0325
C	9.7722	9.7596	0.0126

表 4-29 为 PVC 膜材的高频焊接实验结果。未经表面处理的膜材（A 样品）的焊接强度为 486 N/5 cm，而经过含氟涂层剂进行表面处理的膜材（B 样品）的焊接强度为 398 N/5 cm，低含氟量的涂层剂可焊接，但较未经表面处理的膜材焊接强度有所下降。而采用改性涂层剂进行表面处理的膜材（C 样品）的焊接强度为 391 N/5 cm，对膜材的焊接性能几乎没有影响。

表 4-29　PVC 膜材的焊接性能测试结果

样品	A	B	C
焊接强度/(N/5 cm)	486	398	391

6. 案例小结

（1）制备 Si-NT 浓缩液的最佳条件为：分散转速 4000～5000 r/min；分散时间 1.5～2 h；硅烷偶联剂 KH570 添加量 1.0 wt%～1.5 wt%。

（2）PVC 膜材经过涂层剂表面处理后，其白度、光泽度、色差及耐污性等表面性质得到明显改善。Si-NT 改性含氟涂层剂处理过的膜材，其表面性质最优，经过 1000 h 紫外加速老化后，白度仅下降 1.9，光泽度仅下降 5.1，色差变化最小，通过环境扫描电镜发现，膜材表面仍然比较光滑，并未出现无机填料的溶出现象。在户外暴露 6 个月后，其表面耐污性最优。

（3）力学性能测试表明，涂刮法制备的膜材力学性能的同一性更好，撕裂强度较贴合法制备的膜材要高。膜材经纬向力学性能的差异与制备工艺中经纬向纱线所受张力的情况密切相关，经向纱线呈伸直状态，纬向纱线弯曲较严重。

（4）Si-NT 改性含氟涂层剂处理的膜材的耐磨性较好，未经过表面处理、采用含氟涂层剂处理和 Si-NT 改性含氟涂层剂处理的膜材的磨损量分别为：0.0687 g、0.0325 g 和 0.0126 g。

参 考 文 献

操宏智. 1991. 聚氯乙烯糊用降粘剂机理研究. 聚氯乙烯，(3)：4-9.

查尔斯·E. 威尔克斯，詹姆斯·W. 萨默斯，查尔斯·A. 丹尼尔斯，等. 2008. 聚氯乙烯手册. 乔辉，丁筠，盛平厚，译. 北京：化学工业出版社：1-13.

崔鹏，张贤德. 2006. PVC 糊黏度影响因素的讨论. 上海塑料，136 (4)：26-28.

邓燕. 2004. 现代建筑膜结构在我国的开发及应用. 产业用纺织品，22 (4)：1-3.

邓燕. 2005. 新型篷盖材料表面防污自洁处理技术的开发. 纺织导报，(4)：72-74.

郭蓉，周安宁，曲建林. 2004. 改性高岭土填充 PVC 体系的性能研究. 塑料科技，163 (5)：21-26.

侯丽丽，霍瑞亭，顾振亚. 2009. PVC 建筑膜材表面涂层技术的现状及发展趋势. 施工技术：城市建设，（46）：169-170.
黄金霞，赵金德，赵阳，等. 2005. MBS 树脂的生产和技术概况及其发展动态. 弹性体，（4）：61-65.
蒋石生. 2011. 一种浸渍用 PVC 增塑糊的制备与应用研究. 化学工程与装备，（12）：59-61.
李娜，肖卫冰. 2010. 聚氯乙烯树脂行业现状及发展趋势预测. 管理观察，（27）：246-247.
刘雪宁，胡南，张洪涛，等. 2005. 改性高岭土对 PP/高岭土纳米复合材料结晶性能的影响. 中国科学（B 辑），35（01）：51-57.
陆银平，刘钦甫，牛胜元，等. 2008. 硅烷偶联剂改性纳米高岭土的研究. 非金属矿，31（05）：9-11.
宋波，谢世雄，王文治，等. 2007. 纳米碳酸钙对 CPE/PVC 体系脆韧转变的影响. 塑料制造，1（2）：49-51.
孙水升，李春忠，张玲，等. 2005. CPE 对纳米 $CaCO_3$ 增韧 PVC 复合材料界面和性能的影响. 过程工程学报，5（5）：568-571.
王贵斌. 2008. 硬质聚氯乙烯制品及工艺. 北京：化学工业出版社：1-3.
王艳梅，陈光岩，姚剑山. 2000. 国内外 MBS 树脂的生产和最新研究进展. 弹性体，10（3）：35-39.
谢建玲. 2007. 聚氯乙烯树脂及其应用. 北京：化学工业出版社：13-45.
徐长亚，叶雪康，陈连星，等. 2008. 现代建筑用 PVC 膜结构复合材料工艺研究. 产业用纺织品，（6）：37-39.
杨丽庭. 2011. 聚氯乙烯改性及配方. 北京：化学工业出版社：138-143.
杨春，高素英，夏鑫，等. 1991. PVC 增塑糊黏度及其经时变化的影响因素. 聚氯乙烯，38（4）：10-12.
张新力. 2010. 中国 PVC 行业发展现状及趋势. 聚氯乙烯，38（6）：1-3.
郑辉林，李志君，赵红磊. 2007. 物理增韧改性 PVC 的机理与研究进展. 热带农业科学，（3）：74-78.
中华人民共和国国家质量监督检验检疫总局，中国国家标准化管理委员会. 2006. GB/T 5761—2006. 悬浮法通用型聚氯乙烯树脂. 北京：中国标准出版社.
Brandrup J，Immergut E H，Grulke E A. 1999. Polymer Handbook. 4th. New York：John Wiley & Sons Inc.：5-20.

第 5 章　尼龙 6 的配方设计及应用

5.1　尼龙 6 简介

自 20 世纪 50 年代美国杜邦公司工业化生产以来，聚酰胺（尼龙）已有近 50 年的历史，在与其他工程塑料的激烈竞争中，其产量稳步增长，目前居五大工程塑料之首。基于自身的特点及市场的需求和新技术的开发，目前，尼龙已成为一种极为重要的工程塑料，随着高附加值改性产品的不断涌现，应用领域日趋扩大，预计今后尼龙的产量和质量仍将在各种工程塑料中居领先地位。尼龙本身是性能较优异的工程塑料，但吸湿性大，制品尺寸稳定性差，强度和硬度不能满足应用要求。为了克服这些缺点，早在 20 世纪 70 年代以前，人们就采用碳纤维或其他品种的纤维进行改善性能。用芳纶纤维增强尼龙材料近年来有所进展，其复合材料综合体现了二者的优越性，如强度与刚性比未增强的尼龙高很多、高温蠕变小、热稳定性显著提高、尺寸精度好、耐磨、阻尼性优良等。

制造尼龙的方法有两种：一种是由氨基酸脱水制成内酰胺，然后聚合制得，称之为尼龙 *X*；另一种是由二元酸与二元胺反应，制得含酰基和氨基的线型高分子化合物，称之为尼龙 *XY*。其中，*X* 为氨基酸中的碳原子数，*XY* 分别为二元胺和二元酸中的碳原子数。尼龙的链段中具有极性的酰胺基团，这个基团上的氢能与另一个酰胺基团上的羰基形成相当强的氢键。因此，尼龙的大分子链之间作用力大，内旋转受阻，结构发生结晶化，熔点升高。尼龙制品有良好的机械性能，耐油和耐溶剂，有一定的吸水性和耐热性。

浇铸尼龙（MC 尼龙）是尼龙塑料中的一个特殊品种，是在常压下将熔融的 ε-己内酰胺单体用强碱性物质作催化剂，与助催化剂混匀后，直接注入模具内快速聚合而成的。浇铸尼龙在分子结构上属于尼龙 6，但由于是在较低的温度下快速聚合成型，具有很高的分子量和结晶度，各项物理性能、机械性能都比普通尼龙 6 有所提高。浇铸尼龙具有力学强度高、韧性好、电性能良好、耐磨、耐油、耐弱酸弱碱及易于成型加工等优良性能。浇铸尼龙的用途很广泛，主要用于代替铜等金属材料，用作机械设备的耐磨、传动、密封等零件。在冶金、国防、地质、化工、机车、汽车、食品、纺织等各轻、重工业部门都获得广泛应用。

5.2　尼龙 6 的配方设计

5.2.1　原料

制备尼龙 6 的主要原料为己内酰胺（CL），它为白色结晶物，相对密度 1.023，熔点 68～70℃，沸点 262.5℃，易溶于水、乙醇、乙醚及苯等有机溶剂，在空气中极易受潮。其分子结构如下：

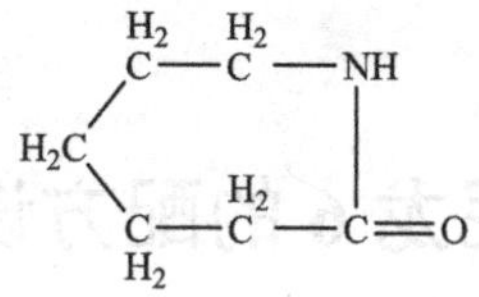

可用苯酚法、环己烷氧化法（苯加氢）、甲苯法、硝基环己烷法（硝化法）和光亚硝化法等制备己内酰胺。

5.2.2　苯酚法

苯酚法是在气相常压或加压（2.5 MPa）和 150～200℃条件下，以雷尼镍为催化剂，将苯酚氢化，生成环己醇，然后在气相中以金属铜或锌为催化剂，使环己醇部分脱氢生成环己酮，经蒸馏净化后，将环己酮加入硫酸羟胺水溶液中，以碱或氨水溶液中和所生成的游离酸，制得环己酮肟。环己酮肟在等量的发烟硫酸中发生贝克曼分子重排，生成己内酰胺。其反应式如下：

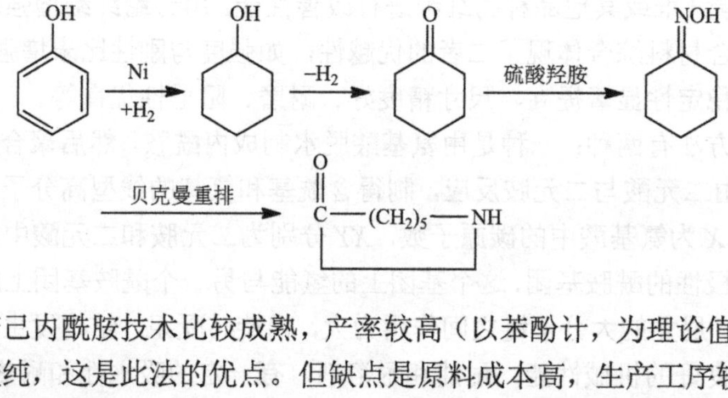

苯酚法生产己内酰胺技术比较成熟，产率较高（以苯酚计，为理论值的 85%～90%），中间产品质量较纯，这是此法的优点。但缺点是原料成本高，生产工序较多。

5.2.3　环己烷氧化法

环己烷氧化法是用苯加氢制得环己烷，在硬脂酸钴催化剂存在下，在 130～140℃和 1.8～2.4 MPa 下进行液相氧化，生成环己酮和环己醇混合物，环己醇在铜催化剂存在下脱氢生成环己酮，然后将环己酮与硫酸羟胺水溶液混合，通入氨气或氢氧化铵中和，生成环己酮肟，再加入过量发烟硫酸进行贝克曼分子重排，制得己内酰胺。其反应式如下：

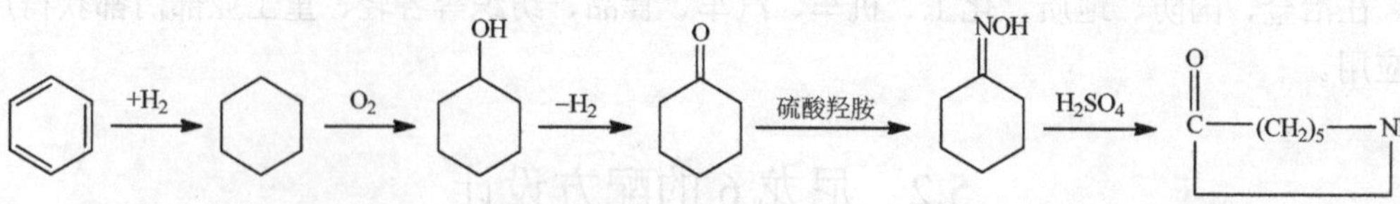

此法优点是工序短，缺点是产率低。

5.2.4　甲苯法

甲苯在催化剂作用下氧化制取苯甲酸，再加氢得环己基羧酸，环己基羟酸在发烟硫酸作用下，与亚硝酰硫酸反应，并经贝克曼重排得到己内酰胺。其反应式如下：

$$C_6H_5CH_3 \xrightarrow{O_2} C_6H_5COOH \xrightarrow{H_2} C_6H_{11}COOH \xrightarrow[H_2SO_4]{NOHSO_4} \underbrace{(CH_2)_5\text{—CO—NH}}$$

此法是斯尼亚公司开发的，所以也称斯尼亚（Snia）法。其基本工艺是甲苯在乙酸钴作用下，温度为 433.16～433.19 K，压力为 0.8～1.0 MPa 的条件下，用空气液相氧化成苯甲酸；苯甲酸在 Pd/C 催化剂存在下，液相加氢成环己烷羧酸。

在发烟硫酸-环己烷羧酸混合物中加入硝化剂 $NOHSO_4$，在 373.16 K 下生成环己酮肟，经贝克曼重排生成己内酰胺。工艺过程比其他方法短。

5.2.5　硝基环己烷法（硝化法）

硝基环己烷法是指环己烷硝化得到的硝基环己烷，在催化剂作用下部分氢化还原为环己酮肟。该方法的主要特点是工艺简单，其主要化学反应过程如下：

$$C_6H_{12} \xrightarrow{HNO_3} C_6H_{11}NO_2 \xrightarrow{H_2} C_6H_{10}{=}NOH \longrightarrow \underbrace{(CH_2)_5\text{—CO—NH}}$$

5.2.6　光亚硝化法

光亚硝化法是利用极易光解离的亚硝酰氯（NOCl）使环己烷制成环己酮肟的方法，此法是目前由环己烷制己内酰胺最经济的一种方法。这一方法的特点是不经过环己酮。其反应步骤大致如下：

$$C_6H_{12} \xrightarrow{NOCl} C_6H_{11}NO \xrightarrow{HCl} C_6H_{10}{=}NOH\cdot HCl \longrightarrow C_6H_{10}{=}NOH \longrightarrow \underbrace{NH(CH_2)_5CO}$$

此法优点是原料便宜，反应过程比其他方法短，产率高（95%～97%），缺点是反应时耗电量大。

5.3　尼龙 6 的制备工艺

尼龙 6 是由己内酰胺开环聚合制得的，聚合反应需在高温及引发剂存在下进行，可采用间隙法、连续法和固相法及插层聚合工艺等。其中以连续法最为常用。

己内酰胺在相应的温度和压力下开环聚合，可分为以下三个步骤：

（1）水解开环：反应为吸热可逆反应，提高反应温度和增加反应压力利于反应正向进行。水为开环反应的引发剂，增加压力，可增加己内酰胺的水含量，加快反应速率。

$$\underbrace{HN\text{—}(CH_2)_5\text{—}CO} + H_2O \rightleftharpoons NH_2\text{—}(CH_2)_5\text{—}COOH$$

（2）聚合加成：反应为放热可逆反应，降低温度利于向生成物的方向进行。但温度过低，反应速率慢，会使聚合物固化。

$$H—(HN(CH_2)_5CO)_m—OH + \underbrace{HN—(CH_2)_5—CO}_{\text{环}} \rightleftharpoons H—(NH—(CH_2)_5—CO)_{m+1}—OH$$

（3）缩聚：反应为可逆放热反应，缩聚反应决定聚合物的反应产物的平均分子量。降低温度和反应压力利于反应进行，在减压下脱除水蒸气使反应向产物方向进行。

$$H—(NH—(CH_2)_5—CO)_m—OH + H—(NH—(CH_2)_5—CO)_n—OH \rightleftharpoons H—(NH—(CH_2)_5—CO)_{m+n}—OH + H_2O$$

5.3.1 间隙聚合工艺

在加压的高压反应釜中间歇聚合，其过程为：①己内酰胺熔融：加入己内酰胺并加入单体量 5%～10%蒸馏水和其他物料，并使其熔融。②己内酰胺聚合：熔融的己内酰胺经过滤后加入高压反应釜，加热至 250～260℃，釜内蒸气压达 1.5 MPa 后逐步减压，待 3～5 h 后生成聚合体时降至常压。操作结束后向釜内通 N_2，压力为 0.3～0.4 MPa 时，出料。③熔融物放出和破碎：熔融聚合体通过高压反应釜下部阀门呈窄带状压出后，立即浸入水槽中冷凝成带，再入切片机切成片状。④聚合体切片的萃取、干燥：切片后的聚合体取小块，用蒸馏水在 100℃下洗涤萃取几次，使低分子量杂质降至 1%～1.5%，送至离心机离心，并送入真空干燥箱中干燥，水分含量达 0.07%时为成品，该法将逐步被连续聚合法取代。

5.3.2 连续聚合工艺

在连续操作管中进行，设备比较简单，所得聚合体黏度较均匀。工艺过程与间隙聚合法基本相同，只是经过计量的物料连续不断地加入操作管，自上而下缓慢地移动并逐渐聚合，从聚合管底部出料后，经挤带模铸压成带，在冷却槽中用水冷却。

5.3.3 固相聚合工艺

固相聚合工艺是将普通尼龙 6 切片用水萃取后，在干燥过程中通过某种催化剂作用，在尼龙 6 熔点以下进行聚合的方法，是尼龙 6 增黏的有效工艺。工业上，固相聚合是在干燥塔（器）内进行的。Inventa 公司非连续干燥塔分为三段，第一段为干燥塔，第二段为固相聚合塔，第三段为冷却塔，并设置三个氮气循环系统，塔内氮气温度为 160～180℃，通过调节氮气温度，后聚时间为 8 h，可使尼龙 6 相对黏度从 2.5 提高到 4 以上。

5.4 尼龙 6 的应用案例

5.4.1 碳纳米管增强浇铸尼龙 6 复合材料

碳纳米管具有优异的力学性能、导电特性和导热性能，因此被广泛应用到聚合物填充改性中，实现对聚合物某些性能的提高。然而，碳纳米管径向的纳米级尺寸和高的表面能导致其在聚合物中容易团聚，分散性较差。这样，不但降低了碳纳米管的有效长径比，而且容易造成管与管之间的滑移，使得碳纳米管的增强效果变差。因此，为了解决碳纳米管在聚合物基体中的团聚问题，并且期待能够与基体建立化学键合，从而获得性能优良的碳纳米管增强的复合材料，有必要对其表面进行化学改性。

与普通尼龙 6 不同的是，MC 尼龙 6 采用已内酰胺阴离子聚合法的工艺，加快了聚合速度，使其在模具内聚合成型，即将聚合过程和成型过程合二为一的独特工艺。异氰酸酯作为 MC 尼龙 6 成型工艺中最常用的活性剂之一，能够与浇铸单体反应生成尼龙 6 阴离子聚合的活性中心 *N*-酰化内酰胺，因此在制备 MC 尼龙 6 复合材料时，可以将共混物或填料进行异氰酸酯接枝改性，使其接有具有活化己内酰胺阴离子聚合功能的基团，改善与尼龙 6 基体之间的界面力。本节首先将羟基多壁碳纳米管（MWNTs-OH）与甲苯二异氰酸酯（TDI）进行酯化反应，并用己内酰胺对其进行封端稳定处理，接着将改性后的碳纳米管加入己内酰胺溶液中进行阴离子聚合，采用浇铸工艺制备碳纳米管增强 MC 尼龙 6 复合材料。

碳纳米管增强 MC 尼龙 6 复合材料的性能受许多工艺因素的影响，如单体纯度、助催化剂的纯度、催化剂和助催化剂的用量和配比、浇铸模具温度及增强填料的含量等。了解并掌握这些因素的影响，对制备高性能的 MC 尼龙 6 复合材料制品来说必不可少。本节探讨了己内酰胺的单体转化率和碳纳米管增强的尼龙 6 复合材料相对黏度与 NaOH 浓度、TDI 浓度、聚合温度、碳纳米管用量等因素间的定性关系；考察了碳纳米管用量对复合材料的吸湿特性、力学性能及热稳定性能的影响情况。

1. 碳纳米管增强浇铸尼龙 6 复合材料的制备及表征

己内酰胺脱水处理：将己内酰胺盛放在洁净的表面皿中，放入 50℃的真空干燥箱中干燥一段时间备用。

多壁羟基碳纳米管的改性：将多壁羟基碳纳米管 0.25 g 超声振荡分散在 50 mL 的乙酸乙酯溶液中，并滴入 0.5 mL TDI，加热搅拌。反应 4 h 后取出反应产物，用乙酸乙酯抽提 12 h，以除去未反应的 TDI，得到改性后的碳纳米管（MWNTs-NCO）。接着将 MWNTs-NCO 同样分散在乙酸乙酯溶液中，加入适量的己内酰胺，加热搅拌反应 4 h 后，用乙酸乙酯抽提 12 h，得到己内酰胺封端的改性碳纳米管（MWNTs-CCL）。

反应活性料的制备：在烧瓶中加入己内酰胺单体，加热熔融。当单体全部熔融后，温度升至约 130℃，抽真空 0.5 h。然后撤去真空，加入计量的催化剂 NaOH，立即继续进行减压脱水 0.5 h，此时，NaOH 与己内酰胺迅速反应，物料很快变成淡黄色，即生成钠代己内酰胺。

浇铸成型：将反应液升温至 140℃，解除真空并加入计量的 TDI，迅速搅匀，制成活性料，边搅拌边迅速浇入预热到设定温度的模具内，保温 1 h，然后停止加热，使模具在空气中慢慢冷却，脱模，得到纯 MC 尼龙 6。碳纳米管增强 MC 尼龙 6 复合材料也按上述方法制备，计量的碳纳米管与己内酰胺单体同时加入。

1）碳纳米管增强 MC 尼龙 6 复合材料的红外光谱图

图 5-1 为 MWNTs-OH、MWNTs-NCO 的红外光谱图。未改性碳纳米管在 3400 cm^{-1}

的峰为羟基的伸缩振动吸收峰。而改性后碳纳米管的谱图在 2280 cm^{-1} 附近出现了异氰酸酯基团的非对称伸缩振动吸收峰，该峰为异氰酸酯基团最有效的鉴定基团；1530 cm^{-1} 的峰为酰胺Ⅱ带的特征吸收峰，这是由羟基和异氰酸酯基团酯化反应所产生的；2930 cm^{-1} 和 2850 cm^{-1} 的两个峰为 TDI 中甲基的 C—H 键的伸缩振动峰。这些结果表明 TDI 已经成功接枝到 MWNTs-OH 上。

图 5-2 为对比封端前后改性碳纳米管的红外光谱图，a 和 b 分别是 MWNTs-NCO 和 MWNTs-CCL 的红外光谱图。由图可知，封端后的碳纳米管红外谱线中，2280 cm^{-1} 的峰消失，证明了接枝上的 NCO 基团与己内酰胺完全反应形成 *N*-酰化己内酰胺；在 1780 cm^{-1} 附近出现新的峰为 *N*-酰化己内酰胺中酰亚胺中的 C═O 双键的非对称伸缩振动峰。2930 cm^{-1} 和 2850 cm^{-1} 的两个峰的峰强增强是因为 *N*-酰化己内酰胺中亚甲基的引入。

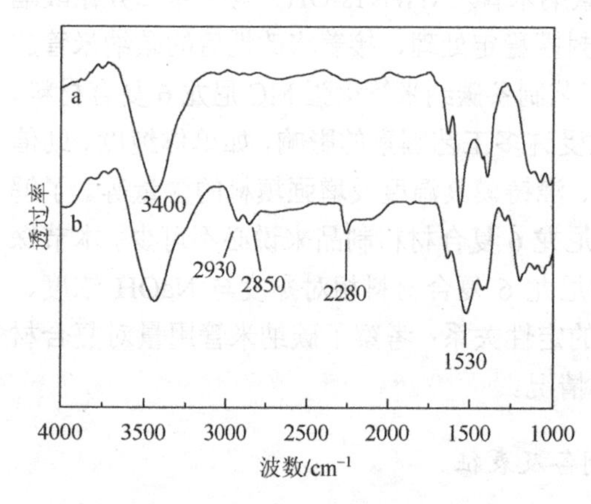

图 5-1　MWNTs-OH（a）和 MWNTs-NCO（b）的红外光谱图

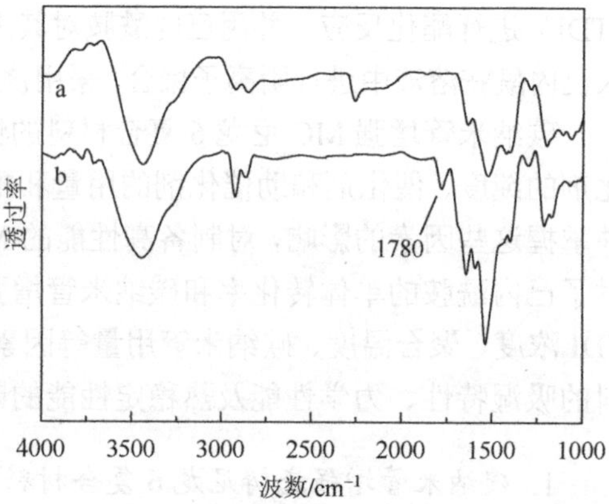

图 5-2　MWNTs-NCO（a）和 MWNTs-CCL（b）的红外光谱图

2）碳纳米管增强 MC 尼龙 6 复合材料的元素组成

三种不同碳纳米管的元素分析数据（C、H、N、O）列于表 5-1 中。与 MWNTs-OH 相比，由于接枝了 TDI，MWNTs-NCO 的元素分析中出现了氮元素。而 MWNTs-CCL 的氮元素含量更高，是因为封端后产生了 *N*-酰化己内酰胺。

表 5-1　碳纳米管表面元素组成（wt%）

样品	N	C	O	H
MWNTs-OH	—	95.00	4.11	0.89
MWNTs-NCO	3.32	87.20	8.18	1.30
MWNTs-CCL	6.15	81.63	10.93	1.29

3）碳纳米管增强 MC 尼龙 6 复合材料的元素价态

XPS 是目前表面分析中使用最为广泛的谱仪之一，它是通过测定内层电子能级谱的化学位移，确定材料中原子的结合状态和电子分布状态，并可根据元素所具有的特征电子结合能及谱图的特征谱线，鉴定除氢氦之外的所有元素，同时，实验过程中对样品表面损伤小。本节对改性后的碳纳米管采用 XPS 分析其表面基团，以进一步验证改性效果。由图 5-3 可知，改性后碳纳米管的 XPS 谱图中出现了三个峰，分别为 C_{1s} 峰、N_{1s} 峰及 O_{1s} 峰。分别对 C_{1s} 峰、N_{1s} 峰进行高斯拟合，拟合曲线见图 5-4 和图 5-5。由图 5-4 的 C_{1s} 高斯拟合曲线可知，位于 284.29 eV 和 285.08 eV 的吸收峰分别对应 sp^2 和 sp^3 杂化结构的类石墨结构碳；而位于 288.3 eV 的吸收峰为酰胺基团上碳原子的吸收峰。N_{1s} 高斯拟合曲线中 N_{1s} 的吸收峰出现在 399.8 eV 位置，表明该 N 元素来自酰胺基团。

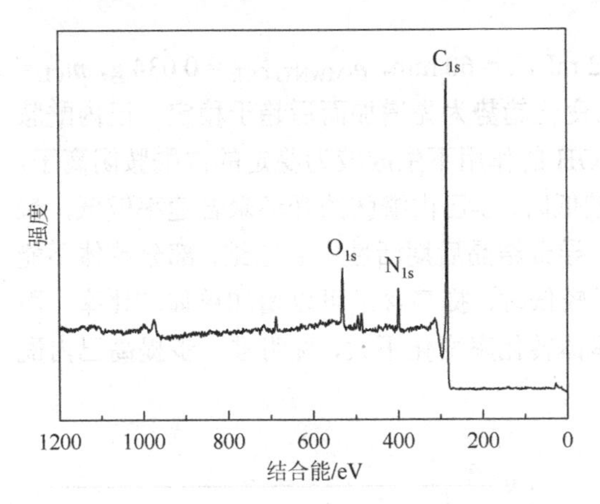

图 5-3　改性后碳纳米管的 XPS 谱图

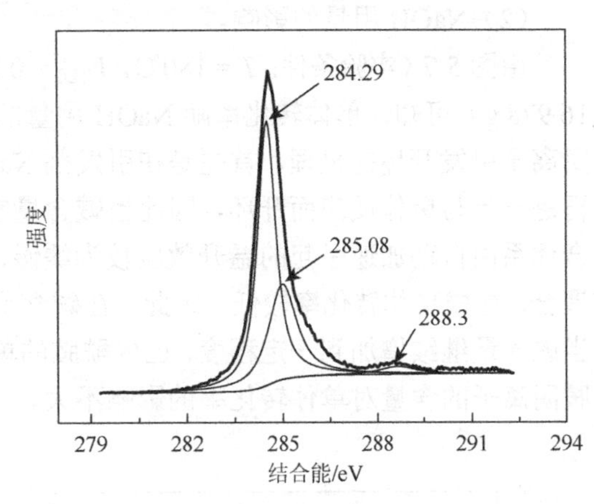

图 5-4　改性后碳纳米管的 C_{1s} 的高斯拟合曲线

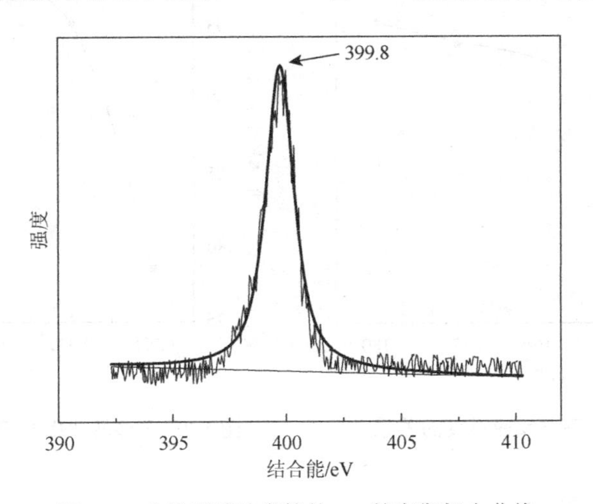

图 5-5　改性后碳纳米管的 N_{1s} 的高斯拟合曲线

通过对多壁羟基碳纳米管的改性机理的阐述，结合红外光谱分析、元素分析及改性后碳纳米管的 XPS 分析，可以证明，TDI 已经成功接枝到碳纳米管的表面，具备成为己内酰胺阴离子聚合活性中心的条件。

4）ε-己内酰胺阴离子聚合单体转化率

不同分子量的高分子聚合物具有不同的应用性能，获得分子量和转化率越高的产物意味着获得系列化程度越高的产物，因此这方面的工作一直是高分子合成和工艺研究者关注的热点。

（1）反应温度的影响。

由图 5-6（实验条件：$m_{NaOH} = 0.040$ g，$V_{TDI} = 0.2$ mL，$t = 60$ min，$m_{MWNTs\text{-}CCL} = 0.034$ g，$m_{CL} = 16.978$ g）可知，在所选的温度范围内，单体转化率随反应温度的升高而逐渐增大，主要原因为在这个聚合温度范围内，升高温度加速了 ε-己内酰胺的开环，同时也加速了分子的扩散运动，有利于内酰胺阴离子向活性中心 *N*-酰化己内酰胺的扩散进攻，提高了聚合反应速率，增加了单体转化率。

（2）NaOH 用量的影响。

由图 5-7（实验条件：$T = 180$℃，$V_{TDI} = 0.2$ mL，$t = 60$ min，$m_{MWNTs\text{-}CCL} = 0.034$ g，$m_{CL} = 16.978$ g）可知，单体转化率随 NaOH 用量的变化趋势为先增加而后趋于稳定。己内酰胺阴离子引发开环的机理，首先是在引发剂 NaOH 的作用下生成较为稳定的内酰胺阴离子，再进一步与单体反应而开环，因此当碱含量较低时，ε-己内酰胺的开环聚合速率较低，聚合体系由自动加速引起的温升效应较为缓慢，导致结晶后期活性中心冻结，部分单体不能聚合，造成单体转化率较低。因此，在碱含量较低时，提高含量可以增加单体转化率。而当碱含量继续增加到一定程度，己内酰胺的单体转化率变化不大，说明进一步提高己内酰胺阴离子的含量对单体转化率的影响不大。

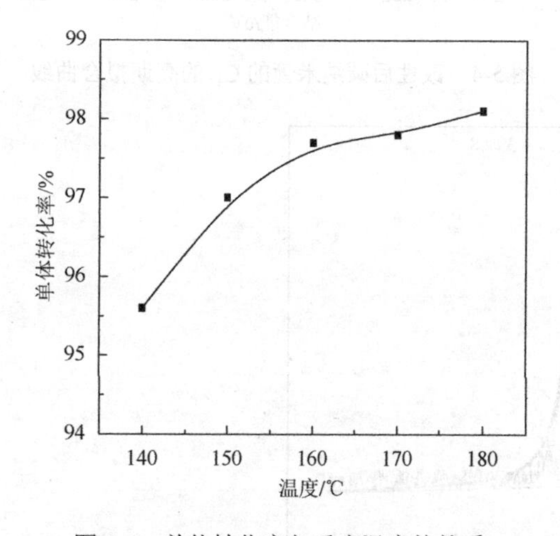

图 5-6　单体转化率与反应温度的关系

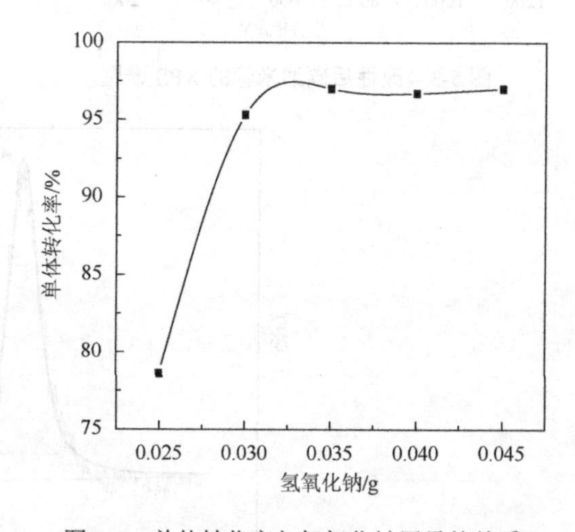

图 5-7　单体转化率与氢氧化钠用量的关系

（3）TDI 用量的影响。

由图 5-8（实验条件：$T = 180$℃，$m_{NaOH} = 0.040$ g，$t = 60$ min，$m_{MWNTs\text{-}CCL} = 0.034$ g，$m_{CL} = 16.978$ g）可知，随着 TDI 用量的提高，单体转化率急剧降低。这是因为，TDI 的用量代表了引发中心（*N*-酰化己内酰胺）的浓度，尽管引发中心的增加有利于聚合速率的提高，然而其过分增加会降低聚合度，低分子量产物增加，容易被热水抽提除去，从而使计算所得的单体转化率降低。

（4）碳纳米管含量的影响。

由图 5-9（实验条件：$T = 180$℃，$m_{NaOH} = 0.040$ g，$t = 60$ min，$V_{TDI} = 0.2$ mL）可知，碳纳米管的加入降低了单体 ε-己内酰胺的转化率，然而其降低的幅度并不明显，转化率保持在 94%以上，说明本实验所用的工艺条件足以保证 ε-己内酰胺单体在碳纳米管的加入后仍然可以充分引发聚合。

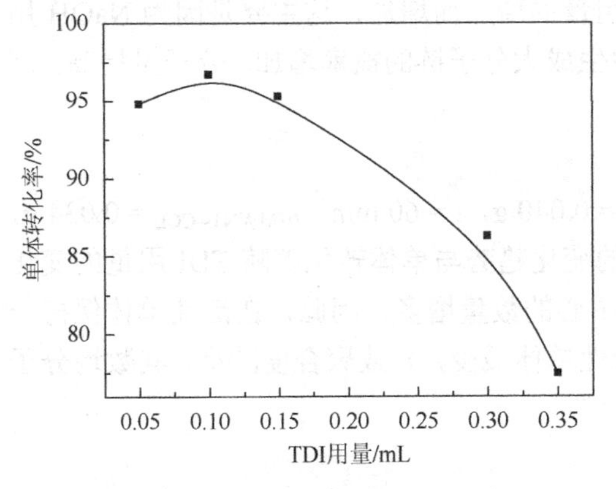

图 5-8　单体转化率与 TDI 用量的关系

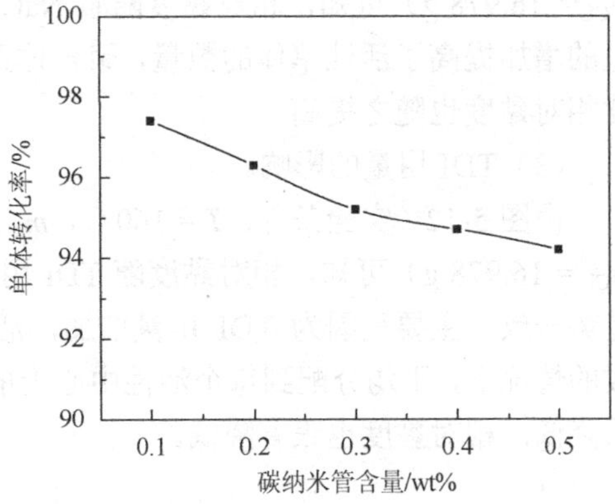

图 5-9　单体转化率与碳纳米管含量的关系

5）复合材料特性黏度

分子量是聚合物最基本的结构参数之一，与材料性能有着密切的关系，在理论研究和生产过程中经常需要测定这个参数。测定聚合物分子量的方法很多，在高分子工业和研究工作中，最常用的测定法是黏度法。高分子稀溶液的黏度主要反映了液体分子之间因流动或相对运动产生的内摩擦阻力。

（1）反应温度的影响。

由图 5-10（实验条件：$m_{NaOH} = 0.040$ g，$V_{TDI} = 0.2$ mL，$t = 60$ min，$m_{MWNTs\text{-}CCL} = 0.034$ g，$m_{CL} = 16.978$ g）可知，复合材料的相对黏度随温度的升高先增加而后降低，主要原因为，尼龙 6 在 140～145℃时结晶速率最快，随着温度的升高，成核速率减慢，因此，单体的运动受到结晶聚合物的阻碍较少，可以充分反应，生成大分子量产物的概率大，这与前面单体转化率的影响情况类似；而当温度继续升高时，发生过多的副反应，导致尼龙 6 复合材料的分子量降低，使得复合材料的黏度降低。

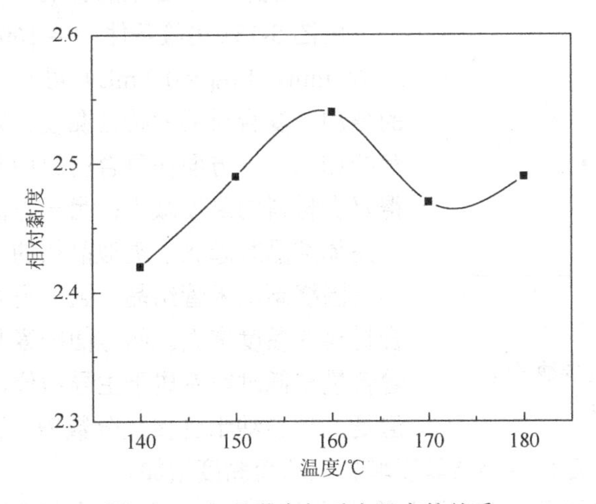

图 5-10　相对黏度与反应温度的关系

（2）NaOH 用量的影响。

由图 5-11（实验条件：$T = 160℃$，$V_{TDI} = 0.2$ mL，$t = 60$ min，$m_{MWNTs\text{-}CCL} = 0.034$ g，$m_{CL} = 16.978$ g）可知，相对黏度随着 NaOH 用量的增加而增加，这主要是因为 NaOH 用量的增加提高了活性单体的数量，聚合体系中生成大分子链的概率增加，分子量提高，因此相对黏度也随之提高。

（3）TDI 用量的影响。

由图 5-12（实验条件：$T = 160℃$，$m_{NaOH} = 0.040$ g，$t = 60$ min，$m_{MWNTs\text{-}CCL} = 0.034$ g，$m_{CL} = 16.978$ g）可知，相对黏度随 TDI 用量的变化趋势与单体转化率随 TDI 用量的变化趋势一致，主要是因为 TDI 用量增加，活性中心的数量增多，因此，在活性单体保持一致的情况下，平均分配到每个活性中心上的活性单体减少，导致聚合度减小，其数均分子量降低，相对黏度也跟着降低。

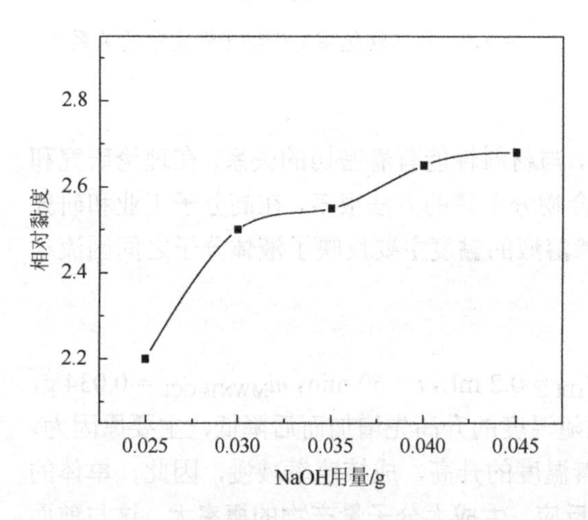

图 5-11　相对黏度与 NaOH 用量的关系

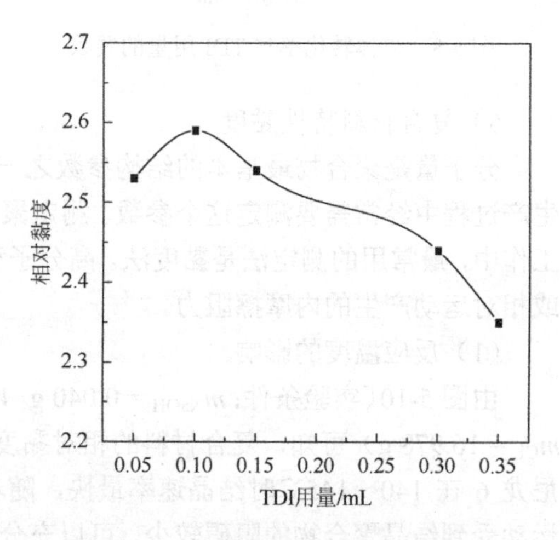

图 5-12　相对黏度与 TDI 用量的关系

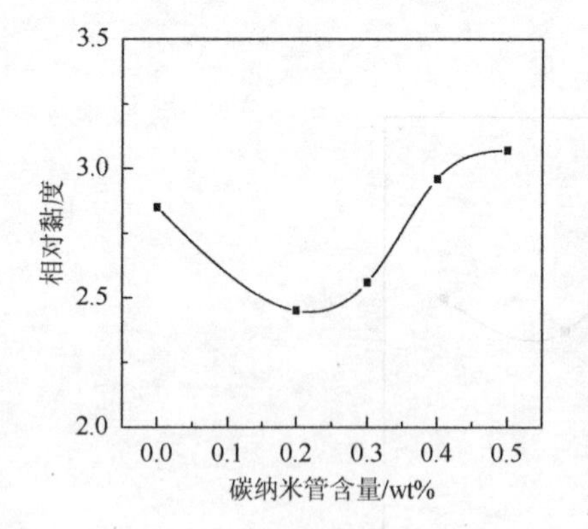

图 5-13　相对黏度与碳纳米管含量的关系

（4）碳纳米管含量的影响。

由图 5-13（实验条件：$T = 160℃$，$m_{NaOH} = 0.040$ g，$t = 60$ min，$V_{TDI} = 0.2$ mL）可知，随着碳纳米管含量的增加，复合材料的特性黏度先减小后增大。碳纳米管的加入，一方面在复合材料中起到润滑作用，可使得复合材料的黏度减小；另一方面，加入的碳纳米管在晶体结晶时起到了类似晶核的作用，材料聚合时很容易围绕碳纳米管结晶，致使尼龙的结晶度增加，复合材料的黏度增大。两方面因素共同作用，当碳纳米管含量较低时前者居于主导地位，因此特性黏度减少；但是，当碳纳米管质量分数增大到 0.5 wt%时，其成核作用占主导地位，复合材料结晶度增加，从而黏度增加。

根据以上的研究结果，综合考虑单体转化率及相对黏度，本节选取的较为合适的工艺条件为，当己内酰胺用量为 16.975 g 时，其聚合温度为 160℃，NaOH 用量为 0.040 g，TDI 用量为 0.1 mL，制备碳纳米管增强 MC 尼龙 6 复合材料，并对其性能与结构进行研究。

6）碳纳米管含量对复合材料吸湿率的影响

MC 尼龙基体的吸水是因为非晶部分酰胺基的贡献。图 5-14 是水分子与 MC 尼龙中酰胺基的配位形式。水分通过扩散进入树脂基复合材料后，通常会引起复合材料的一系列变化。一方面，对树脂基体起到增塑作用，使得树脂基体发生一定程度的溶胀，力学性能变差，同时，水向基体中的吸湿性杂质扩散，由此产生渗透压，使基体内部产生裂纹。另一方面，水进入材料界面，产生一系列的效应使界面脱黏，导致界面结合强度下降。另外，水还可能与增强材料反应，使增强材料的性能劣化。显然，考察尼龙 6 基体复合材料的吸湿特性，对复合材料的应用具有重要的指导意义。

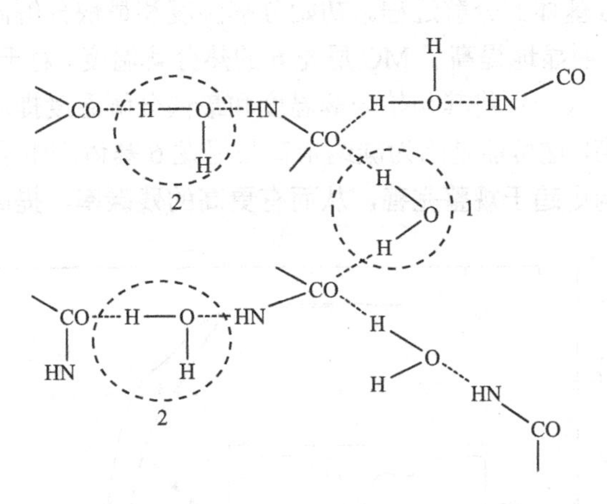

图 5-14　水分子与 MC 尼龙中酰胺基的配位形式

本节分别考察了质量分数为 0.2 wt%、0.3 wt%、0.4 wt%、0.5 wt%改性碳纳米管增强 MC 尼龙 6 复合材料的吸湿特性，并与纯 MC 尼龙进行了比较，结果如表 5-2 所示。从表 5-2 中可知，随着碳纳米管含量的增加，改性碳纳米管增强 MC 尼龙 6 复合材料的平衡吸湿率先减小后增大。增强剂的加入，一方面，产生了界面和缺陷，可促进材料的吸湿；另一方面，引起尼龙基体形态发生变化，加入的碳纳米管在晶体结晶时起到了类似晶核的作用，致使尼龙的结晶度增加，这样会导致材料的吸湿率减小。两方面因素共同作用，当碳纳米管含量较低时后者居于主导地位，因此，复合材料的吸湿能力随碳纳米管含量的增加而减弱；当碳纳米管质量分数增大到 0.3 wt%时，因为增强剂的加入而产生界面和缺陷的作用增强，这为水分子的扩散提供了通路，水分子很容易沿着界面进入试样的内部，复合材料吸湿能力随碳纳米管含量的增加而增强。

表 5-2　不同质量分数的改性碳纳米管增强 MC 尼龙 6 复合材料的吸湿特性

MWNTs-CCL/wt%	0	0.2	0.3	0.4	0.5
平衡吸湿率/%	1.33	1.24	1.89	2.45	2.87

7）碳纳米管增强 MC 尼龙 6 复合材料的热稳定性

热重法是在程序控温下测量物质的质量与温度的关系的一类技术。记录 TG 曲线上温度或时间的一阶微商，得到试样质量变化率（失重率）与温度或时间的关系曲线，即微商热重曲线（DTG）。与一般的灼烧法相比，热重分析样品用量少，一般只需十几毫克，对环境污染小；分析灵敏度高。热重分析应用于高分子材料，可研究聚合物的热稳定性和热分解作用，测定水分等挥发物含量、填料及聚合物的组成。

碳纳米管的石墨片层结构决定了其具有良好的热稳定性，添加到聚合物基体中，可大幅度提高复合材料的热分解温度。图 5-15 列出了 MC 尼龙 6（a）和 MC 尼龙 6/0.3 wt%碳纳米管复合材料（b）的热失重和微商热重曲线。可知，尼龙 6 及其碳纳米管复合材料的热分解过程分为两个阶段，第一阶段为残留在尼龙 6 基体中的己内酰胺单体的分解过程，第二阶段为尼龙 6 基体的分解过程。初始分解温度和最快分解温度列于表 5-3。由表可知，碳纳米管的加入明显地提高了 MC 尼龙 6 的热分解温度。对于尼龙 6 基体的分解过程而言，碳纳米管的加入分别将其初始分解温度和最快分解温度提高了约 20℃和 27℃。残碳量也有显著的提高，这可能是因为碳纳米管与尼龙 6 基体产生了某种协同作用，使尼龙 6 碳化过程中碳结构更趋于规整完善，从而有更高的残碳率，提高了尼龙 6 的耐热性。

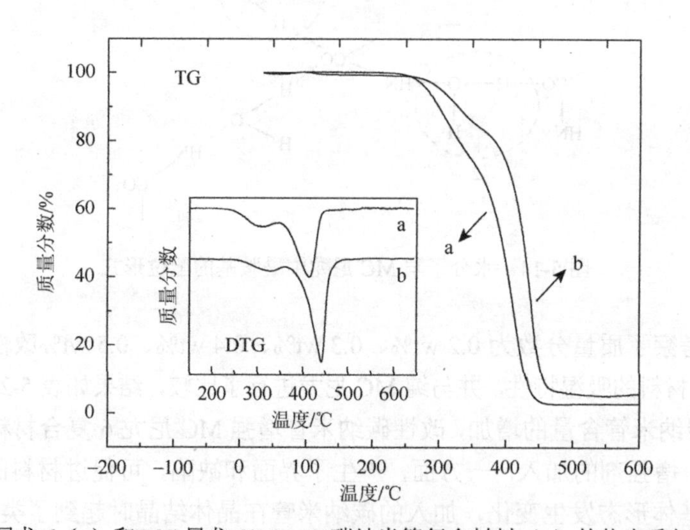

图 5-15　MC 尼龙 6（a）和 MC 尼龙 6/0.3 wt%碳纳米管复合材料（b）的热失重与微商热重曲线

表 5-3　MC 尼龙 6 及其 0.3 wt%碳纳米管复合材料的 TGA 分析

样品	第一阶段		第二阶段	
	T_i/℃	T_{max}/℃	T_i/℃	T_{max}/℃
MCPA6	240.4	305.7	344.8	416.5
MCPA6/0.3 wt% MWNTs-CCL	259.7	325.6	364.4	443.2

8）碳纳米管增强 MC 尼龙 6 复合材料的力学性能

（1）复合材料的拉伸性能。

图 5-16 为 MC 尼龙 6 复合材料的拉伸强度随碳纳米管含量的变化趋势图。由图可知，

无论添加的是改性碳纳米管还是未改性的碳纳米管，MC尼龙6复合材料的拉伸强度均比空白MC尼龙6的拉伸强度高。其拉伸强度随着碳纳米管含量的增加都是先增加而后减小。采用未改性碳纳米管增强时，当含量为0.2 wt%时，复合材料的拉伸强度达到最大；而当采用改性后的碳纳米管增强时，复合材料的拉伸强度达到最大值时的碳纳米管含量为0.3 wt%，且与纯MC尼龙6相比，拉伸强度提高了18%。这是因为，改性后碳纳米管在尼龙6基体中的分散性提高，允许添加更高含量的碳纳米管而不会出现因团聚现象而导致的力学性能降低的情况。由图可知，当含量相同时，采用改性碳纳米管增强的复合材料，其拉伸强度更高，主要原因为：通过改性后，碳纳米管可以作为己内酰胺聚合的活性中心，尼龙6分子链可以在其表面生长，因此，与尼龙6分子链的作用力由氢键作用力转变成作用力更强的共价键作用力，增强了两相的界面结合力。当复合材料受到拉应力时，界面可以更好地将外力均匀有效地传递给碳纳米管，为基体承担部分负载，与基体一起发生变形，使得拉伸强度得到更大的提高。而当含量进一步增多时，由于团聚现象比较严重，导致应力集中，材料的力学性能下降。

（2）复合材料的弯曲性能。

图5-17对比了改性碳纳米管和未改性碳纳米管增强MC尼龙6复合材料的弯曲强度随碳纳米管含量的变化趋势。由图可知，随着碳纳米管含量的增加，材料的弯曲强度逐步增加，这是由于碳纳米管本身具有很高的强度和模量，作为复合材料的增强剂可以提高材料基体的弯曲强度。由于改性后，碳纳米管与尼龙6基体的界面结合力更好，因此，弯曲强度提高的幅度更大。

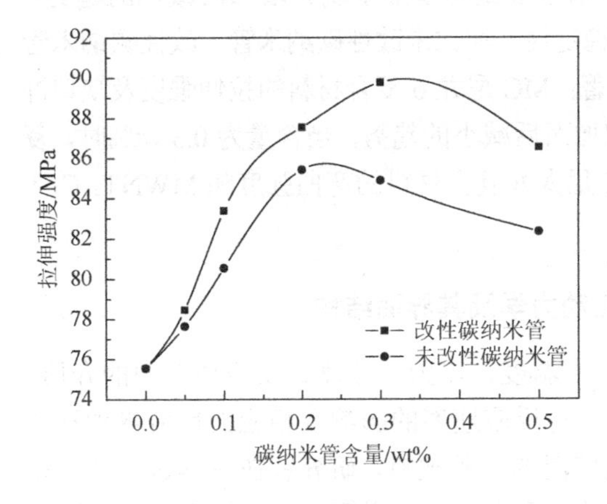

图5-16　碳纳米管含量对复合材料拉伸强度的影响

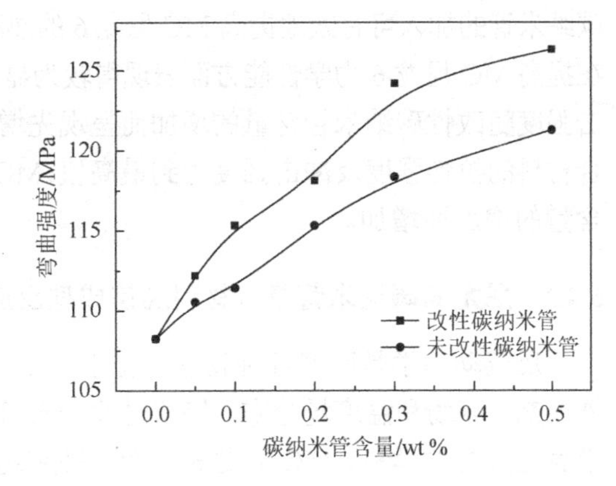

图5-17　碳纳米管含量对复合材料弯曲强度的影响

（3）复合材料的冲击性能。

改性前后碳纳米管的加入对MC尼龙6冲击强度的影响见图5-18。由图可知，加入改性后碳纳米管的复合材料的冲击强度随着碳纳米管的含量的增加先增加后降低，在碳纳米管含量达到0.3 wt%时达到最大值，与纯MC尼龙6（5.3 kJ/m^2）相比，提高了38%。而未改性碳纳米管的加入则是小幅度地降低了复合材料的冲击强度，无法起到增强的作

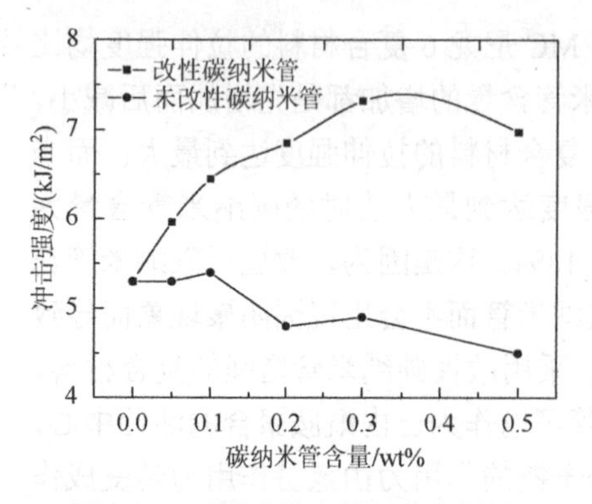

图 5-18　碳纳米管含量对复合材料冲击强度的影响

用。分析其原因主要有，一方面，碳纳米管作为填充粒子，改性后与尼龙 6 基体的界面结合力增强，在基体中起到分散应力的作用，阻止裂纹扩散，从而使材料的冲击强度提高；另一方面，可能由于加入改性碳纳米管后，碳纳米管在结晶过程中起到成核剂的效果，导致所生成的晶体粒子变小，从而提高了复合材料的冲击强度。而当含量继续增加时，团聚现象增加，应力集中，导致复合材料的冲击强度下降。而未改性碳纳米管与尼龙 6 基体之间的相容性较差，难以良好结合，在基体中容易发生团聚，造成宏观应力开裂，使冲击强度降低。

2. 案例小结

（1）通过对碳纳米管进行红外光谱分析、元素分析及 X 射线光电子能谱分析，可以证实，碳纳米管与 TDI 及己内酰胺发生反应，表面引入酰亚胺基团，具备成为己内酰胺阴离子开环聚合活性中心的条件。

（2）考察了聚合条件对己内酰胺阴离子聚合的影响情况，综合分析，得出较优的工艺条件为：己内酰胺用量为 16.978 g，聚合温度 160℃，NaOH 用量 0.04 g，TDI 用量 0.1 mL。

（3）MC 尼龙 6 复合材料的吸湿率随碳纳米管含量的增加呈现先增加后减小的趋势；碳纳米管的加入可有效地提高 MC 尼龙 6 的热稳定性。相比未改性碳纳米管，改性碳纳米管在提高 MC 尼龙 6 力学性能方面表现得较为显著；MC 尼龙 6 复合材料的拉伸强度及缺口冲击强度随改性碳纳米管含量的增加而呈现先增加而后减小的趋势，当含量为 0.3 wt%时，复合材料的拉伸强度及冲击强度达到最高值；MC 尼龙 6 复合材料的弯曲强度随 MWNTs-CCL 含量的增加而增加。

5.4.2　尼龙 6/碳纳米管复合材料浇铸成型反应动力学及其界面结构

反应动力学是研究各种物理、化学因素（如温度、压力、浓度、反应体系中的介质、催化剂、流场和温度场分布、停留时间分布等）对反应速率的影响及相应的反应机理和数学表达式等的学科。MC 尼龙 6 作为一种应用广泛的工程塑料，研究者在对其进行改性研究方面做了较多的工作，然而，关于尼龙 6 浇铸成型反应动力学研究及其模型建立方面的关注较少，尤其是加入改性填料后的动力学研究。

MC 尼龙 6 成型过程中，其反应过程中阴离子开环聚合是一个非常复杂的化学反应过程，中间产生许多可逆及不可逆反应，可以将其反应机理分为两个主要的过程：链引发和链增长反应。通常将改性剂或填料加入熔融的己内酰胺介质中。通过原位聚合方法制备 MC 尼龙 6 复合材料时，填料分散在黏度非常低的己内酰胺液体中，容易出现团聚状况，这将直接影响其反应动力学过程。因此，研究填料对己内酰胺阴离子聚合过程的影响情况，无论是从理论还是从实际应用角度出发，都具有非常重要的意义。本节基于绝热法的思想，采用非等温反应动力学分析方法研究了 MC 尼龙 6/碳纳米管复合材料浇铸成型过程的聚合反应动力学，对比了不同理论模型对成型反应过程的描述情况，推导得出反应速率常数、反应级数及反应活化能，确立反应动力学模型，为控制聚合反应条件、优化工艺参数、制备性能优越的复合材料提供理论依据，同时探讨了改性前后碳纳米管对聚合反应的影响。

复合材料由两种或两种以上的不同化学组分、不同性能的材料组成。在复合材料的制备和使用过程中，其性能都与构成复合材料的结构密切相关。复合材料一般是由增强相、基体相和它们的中间相（界面相）组成，各自都有其独特的结构、性能与作用。界面（包括晶界和相界面）是复合材料极为重要的微观结构，它作为增强体与基体连接的“桥梁”，对复合材料的物理机械性能有至关重要的影响。复合材料的复合改性作用都要通过相界面进行力的、化学的及功、能的传递过程，因此相界面问题是复合材料中除物相组成外最重要的技术关键。本节将借助 XRD、POM、FE-SEM 等测试手段对 MC 尼龙 6/碳纳米管复合材料体系中二者的相互作用情况进行研究。

1. 浇铸成型反应过程的温度测定

使用厦门宇电自动化科技有限公司的 AI-708P 型温控器，配套热电偶的测量端外径 1 mm，测量精度可达 0.1℃，补偿电阻为 50 Ω 的铜电阻，热响应时间 0.5 h。聚合时将模具放置在一个预热到聚合温度的绝热烘箱里，模具尺寸为 Φ42 mm×1.5 mm，长 120 mm。测量温度时，将热电偶测量端固定在模具的中心处，将己内酰胺、催化剂和助催化剂及一定含量的碳纳米管的混合液浇铸入模具时，开始测定温度与时间的变化关系，实验装置示意图见图 5-19。

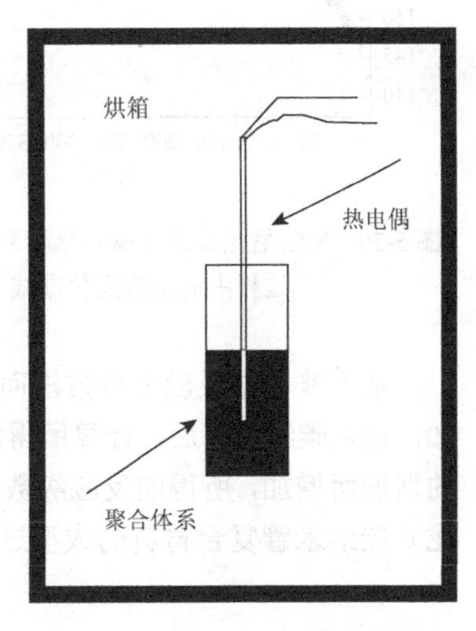

图 5-19　浇铸成型过程温度测试实验装置示意图

1）尼龙 6/碳纳米管复合材料反应动力学

MC 尼龙 6 和 MC 尼龙 6/改性碳纳米管复合材料制备过程中的温度变化曲线如图 5-20 所示。由图可知，无论是纯 MC 尼龙 6 还是 MC 尼龙 6/碳纳米管复合材料的成型聚合体系，其温度变化都呈现为：开始聚合时升温速率较快，一段时间后，升温速率逐渐变慢，而后趋于缓和。该现象表明这些聚合体系都具有相似的动力学特征。

从反应速率的角度分析，可以发现加入碳纳米管后，MC 尼龙 6 成型过程中初始反应速率均高于未添加碳纳米管的成型反应。可能的原因为：与亲核反应类似，己内酰胺阴离子聚合的链引发阶段可能至少包含三个过程，首先己内酰胺阴离子亲核进攻 *N*-酰化己内酰胺上的羟基基团，其次引发活性种的形成，最后是内酰胺键的断开。改性后的碳纳米管上接枝有 TDI 与己内酰胺反应生成的 *N*-酰化己内酰胺，增加了聚合体系中单体己内酰胺亲核进攻 *N*-酰化己内酰胺上羟基的概率，因此提高了体系的反应速率。由图 5-20 可知，加入 0.3 wt%的碳纳米管的聚合反应体系的反应速率最高，而当碳纳米管含量为 0.5 wt%时，其反应速率最低。这可能是因为当碳纳米管含量增加的时候，其阻碍己内酰胺阴离子运动的作用增强，抵消了一部分增加反应速率的作用。

为了对比碳纳米管的改性前后对于聚合反应的影响，本节对 MC 尼龙 6/未改性碳纳米管复合材料成型过程的反应动力学也做了分析。如图 5-21 所示，加入 0.2 wt%的未改性碳纳米管，其成型过程的反应速率并无明显的变化，因此证明了接有 *N*-酰化己内酰胺的碳纳米管在复合材料成型过程中起到了活性中心的作用，反应速率提高。

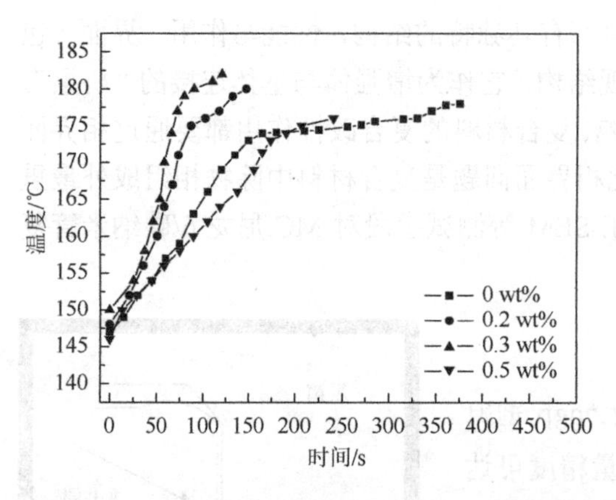

图 5-20　MC 尼龙 6/改性碳纳米管复合材料制备过程中的温度变化曲线

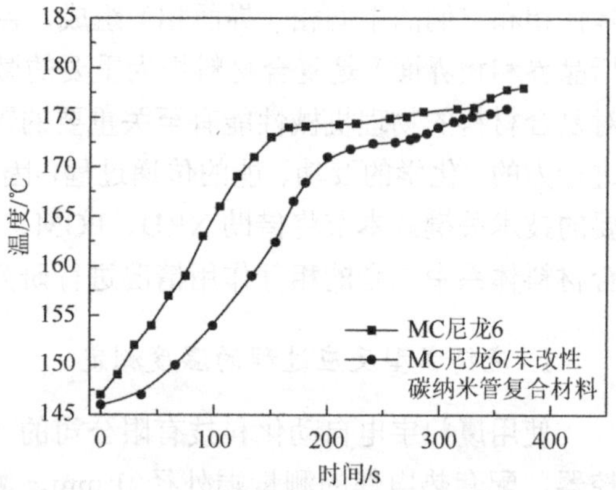

图 5-21　纯 MC 尼龙 6 和 MC 尼龙 6/未改性碳纳米管复合材料制备过程中的温度变化曲线

基于非等温反应分析方法而未考虑自催化效应的反应动力学参数列于表 5-4。由表可知，加入碳纳米管后，计算所得的反应活化能明显提高，指前因子 *A* 也随着碳纳米管含量的增加而增加，所得的反应级数 *n* 都趋于 1，这就表明了不论是纯 MC 尼龙 6 还是 MC 尼龙 6/碳纳米管复合材料的成型过程，其聚合反应都可以认为是准一级反应。

表 5-4　MC 尼龙 6 及其碳纳米管复合材料成型过程的反应动力学参数

MWNTs 含量	*E*/(kJ/mol)	*A*/s^{-1}	*n*
0 wt%	97.1	3.65×10^{9}	0.9215
0.2 wt% MWNTs-CCL	130.2	6.93×10^{13}	0.9767
0.3 wt% MWNTs-CCL	137.5	4.91×10^{14}	0.9536
0.5 wt% MWNTs-CCL	139.4	6.99×10^{14}	0.9884
0.2 wt% MWNTs-OH	139.1	3.67×10^{14}	0.9316

Greenly 等提出在高温下通过单官能团引发剂的阴离子聚合分子链降解机理（图 5-22），己内酰胺阴离子聚合出现这种现象的情况尤其显著。由图 5-22 可知，聚合物分子链中带有许多酰亚胺基团，因此，己内酰胺阴离子不仅可以从聚合分子链的端链进攻，还可以从分子链的中间酰亚胺基团位置进行亲核进攻，从而生成新的活性端链，这种情况就称为自催化。总体而言，自催化参数 B_0 的大小反映了聚合过程自催化程度的高低。

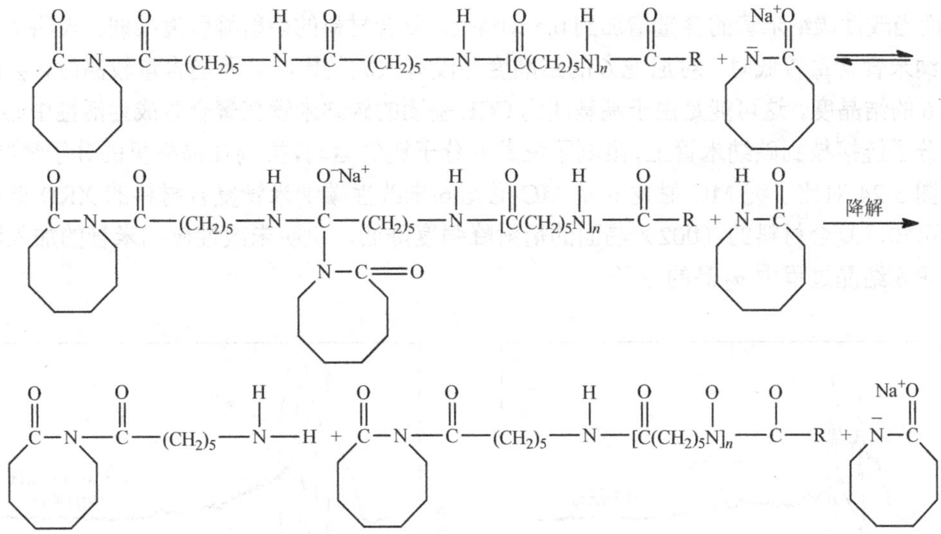

图 5-22　己内酰胺阴离子聚合的分子链降解机理

根据 Malkin 提出的自催化模型对实验数据进行拟合，得出的动力学参数列于表 5-5。从结果中可知，反应级数仍然在 0.9～1，因此可以认为反应为准一级反应；与未考虑自催化效应的模型得出的结果不同的是，自催化模型的反应活化能随碳纳米管的加入而降低，且与碳纳米管的含量及表面的活性无关；而反应的自催化程度随改性碳纳米管含量的增加而降低，表明碳纳米管含量的大小主要影响反应的自催化过程，而对反应活化能的影响不大。

表 5-5　基于 Malkin 模型得出的 MC 尼龙 6 及其复合材料成型过程的反应动力学参数

MWNTs 含量	E/(kJ/mol)	A/s^{-1}	n	B_0
0 wt%	98.6	2.95×10^{10}	0.9948	4.2311
0.2 wt% MWNTs-CCL	60.1	4.58×10^{10}	0.9540	6.2272
0.3 wt% MWNTs-CCL	60.0	1.58×10^{10}	0.9162	5.8305
0.5 wt% MWNTs-CCL	60.0	3.40×10^{11}	0.9885	3.5974
0.2 wt% MWNTs-OH	60.1	2.39×10^{11}	0.9051	5.7027

2）尼龙 6/碳纳米管复合材料的晶型结构

尼龙 6 具有两种典型的晶型结构：α 晶和 γ 晶，其中 α 晶更为稳定。α 晶为单斜晶，其晶胞参数为：$a = 0.956$ nm，$b = 1.724$ nm，$c = 0.801$ nm，$\beta = 67.5°$。MC 尼龙 6 及 MC 尼龙 6/改性碳纳米管复合材料的 XRD 谱图如图 5-23 所示。对于尼龙 6 的 XRD 谱图，在 $2\theta = 19.9°$和 $23.7°$出现的峰为 α 晶的（200）和（002）晶面的衍射峰，分别称为 α_1 晶和 α_2 晶。图中所有谱线都具有（200）和（002）晶面的衍射峰，表明改性碳纳米管的加入并未改变尼龙 6 的晶型结构。峰强可以在一定程度上反映结晶度的大小，由图可知，当改性碳纳米管的含量为 0.3 wt%时，复合材料的衍射峰的强度与纯 MC 尼龙 6 的衍射峰的强度接近；而当改性碳纳米管的含量增加到0.5 wt%时，复合材料的衍射峰强度减弱，表明了当改性碳纳米管含量较低时，对尼龙6的结晶度并没有太大的影响，而当含量较高时，会降低尼龙6的结晶度。这可能是由于端基团为CCL基团的碳纳米管在聚合时成为活性中心，尼龙6分子链接枝到碳纳米管上，限制了尼龙6分子链的运动，排列在晶格里的分子链减少。

图5-24对比了纯MC尼龙6及MC尼龙6/未改性碳纳米管复合材料的XRD谱图，由图可知，复合材料的（002）晶面的衍射峰强度降低，说明未改性碳纳米管的加入限制了尼龙6结晶过程中α_2晶的生长。

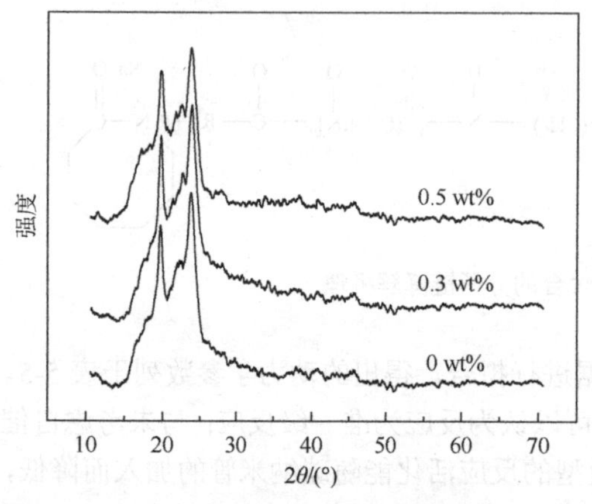

图5-23　纯MC尼龙6及不同改性碳纳米管含量的MC尼龙6复合材料的XRD谱图

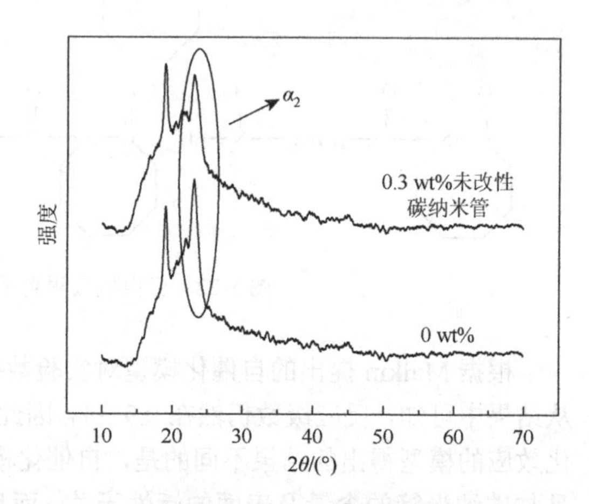

图5-24　纯MC尼龙6及MC尼龙6/未改性碳纳米管复合材料的XRD谱图

3）尼龙6/碳纳米管复合材料的结晶形态

球晶是高聚物结晶的一种最常见的特征形式。当结晶性的高聚物从浓溶液中析出或在熔体冷却结晶时，在不存在应力或流动的情况下，都倾向于生成这种更为复杂的结晶，它呈圆球形。在偏光显微镜两正交偏振器之间，球晶呈现特有的黑十字。

偏光显微镜下对球晶的生长过程的直接观察表明：球晶的生长过程是由晶核开始，以一定的生长速率同时向空间各个方向生长。当球晶生长到一定大小时，会与相邻的球晶相互接触，形成球晶与球晶间的接触界面，并停止生长。图5-25中（a）～（c）分别是纯MC尼龙6、MC尼龙6/改性碳纳米管复合材料、MC尼龙6/未改性碳纳米管复合材料的球晶形态。由图可知，纯MC尼龙6的球晶大，但球晶数目较多，部分球晶因相互碰撞、挤压而呈多边形外貌，这说明MC尼龙6是结晶度较高的热塑性树脂，在该温度下，分子链可以自由向晶核扩散和堆砌。加入改性碳纳米管的MC尼龙6体系的结晶形态发生很大的变化，碳纳米管在体系中起到异相成核的作用，使得试样内部球晶的尺寸变小，球晶的规整性变差，球晶间的边界变模糊。而由加入未改性碳纳米的MC尼龙6的球晶形貌可知，材料的结晶程度变低，由于碳纳米管具有很大的比表面积，与尼龙6分子间的相容性差，对MC尼龙6大分子链段规则排列造成一定的影响，阻碍分子链的堆砌排列。同时在MC尼龙6/未改性碳纳米管复合材料的偏光图像中出现了较多的黑团，这是由于未改性的碳纳米管在尼龙6基体中的分散性较差，容易发生团聚。

4）尼龙 6/碳纳米管复合材料的界面结构

为了了解 MWNTs 在 MC 尼龙 6 复合材料中的分布及复合材料中基体相和增强相的界面结合状况，分别对添加 0.2 wt%改性碳纳米管和 0.2 wt%未改性碳纳米管的复合材料试样脆断表面做了 SEM 形貌分析。图 5-26 分别是 MC 尼龙 6/未改性碳纳米管复合材料、MC 尼龙 6/改性碳纳米管复合材料的断面形貌。由图 5-26 可知，改性碳纳米管较为均匀地分散在 MC 尼龙 6 基体中，无明显的团聚现象。未改性碳纳米管的断面形貌图中，几乎没发现碳纳米管的存在，并存在着大量碳纳米管剥落后留下的空洞，说明未改性的碳纳米管与 MC 尼龙 6 基体间的界面结合力差，在外力的作用下很容易脱黏，这也是造成复合材料力学性能较差的原因之一。同时，加入改性碳纳米管后，MC 尼龙 6 的断面层次变得比较丰富，而添加未改性碳纳米管的基体断面比较平整光滑，故当材料受到外力冲击时，容易发生脆断，这也可能是加入改性碳纳米管较添加未改性碳纳米管复合材料冲击强度高的原因。

(a) 纯MC尼龙6　(b) MC尼龙6/改性碳纳米复合材料　(c) MC尼龙6/未改性碳纳米管复合材料

图 5-25　MC 尼龙 6 及其复合材料的球晶形态

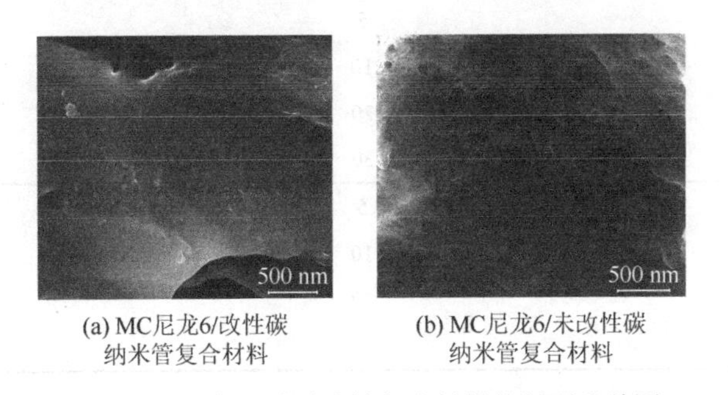

(a) MC尼龙6/改性碳纳米管复合材料　(b) MC尼龙6/未改性碳纳米管复合材料

图 5-26　尼龙 6/碳纳米管复合材料的断面形貌图

5）尼龙 6/碳纳米管复合材料的非等温结晶下的熔融行为

结晶性聚合物在特定条件下的熔融行为可以反映其结晶过程的晶粒尺寸分布、晶体结构及结晶的完善程度，本节分析了不同降温速率下 MC 尼龙 6 及 MC 尼龙 6/改性碳纳米管复合材料的熔融行为，见图 5-27。MC 尼龙 6 在低降温速率 5℃/min 时，呈现出双重熔融行为，主峰高温峰的峰温约为 219℃，为 α 型尼龙 6 的熔融峰，而峰温出现在约 213℃的肩峰则为 γ 型尼龙 6 的熔融峰。当降温速率增加时，发现 γ 型尼龙 6 的熔融峰消失。当降温速率较低时，非等温结晶过程可以视为在较高温度下结晶的等温过程，结晶较为完善与稳定；而随着降温速率的升高，过冷度增加，一些较为不稳定的晶型容易来不及结晶而消失，因此，可以认为尼龙 6 的 γ 型为不稳定的晶型，在降温速率升高时来不及结晶。通过对比加入碳纳米管前后的 MC 尼龙 6 的熔融曲线，可知加入碳纳米管后降低了尼龙 6 的 α 型熔融峰的熔点，见表 5-6。主要原因为改性碳纳米管与尼龙 6 分子链有较强的黏结力，阻碍尼龙 6 分子链的堆砌，形成的晶片厚度降低，熔点下降。

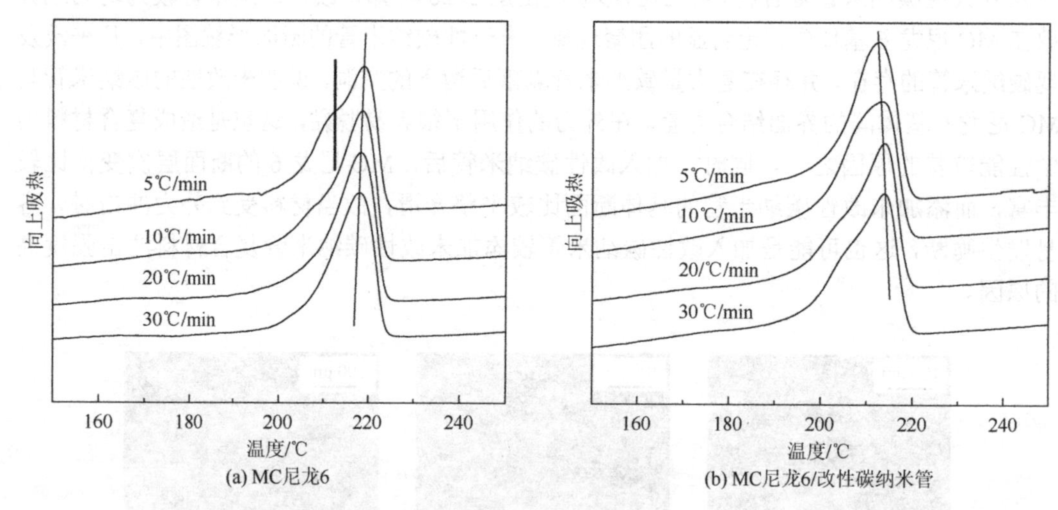

图 5-27　MC 尼龙 6 及其碳纳米管复合材料在不同降温速率结晶的熔融曲线

表 5-6　不同降温速率结晶的 MC 尼龙 6 及其碳纳米管复合材料的熔点

样品/wt%	冷却速率/(℃/min)	T_m/℃
0	5	218.9
	10	218.7
	20	218.3
	30	218.1
0.3	5	212.8
	10	213.3
	20	213.8
	30	213.8

2. 案例小结

（1）基于绝热法思想，采用非等温动力学分析 MC 尼龙 6/碳纳米管复合材料成型过程的反应动力学，计算结果表明：改性碳纳米管的加入提高了成型的反应速率，而未改性碳纳米管的加入对反应速率无显著的影响；MC 尼龙 6 及其碳纳米管复合材料的成型反应均可以视为准一级反应；通过 Malkin 提出的自催化模型可知，碳纳米管含量的变化主要影响己内酰胺阴离子聚合反应的自催化过程。

（2）改性碳纳米管的加入并未改变 MC 尼龙 6 的晶体结构，而未改性碳纳米管的加入限制了 MC 尼龙 6 结晶过程中 α_2 晶型的生长；相比纯 MC 尼龙 6，改性碳纳米管复合材料的熔点有所降低，球晶尺寸有所减小。未改性碳纳米管的加入则会较大程度地降低 MC 尼龙 6 的结晶程度。通过改性，碳纳米管与 MC 尼龙 6 基体的界面黏结力增强。

5.4.3　浇铸尼龙 6/改性碳纳米管复合材料的非等温结晶动力学

在聚合物材料中，具有结晶能力的占有相当的比例，但和低分子材料不同的是，其结晶往往不完善，只能部分结晶，结晶过程也比较复杂。此类半结晶性聚合物的物理、化学及机械性能很大部分取决于聚合物的结晶程度及结晶结构。结晶条件如温度和热历史等是影响聚合物结晶行为的重要因素，结晶条件不同导致的结晶行为的差异将会对聚合物的性能产生很大的影响。为了控制结晶速率和结晶度，以获得预期的形态与性能的聚合物，在结晶动力学及其与聚合物物性关系方面已做了大量的研究工作。聚合物结晶动力学研究的是不同条件下聚合物的宏观结晶与结构参数随时间变化的规律，关注成核速率和晶体生长速率，结晶度随时间的变化规律，进而得到不同加工条件下结晶诱导时间、半结晶时间和结晶度等物性参数。

MC 尼龙 6 作为一种半结晶性聚合物，与一般铸造和成型冷却过程不同的是，MC 尼龙 6 的浇铸过程是聚合和结晶同时进行的过程，其非等温结晶行为与其成型过程密切相关，因此，研究 MC 尼龙 6 的非等温结晶动力学在理论和材料成型工艺指导方面都具有重要的意义。对非等温结晶动力学的处理，较常用的有 Avrami 方程、Ozawa 方程和 Jeziorny 方程等。Mo 等把 Ozawa 方程和 Avrami 方程联合起来，提出一种新的处理非等温结晶动力学的方法。Urbanovici 等提出一个将 Avrami 方程泛化的新的动力学方程。Kissinger 方法是计算结晶活化能常用的方法，然而 Vyazovkin 通过理论计算验证 Kissinger 方法不能正确计算降温过程的结晶活化能。本节首先将多壁碳纳米管用甲苯二异氰酸酯改性，并用己内酰胺封端后，通过阴离子聚合方法制备 MC 尼龙 6/碳纳米管复合材料，分别采用 Avrami 法、Ozawa 法、Mo 法和 Urbanovici-Segal 法处理其非等温结晶动力学，最后通过 Friedman 方程和 Vyazovkin 方法分别计算结晶过程的活化能，探讨改性碳纳米管的加入对 MC 尼龙 6 非等温结晶行为的影响。

1. 浇铸尼龙 6/改性碳纳米管复合材料的示差扫描量热实验

在美国 Perkin-Elmer 公司 Diamond DSC 仪上研究 MC 尼龙 6 及 MC 尼龙 6/0.3 wt%改性碳纳米管复合材料的非等温结晶行为。气氛为氮气，样品用量 4～10 mg，快速升温 250℃后，保温 5 min 以消除热历史，然后分别以 5℃/min、10℃/min、20℃/min 和 30℃/min 的降温速率从 250℃等速降温到室温，记录该过程的热焓变化。

1）MC 尼龙 6/改性碳纳米管复合材料非等温结晶行为

图 5-28 是纯 MC 尼龙 6 及 MC 尼龙 6/0.3 wt%改性碳纳米管复合材料的 DSC 非等温结晶曲线，降温速率分别 5℃/min、10℃/min、20℃/min 和 30℃/min。从曲线中可以得到一些结晶参数，如结晶起始温度（T_0）、结晶峰温度（T_p）、结晶终了温度（T_∞）、结晶焓（ΔH）和相对结晶度（X_T）。其中，结晶峰温度和结晶焓列于表 5-7 中。结晶焓是在不考虑碳纳米管的热力学贡献的情况下，计算得到的单位质量 MC 尼龙 6 的结晶焓，通常用来反映结晶程度。

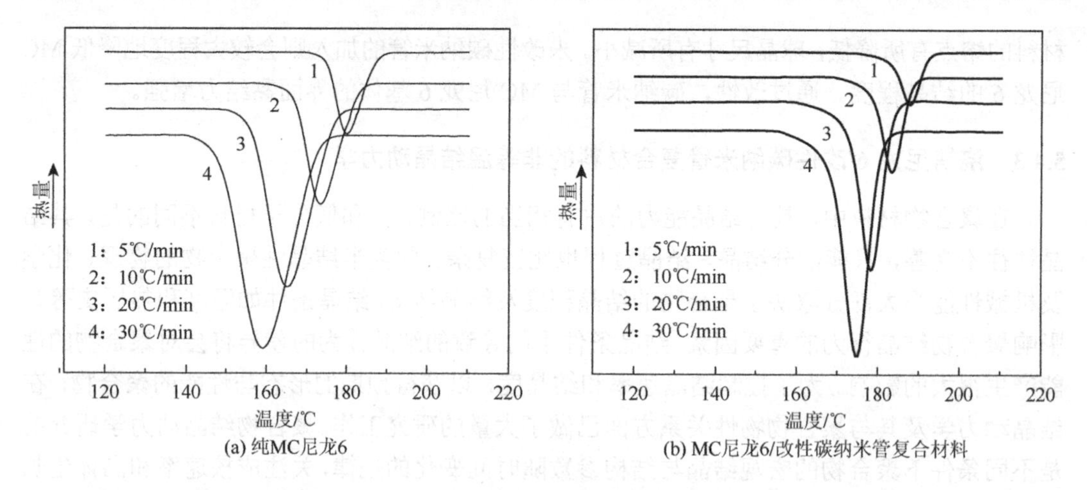

图 5-28　纯 MC 尼龙 6 和 MC 尼龙 6/改性碳纳米管复合材料的 DSC 曲线

表 5-7　非等温结晶过程中试样的动力学参数

样品	β/(℃/min)	$t_{1/2}$/min	T_p/℃	ΔH/(J/g)
MCPA6	5	2.25	180.06	48.64
	10	1.20	173.43	47.81
	20	0.80	165.22	45.68
	30	0.60	159.01	44.04
MCPA6/MWNTs-CCL	5	1.76	187.77	46.65
	10	0.93	183.49	46.46
	20	0.57	178.29	47.61
	30	0.39	174.60	47.54

图 5-28 曲线表明，随着降温速率的增加，MC 尼龙 6 及其复合材料的结晶峰位置都向低温方向移动，这主要是因为，在较低降温速率条件下，跃过能量垒的时间足够，结晶可以在较高的温度下开始；而当降温速率升高时，结晶晶核在较低的温度下激活。而同一降温速率条件下，加入改性碳纳米管后的 MC 尼龙 6 的结晶峰温度升高，表明了改性碳纳米管作为一种有效的成核剂，增加了 MC 尼龙 6 的结晶速率，且由于异相成核作用，使 MC 尼龙 6 的球晶尺寸减小，这与之前偏光显微镜的观察结果一致。随着降温速率的增加，结晶峰变大，这是由于降温速率的增大会使结晶时过冷度增加，在较低温度下分子链活动性变差，结晶的完善程度差异大，结晶峰变宽。同一降温速率条件下，加入改性碳纳米管后，MC 尼龙 6 的结晶峰宽度变小，表明碳纳米管的异相成核作用使 MC 尼龙 6 的结晶程度差异性降低。由图 5-28 可知，加入碳纳米管后，ΔH 的变化不大，表明碳纳米管对 MC 尼龙 6 的结晶度影响不大。

2）尼龙 6/改性碳纳米管复合材料非等温结晶动力学

在任意结晶温度时的相对结晶度 X_T 可以用方程式（5-1）计算得出：

$$X_T = \frac{\int_{T_0}^{T} (\mathrm{d}H_c / \mathrm{d}T)\mathrm{d}T}{\int_{T_0}^{T_\infty} (\mathrm{d}H_c / \mathrm{d}T)\mathrm{d}T} \tag{5-1}$$

式中，$\mathrm{d}H_c$为无限小温度范围内所释放的结晶热焓。因此，图 5-28 可以相应地转化为相对结晶度 X_T 与温度 T 的关系（图 5-29）。利用公式 $t=(T-T_0)/\beta$ 进行换算（t 为结晶时间，β 为降温速率），则可以进一步转化为相对结晶度 X_T 与结晶时间的关系，由此可知结晶一半所需时间 $t_{1/2}$，列于表 5-7。

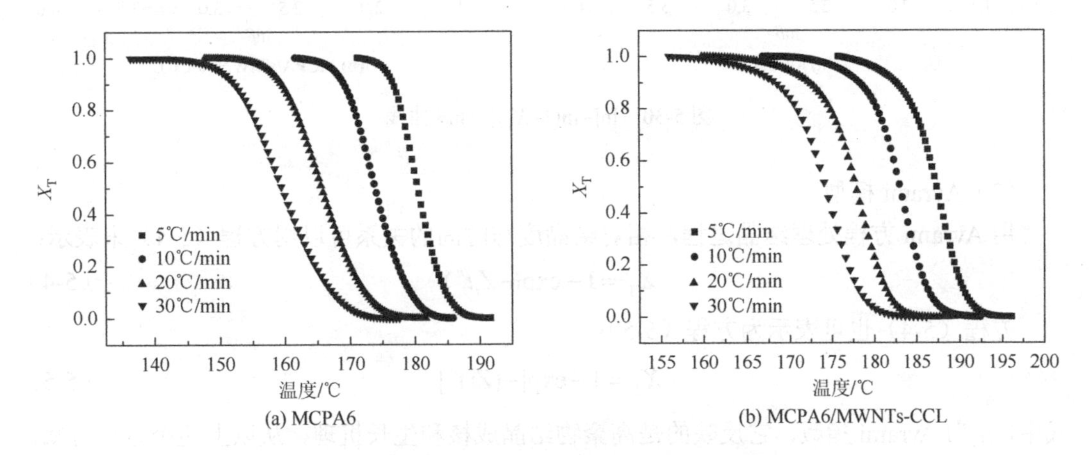

(a) MCPA6 (b) MCPA6/MWNTs-CCL

图 5-29 相对结晶度 X_T 与温度 T 的关系曲线

由表 5-7 可知，正如所预期的，$t_{1/2}$ 随着降温速率的增加而降低，这是因为 $t_{1/2}$ 是衡量结晶速率的指标；而在同一降温速率下，MC 尼龙 6/改性碳纳米管复合材料的 $t_{1/2}$ 较低，如上文所述，改性碳纳米管在结晶过程中起到异相成核的作用，有利于结晶。

为进一步全面了解在非等温结晶条件下结晶度的变化情况，采用了一系列的动力学模型来分析 MC 尼龙 6 及其改性碳纳米管复合材料的非等温结晶动力学。

（1）Ozawa 模型。

根据 Ozawa 理论，非等温结晶过程是由无限个等温结晶所组成的结果。按照其理论模型，相对结晶度与温度的关系可以用方程（5-2）来表示：

$$1 - X_T = \exp[-K(T)/\beta^m] \tag{5-2}$$

式中，$K(T)$为冷却结晶的函数；m 为 Ozawa 指数，与结晶的生长及成核机理有关。将方程（5-2）两边取对数得到方程（5-3）：

$$\ln[-\ln(1-X_T)] = \ln K(T) - m\ln\beta \tag{5-3}$$

如果 Ozawa 理论模型是正确的，那么作 $\ln[-\ln(1-X_T)] \sim \ln\beta$ 曲线应该是条直线，而由图5-30可知，无论是纯MC尼龙还是MC尼龙6/改性碳纳米管复合材料的 $\ln[-\ln(1-X_T)] \sim \ln\beta$ 曲线，其线性都不明显，因此，用 Ozawa 模型来描述其非等温结晶动力学过程并不理想。

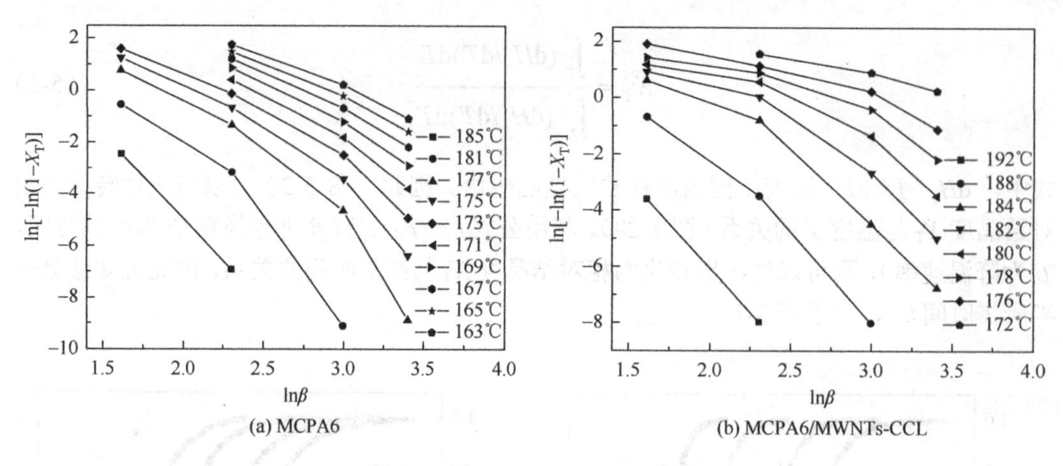

图 5-30　ln[−ln(1−X_T)]～lnβ 曲线

（2）Avrami 模型。

用 Avrami 方程处理结晶过程，相对结晶度与时间的关系可以用方程（5-4）来表示：

$$X_T = 1 - \exp(-Z_t t^n) \tag{5-4}$$

方程（5-4）也可表示为方程（5-5）：

$$X_T = 1 - \exp[-(Zt)^n] \tag{5-5}$$

式中，n 为 Avrami 指数，它反映的是高聚物结晶成核和生长机理，从以上两个方程可知，$Z_t = Z^n$。Z 为 Avrami 速率常数，与结晶温度有关，而 Z_t 不仅是温度的函数，还是 Avrami 指数 n 的函数。将方程（5-4）两边取对数，可以得到方程（5-6）：

$$\ln[-\ln(1-X_T)] = \ln Z_t + n\ln t \tag{5-6}$$

将实验数据与方程（5-6）进行线性拟合，参数 n、Z_t 及 Z 可以从曲线 ln[−ln(1−X_T)]～ln$t$（图 5-31）的斜率和截距中获得。应该注意的是，Avrami 方程最初提出的时候是描述等温结晶动力学过程，而在非等温条件下，n 和 Z_t 所表示的物理意义应该有所不同，因为非等

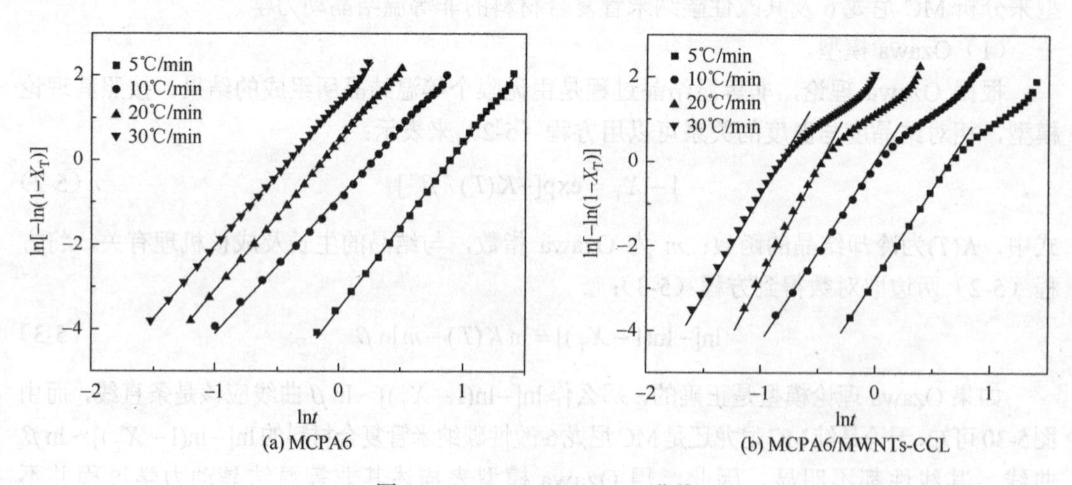

图 5-31　ln[−ln(1−X_T)]～ln$t$ 曲线

温结晶动力学还取决于降温速率，Jeziorny 提出动力学参数 Z_t 需要通过考虑降温速率的影响来进行修正，见式（5-7）：

$$\ln Z_c = \frac{\ln Z_t}{\beta} \tag{5-7}$$

从 Avrami 方程和 Jeziorny 方法所得的动力学参数列于表 5-8。

表 5-8 非等温结晶过程中试样的 Avrami 模型参数

样品	β/(℃/min)	n	Z_t/min^{-n}	Z/min^{-1}	Z_c
MCPA6	5	3.92	0.03	0.41	0.49
	10	3.23	0.42	0.76	0.91
	20	3.52	1.55	1.13	1.02
	30	3.43	4.06	1.50	1.04
MCPA6/MWNTs-CCL	5	4.23	0.06	0.51	0.57
	10	4.12	0.36	0.78	0.99
	20	4.68	8.17	1.57	1.11
	30	4.52	43.38	2.30	1.13

Avrami 指数主要与分子量、成核类型及二次结晶有关，而与温度的关系不大。由表 5-8 可知，同一降温速率下，复合材料的 Avrami 指数比纯 MC 尼龙 6 的高，表明碳纳米管的异相成核作用，并且导致尼龙 6 的结晶成核和生长发生了变化；复合材料的 Z_t 也高于纯 MC 尼龙的，表明碳纳米管的加入提高了尼龙 6 的结晶速率。由图 5-31 可知，纯 MC 尼龙的 $\ln[-\ln(1-X_T)]$～$\ln t$ 曲线的线性比较好，而 MC 尼龙 6/改性碳纳米管复合材料结晶后期 $\ln[-\ln(1-X_T)]$～$\ln t$ 曲线偏离线性关系。对于结晶初期的线性关系主要是描述聚合物结晶主期聚合阶段，当在结晶后期，即次期结晶或二次结晶阶段，由于生长中的球晶相遇而影响生长，方程与实验数据偏离。因此，根据以上分析结果可知，加入改性碳纳米管后，MC 尼龙 6 的结晶后期的二次结晶过程比较显著。

（3）Mo 方法。

Mo 等将 Avrami 方程和 Ozawa 方程联合起来，处理非等温结晶过程。将方程（5-3）和方程（5-6）联立得方程（5-8）：

$$\ln Z_t + n\ln t = \ln K(T) - m\ln\beta \tag{5-8}$$

将方程（5-8）重新整理，得出在某一相对结晶度下的动力学方程：

$$\ln\beta = \ln F(T) - \alpha\ln t \tag{5-9}$$

式中，$F(T) = [K(T)/Z]^{1/m}$，为单位时间达到某一相对结晶度所需要的降温速率，表征样品在一定结晶时间内达到某一结晶度时的难易程度。$\alpha = n/m$，式中，n 为 Avrami 指数，m 为 Ozawa 指数。从方程（5-9）中可以知道曲线 $\ln\beta$～$\ln t$ 应为直线，而参数 $F(T)$ 和 α 可以从直线的截距和斜率中得出。图 5-32 为纯 MCPA6 及 MCPA6/MWNTs-CCL 的 $\ln\beta$～$\ln t$ 曲线，由图可知，无论是 MCPA6 还是 MCPA6/MWNTs-CCL，其 $\ln\beta$～$\ln t$ 都表现出良好的线性关系，从而说明了 Mo 方法可以很好地描述 MC 尼龙 6 及其碳纳米管复合材料非等温结晶过程。所得参数 $F(T)$ 和 α 列于表 5-9。由表 5-9 可知，达到相同的相对结晶度时，复合材料的$F(T)$较小，说明复合材料的结晶速率快于MC尼龙6的结晶速率，这与之前的分析一致。对于α的值来说，纯MCPA6在1.32～1.40，复合材料在1.20～1.24。而对于同一种材料来说，α的值在不同降温速率条件下几乎都保持一致，这意味着Avrami指数与Ozawa指数在不同降温速率下的变化程度保持一致。Mo方法最重要的一点就是将降温速率与结晶温度、时间及结晶形态关联起来。

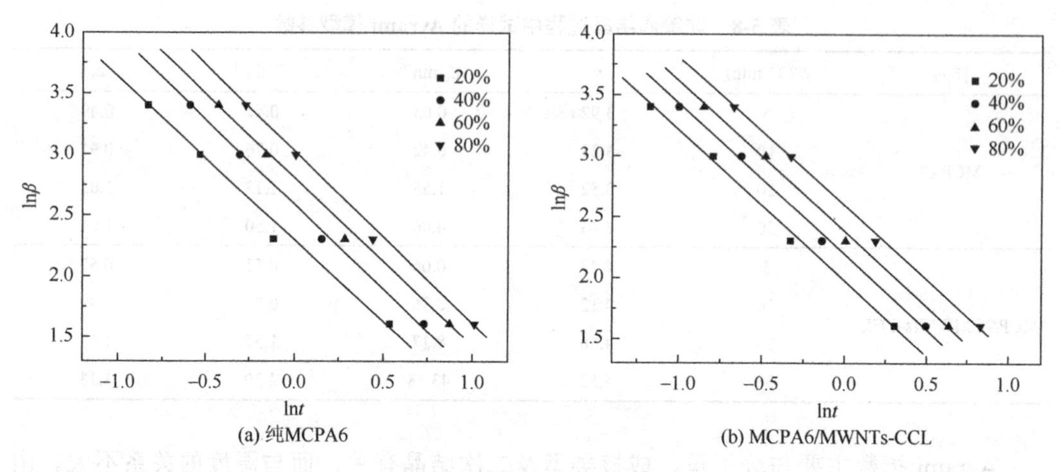

图 5-32　$\ln\beta \sim \ln t$曲线

表 5-9　基于 Mo 方法的纯 MCPA6 和 MCPA6/MWNTs-CCL 复合材料动力学参数

样品	X_t/%	α	$F(T)$
纯 MCPA6	20	1.32	9.58
	40	1.36	13.06
	60	1.38	15.96
	80	1.40	19.88
MCPA6/MWNTs-CCL	20	1.24	7.09
	40	1.22	8.93
	60	1.22	10.69
	80	1.20	13.19

（4）Urbanovici-Segal 模型。

Urbanovici和Segal将Avrami方程泛化，提出一个新的动力学方程。根据该模型，在某一时间t，非等温结晶的相对结晶度为

$$X_T = 1 - [1 + (r_{US} - 1)(K_{US}t)^{n_{US}}]^{1/(1-r_{US})} \tag{5-10}$$

式中，K_{US}和n_{US}为结晶速率常数和Urbanovici-Segal方程指数。r_{US}用来表征Urbanovici-Segal方程和Avrami方程偏离的程度，当$r_{US} \to 1$，该方程就成为Avrami方程。因此，K_{US}和n_{US}的物理意义分别与 Avrami 方程的参数Z和n相同（$X_T = 1 - \exp[-(Zt)^n]$）。本案例采用智能微粒群算法，利用Matlab软件将方程（5-10）与DSC实验所得数据进行拟合，拟合结果见图5-33。拟合得出的参数及拟合的相关系数（r）列于表5-10。由表5-10可知，

r 都趋于 1，说明该模型用来描述非等温结晶过程是可行的。复合材料的 r_{US} 偏离 1 的程度比较大，说明其非等温结晶过程偏离 Avrami 方程的程度比较大，这与前面的 Avrami 模型分析一致。

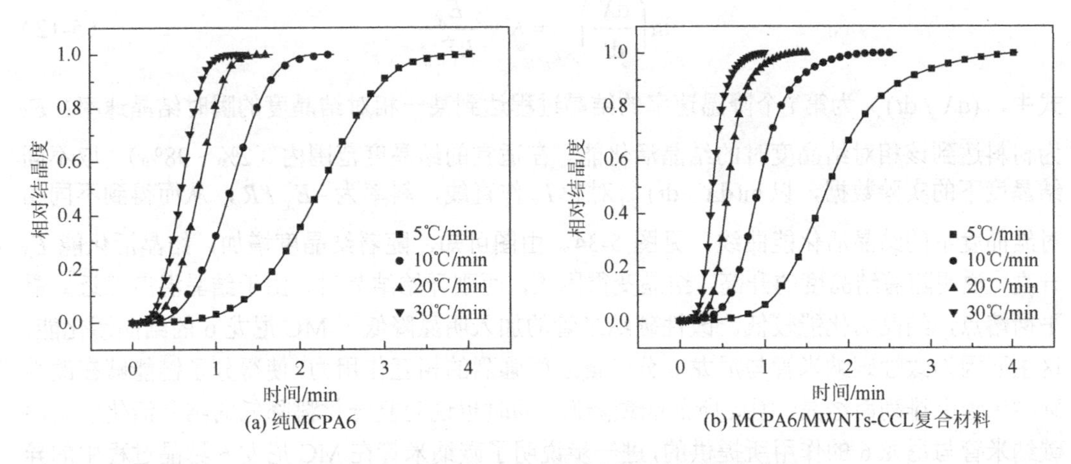

图 5-33　Urbanovici-Segal 的拟合与实验结果对照

表 5-10　不同降温速率下基于 Urbanovici-Segal 模型的动力学参数

样品	β/(℃/min)	K_{US}	n_{US}	r_{US}	r
MCPA6	5	0.40	4.00	0.97	0.9998
	10	0.75	3.45	0.95	0.9996
	20	1.10	3.36	0.88	0.9995
	30	1.45	3.02	0.85	0.9992
MCPA6/MWNTs	5	0.55	4.62	1.71	0.9997
	10	1.02	4.34	1.52	0.9996
	20	1.68	5.01	1.61	0.9994
	30	1.67	4.94	1.57	0.9989

3）MC 尼龙 6/改性碳纳米管复合材料非等温结晶活化能

除了前面所涉及的宏观动力学模型，了解结晶过程中的有效活化能同样对研究非等温结晶过程非常重要。聚合物的结晶主要与两个因素有关，其一为与晶体单元在晶相中穿越所需的活化能有关的动力学因素；其二为与成核的自由能位垒有关的静态因素。Kissinger 方法是一种应用广泛的用来计算结晶活化能的方法，将结晶峰温度作为降温速率的变量，从而计算结晶活化能，见式（5-11）：

$$\frac{\mathrm{d}[\ln(\beta)/T_{\mathrm{p}}^{2}]}{\mathrm{d}(1/T_{\mathrm{p}})}=-\frac{E}{R} \tag{5-11}$$

式中，E 为结晶活化能；R 为摩尔气体常量。而 Vyazovkin 通过计算证明，Kissinger 方法在计算降温条件下的结晶活化能时会出现不合理的结果，而通过 Friedman 方法或 Vyazovkin

等提出的模型才可获得正确的结果。本节采用 Friedman 方法和 Vyazovkin 模型分别对 MC 尼龙 6 及其碳纳米管复合材料的非等温结晶活化能进行分析。

Friedman 将非等温结晶过程的结晶活化能处理成为结晶温度的函数，方程表达式为

$$\ln\left(\frac{\mathrm{d}X}{\mathrm{d}t}\right)_{X,i} = K - \frac{E_X}{RT_{X,i}} \tag{5-12}$$

式中，$(\mathrm{d}X/\mathrm{d}t)_{X,i}$ 为第 i 个降温速率的结晶过程达到某一相对结晶度的瞬时结晶速率；E_X 为材料达到该相对结晶度时的结晶活化能。在适宜的结晶度范围内（2%～98%），取不同结晶度下的实验数据，以 $\ln(\mathrm{d}X/\mathrm{d}t)_{X,i}$ 对 $1/T_X$ 作直线，斜率为 $-E_X/R$，从而得到不同相对结晶度下的结晶活化能曲线，见图 5-34。由图可知，随着结晶度增加，结晶活化能 E_X 升高，说明随着结晶度的升高，结晶变得困难，而刚开始结晶时，由于结晶温度靠近结晶平衡熔点，结晶活化能较低。改性碳纳米管的加入明显降低了 MC 尼龙 6 的结晶活化能，这主要因为改性碳纳米管与尼龙 6 分子链之间强烈的相互作用力，使得分子链能够在改性碳纳米管上排列而结晶，因此所需能量降低；同时也说明复合材料降低的结晶活化能是由碳纳米管与尼龙 6 的作用所提供的，进一步说明了碳纳米管在 MC 尼龙 6 结晶过程中的异相成核作用。

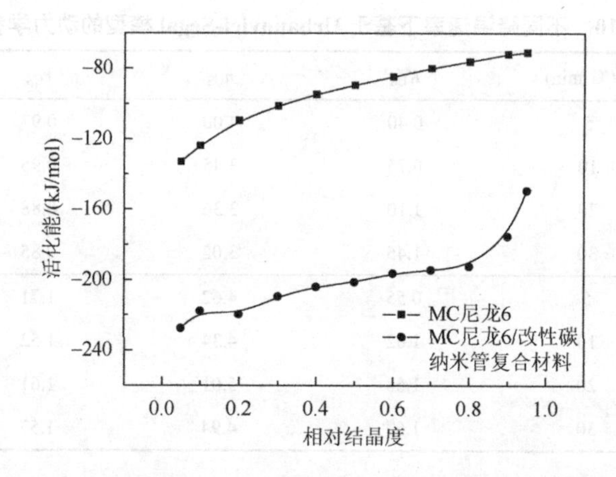

图 5-34 通过 Friedman 方法计算的结晶活化能与相对结晶度的关系

Vyazovkin 提出一种先进的转化率方法，研究在任意温度范围内的动力学。对于经历 n 个不同温度变化的一系列实验，该反应在任意转化率 a 时的活化能为使方程（5-13）取得最小值时的 E_a：

$$\varPhi(E_\mathrm{a}) = \sum_{i=1}^{n}\sum_{j\neq i}^{n}\frac{J[E_\mathrm{a},\ T_i(t_\mathrm{a})]}{J[E_\mathrm{a},\ T_j(t_\mathrm{a})]} \tag{5-13}$$

式中，

$$J[E_\mathrm{a}, T_i(t_\mathrm{a})] \equiv \int_{t_\mathrm{a}-\Delta a}^{t_\mathrm{a}} \exp\left[\frac{-E_\mathrm{a}}{RT_i(t)}\right]\mathrm{d}t \tag{5-14}$$

在式（5-14）中，转化率 a 的变化范围为 Δa 到 $1-\Delta a$，步长 $\Delta a = c^{-1}$，其中 c 为分析过程中所取的转化率的个数。对非等温结晶过程的分析，式（5-13）中的 n 即代表实验所采取了 n 个不同的降温速率，本节取 $\Delta a = 0.01$，根据式（5-13）和式（5-14），通过计算机软件 Matlab 计算 MC 尼龙 6 及 MC 尼龙 6/碳纳米管复合材料的非等温结晶过程的活化能变化趋势，见图 5-35。由图可知，计算的结果与前面采用 Friedman 方法的一致；对于碳纳米管复合材料，当相对结晶度超过 90%时，结晶活化能急剧上升，表明结晶后期可能遵循另一种结晶机理。

根据 Vyazovkin 等提出的理论，结晶活化能还可处理成结晶温度的函数，其方程表达式为

$$E_X(T) = U^* \frac{T^2}{(T - T_\infty)} + K_g R \frac{T_m^2 - T^2 - T_m T}{(T_m - T)^2 T} \tag{5-15}$$

式中，温度 T 为不同降温速率下，结晶达到某一相对结晶度的平均温度，见图 5-36，K_g 和 U^* 为 Lauritzen-Hoffman 参数，通过回归方程（5-15）可以获得这两个函数。

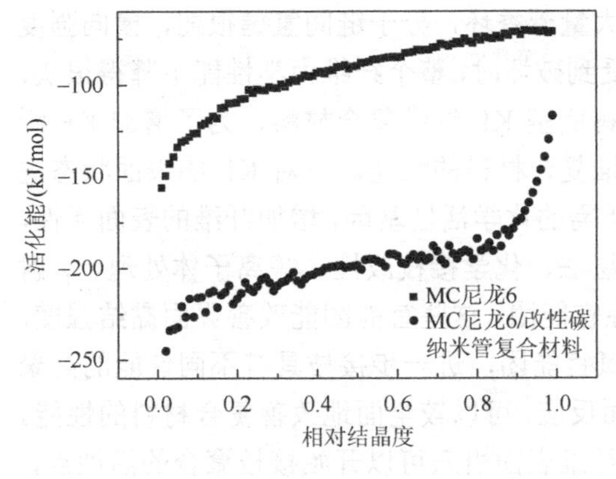

图 5-35　通过 Vyazovkin 方法计算的结晶活化能与相对结晶度的关系

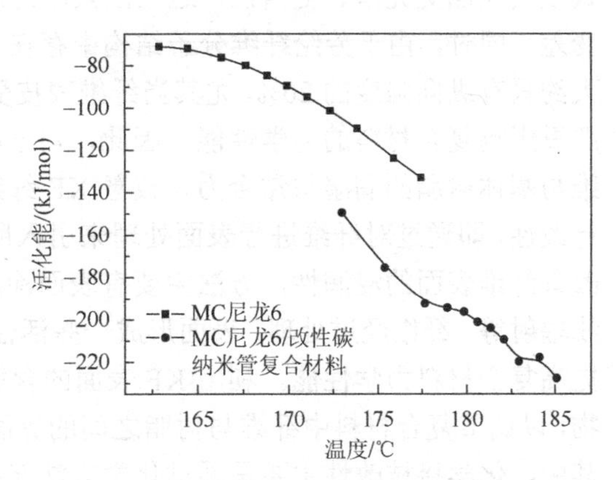

图 5-36　非等温结晶过程中结晶活化能与结晶温度的关系

2. 案例小结

（1）0.3 wt%改性碳纳米管的加入提高了 MC 尼龙 6 的结晶速率，其异相成核作用使 MC 尼龙 6 的结晶程度差异性降低，且对 MC 尼龙 6 的结晶度影响不大。

（2）Ozawa 方程无法合理地描述 MC 尼龙 6 及其改性碳纳米管复合材料的动力学过程；Avrami 方程在描述 MC 尼龙 6/改性碳纳米管复合材料时，由于二次结晶过程的影响，结晶后期偏离线性关系；Mo 方法和 Urbanovici-Segal 方法都能够很好地描述 MC 尼龙 6 及 MC 尼龙 6/改性碳纳米管复合材料的非等温结晶动力学。通过 Urbanovici-Segal 方法分析得出，MC 尼龙 6/改性碳纳米管复合材料的非等温结晶过程会较大程度地偏离 Avrami 方程。

（3）通过 Friedman 方法计算结晶活化能表明，改性碳纳米管的加入明显降低了 MC 尼龙 6 的结晶活化能；Vyazovkin 方法的计算结果与 Friedman 方法的一致，碳纳米管复

合材料的结晶后期可能遵循另一种结晶机理，导致其活化能随相对结晶度的增加而急剧上升。

5.4.4 凯芙拉纤维表面阴离子接枝尼龙 6

纤维增强复合材料是一种很有前途的材料，为了制得性能优异的复合材料，必须对纤维表面进行处理。而纤维增强复合树脂是一种由聚合物基体和纤维增强物组成的高分子复合材料，具有低密度、高强度、高模量及耐腐蚀的优点。凯芙拉纤维（KF）是分子主链上至少含有 85%的直接与两个芳环相连接的酰胺基团的聚酰胺经溶液纺丝所得的合成有机高性能纤维，稳定的骨架结构赋予了该纤维优异的化学稳定性、热稳定性及高强度、高模量等特点。但是从芳纶纤维的结构可知，它是刚性分子，分子对称性高，定向程度和结晶度高，因而横向分子间作用弱；另外，分子结构中存在大量的芳香环，不易移动，使其分子间的氢键弱；横向强度低，使得在压缩及剪切力作用下容易产生断裂；且芳纶纤维表面缺少化学活性基团，表面浸润性较差，同时高性能 KF 的纤维石墨化程度更高，致使其表面更光滑、更惰性，这些因素使纤维与树脂的浸润性能变差，复合材料的界面变差。同时，由于芳纶纤维分子结构中存在大量芳香环，分子链间氢键很弱，横向强度大约只有纵向强度的 20%。尤其当纤维表皮受到破坏时，整个纤维力学性能下降得很快，严重影响复合材料的力学性能。因此，对于树脂基 KF 纤维复合材料，为了增加 KF 纤维与基体树脂的润湿与黏合力，改善 KF 纤维复合材料的性能，需对 KF 的表面状态进行改性，即通过对纤维进行表面处理来引入所需的化学活性基团，增加纤维的表面活性，改善纤维表面的浸润性，方法主要有表面涂层法、化学接枝改性、等离子体处理、γ 射线辐射等。纤维经过处理，表面形成一些活性官能团，这些官能团能改善界面黏结强度，提高复合材料力学性能。利用 KF 表面的含氧官能团，进一步接枝具有不同性能的高聚物，以调节复合材料中纤维与树脂之间的界面反应，可以较全面地改善复合材料的性能。其中，化学接枝改性主要是通过化学方法在纤维表面引入可以开始接枝聚合的活性点，然后再引发单体聚合的方法。可通过对单体或聚合条件的选择，按人为需要形成不同模量的界面层。

前人在各种纤维的表面接枝改性方面做过一些相关的工作，如烯类单体与羊毛纤维接枝共聚反应，分别制得 Wool-MMA，Wool-EtMA，Wool-BuMA，Wool-BzMA 系列接枝共聚物。Ce^{4+}引发丙烯腈与罗布麻纤维接枝共聚反应，以改进罗布麻纤维的吸附功能。在复合加工过程中，KF 纤维表面的—COOH 与尼龙的—NH_2 端基直接反应，可以提高 KF/尼龙复合材料界面黏结力。KF 表面活性官能团与 2, 4-TDI 反应，并水解转化为—NH_2 基，可以进行 KF/环氧树脂复合材料界面设计。同时，利用 KF 表面活性官能团与 2, 4-TDI 反应，并进一步与端羟基聚丁二烯反应，可以设计 KF/环氧树脂复合材料的柔性界面层。Salehi-Mobarakeh 等利用 GF、KF 表面的羟基、氨基与二酰氯反应，并进一步设计界面，在 GF/PA6、Kevlar/PA6 复合材料表面引入离子界面层、缩聚界面层，可以明显提高其复合材料界面黏结力与力学性能。Yu 用己二酰氯、癸二酰氯与 Kevlar 表面的—NH_2 反应，并采用己内酰胺封端的方法，提高增强纤维与基体 PA6 的相容性。也有学者采用阴离子原位聚合的方法，制备了纳米级水平的 PPTA/PA6 原位复合材料。采用聚丙烯微粒与马来酸酐在紫外线辐照下进行接枝反应，研究其对玻纤增强聚丙烯复合材料力学性能的影响。采用紫外光和铈盐两种引发方式进行羟丙基纤维素与甲基丙烯酸甲酯的接枝共聚反应，以改善产品黏度。

由于己内酰胺在碱、碱金属等催化剂的存在下可以发生阴离子聚合反应，若在体系中加入少量助催化剂（如酰氯或异氰酸酯、酸酐等）时，反应活化能就能够大大降低，使反应速率成百倍地提高。这样，原来在200℃以下反应极其缓慢，一般要在200℃以上经过一段诱导时间才能迅速聚合，加了助催化剂后可在150℃下很快聚合。本节把己内酰胺聚合的助催化剂接枝到KF表面，通过将KF表面官能团—COOH、—NH_2酰氯化、异氰酸酯化，并提出采用己内酰胺稳定化的方法，合成了带有能引发单体己内酰胺阴离子聚合的KF，首次实现了KF表面阴离子接枝PA6。由于KF表面—COOH、—NH_2总量不大，本节实验选择接枝引发剂的KF作为原料，进行接枝反应。

1. 凯芙拉纤维表面阴离子接枝尼龙6的制备

1）KF表面阴离子接枝PA6的设计

复合材料在制备过程中，只要涉及液相与固相的相互作用，必然就有液相和固相的浸润问题。在制备聚合物基复合材料时，一般是聚合物均匀地浸渍或涂刷在增强材料上。树脂对增强材料的浸润性是指树脂能否均匀地分布在增强材料的周围，这是树脂与增强材料能否形成良好黏结的前提。一种体系的两个组元可能有极好的浸润性，但它们之间的结合可能很弱，如范德华物理键合形式。因此良好的浸润性只是两个组元间可达到良好黏结的必要条件，并非充分条件。为了提高复合材料的组元间的浸润性，需要通过对增强材料进行表面处理，有时也可通过改变基体成分来实现。通过接枝反应，在纤维表面形成一个具有所需化学活性基团及链结构的表面层，使复合材料具有预设计的界面层，以消除内应力，提高黏结强度和浸润性，此外，还可提高复合材料的力学性能。

2）KF表面酰氯化及阴离子接枝PA6的反应历程

离子聚合的活性中心是离子或离子对。根据中心离子的电荷性质，又可分为阳离子聚合和阴离子聚合。离子聚合的条件较为苛刻，微量水、空气和杂质都对聚合反应有极大影响，实验重现性差；聚合速率快，需在低温下进行；引发体系往往是非均相；反应介质的性质对聚合反应有很大影响。

本节通过KF表面官能团—COOH、—NH_2与己二酰氯反应，并用己内酰胺封端稳定化后，可作为己内酰胺阴离子聚合的助催化剂，通过引发己内酰胺阴离子聚合，实现KF表面阴离子接枝PA6。其反应历程如下：

（1）KF表面己二酰氯改性。

$$\mathrm{KF{-}COOH + Cl{-}\underset{\underset{\displaystyle O}{\|}}{C}{-}(CH_2)_4{-}\underset{\underset{\displaystyle O}{\|}}{C}{-}Cl \longrightarrow KF{-}\underset{\underset{\displaystyle O}{\|}}{C}{-}O{-}\underset{\underset{\displaystyle O}{\|}}{C}{-}(CH_2)_4{-}\underset{\underset{\displaystyle O}{\|}}{C}{-}Cl}$$

$$\mathrm{KF{-}NH_2 + Cl{-}\underset{\underset{\displaystyle O}{\|}}{C}{-}(CH_2)_4{-}\underset{\underset{\displaystyle O}{\|}}{C}{-}Cl \longrightarrow KF{-}NH{-}\underset{\underset{\displaystyle O}{\|}}{C}{-}(CH_2)_4{-}\underset{\underset{\displaystyle O}{\|}}{C}{-}Cl}$$

（2）己内酰胺封端稳定化处理。

把 $KF—\underset{\underset{O}{\|}}{C}—O—\underset{\underset{O}{\|}}{C}—(CH_2)_4$ 看作一个整体 R_1，把 $KF—NH—\underset{\underset{O}{\|}}{C}—(CH_2)_4$ 看作一个整体 R_1'，把 R_1、R_1' 看作一个整体 R_X。

$$R_X—\underset{\underset{O}{\|}}{C}—Cl + HN\underset{(CH_2)_5}{\diagdown\!\diagup}C{=}O \longrightarrow R_X—\underset{\underset{O}{\|}}{C}—N\underset{(CH_2)_5}{\diagdown\!\diagup}C{=}O$$

（3）KF1A 阴离子接枝 PA6。

$$HN\underset{(CH_2)_5}{\diagdown\!\diagup}C{=}O + NaOH \longrightarrow \overset{\oplus\ominus}{NaN}\underset{(CH_2)_5}{\diagdown\!\diagup}C{=}O$$

$$\overset{\oplus\ominus}{NaN}\underset{(CH_2)_5}{\diagdown\!\diagup}C{=}O + R_X—\underset{\underset{O}{\|}}{C}—N\underset{(CH_2)_5}{\diagdown\!\diagup}C{=}O \longrightarrow R_X—\underset{\underset{O}{\|}}{C}—N—(CH_2)_5—C{=}O \text{ (N—(CH}_2)_5—C{=}O)$$

$$\overset{\ominus}{N}\underset{(CH_2)_5}{\diagdown\!\diagup}C{=}O + R_X—\underset{\underset{O}{\|}}{C}—N—(CH_2)_5—C{=}O \text{ (N—(CH}_2)_5—C{=}O)$$

$$\longrightarrow R_X—\underset{\underset{O}{\|}}{C}—N—(CH_2)_5—\overset{\overset{O}{\|}}{C}—N—(CH_2)_5—\overset{\overset{O}{\|}}{C}—N\underset{(CH_2)_5}{\diagdown\!\diagup}CO$$

$$\longrightarrow \longrightarrow \longrightarrow \text{KF-g-COCl-g-PA6}$$

3）KF 表面异氰酸酯化及阴离子接枝 PA6 的反应历程

KF 表面官能团—COOH、—NH_2 与异氰酸酯反应，并用己内酰胺封端稳定化后，可以作为己内酰胺阴离子聚合的助催化剂，通过引发己内酰胺阴离子聚合，实现 KF 表面的阴离子接枝 PA6。

（1）KF 表面异氰酸酯改性。

$$KF—COOH + OCN—C_6H_3(CH_3)—NCO \longrightarrow KF—\underset{\underset{O}{\|}}{C}—NH—C_6H_3(NCO)—CH_3$$

$$KF—NH_2 + OCN—C_6H_3(CH_3)—NCO \longrightarrow KF—NH—\underset{\underset{O}{\|}}{C}—NH—C_6H_3(NCO)—CH_3$$

（2）己内酰胺封端稳定化处理。

把 $KF-\underset{\underset{O}{\|}}{C}-NH-C_6H_4-CH_3$ 看作一整体 R_2，把 $KF-NH-\underset{\underset{O}{\|}}{C}-NH-C_6H_4-CH_3$ 看作一个整体 R_2'，把 R_2、R_2' 看作一个整体 R_Y，则

$$R_Y-NCO+HN\overset{\frown}{-}C{=}O\,[(CH_2)_5] \longrightarrow R_Y-NH-\overset{\overset{O}{\|}}{C}-N\overset{\frown}{-}C{=}O\,[(CH_2)_5]$$

（3）KF2A 阴离子接枝 PA6。

$$HN\overset{\frown}{-}C{=}O\,[(CH_2)_5]+NaOH \longrightarrow \overset{\oplus\ominus}{NaN}\overset{\frown}{-}C{=}O\,[(CH_2)_5]$$

$$\overset{\oplus\ominus}{NaN}\overset{\frown}{-}C{=}O\,[(CH_2)_5]+R_Y-NH-\overset{\overset{O}{\|}}{C}-N\overset{\frown}{-}C{=}O\,[(CH_2)_5] \longrightarrow R_Y-NH-\underset{\underset{O}{\|}}{C}-N-(CH_2)_5-\underset{\underset{N[(CH_2)_5-C{=}O]}{|}}{C{=}O}$$

$$\overset{\ominus}{N}\overset{\frown}{-}C{=}O\,[(CH_2)_5]+R_Y-NH-\underset{\underset{O}{\|}}{C}-N-(CH_2)_5-\underset{\underset{N[(CH_2)_5-C{=}O]}{|}}{C{=}O}$$

$$\longrightarrow R_Y-NH-\underset{\underset{O}{\|}}{C}-N-(CH_2)_5-\overset{\overset{O}{\|}}{C}-N-(CH_2)_5-\overset{\overset{O}{\|}}{C}-N\overset{\frown}{-}CO\,[(CH_2)_5]$$

$$\longrightarrow\longrightarrow\longrightarrow KF\text{-}g\text{-}TDI\text{-}g\text{-}PA6$$

4）KF 表面预处理样品红外光谱图

红外光谱是表征高聚物的化学结构和物理性质的一种重要手段，它是利用不同基团与红外光的相互作用来实现的。红外光谱法用于记录物质对于红外光的吸收程度（或透过程度）与波长（或波数）的关系。当物质吸收红外光区的光量子后，光量子的能量会使分子发生振动能级和转动能级的跃迁，但在有机物中，红外光谱主要是研究分子中原子振动能级的变化。本节采用了红外光谱法对水解前后的纤维加以表征。

（1）水解前后样品的红外光谱图。

水解产物经二次蒸馏水洗至中性，除去 NaOH，再用二次蒸馏水抽提 24 h，除去表面杂质，其红外光谱如图 5-37 所示，与未水解处理的 KF 相比，水解样在 3319 cm^{-1} 处有一振动吸收峰，这是 N—H 伸缩振动的特征峰。在 1644 cm^{-1} 处有一较强的振动吸收峰，这是 C═O 伸缩振动的特征峰。这些伸缩振动峰是 KF 的基本结构特征峰。从水解样的红外光谱图可知，在 3330 cm^{-1} 处有一较强且宽化的振动吸收峰，这是来自水解产物中的—O—H 伸缩振动的特征峰。由此表明，KF 已被水解，实现了在其表面引进活性基团。

（2）不同时间的水解样品的红外光谱图。

从图 5-38 可以清楚地看出 KF 不同水解反应时间的红外光谱图。实验中本来是间隔 3 h

取一次样品的，为了不使图过于复杂，所以只分别选出 6 h、12 h、18 h、24 h 的样品红外谱图来说明水解随时间的变化情况。由图可知，随着水解反应时间的延长，产物中的—OH不断地增多。3400～3200 cm^{-1} 附近产生的振动吸收峰不断增强，这是因为3400～3200 cm^{-1} 是—OH 伸缩振动的特征峰，该振动吸收峰不断增强说明产生的—OH 不断增多。但由图可知，c 和 d 的振动吸收峰变化不大，说明水解在 12 h 和 18 h 之间已经接近平衡，因此取 14 h 作为水解的反应时间。

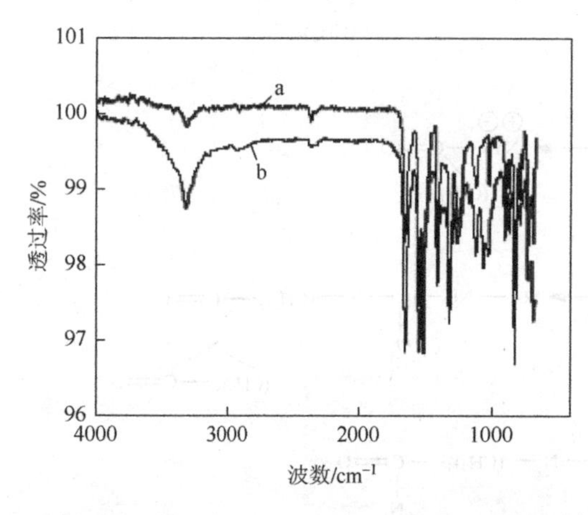

图 5-37　原样（a）及水解样（b）红外光谱图

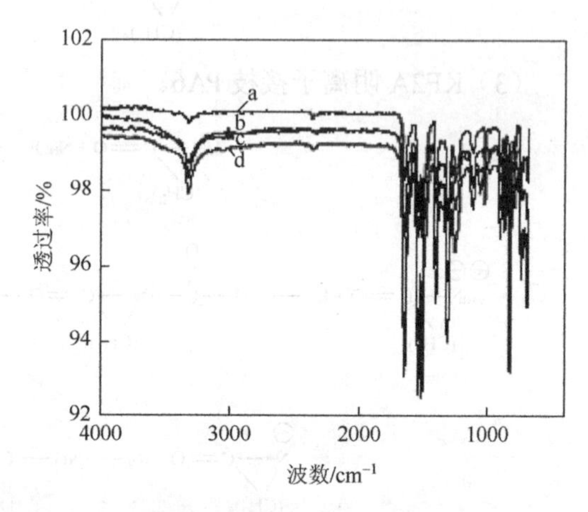

图 5-38　不同水解时间（a：6h，b：12h，c：18h，d：24h）样品的红外光谱图

5）KF 表面酰氯化及己内酰胺封端稳定化样品的红外光谱图

由图 5-39 可知，接枝物经己内酰胺封端稳定化处理后，在 1712 cm^{-1} 处的振动吸收峰得到加强，这正是接枝物用己内酰胺封端稳定化处理的目的所在，接枝物中含有—COCl 基团，而—COCl 基团较不稳定，己内酰胺封端稳定化处理后使—COCl 基团转化成稳定的—CONH—基团，从而使接枝物稳定。—CONH—基团的伸缩振动的特征峰在 1700～

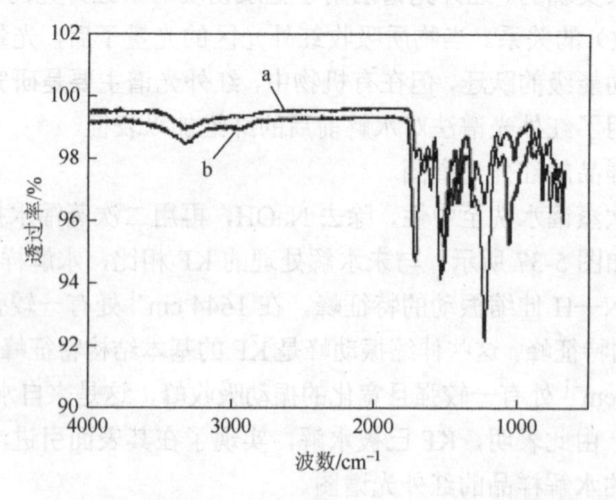

图 5-39　接枝样（a）、封端样（b）的红外光谱图

1720 cm^{-1} 和 3200 cm^{-1} 附近，而本来接枝物中已经含有—CONH—基团，所以在 1712 cm^{-1} 和 3200 cm^{-1} 处的振动吸收峰得到加强。由此证明，接枝物已经经过己内酰胺处理了，得到己内酰胺封端稳定化处理后的产物。

6）KF1A 接枝反应的条件与规律

首先，采用 ESEM 和 XPS 等多种表征手段对 KF 表面己二酰氯改性处理及其阴离子接枝 PA6 进行验证；而对于接枝反应的条件与规律，考虑到本反应体系中接枝到 KF 表面的己内酰胺助催化剂量很少，选择固定催化剂 NaOH 的用量，主要考察反应时间和反应温度对 KF 表面接枝反应的影响。

图 5-40（a）是 KF 表面酰氯化处理后阴离子接枝 PA6 的反应时间对接枝率影响的关系图。由图可见，随着反应时间的增加，表面酰氯改性 KF 的 PA6 接枝率逐渐增大，在反应时间达到 60 min 后趋于平衡，接枝率可达 2.71%，反映了 KF 表面阴离子接枝聚合速率快，短时间内可实现接枝。图 5-40（b）是 KF 表面酰氯化处理后阴离子接枝 PA6 的反应温度对接枝率影响的关系图。由图可见，随着反应温度的提高，KF1A 表面接枝率逐渐增大，在反应温度达到 160℃后逐渐平稳，接枝率可达 2.72%。

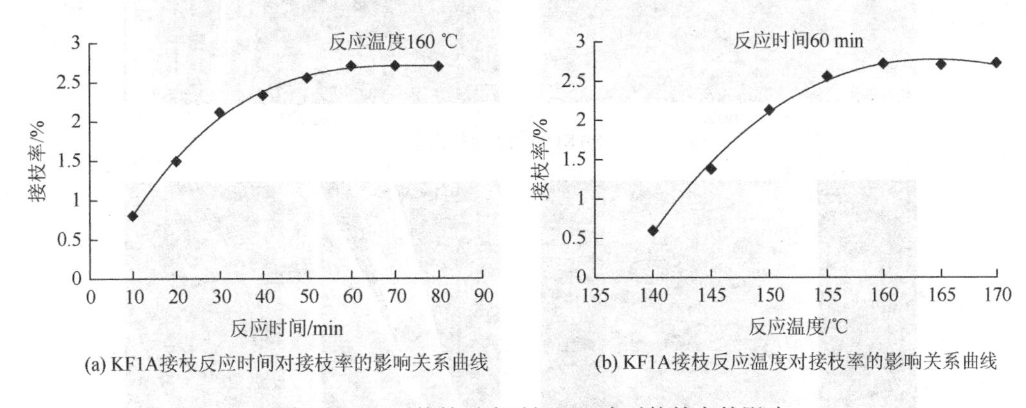

(a) KF1A接枝反应时间对接枝率的影响关系曲线　　(b) KF1A接枝反应温度对接枝率的影响关系曲线

图 5-40　KF1A 接枝反应时间及温度对接枝率的影响

7）KF 表面形貌结构

图 5-41（a）～（d）分别是 KF0（未改性 KF）、KF0A（KF0 在己内酰胺氯合体系中的 KF）、KF1A（KF0 为己二酰氯处理、己内酰胺稳定化后的 KF）、KF1（KF1A 阴离子接枝尼龙的 KF）经甲酸抽提后的 ESEM 形貌。

由图 5-41（a）和图 5-41（b）可知，KF0、KF0A 样品表面形貌差别不大，呈平滑状态。说明这与 MC 尼龙 6 阴离子聚合一样，KF0A 表面没有活化剂，己内酰胺在此条件下难以聚合，KF0A 表面没有接枝上 PA6。图 5-41（c）结果表明，经己二酰氯反应处理，己内酰胺稳定化后的 KF1A 表面由于仅接枝上小分子，ESEM 观察不到表面形貌的明显变化。由图 5-41（d）可知，KF1 表面粗糙，有聚合物附着在 KF 表面上，表明经己内酰胺封端稳定化后，可以实现 KF 表面阴离子接枝 PA6。这说明经酰氯化处理的 KF 不再对己内酰胺阴离子产生阻聚作用。其原因可能是：一方面，酰化处理的 KF 表面对水分的亲和性减弱，从而降低了对共聚的阻聚作用；另一方面，纤维表面的亚氨基被屏蔽，其活泼氢

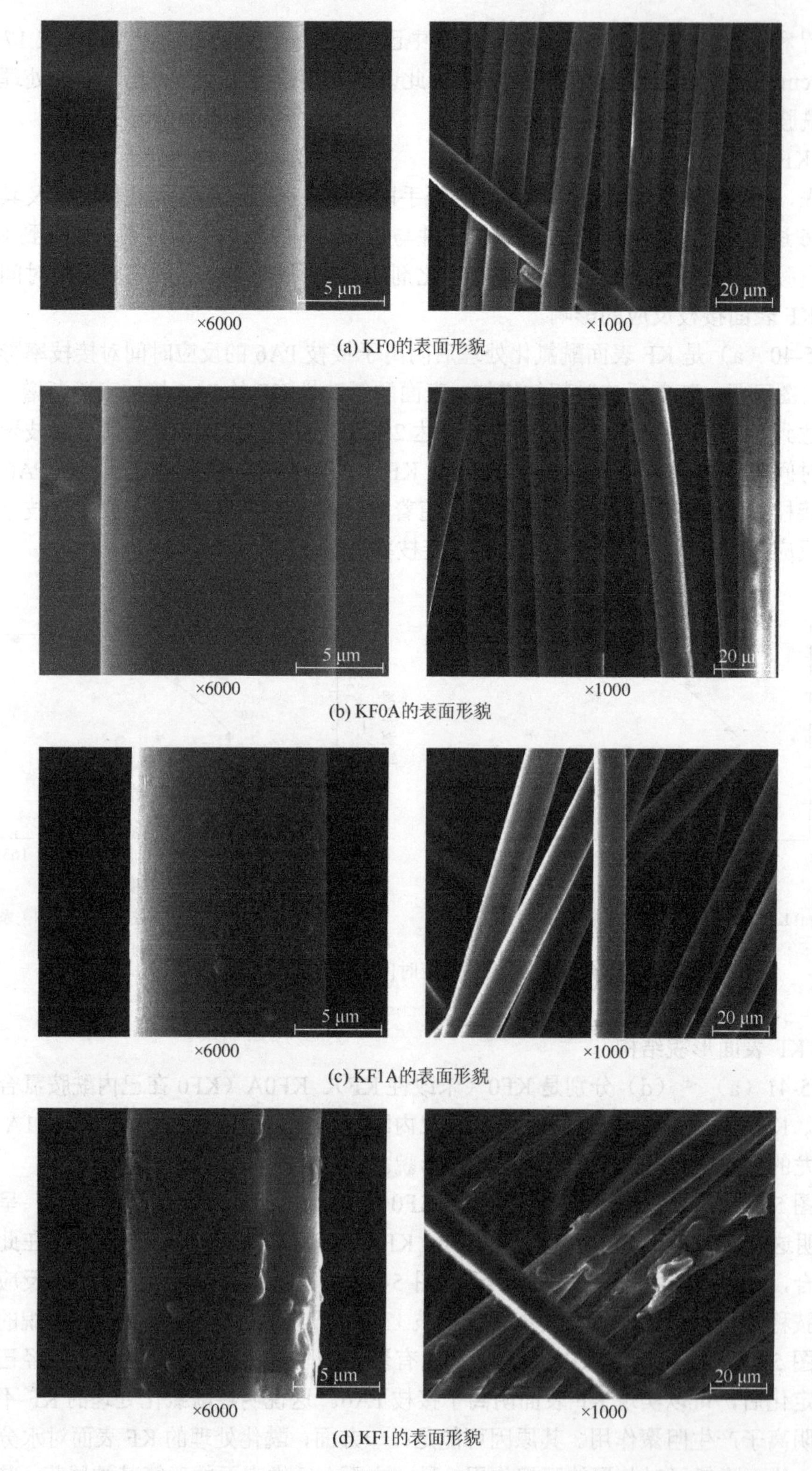

图 5-41　KF0、KF0A、KF1A 和 KF1 经甲酸抽提后的 ESEM 形貌

对共聚影响较小。此外，KF 经改性处理并接枝 PA6 表面粗糙程度增大，增加了比表面积，从而使物理吸附 PA6 增多，增加纤维与树脂尼龙之间的“钩锚”效应，进而可使纤维与树脂基体的界面黏结性能得到改善，更重要的是，KF1 与树脂基体浸润性得到改善，从而提高了复合材料的拉伸强度、弯曲强度与弯曲模量。

8）KF1 表面的化学组成

XPS 作为一种非破坏性的新型表面分析手段，除了可测定表面的元素组成外，还可给出纤维表面的基团及其含量的信息。这种分析手段已经在复合材料，特别是在纤维的表面化学状态分析中得到了广泛的应用。

由于物体表面层原子（分子）都有被拉向内部的趋势，如果把内部原子（分子）移到表面成为表面层原子（分子），就必须克服向内的拉力而做功，所消耗的功就转变成表面层分子或原子的位能，所以表面层原子或分子一般比内部的原子或分子具有过剩的能量，称为表面能。表 5-11 为活性基团中 C_{1s} 电子的结合能。本节通过对材料的各元素结合能谱峰进行分析，可以鉴定元素存在的化学结合状态及其相对含量。

表 5-11　活性基团中 C_{1s} 电子的结合能

基团	C—H	C—NH_2	C—O	C═O	O—C═O
结合能/eV	284.6	285.6	286.2	287.7	289.0

纤维表面的化学活性是以其化学活性基团的浓度来表示的。一般认为，KF 表面的活性基团为 C—NH_2，C—O，C═O，O—C═O，故可以用 O/C（即氧与碳的峰面积积分比值）值来表示其化学活性。

由表 5-12 可知，经表面己二酰氯化改性，并用己内酰胺封端稳定化及阴离子接枝 PA6 后，纤维表面 C、O 和 N 元素的相对含量发生了改变。相对于 KF0，KF 表面己二酰氯化改性并用己内酰胺封端稳定化后，KF1A 表面 N 元素和 O 元素含量增加，C 元素含量降低，且 N/C 和 O/C 均增加；进一步的阴离子接枝 PA6 导致 KF1 表面 N/C 继续增加，且 O/C 也明显增大。根据表 5-11 及上述分析可见，纤维表面经己二酰氯化改性并用己内酰胺封端稳定化及阴离子接枝 PA6 后使纤维表面 O/C 大幅度提高，说明纤维表面化学活性得到了很大的提高。可见此改性方法是一种有效的处理方法，改性处理后纤维表面化学组成发生了极大的变化，其对纤维表面的化学作用有助于提高纤维的界面性能。

表 5-12　KF1 表面元素含量

样品	C/%	O/%	N/%	O/C	N/C
KF0	78.8	17.0	4.2	0.216	0.053
KF1A	77.2	17.3	5.5	0.224	0.071
KF1	73.9	19.8	6.3	0.268	0.085

9）KF表面异氰酸酯化及己内酰胺封端稳定化样品的红外光谱图

由图5-42可知，接枝物经己内酰胺封端稳定化处理后各振动吸收峰并未发生较大变化，只是在1712 cm^{-1}处的振动吸收峰得到加强。这正是接枝物用己内酰胺封端稳定化处理的目的所在，因为接枝物中含有—NCO基团，而—NCO基团较不稳定，经过己内酰胺封端稳定化处理后使—NCO基团转化成—CONH—基团，使接枝物稳定。因为—CONH—基团的伸缩振动的特征峰在1700～1720 cm^{-1}附近，而本来接枝物中已经含有—CONH—基团，所以在1712 cm^{-1}处的振动吸收峰得到加强。由此证明，接枝物已经经过己内酰胺处理，得到己内酰胺封端稳定化处理后的产物。

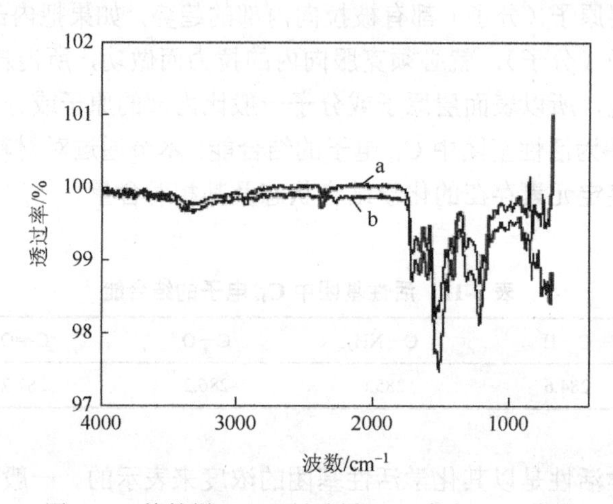

图5-42　接枝样（a）、封端样（b）的红外光谱图

10）KF2A接枝反应的条件与规律

首先，采用ESEM和XPS等多种表征手段对KF表面异氰酸酯改性处理及其阴离子接枝PA6进行验证；而对接枝反应的条件与规律，考虑到本反应体系中，接枝到KF表面的己内酰胺助催化剂量很少，选择固定催化剂NaOH的用量，将主要考察反应时间和反应温度对KF表面接枝反应的影响。

由图5-43（a）和（b）可知，经己内酰胺处理后的KF，其接枝率随反应温度的升高、反应时间的推移而呈上升趋势，当设定反应时间为50 min时，反应在温度达到160℃后逐渐平稳，接枝率可达2.49%。

11）KF2表面形貌观察

图5-44（a）表明，经异氰酸酯处理和己内酰胺稳定化后的KF表面由于只接枝上小分子，ESEM观察不到表面形貌的明显变化。从图5-44（b）可知，KF接枝PA6后的表面较为粗糙，有聚合物附着在其表面上，表明经己内酰胺封端稳定化后可以实现KF表面阴离子接枝PA6。且表面改性增大了KF2表面的凹凸度，比表面积增加，有利于与基体的机械嵌合，促进两相界面之间的黏结和层间剪切强度的提高，更重要的是，KF2与树脂基体浸润性得到改善，从而提高复合材料的力学性能。因此可通过对纤维的表面处理，调节界面黏结特性，使复合材料的韧性（界面往往需要较弱的黏结或形成一个可变形的界面层）和高强度（界面有良好的黏结）之间达到一定的平衡。

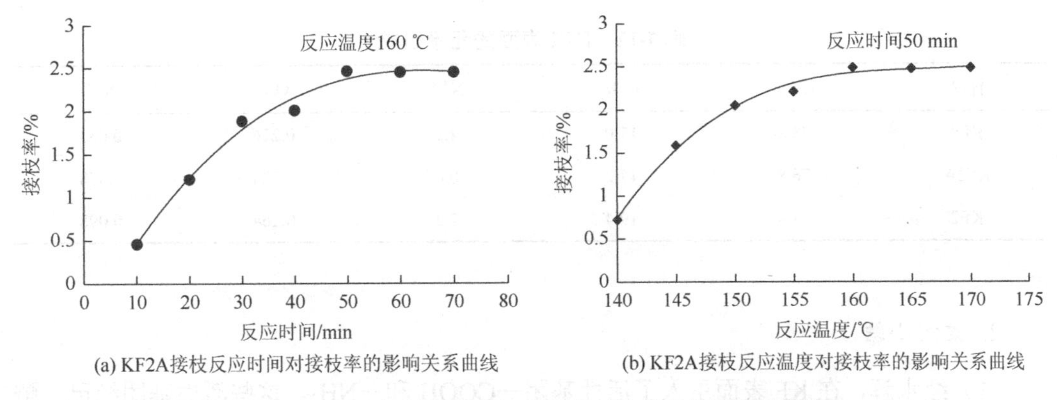

(a) KF2A接枝反应时间对接枝率的影响关系曲线　(b) KF2A接枝反应温度对接枝率的影响关系曲线

图 5-43　KF2A 接枝反应时间和温度对接枝率的影响关系曲线

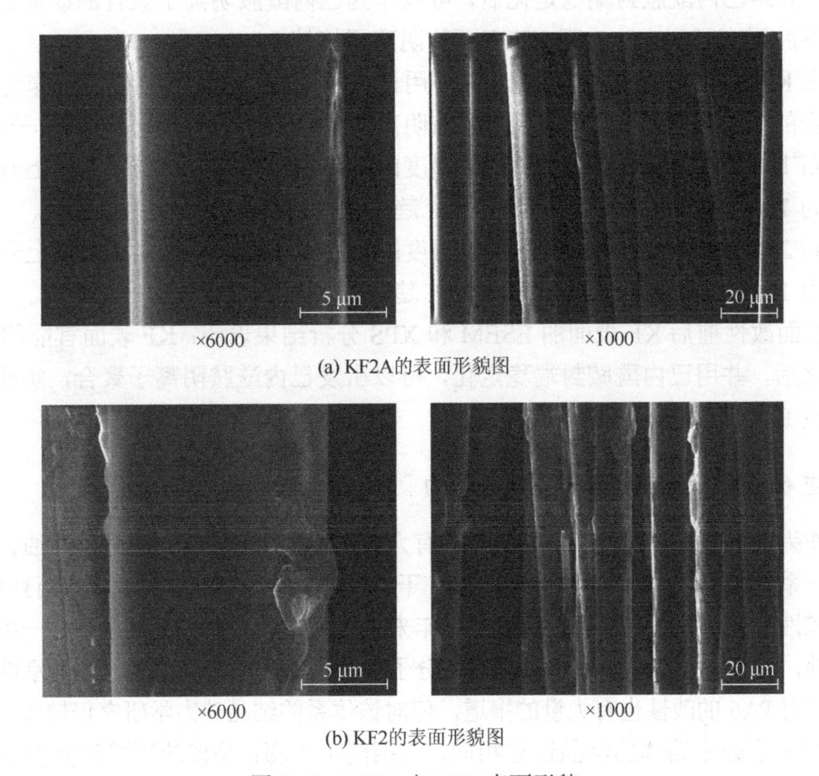

(a) KF2A的表面形貌图

(b) KF2的表面形貌图

图 5-44　KF2A 与 KF2 表面形貌

12）KF2 表面的化学组成分析

由表 5-13 可知，纤维表面异氰酸酯化改性并用己内酰胺封端稳定化及阴离子接枝 PA6 后，其表面 C、O 和 N 元素的含量发生了改变。相对于 KF0，由于 KF 表面异氰酸酯化改性并用己内酰胺封端稳定化后，KF2A 表面 N 元素和 O 元素含量增加，C 元素含量降低，且 N/C 和 O/C 含量比均增加；进一步的阴离子接枝 PA6，导致 KF2 表面 N/C 含量比继续增加，且 O/C 含量比也明显增大。说明异氰酸酯化改性并用己内酰胺封端稳定化及阴离子接枝 PA6 后，纤维表面的活性得到了显著提高。可见，改性处理后纤维表面的化学组成发生了极大变化，其对纤维表面的化学作用有助于提高纤维的界面性能。

表 5-13 KF2 表面的元素组成

样品	C/%	O/%	N/%	O/C	N/C
KF0	78.8	17.0	4.2	0.216	0.053
KF2A	76.8	17.2	6.0	0.224	0.078
KF2	73.4	19.4	7.2	0.264	0.098

2. 案例小结

（1）经水解，在 KF 表面引入了活性基团—COOH 和—NH_2。这些活性基团经己二酰氯化改性，并用己内酰胺封端稳定化后，可以作为己内酰胺阴离子聚合的助催化剂，通过引发己内酰胺阴离子聚合，实现 KF 表面的阴离子接枝 PA6。

（2）在 KF 表面经异氰酸酯化改性，并用己内酰胺封端稳定化后，可以作为己内酰胺阴离子聚合的助催化剂，通过引发己内酰胺阴离子聚合，实现 KF 表面的阴离子接枝 PA6。

（3）KF1A 接枝反应的接枝率随反应温度的升高、反应时间的推移而呈上升趋势。当反应温度为 160℃，反应时间为 60 min 时，趋于平衡，最高接枝率为 2.72%。

（4）KF2A 接枝反应的接枝率随反应温度的升高、反应时间的推移而呈上升趋势。当反应温度为 160℃，反应时间为 50 min 时，趋于平衡，最高接枝率为 2.49%。

（5）表面改性前后 KF 表面的 ESEM 和 XPS 分析结果表明：KF 表面官能团酰氯化及异氰酸酯化后，并用己内酰胺封端稳定化，可以引发己内酰胺阴离子聚合，实现 KF 表面阴离子接枝 PA6。

5.4.5 尼龙 6/凯芙拉纤维复合材料结晶行为

PA6 作为一种性能优异的工程塑料，具有力学强度高、韧性好、耐磨、耐油、耐一般有机溶剂等一系列优点，已获得广泛应用。但在干态和低温下其冲击强度偏低，而且容易吸水、耐强酸强碱性差、尺寸稳定性差。为此，近年来采用填充、复合、嵌段共聚等一系列方法对其进行改性，并开发出许多新品种。尤其是分子复合材料概念出现以后，利用刚性链高分子或液晶微纤对 PA6 的改性也有大量的报道，但对该体系的结晶动力学研究仍较少。

高聚物和小分子熔体的结晶过程相同，包括两个步骤：晶核的形成和晶粒的生长。晶核形成又分为均相成核和异相成核两类。均相成核为熔体中的高分子链段依靠热运动形成有序排列的链束——晶核；非均相成核以外来杂质、未完全熔融的残余结晶聚合物、分散的小颗粒固体或容器的器壁为中心，吸附熔体中的高分子链，有序排列而形成晶核。

结晶过程中分子链的敛集作用使聚合物体积收缩、比容减小和密度增加，通常，密度和结晶度之间有线性关系。密度增大意味着分子链之间吸引力增加，结晶聚合物的力学性能和热性能等相应提高。同时，聚合物中的晶体（微晶）类似“交联点”，有限制链段运动的作用，并使结晶聚合物的力学性能、热性能和其他性能发生变化。一般地，随结晶度的增加，聚合物的屈服强度、模量和硬度等提高。如果聚合物的 T_g 比较低，抗张强度一般随结晶度增加而增大，聚合物的脆性也随结晶度的增加而增大。冲击容易沿晶体表面传播而引起破坏，所以冲击强度随结晶度的提高而降低。但当温度升高到接近 T_m 时，结晶聚合物的性能就会发生很大变化。结晶聚合物在 T_g 以上的蠕变和应力松弛比非晶聚合物低。随结晶度的增加，总蠕变量、蠕变速率和应力松弛均降低。因此，结晶聚合物中非晶区域对力学强度有很大的影响，非晶区域的存在使聚合物具有韧性，而结晶区域则使聚合物具有刚硬性，结晶聚合物成型过程的收缩率比非晶聚合物大，收缩率也随结晶度的提高而增加。

PA6 的球晶结构有赖于聚合条件和结晶条件。本节将着重讨论以下几个影响因素：

冷却速率的影响：温度是聚合物结晶过程中最敏感的因素，温度相差1℃，结晶速率可相差若干倍，聚合物从熔融温度 T_m 以上降低到玻璃化转变温度 T_g 以下的冷却速率，实际上决定了晶核生成和晶体生长的条件，所以聚合物加工过程中能否形成结晶，结晶的速率、晶体的形态和尺寸都与熔体的冷却速率有关。冷却速率取决于熔体温度 t_m 和冷却介质温度 t_c 之间的温度差，$t_m-t_c=\Delta t$, Δt 称为冷却温差。如果 t_m 一定，则 Δt 取决于 t_c。

（1）结晶温度的影响：结晶过程如上所述可分为晶核的形成和晶粒的生长两个阶段。成核过程涉及核的生成和稳定是一个热力学问题。靠近 T_m 时，由于分子热运动剧烈，晶核不易形成或形成的晶核不稳定，成核速率很低，它是结晶总速率的控制步骤。晶粒生长取决于链段向晶核扩散的规整堆砌的速率，这是一个动力学的问题，靠近 T_g 时，链段运动的能力大大降低，晶粒生长速率极慢，结晶总速率由晶粒生长速率所控制。分别用成核速率和晶粒生长速率对过冷度作图，只有在两条速率曲线交叠的温区内能进行均相和异相成核并继而生长，并且在其间的某一温度，成核和生长速率都较大，结晶总速率最大。温度不仅影响聚合物的结晶速率，还影响球晶的大小，结晶温度低，体系中晶核的密度大，形成的球晶小。当聚合物熔体在较高的结晶温度下缓慢冷却形成大球晶时，结晶度高。相反，聚合物熔体在快速冷却或在较低温度下形成的球晶较小，晶体内部缺陷较多，球晶之间的“连接链”较多，“连接链”的多少是决定结晶聚合物力学强度的重要因素。

（2）应力的影响：应力对聚合物结晶的影响有两个方面。一方面，应力影响聚合物的结晶形态，形成扁球晶、柱晶和伸直链晶体；另一方面，应力影响聚合物的结晶速率，应力作用下聚合物熔体取向产生诱发成核作用，增加结晶速率。聚合物能自发进行结晶，结晶过程中自由能 $\Delta F<0$，而 $\Delta F=\Delta H-T\Delta S$，任何物质在结晶过程中 $\Delta S<0$，所以 $-T\Delta S>0$。要使 $\Delta F<0$，必须满足 $|\Delta H|>|T\Delta S|$。这只有两种可能：降低温度或降低 ΔS。降低温度确实可以加速结晶，但温度降得太低，分子链段活动性差，结晶速率反而下降。要降低 ΔS，就要在结晶前先对聚合物拉伸，使高分子链在非结晶相时已具有一定的有序性，这样结晶前后的熵变 ΔS 值就小了，有利于结晶。所以应力的作用总是加速结晶。

（3）杂质的影响：杂质的存在对聚合物的结晶过程有很大的影响。有些杂质会阻碍结晶的进行，有些杂质则能促进结晶。能促进结晶的杂质在结晶过程中起到晶核的作用，称为成核剂。加入成核剂可以大大加快聚合物的结晶速率，使球晶变小，而且减少了温度对结晶过程的影响。

已有研究表明，纤维的加入可以促进基体 PA6 结晶区的异相成核，并形成横晶，改变了纤维增强 PA6 复合材料的结晶行为和界面作用及力学性能，而且纤维与基体树脂界面的相互作用也会影响基体的结晶行为。当加入 KF 制备 PA6/KF 复合材料时，必然会对 PA6 的结晶过程产生影响，且不同的加工成型条件对 PA6 的熔融、结晶形态和结晶度也有较大的影响，因此，选择合理的加工成型条件，能有效地控制 PA6/KF 复合体系的结晶形态，研制出满足不同性能要求的复合材料制品。本节以挤出方式制备 PA6/KF 复合材料，并用 DSC 法研究 KF 表面阴离子接枝 PA6 对 PA6/KF 复合材料等温结晶动力学及熔融行为的影响，为制备高性能 PA6/KF 复合材料控制工艺条件提供依据。

对所用 PA6/KF 复合材料代号进行列表说明，见表 5-14。

表 5-14 PA6/KF 复合材料的标号

试样代号	含义说明
PA6/KF 复合材料	包括 PA6/KF0、PA6/KF1 和 PA6/KF2 复合材料
PA6/KF0 复合材料	PA6/未处理 KF 复合材料
PA6/KF1 复合材料	由经己二酰氯处理、己内酰胺稳定化后并阴离子接枝 PA6 的 KF 制得的 PA6/KF 复合材料
PA6/KF2 复合材料	由经异氰酸酯处理、己内酰胺稳定化后并阴离子接枝 PA6 的 KF 制得的 PA6/KF 复合材料

1. 尼龙 6/凯芙拉纤维复合材料等温结晶动力学参数

聚合物动力学结晶能力的概念最初是由波兰学者 O. Ziabicki 提出的。结晶包括两个不同的动力学过程，即晶体成核过程和晶粒的生长过程。研究结果表明，晶体成核与晶粒生长这两个过程几乎是同时进行的，所以，即使在理想状态下，结晶的产品尺寸分布也会很宽；此外，这两个过程的动力学方程是高度非线性的，却又相互制约和作用。因此，结晶过程是一个复杂的传热、传质过程，在不同的搅拌速率、组分、温度等环境下，结晶过程的控制步骤可能也不同，表现出的结晶行为也就不同，所有这些均使结晶过程的数学模型更加复杂。正因为结晶过程的复杂性，在研究其结晶过程的数学模型方面，许多研究者依据物系的性质不同、结晶器的结构不同和操作方式的差异，提出了许多结晶模型，如连续结晶模型、流态化结晶模型、真空闪蒸结晶模型、间歇结晶模型和微观模型等。因结晶成核动力学方程是一个经验方程，所以，结晶过程的数学模型大多是半经验的。适用于特定物系的结论，往往并不能适用于其他物系，所以，建立符合实际结晶的数学模型的关键是对结晶机理要有一个正确、深刻的认识。

因为聚合物的结晶过程与小分子类似，也包括晶核的形成和晶粒的生长两个步骤，所以其结晶速率应该包括成核速率、结晶生长速率和由它们共同决定的结晶总速率。因此，凡是能影响晶体成核过程或晶粒生长过程的因素都能影响聚合物的结晶过程。除了聚合物本身的性质外，温度是影响聚合物结晶行为的重要因素。本节采用 DSC 法研究不同温度下纯 PA6、PA6/KF0、PA6/KF1 和 PA6/KF2 等温结晶动力学机理。

1）阴离子接枝 PA6 对等温结晶速率和结晶度的影响

DSC 是在程序控制温度下，测量输入试样和参比物的功率差与温度之间关系的一种技术，DSC 的主要特点是使用的温度范围比较宽（−175～725℃），分辨能力高和灵敏度高，在−175～725℃的温度范围内，除了不能测量腐蚀性材料之外，DSC 不仅可涵盖差热分析法（DTA）的一般功能，而且还定量地测定各种热力学参数（如热焓、熵和比热等），所以在材料应用科学和理论研究中获得广泛应用。

鉴于 DSC 主要用于定量测定，某些实验因素的影响显得更为重要，其主要的影响因素大致有：①升温速率：在实际中，升温速率的影响是很复杂的，主要影响 DSC 曲线的峰温和峰形。一般升温速率越大，峰温越高、峰形越大和越尖锐，且基线漂移越大，因而一般采用 10℃/min。②气体性质：气氛对 DSC 定量分析中峰温和热焓值的影响很大，如在氦气中所测定的起始温度和峰温都比较低，这是由于氦气的热导性近乎空气的 5 倍，温度响应比较慢，相反，在真空中温度响应要快得多。此外，试样用量、试样粒度和试样的几何形状都会对定量分析结果产生影响。

等温结晶是将高聚物熔体在熔点以上快速冷却到结晶温度，并保持此温度到结晶完成，或将熔体快速冷却到玻璃化转变温度以下，形成玻璃态，然后快速升温到某温度，进行等温结晶，本节采用前者进行研究。

高分子的许多重要的物理性能是与其结晶度密切相关的，所以结晶度成为高聚物的特征参数之一。PA6 的结晶度可根据 DSC 测得的结晶热焓或熔融热焓来计算，但 DSC 的熔融热焓一般比结晶热焓大，可能是因为 DSC 的升温过程相当于一个热处理过程，使晶体趋于完善，因此本节选用结晶热焓按式（5-16）计算某结晶时刻 t 时的相对结晶度 α，其与结晶放热效应 ΔH 成正比，即与 DSC 熔化峰面积 A 有关：

$$\alpha=\frac{X_{\mathrm{c}}(t)}{X_{\mathrm{c}}(t_{\infty})}=\frac{\int_0^t\left[\frac{\mathrm{d}H(t)}{\mathrm{d}t}\right]\mathrm{d}t}{\int_0^{\infty}\left[\frac{\mathrm{d}H(t)}{\mathrm{d}t}\right]\mathrm{d}t} \tag{5-16}$$

式中，$\mathrm{d}H(t)/\mathrm{d}t$ 为热流速率；$X_{\mathrm{c}}(t)$ 为 t 时刻的绝对结晶度；$X_{\mathrm{c}}(t_{\infty})$ 为无限长时间时的结晶度。

由 DSC 实验得到的四种实验样品在不同 T_{c} 下（188℃、190℃、192℃及 194℃）的结晶速率曲线如图 5-45 所示，$t_{1/2}$ 和 ΔH_{c} 的值见表 5-15。

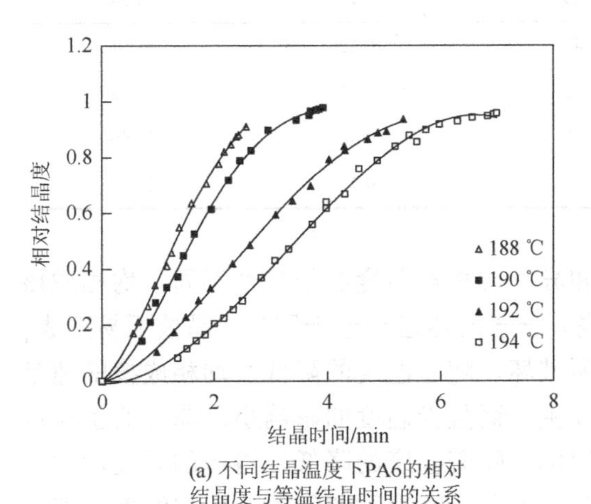

(a) 不同结晶温度下PA6的相对结晶度与等温结晶时间的关系

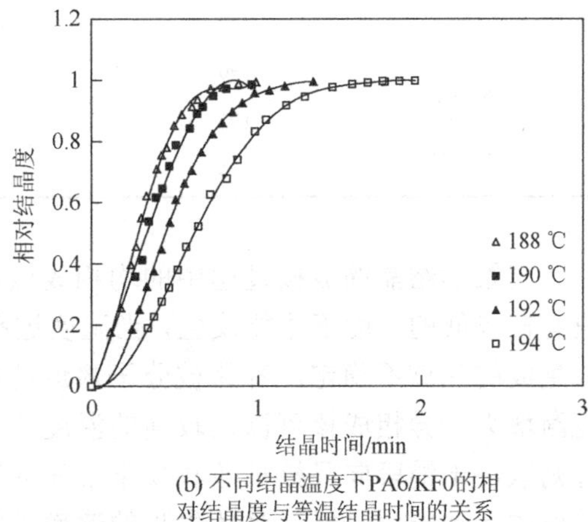

(b) 不同结晶温度下PA6/KF0的相对结晶度与等温结晶时间的关系

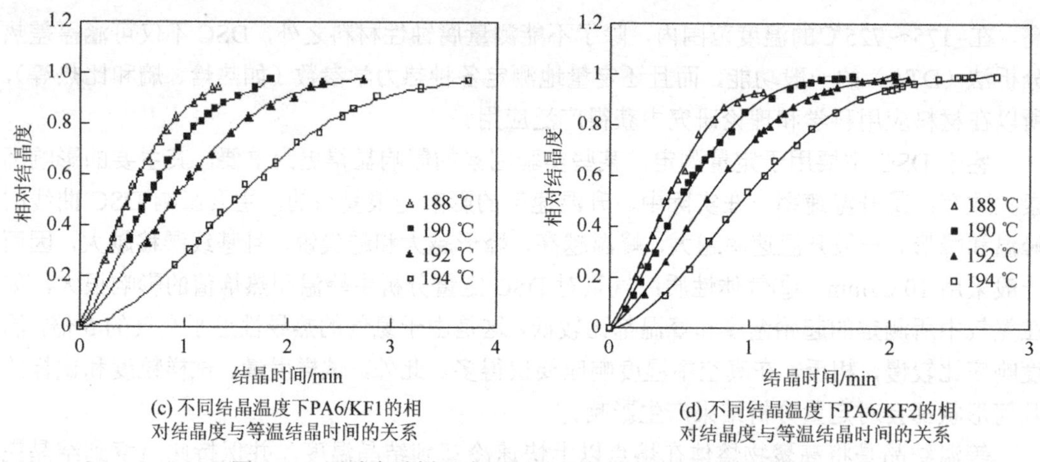

(c) 不同结晶温度下PA6/KF1的相对结晶度与等温结晶时间的关系

(d) 不同结晶温度下PA6/KF2的相对结晶度与等温结晶时间的关系

图 5-45　四种实验样品在不同结晶温度下的结晶速率曲线

表 5-15　各样品的 $t_{1/2}$, t_{max} 和 ΔH_c 值

样品	T_c/℃	$t_{1/2}$/min	t_{max}/min	ΔH_c/(J/g)
PA6	188	1.23	0.88	56.6
	190	1.57	1.21	57.0
	192	2.60	2.06	57.11
	194	3.30	2.96	48.64
PA6/KF0	188	0.28	0.20	56.28
	190	0.33	0.26	55.8
	192	0.46	0.35	55.71
	194	0.61	0.51	52.68
PA6/KF1	188	0.43	0.17	36.08
	190	0.63	0.36	33.48
	192	0.89	0.57	28.25
	194	1.49	1.16	25.54
PA6/KF2	188	0.40	0.22	41.61
	190	0.50	0.31	37.32
	192	0.67	0.46	32.50
	194	0.94	0.77	28.00

高聚物结晶的成核过程中的均相成核和异相成核对温度的依赖性不同。均相成核只有在较低的温度下才能发生，当温度过高，分子的热运动过于剧烈，晶核不易形成，或生成的晶核不稳定，容易被分子热运动所破坏，随着温度的降低，均相成核的速率逐渐增大；异相成核可以在较高的温度下发生，而且受温度的影响小。晶体的生长过程则取决于链段向晶核扩散和规整堆积的速率，随着温度的降低，熔体的黏度增大，链段的活动能力降低，晶体生长的速率下降。因此，高聚物的结晶速率与温度密切相

关。当结晶温度较高（接近熔点）时，晶核生长的速率极小，虽然高分子链段的活动能力很强，但结晶速率仍很小；结晶温度降低，使晶核生成速率迅速增大，此时生成的球晶数目少，结晶较完善，球晶可以发展到较大的尺寸，球晶间的连接链少，到某一适当温度时，晶核形成和晶体生长都有较大的速率，结晶速率出现极大值；此后虽然晶核生长的速率仍然较大，但是由于晶体生长速率下降，结晶速率也随之下降，此时形成的球晶数目多，尺寸小，在球晶间的连接链较多。在熔点以上时晶体将被熔化，而在玻璃化转变温度下，链段被冻结，因此，通常只有在熔点与玻璃化转变温度之间，高聚物的本体结晶才能发生。

由图 5-45 可知，随着结晶温度 T_c 的升高，PA6、PA6/KF0 和 PA6/KF1 复合材料中 PA6 组分的结晶速率曲线的斜率都变小，结晶完成时间变长，从表 5-15 可知，各样品的半结晶时间 $t_{1/2}$ 均变大，这表明 PA6 的结晶速率在接近熔点的高温区随 T_c 的升高变得缓慢。依据 Volmer-Becker-Turnbull 的成核理论，晶核的临界尺寸与过冷度成反比。T_c 越高，过冷度则越小，其临界成核尺寸变得非常大，因而不易成核或形成的晶核不稳定而会再熔化，因此，在高的 T_c 区，成核过程控制结晶速率，温度越高，结晶所需时间越长，结晶速率越慢。同时根据 Hoffman 高聚物结晶理论，球晶的径向生长速率 G 可表示为

$$G = G_0 e^{-\Delta E/RT} e^{-\Delta F/KT} \tag{5-17}$$

式中，ΔE 为分子链段扩散进入结晶界面所需的活化自由能；ΔF 为形成稳定晶核所需的活化自由能；指数第一项为迁移项；第二项为成核项。ΔE 与（T_c-T_g）成反比，ΔF 与（T_m-T_c）的一次方或二次方成反比。随温度下降，迁移项减小，成核项增大，温度降到 T_g 附近时，迁移项降到很小，结晶速率受迁移项支配，而在熔点附近，成核项迅速减小，结晶速率受成核项支配。

结晶速率同温度的关系是相当重要的，它对高聚物的成型加工有着重要的影响，从而最终影响产品的性能。由上述可知，结晶速率对温度相当敏感，温度对结晶速率的影响将影响高聚物的结晶度；结晶温度还会影响球晶的尺寸。在注射成型中，由于高聚物熔体在模具中温度存在差异，制品表面和制品内部的结晶度、球晶大小及结构中连接链的多少也会产生巨大的差异，从而带来结构与性能的不均一性，这种情况应尽量避免。

由图 5-45 还可知，相同 T_c 下，加入纤维的 PA6 的结晶速率曲线的斜率与未加入纤维的纯 PA6 相比增加很多，说明 PA6/KF0 中 PA6 的结晶速率增大。由表 5-15 也可知，在相同 T_c 下，PA6/KF0 的 $t_{1/2}$ 比 PA6 明显变小，这表明 KF 的引入使 PA6 的结晶速率显著变快。根据 Hoffman 结晶理论，KF 的引入使 PA6 分子链迁移活化能 ΔE 得以降低，由式（5-17）知，PA6 的结晶速率将会增大，这说明 KF 在 PA6 的结晶过程中起到了异相成核作用。比较 KF0 和 KF1 的 $t_{1/2}$ 及结晶速率常数，可知阴离子接枝 PA6 的 KF1 仍起着成核作用，但效果不如 KF0。这主要由于表面接枝 PA6 的 KF1 提高了 PA6/KF1 复合材料的界面相互作用，使 PA6 大分子链段的运动受到了一定程度的约束，从而导致 KF1 对 PA6 结晶过程中的成核作用不如未接枝的 KF0。

表 5-15 还表明，纯 PA6 的结晶焓 ΔH_c 随着 T_c 的提高变化不大，即结晶度受 T_c 影响小；PA6/KF0 的 ΔH_c 与纯 PA6 的 ΔH_c 相差不大，但 PA6/KF1 的 ΔH_c 明显变小，说明结晶度有明显下降，且随温度的升高也呈明显的下降趋势，这可能是由于表面阴离子接枝 PA6 的 KF 的引入降低了 PA6 大分子的规整性，促使结晶能力下降，从而降低了 PA6 的结晶度。PA6/KF2 复合材料对 PA6 等温结晶速率和结晶度的影响介于 PA6/KF0 与 PA6/KF1 复合材料之间。

2）阴离子接枝 PA6 对晶体生长方式和成核方式的影响

晶体的生长是多维的，其生长动力学与生长维数和成核方式有关。在假定晶核无规分布的前提下，聚合物的等温结晶过程与小分子物质相似，因此用于描述小分子等温结晶动力学的 Avrami 方程，也可用来描述高聚物的等温结晶过程。Avrami 方程可表示为

$$1-\alpha = e^{-kt^n} \tag{5-18}$$

式中，n 为 Avrami 指数；k 为总结晶速率常数；t 为结晶时间。

对式（5-18）取对数，得式（5-19）：

$$\lg[-\ln(1-\alpha)] = \lg k + n\lg t \tag{5-19}$$

结晶速率达到最大时的时间可由式（5-20）计算：

$$t_{\max} = [(n-1)/nk]^{1/n} \tag{5-20}$$

另外，令 $\alpha = 0.5$，由式（5-18）可得半结晶时间：

$$t_{1/2} = (\ln 2/k)^{1/n} \tag{5-21}$$

由图 5-45 的等温 DSC 曲线，根据公式（5-19）可以画出 PA6、PA6/KF0 和 PA6/KF1 复合材料中 PA6 组分的 $\lg[-\ln(1-\alpha)] \sim \lg t$ 曲线，如图 5-46 所示，回归这些直线可得到不同 T_c 下的 Avrami 指数 n 和结晶速率常数 k，再通过计算得到样品在不同 T_c 下的 $t_{\max}$ 及 $t_{1/2}$，并将各结晶参数列于表 5-16。

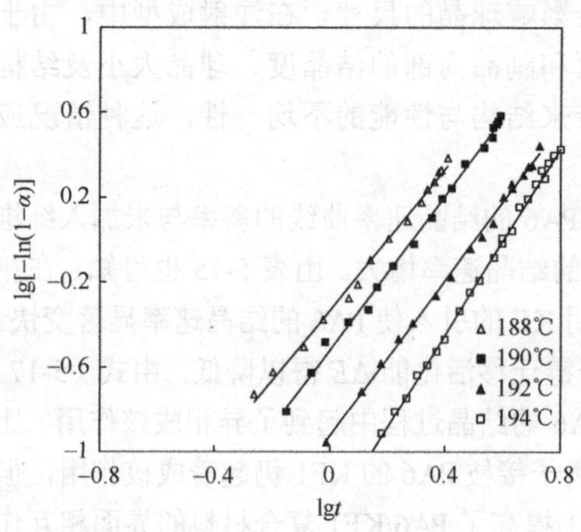

(a) 不同结晶温度下PA6的lg[−ln(l−α)]与lgt的关系

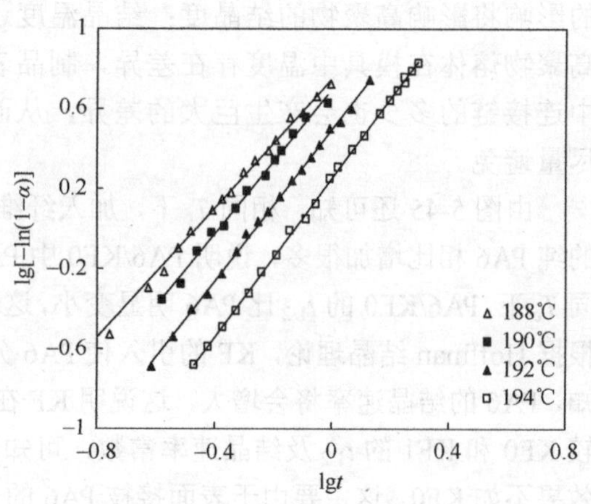

(b) 不同结晶温度下PA6/KF0的lg[−ln(l−α)]与lgt的关系

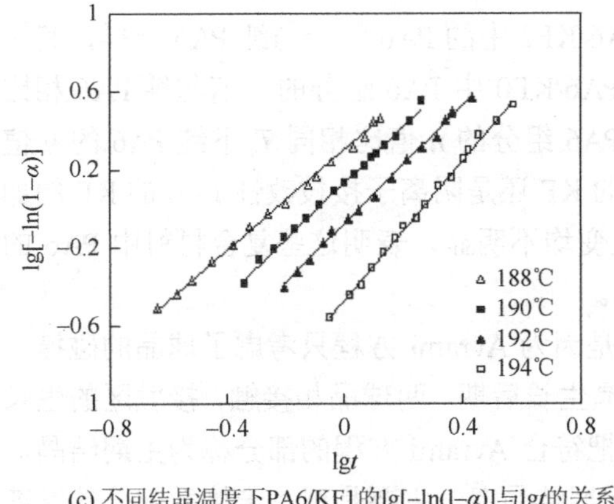

(c) 不同结晶温度下PA6/KF1的lg[−ln(1−α)]与lgt的关系

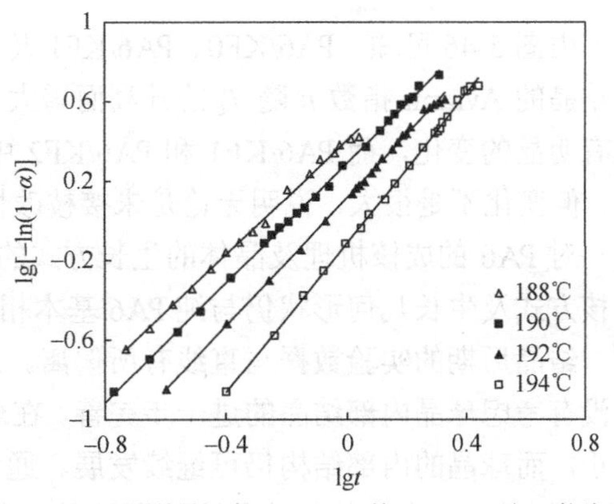

(d) 不同结晶温度下PA6/KF2的lg[−ln(1−α)]与lgt的关系

图 5-46　不同结晶温度下四种样品的 lg[−ln(1−α)]与 lgt 的关系

表 5-16　不同结晶温度下各试样等温结晶的动力学参数和 $t_{1/2}$

样品	T_c/℃	n	k/s^{-n}	$t_{1/2}$/min（实验值）	$t_{1/2}$/min（计算值）
PA6	188	1.66	0.49	1.23	1.23
	190	1.78	0.31	1.57	1.57
	192	1.83	0.12	2.60	2.60
	194	2.2	0.05	3.30	3.30
PA6/KF0	188	1.65	5.57	0.28	0.28
	190	1.80	5.01	0.33	0.33
	192	1.83	3.02	0.46	0.46
	194	1.94	1.78	0.61	0.61
PA6/KF1	188	1.27	2.0	0.43	0.43
	190	1.44	1.35	0.63	0.63
	192	1.54	0.83	0.89	0.89
	194	1.79	0.34	1.49	1.49
PA6/KF2	188	1.43	2.57	0.40	0.40
	190	1.51	1.95	0.50	0.50
	192	1.61	1.32	0.67	0.67
	194	1.89	0.78	0.94	0.95

Avrami 指数 n 是与成核机理和晶体生长方式有关的常数，其值等于晶体生长的空间维数和成核过程的时间维数之和。从物理意义上说，n 应为 1、2、3 和 4 的整数。而本实验所测定的 n 值非整数，这是由于高分子结晶过程的特殊及复杂性，成核过程不可能完全按一种方式进行，晶体形态也不一定按一种均一的形态生长。这也与 Avrami 方程导出过程所作的假设有关，如二次结晶、两种成核方式并存，甚至实验中的因素，如结晶起始的确定，都能影响 n 值。

由图 5-46 可知，PA6/KF0、PA6/KF1 及 PA6/KF2 中的 PA6 组分与纯 PA6 一样，其等温结晶的 Avrami 指数 n 随 T_c 的升高而增大。PA6/KF0 中 PA6 组分的 n 值与纯 PA6 相比没有明显的变化，而 PA6/KF1 和 PA6/KF2 中 PA6 组分的 n 值比相同 T_c 下纯 PA6 的 n 值小，但变化不是很大，说明无论是未接枝改性的 KF 还是阴离子接枝改性 PA6 的 KF 的加入，对 PA6 的成核机理及晶体的生长方式的改变均不明显，表明这些复合材料中 PA6 的成核方式及生长几何形状仍与纯 PA6 基本相同。

结晶后期的实验数据与直线有所偏离。这是因为 Avrami 方程只考虑了球晶的碰撞，而没有考虑球晶内部结晶的进一步完善。在球晶生长后期，两球晶相接触，接触区的生长停止，而球晶的内部结构仍可继续发展。通常把符合 Avrami 方程的部分称为主期结晶，把偏离 Avrami 方程的部分称为次期结晶。在次期结晶中，主要是球晶未接触部分的继续生长，同时球晶的内部结构也可能发生调整，使不完善部分进一步完善。

3）PA6/KF 复合材料非等温结晶行为

用 DSC 法研究聚合物的结晶动力学很多是在等温条件下进行的，等温结晶理论已日趋完善，但等温 DSC 法测定结晶动力学参数具有获得的信息量少、结晶起始难以确定、费时等缺点。此外，根据等温 DSC 法来测定动力学结晶能力，需要在玻璃化转变温度和熔点之间的温度范围进行大量的实验，而且由于测试方法的限制，在某些条件下很难得到准确的结果。与等温结晶法相比，非等温结晶更接近于实际生产过程，在实验中也容易实现，如合成纤维的熔融纺丝、塑料的成型加工等，结晶的全过程通常是在非等温条件下进行的，一条非等温 DSC 结晶曲线蕴藏着丰富的结晶信息，因此，用等速降温法研究高聚物的结晶动力学是很有必要的。

非等温过程是指在变化的温度场中的结晶过程。根据温度场的变化规律，非等温结晶过程可分为等速升、降温结晶过程和变速升、降温结晶过程。非等温结晶一般在 DSC 上通过等速升温或等速降温的实验方法实现。非等温结晶动力学过程较复杂，关于聚合物 DSC 非等温结晶动力学的理论及有关动力学表达式，已有不少报道。但是根据这些动力学方程求取有关结晶动力学参数时，多数情况的数据处理过程十分繁杂，加上这些动力学方程都是在若干假设或近似条件下导出的，因此往往与聚合物实际结晶动力学存在偏差，数据处理自然也就不够理想。如较常用的 Ozawa 法，实际上是通过几个线性降温过程求得对应于不同结晶温度时的等温动力学参数。因涉及不同冷却速率时的 DSC 曲线，对应同一结晶温度所得的数据往往只有很有限的几个点，Ozawa 本人的工作就是只通过三点，甚至两点来作直线，这样任意性太大，同时对高冷却速率（＞10℃/min）不适合；Jeziorny 法因只涉及一个冷却速率时的 DSC 曲线，数据处理要简单得多，一般都能得到较好的线性关系。但此法对结晶速率常数所作的冷却速率校正却过于武断，物理意义不明。

为此，近年来常采用由 DSC 曲线直接给出的各种热参数来表征和比较聚合物的结晶能力。陈玉君等用 PET 升温结晶的过热程度（T_c-T_g）及熔体降温结晶的过冷程度（T_m-T_c）评价 PET 在变温过程中的结晶难易程度及添加剂对 PET 的加速结晶的作用；张志英在 Jeziorny 的动力学方程的基础上，导出了一个简单的公式，简化了数据过程，从而可以用 DSC 曲线直接提供的参数计算出聚合物的“动力学结晶能力”。本节的目的是采用 DSC 法研究及评价成核剂和降温速率对 PA6 非等温结晶能力的影响。

4）冷却速率的影响

由图5-47可知，表面接枝改性前后的KF的加入都会在不同程度上导致PA6的t_{total}减小，这表明KF对PA6基体的结晶起到促进作用，其中KF0的效果最为明显。这是因为在PA6/KF1和PA6/KF2复合材料中，界面接枝了与基体PA6性质完全相同的PA6，熔融后更容易富集在纤维表面，与纤维有更好的浸润能力，结合得更加牢固，使PA6大分子的链段运动受到了一定程度的约束，从而导致其对PA6结晶过程中的成核作用不如PA6/KF0复合材料的大。

将各样品的T_{onset}^{c}与冷却速率作图，见图5-48。由图5-47和图5-48可知，t_{total}、T_{onset}^{c}与冷却速率的关系均为非线性，随着冷却速率的加快，PA6/KF0、PA6/KF1和PA6/KF2复合材料中PA6组分与纯PA6一样，其T_{onset}^{c}移向低温，其原因在于，当冷却速率较小时，降温较慢，温度保持时间较长，PA6分子链段的活动能力较强，且有较长的活动时间进行有规则的排布，所以，开始结晶的温度较高，进行结晶的温度范围较窄；当冷却速率增大，降温较快时，PA6分子链在高温结晶的时间短，高分子链段的活动能力在较短的时间内有较大幅度的下降，其结晶热效应在较低的温度下才能显现，并需要较宽的温度范围才能达到结晶平衡，因此T_{onset}^{c}下降。

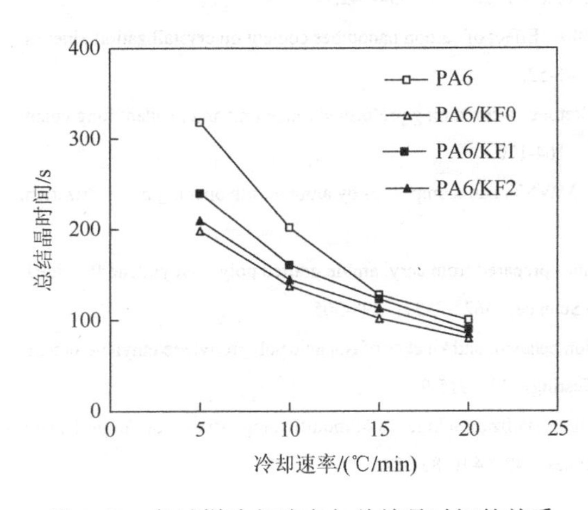

图5-47 各试样冷却速率与总结晶时间的关系

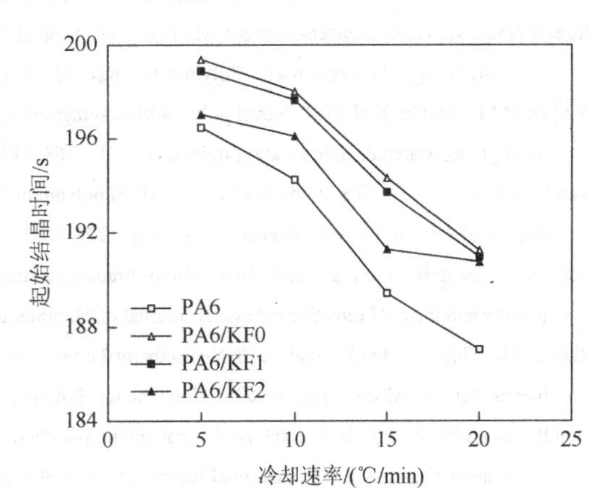

图5-48 各试样冷却速率与起始结晶时间的关系

2. 案例小结

（1）等温结晶结果表明：PA6的等温结晶过程主要由成核作用控制；KF的加入对基体PA6起到了异相成核的作用，提高了结晶速率。由于复合材料的界面相互作用提高的同时又会阻碍PA6分子链的迁移运动，表面阴离子接枝PA6的KF1和KF2对PA6结晶成核作用均不如KF0。

（2）未接枝改性KF的引入，基本不影响复合材料中基体PA6等温结晶的结晶焓，而接枝改性后的复合材料中，基体PA6的结晶焓明显减小。

（3）非等温结晶结果表明：KF0、KF1和KF2三者对PA6基体的结晶都起成核作用，提高了基体PA6结晶的起始温度T_{onset}^{c}，减小总结晶时间t_{total}，其中KF0的效果最为明显。

参 考 文 献

贾旭，张跃军. 2010. 单体转化率对聚二甲基二烯丙基氯化铵特征黏度的影响. 南京理工大学学报（自然科学版），34（3）：380.

林志勇，杨俊，肖凤英，等. 2004. 炭纤维表面官能团异氰酸酯化及阴离子接枝尼龙 6 研究——（Ⅱ）接枝对 CF/PA6 复合材料中尼龙 6 等温结晶动力学的影响. 高分子材料科学与工程，20（2）：44-47.

王灿耀，郑玉婴. 2008. 光谱法研究 MC 尼龙 6/芳纶复合材料的结构. 光谱学与光谱分析，28（1）：94-97.

王贵恒. 2003. 高分子材料成型加工原理. 北京：化学工业出版社：45-52.

王锦燕，孙玉周，李冬霞. 2010. 聚合物结晶过程及动力学模型. 中原工学院学报，21（2）：66.

杨华明，曹建红，敖伟琴，等. 2003. 无机粒子/聚合物复合材料的结晶行为. 高分子材料科学与工程，19（3）：70-71.

杨昱，赵昕，张清华. 2009. 表面接枝 TDI 碳纳米管/聚氨酯复合材料的研制. 化工新型材料，37（7）：53.

张福华，王荣国，赫晓东，等. 2009. 1, 6-己二胺化学修饰多壁碳纳米管. 新型炭材料，24（4）：369-374.

Hao W T，Yang W，Cai H，et al. 2010. Non-isothermal crystallization kinetics of polypropylene/silicon nitride nanocomposites. Polymer Testing，29（4）：527-533.

Lonkar S P，Morlat-Therias S，Caperaa N，et al. 2009. Preparation and nonisothermal crystallization behavior of polypropylene/layered double hydroxide nanocomposites. Polymer，50（6）：1505-1515.

Mohammadian-Gezaz S，Ghasemi I，Oromiehie A. 2009. Preparation of anionic polymerized polyamide 6 using internal mixer：The effect of styrene maleic anhydride as a macroactivator. Polymer Testing，28（5）：534-542.

Razavi-Nouri M，Ghorbanzadeh-Ahangari M，Fereidoon A，et al. 2009. Effect of carbon nanotubes content on crystallization kinetics and morphology of polypropylene. Polymer Testing，28（1）：46-52.

Sayyed M M，Maldar N N. 2010. Novel poly（arylene-ether-ether-ketone）s containing preformed imide unit and pendant long chain alkyl group. Materials Science and Engineering：B，168（1）：164-170.

Yan D G，Xie T X，Yang G S. 2009. *In situ* synthesis of polyamide 6/MWNTs nanocomposites by anionic ring opening polymerization. Journal of Applied Polymer Science，111（3）：1278-1285.

Yang X X，Deng B，Liu Z Y，et al. 2010. Microfiltration membranes prepared from acryl amide grafted poly（vinylidene fluoride）powder and their pH sensitive behaviour. Journal of Membrane Science，362（1-2）：298-305.

Zhou H M，Ying J R，Liu F，et al. 2010. Nonisothermal crystallization behavior and kinetics of isotactic polypropylene/ethylene-octene blends. Part II：Modeling of crystallization kinetics. Polymer Testing，29：915-923.

Zou P，Tang S W，Fu Z Z，et al. 2009. Isothermal and non-isothermal crystallization kinetics of modified rape straw flour/high-density polyethylene composites. International Journal of Thermal Sciences，48（4）：837-846.

第6章　聚丙烯酰胺的配方设计及应用

6.1　聚丙烯酰胺简介

丙烯酰胺（AM）聚合物是丙烯酰胺的均聚物及其共聚物的统称。工业上凡是含有50%以上丙烯酰胺单体结构单元的聚合物都称为聚丙烯酰胺（PAM）。其他结构单元的含量不超过5%的通常都视为聚丙烯酰胺的均聚物。聚丙烯酰胺的结构式为

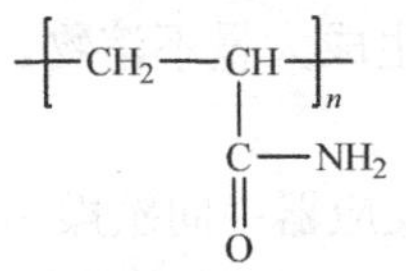

$$\left[CH_2 - \underset{\underset{\underset{O}{\|}}{C - NH_2}}{\overset{|}{CH}} \right]_n$$

n是聚合度。n的范围很宽，从100到100000不等。聚合度的大小决定着高分子分子量的大小，而分子量是聚丙烯酰胺最重要的结构参数，不同分子量范围的聚丙烯酰胺有着不同的应用性质和用途。

1）离子型

按照聚合物在水溶液中的电离性，聚丙烯酰胺可分为非离子型、阳离子型、阴离子型和两性型。非离子型聚丙烯酰胺分子链上不带可电离基团，在水中不电离；阳离子型聚丙烯酰胺在水中可电离成聚阳离子和小的阴离子；阴离子型与阳离子型相反；两性聚丙烯酰胺则可同时电离成聚阳离子和聚阴离子。

2）支化交联型

按照聚合物分子链的几何形状可将聚丙烯酰胺分为线型、支化型和交联型。聚丙烯酰胺一般为线型结构，但在聚合过程中，由于链转移反应以及酰亚胺化反应会产生支链或交联。

3）疏水缔合型

通过共聚合反应在聚丙烯酰胺中引入少量疏水基团，可赋予共聚物疏水缔合的性质，我们把这种类型的聚丙烯酰胺称为疏水缔合型聚丙烯酰胺。由于共聚物的疏水部分在水介质中以类似表面活性剂的方式聚集，聚合物分子链在介质中形成可逆的网络结构，其水溶液在温度、盐的影响下具有独特的流变性。

6.2　聚丙烯酰胺的配方设计

PAM是由（AM）单体聚合制得的。由于AM含有双官能团（双键和酰胺基），因此具有酰胺和不饱和烯烃的性质，其在聚合过程中发生酰胺基的水解、酰化、缩合和生成烯

醇。链自由基的链转移产生支链，使PAM高分子结构中包含支链和亚胺桥为主的交联结构。交联适度则分子量高且易溶解，交联度高则产物不溶。

国内外采用的PAM工业聚合方法有水溶液聚合、有机溶剂聚合、乳液聚合、悬浮聚合及本体聚合，其中水溶液聚合和反相乳液聚合被广泛采用。所用的引发方式主要是引发剂引发和辐射引发。辐射引发无引发剂的残留，因此干净卫生。

AM水溶液聚合法是工业生产中采用的主要方法。配方中单体溶液需经离子交换提纯。反应介质水应为去离子水，引发剂多采用过硫酸盐与亚硫酸盐组成的氧化-还原引发剂体系，以降低反应引发温度。此外，需加有链转移剂，常用的为异丙醇。为了消除可能存在的金属离子的影响，必要时加入螯合剂乙二胺四乙酸（EDTA）。为了易于控制反应温度，单体含量通常低于25%。由于AM聚合反应热高达82.8 kJ/mol，聚合热必须及时导出，如果单体含量为25%～30%，即使在10℃引发聚合，如果聚合热不导出，溶液温度也会自动上升到100℃，将生成大量不溶物。因此导热问题成为生产中的关键问题之一。

生产低分子量产品时可在釜式反应器中间歇操作或数釜串联连续生产，保持反应温度20～25℃，单体转化率可达95%～99%。生产高分子量产品时，由于产品为冻胶状，不能进行搅拌，为了及时导出反应热，工业上采用在反应釜中将配方中的物料混合均匀后，立即送入聚乙烯小袋中。将装有反应物料的聚乙烯袋置于水槽中冷却反应。需注意的是，由于空气中的氧有明显的阻聚作用，配制与加料必须在氮气气氛中进行。使用过硫酸盐-亚硫酸盐引发剂体系时，通常引发开始温度为40℃；如果要求生产超高分子量产品，引发温度应低于20℃。

由于单体不挥发，反应后不能除去，所以未反应单体将残存于PAM中。延长反应时间，提高反应温度虽可降低残留的单体量，但生产能力降低，而且不溶物含量会增加。为了降低残留的单体量，有的工厂采用复合引发体系，由氧化还原引发剂与水溶性偶氮引发剂组成。水溶性偶氮引发剂为4, 4′-偶氮双-4-氰基戊酸、2, 2′-偶氮双-4-甲基丁腈硫酸钠及2, 2′-偶氮双-2-脒基戊烷二盐酸盐等。

6.3　聚丙烯酰胺的制备工艺

6.3.1　丙烯酰胺单体的制备

丙烯酰胺单体的生产是以丙烯腈为原料，在催化剂作用下，水合生成丙烯酰胺单体的粗产品，经闪蒸、精制后得精丙烯酰胺单体，此单体即为聚丙烯酰胺的生产原料。

$$\text{丙烯腈} + \text{水} \xrightarrow[\text{水合}]{\text{催化剂}} \text{丙烯酰胺粗品} \longrightarrow \text{闪蒸} \longrightarrow \text{精制} \longrightarrow \text{精丙烯酰胺单体}$$

6.3.2　丙烯酰胺的聚合

聚丙烯酰胺的生产是以丙烯酰胺水溶液为原料，在引发剂的作用下进行聚合反应，在反应完成后，生成的聚丙烯酰胺胶块经切割、造粒、干燥、粉碎，最终制得聚丙烯酰胺产品。关键工艺是聚合反应，在其后的处理过程中要注意机械降解、热降解和交联，从而保证聚丙烯酰胺的分子量和水溶解性。

$$\text{丙烯酰胺}+\text{水}\xrightarrow[\text{聚合}]{\text{引发剂}}\text{聚丙烯酰胺胶块}\longrightarrow\text{造粒}\longrightarrow\text{干燥}\longrightarrow\text{粉碎}\longrightarrow\text{聚丙烯酰胺产品}$$

我国聚丙烯酰胺生产技术的发展大概经历了 3 个阶段：第一阶段是采用盘式聚合，即将混合好的聚合反应液放在不锈钢盘中，再将这些不锈钢盘推至保温烘房中，聚合数小时后，从烘房中推出，用铡刀把聚丙烯酰胺切成条状，进绞肉机造粒，烘房干燥，粉碎制得成品。这种工艺完全是手工作坊式。第二阶段是采用捏合机，即将混合好的聚合反应液放在捏合机中加热，聚合开始后，开动捏合机，一边聚合一边捏合，聚合完后，造粒也基本完成，倒出物料，经干燥、粉碎得成品。第三阶段是 20 世纪 80 年代后期，开发了锥形釜聚合工艺。该工艺是在锥形釜中装入预热混合好的聚合反应液，通入氮气，聚合完成后用空气将物料压出，锥形釜下部带有造料旋转刀，聚合物在压出的同时即成粒状，经转鼓干燥机干燥，粉碎得产品。为了避免聚丙烯酰胺胶块黏附在聚合釜釜壁上，有的技术采用氟或硅的高分子化合物涂覆在聚合釜的内壁上，但此涂覆层在生产过程中易脱落，从而污染聚丙烯酰胺产品。

目前国内外的聚丙烯酰胺生产技术基本上与上述的第三阶段相似，只是在设备上有些不同：聚合釜大小及类型（如固定锥形釜，可旋转的锥形釜，聚合反应完成后，聚合釜倒转将聚丙烯酰胺胶块倒出）、造粒方式（如机械造粒、切割造粒，湿式造粒即分散液中造粒）、干燥方式（如采用穿流回转干燥，用振动流化床干燥）及粉碎方式。这些不同中有些是设备质量上有差异，有些是采用的具体方式上有差异，但总的来看，聚合技术趋向于固定锥形釜聚合与振动流化床干燥技术。聚丙烯酰胺生产技术除了上述的单元操作外，在工艺配方上也有较为明显的差别，例如，目前超高分子量聚丙烯酰胺的生产工艺，同样是低温引发，就有前加碱共水解工艺和后加碱后水解工艺之分，两种方法各有利弊，前加碱共水解工艺过程简单，但存在水解传热，易产生交联和分子量损失大的问题，后加碱后水解工艺虽然增加了过程，但水解均匀，不易产生交联，产品分子量的损失也不大。

6.4　聚丙烯酰胺的应用案例

聚丙烯酰胺的主链上带有大量的酰胺基，化学活性很高，可以改性制取许多聚丙烯酰胺的衍生物。产品已广泛应用于造纸、选矿、采油、冶金、建材、污水处理等行业。

6.4.1　聚丙烯酰胺/高岭土插层复合材料

1. 聚丙烯酰胺/高岭土插层复合材料的制备

按照 Stokes 定律 $f=6\pi\eta rv$，假设粒子做匀速运动，$f=\frac{4}{3}\pi r^3(\rho-\rho_0)g$，得出半径为 r 的粒子沉降 h 的深度需要的时间为 $t=\frac{9\eta h}{2g(\rho-\rho_0)r^2}$。

称取 200 g 高岭土原土和 4 L 水放入反应釜中，搅拌 8 h 后移入 5 L 窄口瓶中，沉降 12 h，取液面下 10 cm 的液体。抽滤、干燥、研磨后得理论粒径小于 2 μm 的高岭土。

制备高插层率的 K/DMSO 复合物：将 5 g 纯化高岭土分散于一定浓度 DMSO 和 H_2O 的混合溶液中，80℃磁力搅拌下反应，过滤，用 50 mL 异丙醇洗涤 3 次，干燥。

利用二次置换插层法制备 K/MeOH 插层复合物。4 g K/DMSO 复合物分散于 100 mL 甲醇溶液中，每 12 h 更换一次新鲜的甲醇溶液，常温下反应 3 d，甲醇更换过程中保持样品处于湿润状态。K/MeOH 湿样是一种很好的前驱体，它很大程度地扩大了高岭土的插层范围。但其很不稳定，复合物在湿润状态下 d_{001} 为 1.10 nm 左右，在自然风干状态下 d_{001} 变为 0.86 nm 左右，需密封保存。

以 K/MeOH 复合物湿样作为前驱体，约 2 g K/MeOH 湿样磁力搅拌分散于 200 mL 丙烯酰胺的甲醇溶液（质量分数 10%）中，室温下磁力搅拌 8 h，抽滤，真空干燥，样品用 60 mL CCl_4 磁力搅拌洗涤 3 次，以除去高岭土表面的丙烯酰胺分子，抽滤，室温下真空干燥，得到高岭土/丙烯酰胺（K/AM）插层复合材料。

1 g 高岭土/丙烯酰胺复合物在管式炉中用氮气保护热引发聚合，得到高岭土/聚丙烯酰胺（K/PAM）插层复合材料。

1）高岭土的粒径分布

图 6-1（a）和（b）分别为高岭土沉降前、后的粒径分布曲线。原土粒径在 1.53 μm 以下的占 10%，3.69 μm 以下的占 50%，13.32 μm 以下的占 90%，32.98 μm 以下的占 99%，平均粒径为 5.85 μm，粒径分布范围较宽。高岭土原土经沉降后，90%的高岭土粒径在 2.43 μm 以下，99%的高岭土粒径在 3.08 μm 以下，纯化高岭土平均粒径为 1.53 μm，粒径分布较为均匀，与小于 2 μm 理论粒径较为接近，可见，沉降法是一种筛选小粒径高岭土的较好方法。

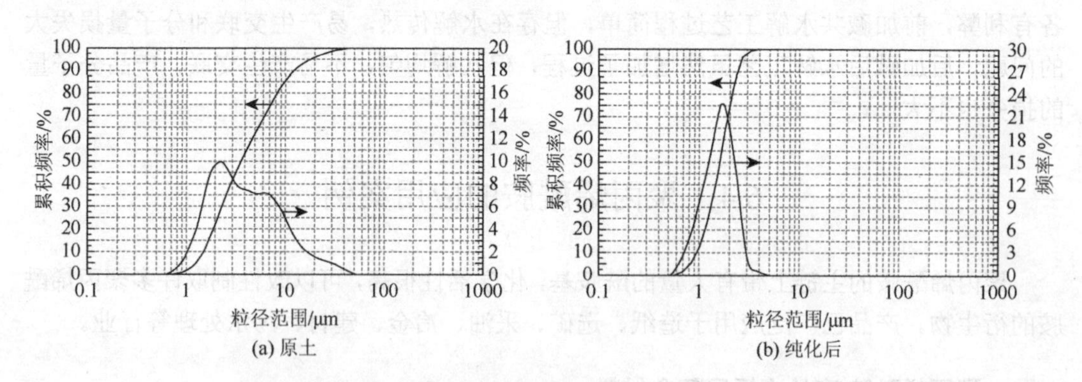

图 6-1　高岭土原土和纯化后的粒径分布曲线

2）高岭土的结晶度

图 6-2 为高岭土沉降前、后的 XRD 谱图。在高岭土原土的 XRD 谱图中除发现少量石英（$2\theta = 26.57°$）的衍射峰外，未发现其他杂质。经沉降处理后，石英含量大为减小，这主要是由于石英的粒径大多在 2 μm 以上，而利用重力沉降法选取的高岭土理论粒径在 2 μm 以下。可见，重力沉降法是去除石英、提纯高岭土比较有效的方法。纯化后的高岭

土在 $2\theta = 12.29°$ 的衍射峰对应高岭土层间距为 0.72 nm。d_{001} 峰型窄而对称，位于 $2\theta = 18°$～22°的三个衍射峰清晰可见、高且对称、双生线分开，Hinckley 指数为 1.15，表明茂名高岭土具有较高的结晶度。

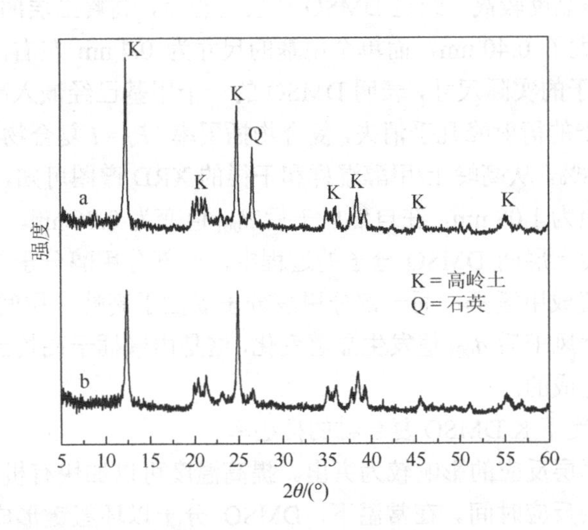

图 6-2　高岭土原土（a）和纯化后（b）的 XRD 谱图

(a)

(b)

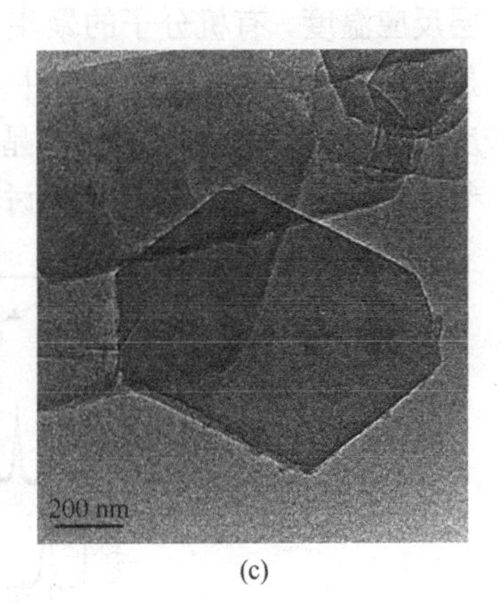

(c)

图 6-3　纯化高岭土的透射电镜图

3）高岭土的微观结构

图 6-3 为沉降后高岭土的透射电镜图。由图可知，茂名高岭土的形貌主要为假六边形片状［图 6-3（b）、（c）］，少部分片层堆叠在一起，呈现出书册状［图 6-3（a）］。从图 6-3（b）可知，极少部分高岭土片层晶角变钝甚至缺失，呈浑圆状。但绝大多数片层形貌规则、晶型完整，表明茂名高岭土具有较高的结晶度，与 XRD 分析结果吻合。图 6-3（c）给出的是一个较规则的高岭土六边形单片，单片边长约 120 nm，厚约 10 nm。高岭土粒径主要分布在 0.2～2 μm，绝大多数粒径在 1.5 μm 左右，与激光粒径分析的结果基本一致。测试过程中未观察到其他杂质，表明高岭土具有较高的纯度。

4）高岭土有机插层复合物的结晶度

图 6-4 为高岭土、K/DMSO、高岭土/甲醇湿样及其风干样的 XRD 谱图。从高岭土的 XRD 谱图可知，位于 $2\theta = 12.3°$的 d_{001} 衍射峰窄而对称，$2\theta = 18° \sim 22°$的三个衍射峰清晰可见，表明高岭土结晶度较高。经过 DMSO 插层处理后，高岭土层间距扩大，d_{001} 值变为 1.12 nm，层间距增大了 0.40 nm，而单个甲基的尺寸为 0.4 nm 左右，高岭土层间距的增加值小于 DMSO 分子的实际尺寸，表明 DMSO 的一个甲基已经嵌入高岭土的复三方孔穴中。此外，$2\theta = 12.32°$的衍射峰几乎消失，复合物插层率（$R_i = i$ 复合物 001/i 复合物 001 + i 高岭土 001）高达 98%。从高岭土/甲醇湿样和干样的 XRD 谱图可知，高岭土/甲醇复合物在湿润状态下层间距为 1.08 nm，在自然风干后 d_{001} 值变为 0.86 nm，仍大于高岭土的 d_{001} 值，表明在置换高岭土层间 DMSO 分子的过程中，一部分甲醇分子与高岭土内表面羟基发生了脱水反应，变成甲氧基；而一部分甲醇分子嵌插于高岭土层间。高岭土/甲醇复合物在湿润状态和自然风干后 d_{001} 值发生显著变化，这是由嵌插于高岭土层间的甲醇分子极不稳定、常温脱嵌造成的。

5）不同反应温度下 K/DMSO 复合物的插层率

温度对高岭土插层反应的影响较为突出。提高温度可以加快有机物的插层反应速率，缩短有机分子的插层反应时间。在常温下，DMSO 分子以环氢键形成网状聚集体，不易插入高岭土层间，制备插层率较高的 K/DMSO 复合物需十几天甚至数月的时间。提高插层反应温度，有机分子的聚集结构易被破坏，分子的运动速率也加快，插层反应速率可明显提高。王万军在 142℃条件下，反应 3 h 即可使 K/DMSO 插层率达 90%以上。但过高的反应温度会降低高岭土的结晶度，高岭土有机插层反应温度一般不超过 80℃，因此，本节未对插层反应温度进行探讨，K/DMSO 复合物反应温度选为 80℃。

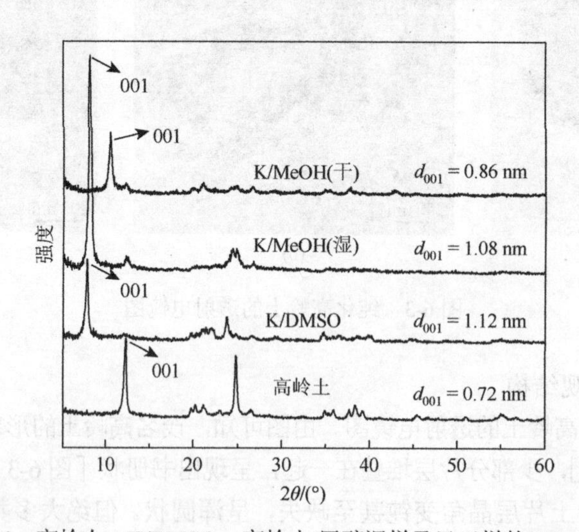

图 6-4 高岭土、K/DMSO、高岭土/甲醇湿样及风干样的 XRD 谱图

6）不同水含量下 K/DMSO 复合物的插层率

图 6-5 为反应温度 80℃、反应时间 24 h、不同水含量（$V_{水} : V_{DMSO}$）时，K/DMSO 复合物的 XRD 谱图，图 6-6 为水含量对复合物插层率的影响。水在 DMSO 插层反应中发

挥着极为重要的作用。一方面，水作为一种极性小分子，可以进入高岭土的复三方空穴及其片层间，使得高岭土层与层之间的氢键作用减弱，而易被插层；另一方面，适量的水可以使聚集的 DMSO 分子解离，形成附有水分子的 DMSO 单分子，有利于 DMSO 进入高岭土层间，提高插层反应速率。在无水体系时，80℃下反应 24 h，复合物插层率仅为 16.3%（不同水含量的 K/DMSO 插层率见表 6-1）。当水含量增加到 9%时，复合物插层率明显上升，但随着体系中水含量继续增加，复合物插层率反而下降。这主要是因为过高的水含量使得体系中 DMSO 的浓度下降，而此时水分子的协助插层作用又无明显提高。因此，反应体系中水含量应适当，即 9%左右。

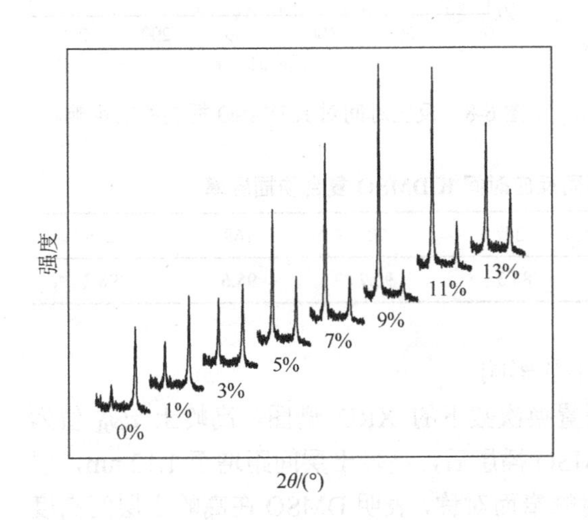

图 6-5　不同水含量下 K/DMSO 的 XRD 谱图

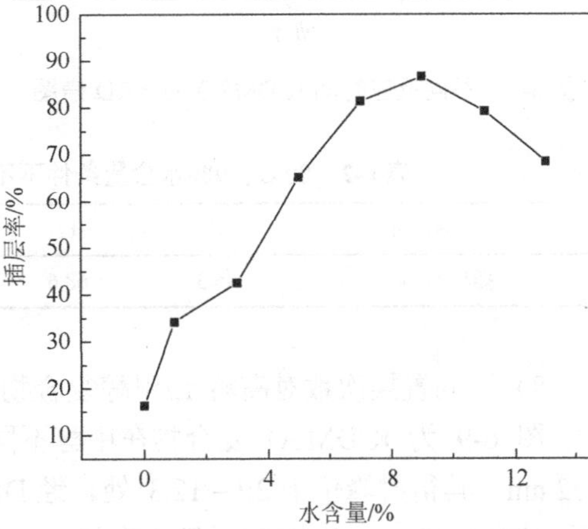

图 6-6　水含量对 K/DMSO 插层率的影响

表 6-1　80℃下不同水含量的 K/DMSO 插层率

水含量/%	0	1	3	7	9	11	13
插层率/%	16.3	34.2	42.5	76.3	83.3	79.2	67.5

7）不同反应时间下 K/DMSO 复合物的插层率

图 6-7 为反应温度 80℃、9%水含量时，不同反应时间 K/DMSO 复合物的 XRD 谱图，图 6-8 为反应时间对复合物插层率的影响（不同时间 K/DMSO 复合物插层率见表 6-2）。由图可知，随着反应时间从 6 h 到 216 h，复合物插层率从 46.3%增为 98.2%。在 72 h 内复合物插层率随着反应时间的延长迅速增加，反应 72 h K/DMSO 复合物插层率增至 90.7%。继续延长反应时间，复合物插层率增长较为缓慢。插层反应时间越长，客体分子与高岭土作用越充分，复合物插层率越高。反应 9 d 后，复合物插层率高达 98.2%。延长反应时间是一种提高插层率的有效方法，但一味地延长反应时间，不论是从应用的角度还是研究的角度来看都是不现实的。因此，插层反应时间以 7～9 d 为宜。

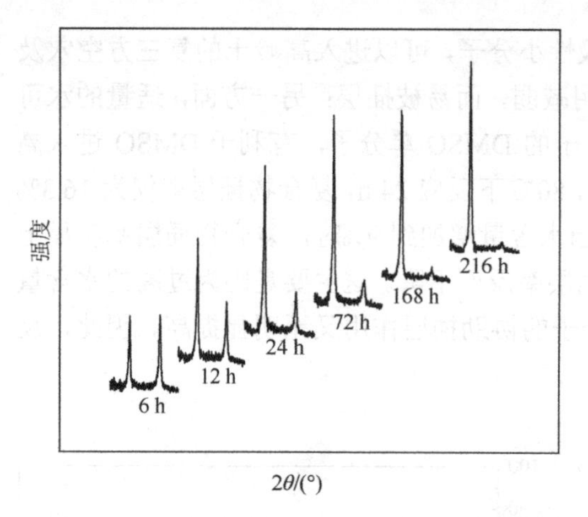

图 6-7　不同反应时间 K/DMSO 的 XRD 谱图

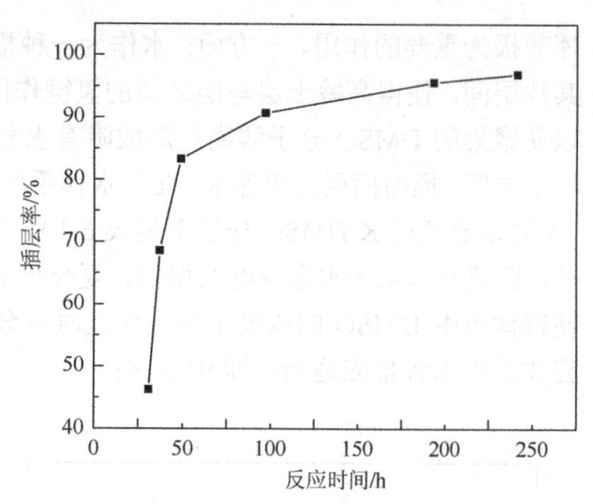

图 6-8　反应时间对 K/DMSO 插层率的影响

表 6-2　80℃、9%水含量条件下不同反应时间 K/DMSO 复合物插层率

反应时间/h	6	12	24	72	168	216
插层率/%	46.3	68.6	83.3	90.7	95.6	98.2

8）不同置换次数对高岭土/甲醇复合物中的影响

图 6-9 为 K/DMSO 复合物在甲醇不同置换次数下的 XRD 谱图。高岭土 d_{001} 值为 0.72 nm，其衍射峰位于 $2\theta = 12.3°$处。经 DMSO 插层后，高岭土层间距增至 1.12 nm，层间距扩大 0.40 nm。K/DMSO 复合物 d_{001} 衍射峰窄而对称，表明 DMSO 在高岭土层间高度定向排列。复合物经甲醇置换 2 次并风干后，d_{001} 衍射峰宽度增加、强度大为减弱，而位于 $2\theta = 12.3°$处的衍射峰强度并未增加。这主要是因为少部分甲醇分子已与高岭土羟基发生反应，而部分未被洗去的 DMSO 分子杂乱地排列于高岭土层间。K/DMSO 复合物经甲醇置换 4 次且风干后，复合物 d_{001} 衍射峰移至 $2\theta = 10.3°$，但衍射峰强度低、峰型较宽，表明高岭土层间仍存在少量未置换彻底的 DMSO 分子，这点在热重分析中得到了证实。当置换次数增至 6 次时，复合物 d_{001} 衍射峰比较尖锐，峰型窄而对称，K/DMSO 复合物的 d_{001} 衍射峰消失，表明高岭土层间的 DMSO 已被置换完全。由于甲醇在置换高岭土层间 DMSO 的同时，又与高岭土层间羟基发生了接枝反应，使得高岭土/甲醇干样 d_{001} 值为 0.86 nm，仍大于高岭土的层间距。

9）高岭土有机插层复合物的红外谱图

图 6-10 为高岭土、K/DMSO 复合物、K/MeOH 复合物干样的红外光谱图。在高岭土红外光谱图中，3696 cm^{-1}、3669 cm^{-1}、3653 cm^{-1} 和 3620 cm^{-1} 出现 4 个羟基振动峰，其中 3696 cm^{-1}、3669 cm^{-1}、3653 cm^{-1} 为内表面羟基的伸缩振动峰，3620 cm^{-1} 为高岭土内羟基振动峰。3696 cm^{-1}、3620 cm^{-1} 为强峰且前者大于后者，3669 cm^{-1}、3653 cm^{-1} 处的肩峰清晰可见，呈蟹钳形，表明高岭土的羟基较为完善，结晶度较高。DMSO 插入高岭土层间后，高频区峰型由蟹钳形变为倒山字形，内表面羟基在 3696 cm^{-1} 处的峰强大为减弱，内羟基在 3620 cm^{-1} 处的峰强几乎不变，3669 cm^{-1}、3653 cm^{-1} 处的两个的肩峰变为

3663 cm^{-1}处一个尖锐的强峰，同时，在3538 cm^{-1}和3502 cm^{-1}处出现两个新的峰。这显然是高岭土层与层之间的氢键被破坏，内表面羟基与S═O基团形成了新的氢键造成的。结果验证了高岭土插层是一个旧氢键断裂、新氢键形成的过程，表明DMSO确实插入高岭土层间。当高岭土层间的DMSO分子被甲醇置换后，在3663 cm^{-1}、3538 cm^{-1}、3502 cm^{-1}处的振动峰消失。高岭土内羟基位于硅氧四面体和铝氧八面体的共享面内，一般来说，高岭土在有机插层内羟基振动峰强度基本不变，常作为衡量其他谱带变化的标准。甲醇置换高岭土层间DMSO后，位于3696 cm^{-1}处的内表面羟基振动峰和位于3620 cm^{-1}处的内羟基振动峰强度都有所减弱，表明甲醇分子不但与内表面羟基发生了反应，而且可能进入高岭土复三方空穴中与内羟基发生了反应。

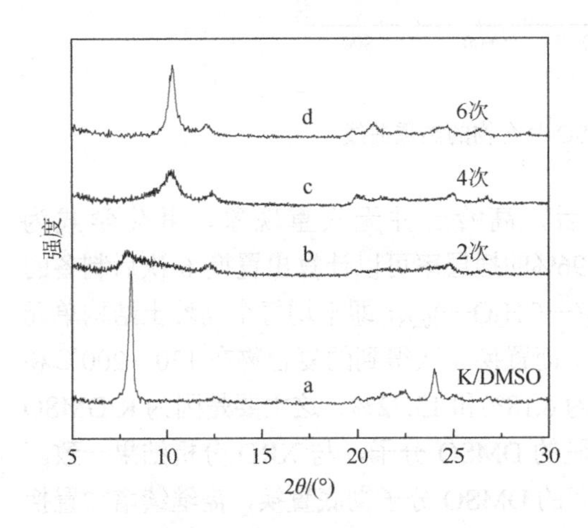

图6-9　K/DMSO（a）和K/DMSO在甲醇分别置换2次（b）、4次（c）、6次（d）自然风干后的XRD谱图

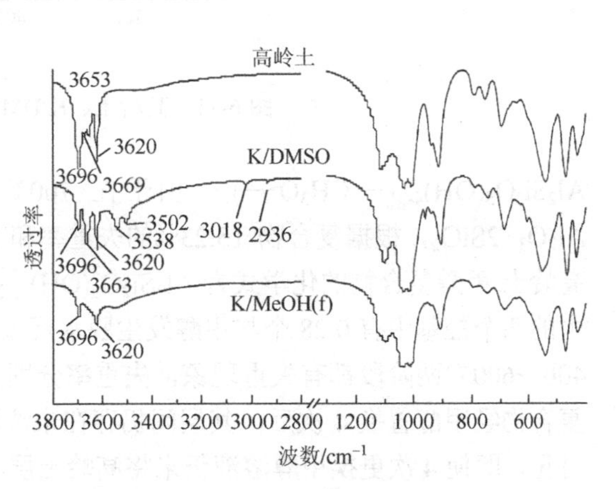

图6-10　高岭土、K/DMSO复合物、K/MeOH复合物干样的红外光谱图

10）高岭土有机插层复合物的热稳定性

图6-11为高岭土、K/DMSO复合物的热重曲线。由图6-11可知，高岭土在400～600℃发生分解，失重率为13.39%。这是高岭土参与晶格配位的羟基以水的形式脱出造成的。高岭土理论失重率为13.96%，实验所得值与理论值基本相符，表明高岭土杂质含量较少。K/DMSO有两个失重台阶，130～200℃为DMSO的脱嵌，失重率为15.53%。400～600℃为高岭土结构水脱除，失重率为11.3%，占高岭土自身的13.37%，与纯高岭土的失重率13.39%非常接近，可认为第一阶段DMSO全部脱嵌。综合K/DMSO复合物第一阶段11.3%的失重率和复合物98.2%插层率，可确定K/DMSO复合物的化学式为$Al_2Si_2O_5(OH)_4(DMSO)_{0.61}$，即平均每个高岭土结构单元含有0.61个DMSO分子。

图6-12为高岭土、K/DMSO从甲醇中置换4次、6次的热重曲线。从甲醇置换6次后复合物失重曲线可知，复合物在200℃前无明显失重，表明DMSO被甲醇置换较为完全，与XRD分析结果相吻合。在300～600℃有一个失重台阶，且失重率为15.23%，大于纯高岭土脱羟作用的失重率13.39%，表明高岭土的羟基确实与甲醇发生键合作用。此阶段失重为高岭土的羟基和接枝于高岭土片层上甲氧基的分解。假设高岭土/甲醇复合物的化学式为

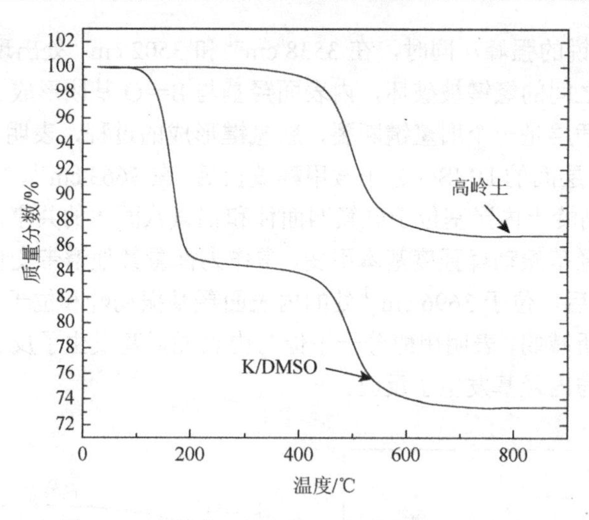

图 6-11 高岭土、K/DMSO 复合物的热重曲线

$Al_2Si_2O_5(OH)_{4-x}(—CH_3O—)_x$，由于在 700℃后，高岭土并无失重现象，其化学式为 $Al_2O_3 \cdot 2SiO_2$，根据复合物 15.23%的失重率和 96%的插层率可以计算出置换 6 次后制备的高岭土/甲醇复合物的化学式为 $Al_2Si_2O_5(OH)_{3.72}(—CH_3O—)_{0.28}$，即平均每个高岭土结构单元中的四个羟基中有 0.28 个与甲醇发生脱水反应。而置换 4 次得到的复合物在 130～200℃和 400～600℃两阶段都有失重现象，失重率分别为 6.18%和 13.72%。这主要是因为 K/DMSO 复合物经甲醇置换 4 次后，其层间仍存在未洗脱的 DMSO 分子，与 XRD 分析结果一致。可见，即使 4 次更换甲醇溶液仍未将高岭土层间的 DMSO 分子彻底置换，需继续增加置换次数。第二阶段失重占 DMSO 脱嵌后复合物的 14.64%，也大于纯高岭土的 13.39%，可见，置换 4 次时甲醇也与层内羟基发生了接枝反应。由此可知，采用甲醇二次插层时，置换插层反应与甲醇的接枝反应同时发生。结合两阶段失重率和甲醇置换 4 次的复合物插层率，采用上述计算方法，可确定复合物化学式为 $Al_2Si_2O_5(OH)_{3.85}(—CH_3O—)_{0.15}(DMSO)_{0.22}$。

11）高岭土有机插层复合物的 28Si 核磁谱图

图 6-13 为高岭土、K/DMSO 复合物、K/MeOH 复合物干样的 28Si CP/MAS 核磁共振（NMR）谱图。高岭土的 28Si CP/MAS NMR 谱图在–90.9 ppm、–91.5 ppm 处出现两个特征峰（图 6-13 曲线 a）。DMSO 插入高岭土层间后（图 6-13 曲线 b），复合物的 28Si CP/MAS NMR 特征峰移至–92.7 ppm，这主要是 DMSO 在插入高岭土层间后，一个甲基嵌入高岭土层结构的复三方空穴中，Si 原子周围化学环境发生的变化造成的。进一步解释了 XRD 谱图的分析结果（K/DMSO 复合物层间距比高岭土的增加 0.4 nm，远小于 DMSO 的分子尺寸）。此外，在–90.9 ppm、–91.5 ppm 处出现两个弱峰是未插层的高岭土及堆垛高岭土片层两侧未受到 DMSO 作用造成的。由图 6-13 曲线 c 可知，K/DMSO 用甲醇置换后，其 28Si CP/MAS NMR 特征峰相对于 K/DMSO 向低场移动，这主要是嵌插于高岭土复三方空穴中的 DMSO 被甲醇置换造成的。由于甲醇与高岭土内表面羟基发生反应，其 28Si CP/MAS NMR 特征峰峰型变宽，特征峰位置（–91.1 ppm，–91.7 ppm）也与高岭土有所不同。

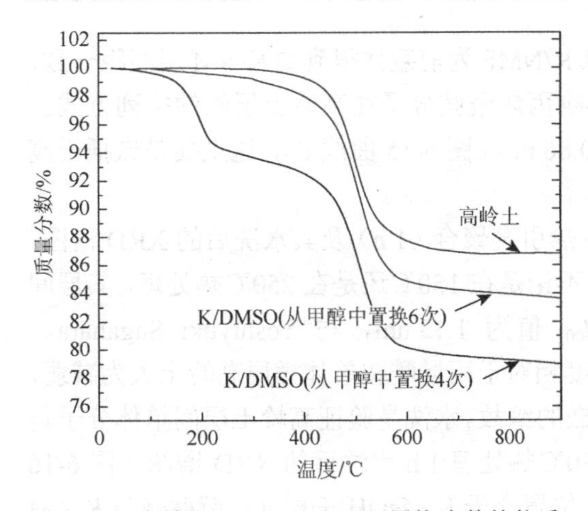

图 6-12　高岭土、K/DMSO 不同置换次数的热重曲线

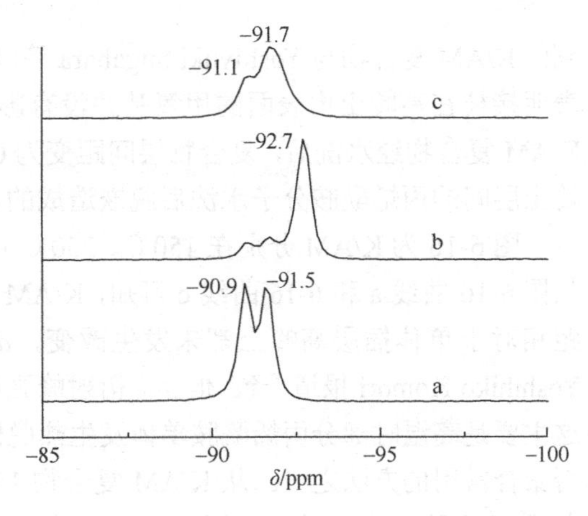

图 6-13　高岭土(a)、K/DMSO 复合物(b)、K/MeOH 复合物干样（c）的 28Si CP/MAS NMR 谱图

12）高岭土/有机插层复合物的结构

图 6-14 为高岭土/有机插层复合物制备过程示意图。未处理高岭土层间距为 0.72 nm。经 DMSO 插层后，K/DMSO 复合物层间距增至 1.12 nm，层间距扩大 0.4 nm，DMSO 的一个甲基嵌入高岭土片层的复三方空穴中。采用甲醇置换插层后，高岭土层间 DMSO 分子置换完全，K/MeOH 复合物在湿润状态下层间距为 1.08 nm，自然风干后层间距变为 0.86 nm。甲醇在置换层间 DMSO 的同时，与高岭土羟基发生接枝反应。K/MeOH 湿样之所以是一种具有一定通用性的预插层体，究其原因主要有两点：一方面，甲醇与高岭土羟基发生接枝反应，减少高岭土层间羟基的数量，减弱了其层间氢键作用；另一方面，镶嵌于高岭土层间的甲醇分子在减弱层间氢键作用的同时又极不稳定，易被其他客体置换。

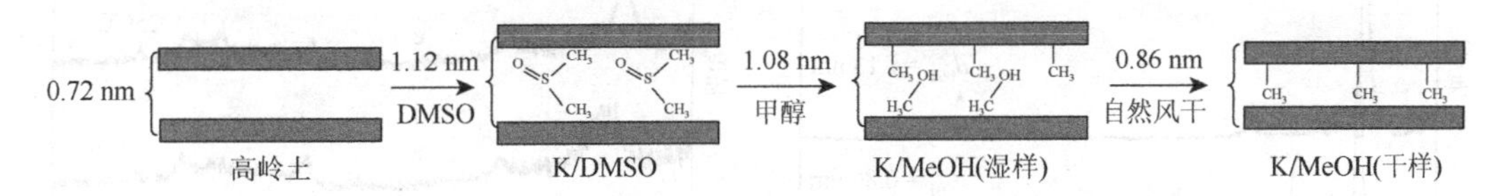

图 6-14　高岭土/有机插层复合物制备过程示意图

13）高岭土/丙烯酰胺的结晶度

图 6-15 为 K/MeOH 湿样、K/MeOH 风干样、K/AM、K/AM 水洗后的 XRD 谱图。从图 6-15 曲线 a 可知，K/MeOH 湿样层间距为 1.08 nm，而自然风干后其层间距变为 0.86 nm（图 6-15 曲线 b）。这主要是嵌插于 K/MeOH 湿样层间的甲醇分子非常不稳定发生常温脱嵌造成的。自然风干后复合物层间距仍大于高岭土 d_{001} 值，是因为甲醇在进入高岭土层间的同时，一部分甲醇分子与高岭土层间羟基发生了接枝反应。K/MeOH 湿样与丙烯酰胺溶液作用后（图 6-15 曲线 c），复合物层间距变为 1.13 nm，相对高岭土湿样 1.08 nm 的层间距变化不大，插层率高达 98.2%。由于此时的复合物已经过干燥处理，若丙烯酰胺分子未进入高岭土层间，复合物层间距又会变为 K/MeOH 干样的 0.86 nm，由此可知，丙烯酰胺分子确实插入了高岭土层间。值得一提的是，本节以 K/MeOH 复合物为前驱体得

到的 K/AM 复合物与 Yoshiyuki Sugahara 等以 K/NMF 为前躯体得到的 K/AM 层间距一致，表明接枝在高岭土内表面的甲氧基并没有影响丙烯酰胺分子在高岭土层间的排列方式。K/AM 复合物经水洗后，复合物层间距变为 0.86 nm（图 6-15 曲线 d），这主要是嵌插于高岭土层间的丙烯酰胺分子水洗后脱嵌造成的。

图 6-16 为 K/AM 分别在 150℃、250℃下热引发聚合（1 h）及其水洗后的 XRD 谱图。从图 6-16 曲线 a 和 6-16 曲线 c 可知，K/AM 不论是在 150℃还是在 250℃热处理，其层间距相对于单体插层高岭土都未发生改变，d_{001} 值为 1.13 nm，与 Yoshiyuki Sugahara、Yoshihiko Komori 报道一致。但 d_{001} 衍射峰强度相对于丙烯酰胺单体插层高岭土大为减弱，这主要是高温时部分丙烯酰胺单体发生热脱嵌的缘故。水洗是验证高岭土层间单体分子是否聚合常用的方法之一。从 K/AM 复合物 150℃热处理 1 h 水洗后的 XRD 谱图（图 6-16 曲线 b）可知，复合物 d_{001} 衍射峰宽而平坦、位置介于 K/MeOH 干样 d_{001} 衍射峰与 K/AM 之间，这主要是高岭土层间发生聚合的丙烯酰胺分子极少，导致高岭土层间距不一致造成的。K/AM 复合物经 250℃热处理 1 h 水洗后，其 d_{001} 衍射峰相对于水洗前并未发生明显变化（图 6-16 曲线 c、d），可知在 250℃热引发下，丙烯酰胺单体聚合较为合适。若继续提高聚合温度，单体分子脱嵌速度更快甚至发生分解，因此聚合温度不宜再提高。值得一提的是，丙烯酰胺在熔融温度下（85℃左右）聚合较为容易，而在高岭土层间，即使在 150℃时聚合量也极少，这主要是因为处于层间的单体分子间间隙较大，再加上与高岭土片层形成氢键作用，使得单体分子在层间移动较为困难。

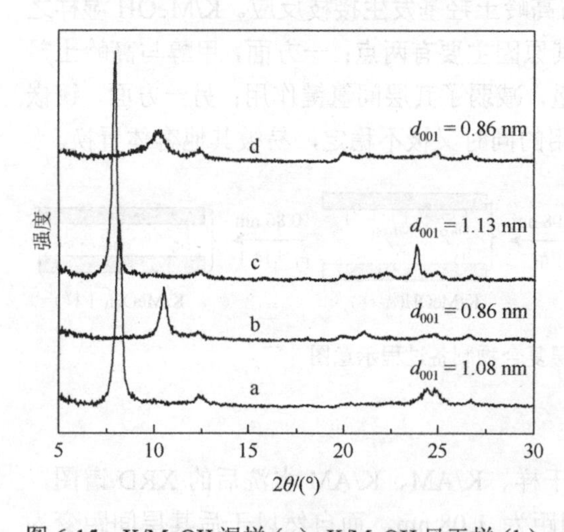

图 6-15 K/MeOH 湿样（a）、K/MeOH 风干样（b）、K/AM（c）、K/AM 水洗后（d）的 XRD 谱图

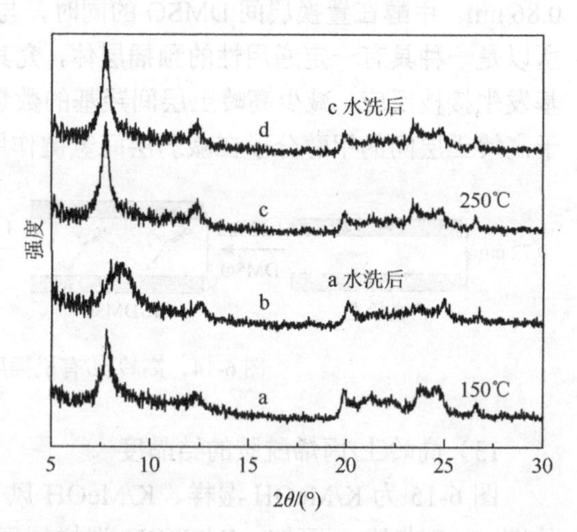

图 6-16 K/AM 150℃聚合（a）及水洗后（b）、K/AM 250℃聚合（c）及水洗后（d）的 XRD 谱图

14）K/PAM 的红外光谱图

图 6-17 为 K/MeOH 干样、K/AM、K/PAM 的红外光谱图。在 K/MeOH 干样的红外光谱图中（图 6-17 曲线 a），3696 cm^{-1} 为复合物内表面羟基伸缩振动峰，3620 cm^{-1} 为复合物内羟基伸缩振动峰。高岭土 3669 cm^{-1}、3653 cm^{-1} 处振动峰消失，是甲醇与高岭土层间羟基发生接枝反应造成的。丙烯酰胺分子插入高岭土层间后（图 6-17 曲线 b），3620 cm^{-1} 处内

羟基振动峰强度基本不变，这是因为内羟基处于硅氧四面体和铝氧八面体的共享面内，没有与丙烯酰胺分子直接接触。3696 cm^{-1} 处内表面羟基振动峰强度的减弱及 3620 cm^{-1} 附近微弱新峰的出现，是丙烯酰胺分子在高岭土层间形成新氢键造成的。1677 cm^{-1} 为 C═O 伸缩振动峰，其位置与丙烯酰胺的 $CHCl_3$ 溶液 C═O 吸收峰接近，可认为 C═O 并未与高岭土层间羟基形成氢键作用。3484 cm^{-1}、3358 cm^{-1} 处为 NH 伸缩振动峰，1658 cm^{-1} 为 C═C 振动峰，1617 cm^{-1}、1591 cm^{-1} 为 NH 变形振动峰，1426 cm^{-1} 为 CH_2 的变形振动。经 250℃热引发聚合 1 h 后（图 6-17 曲线 c），位于 1658 cm^{-1} 处的 C═C 振动峰消失，表明丙烯酰胺单体在热引发下发生了聚合反应。此外，位于 3484 cm^{-1} 处 NH 振动峰有所变宽，3358 cm^{-1} 处 NH 伸缩振动峰移至 3386 cm^{-1} 处，1617 cm^{-1}、1591 cm^{-1} 处两个 NH 变形振动峰变为 1596 cm^{-1} 处一个微弱的小峰，这是丙烯酰胺聚合前后在高岭土层间的氢键形成方式有所改变造成的。

15）K/PAM 的紫外-可见漫反射光谱图

图 6-18 为丙烯酰胺、K/AM、K/PAM 的紫外-可见漫反射光谱图。丙烯酰胺的紫外-可见漫反射光谱在 268 nm 处有最大吸收（图 6-18 曲线 a），这主要是丙烯酰胺分子 C═C 和 C═O 的共轭体系造成的。当丙烯酰胺分子插入高岭土层间后（图 6-18 曲线 b），K/AM 复合物的最大吸收峰出现在 225 nm 处。这可能与丙烯酰胺在高岭土纳米尺寸的层间呈单分子层排列及与高岭土片层存在氢键作用有关。当高岭土层间丙烯酰胺分子在热引发聚合后（图 6-18 曲线 c），由于 C═C 键被打开、丙烯酰胺的共轭体系减小，K/PAM 复合物在紫外-可见漫反射光谱中的最大吸收峰发生蓝移，其位置移至 213 nm 处。证明了丙烯酰胺单体确实在高岭土层间聚合，与 K/PAM 水洗后的 XRD 结果和红外分析结果相吻合。

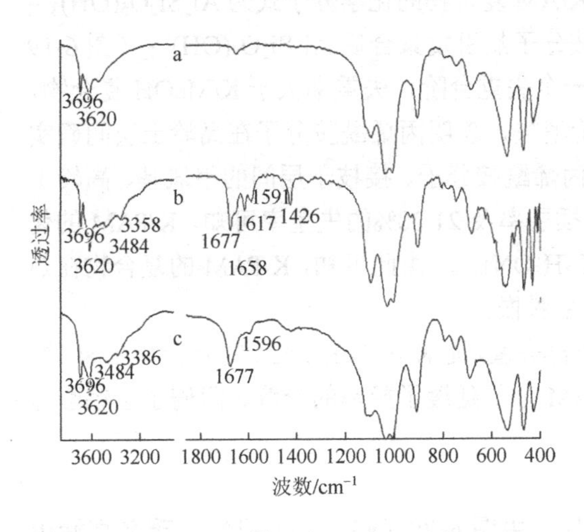

图 6-17　K/MeoH 干样（a）、K/AM（b）、K/PAM（c）的红外光谱图

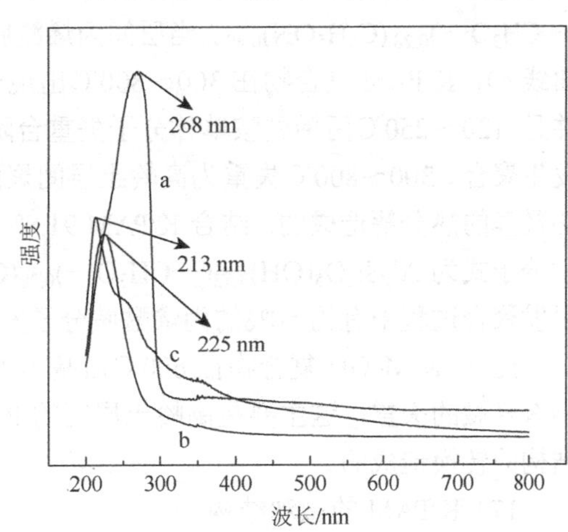

图 6-18　丙烯酰胺（a）、K/AM（b）和 K/PAM（c）的紫外可见漫反射光谱图

16）K/PAM 的热稳定性

图 6-19 为 K/MeOH 干样、K/AM、K/PAM 的热重曲线。从 K/MeOH 的热重曲线（图 6-19 曲线 a）可知，高岭土的羟基与甲醇发生接枝反应后，失重台阶由高岭土的 400～600℃变为 300～600℃，失重率由 13.39%变为 15.23%。此阶段失重为高岭土的羟基和接

枝于高岭土层面上的甲氧基的分解。由 K/MeOH 复合物失重率和插层率可得到 K/MeOH 复合物的化学分子式为 $Al_2Si_2O_5(OH)_{3.72}(—CH_3O—)_{0.28}$。

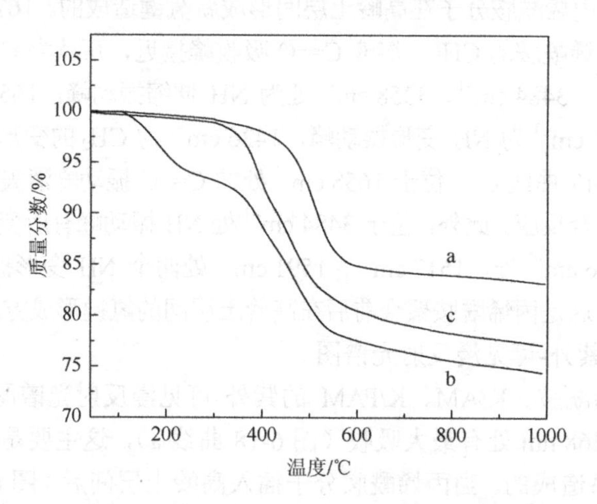

图 6-19　K/MeOH 干样（a）、K/AM（b）和 K/PAM（c）的热重曲线

当丙烯酰胺单体插入高岭土层间后（图 6-19 曲线 b），复合物热重曲线出现两个失重台阶：120～250℃的失重为层间丙烯酰胺分子受热脱嵌造成的；300～800℃的失重为接枝于层间甲氧基、少部分受热聚合的聚丙烯酰胺分子及高岭土羟基受热分解造成的。根据复合物插层率(98.8%)及失重率(25.21%)可知，K/AM 复合物的化学分子式为 $Al_2Si_2O_5(OH)_{3.72}(—CH_3O—)_{0.28}(C_3H_5ON)_{0.49}$。当层间丙烯酰胺分子热引发聚合后 $Al_2Si_2O_5(OH)_{3.72}$（图 6-19 曲线 c），K/PAM 复合物在 300～800℃出现一个失重台阶，失重率大于 K/MeOH 复合物，并且 120～250℃丙烯酰胺单体分子失重台阶消失，表明丙烯酰胺分子在高岭土层间确实发生聚合。300～800℃失重为高岭土层间聚丙烯酰胺分子、接枝于层间的甲氧基、高岭土的羟基的热分解造成的。结合 K/PAM 91.8%插层率及 21.20%的失重率可知，K/PAM 的化学分子式为 $Al_2Si_2O_5(OH)_{3.72}(—CH_3O—)_{0.28}(C_3H_5ON)_{0.24}$。由此可知，K/PAM 的复合物在热引发聚合过程中有约 50%的丙烯酰胺分子发生脱嵌。

此外，K/MeOH 复合物在 600℃后基本不再失重，而 K/AM、K/PAM 的复合物在 800℃仍有轻微的失重，这主要是高岭土层间的 PAM 分子延缓了羟基的分解、阻碍了硅铝酸盐结构的转换造成的。

17）K/PAM 的微观结构

图 6-20 为高岭土、K/PAM 的 TEM 照片。由图 6-20（a）、（b）可知，茂名高岭土主要为假六边形片状，绝大部分片层轮廓分明，少部分高岭土片层晶角缺失变钝，呈浑圆状六方轮廓形貌，片层形貌规则、晶形完整，表明茂名高岭土具有较高的结晶度。高岭土片层的刚性特征使其在插层前后基本保持不变形。从图 6-20（c）、（d）同样可知，高岭土在经过多步插层及层间单体热引发聚合后，仍以假六边形片状为主，形貌特征变化不大。但其片层轮廓模糊、晶角变钝，这主要是经过多次反复插层，特别是高温热处理后，高岭土结晶度变低造成的。

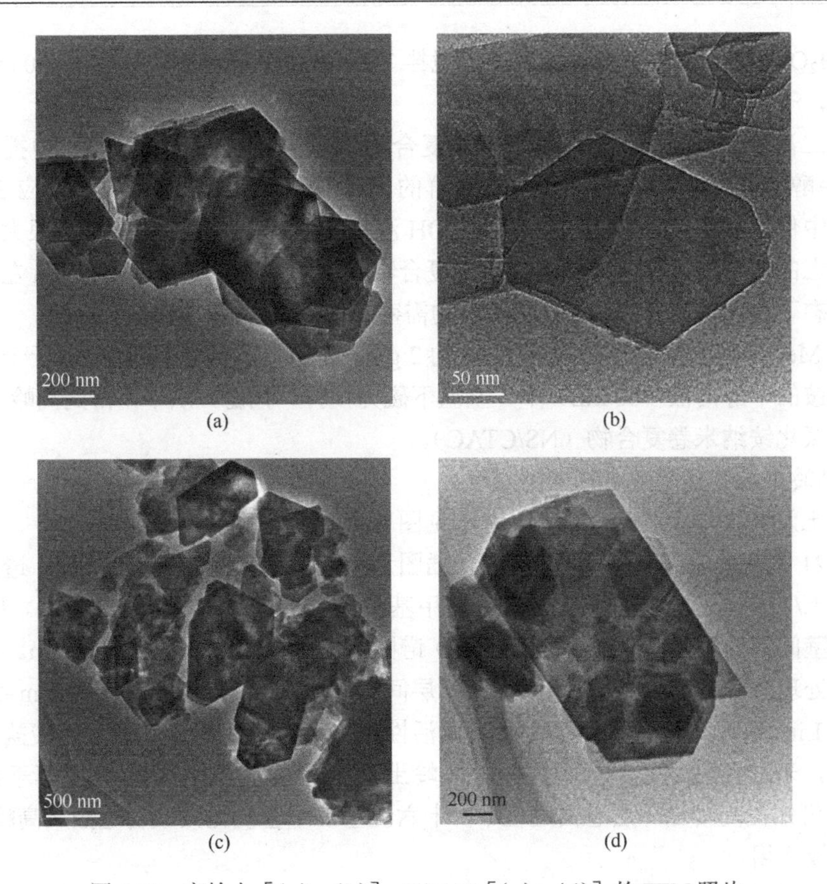

(a) (b) (c) (d)

图 6-20　高岭土［(a)、(b)］、K/PAM［(c)、(d)］的 TEM 照片

2. 案例小结

（1）利用液相法将 DMSO 插入高岭土层间，K/DMSO 复合物层间距由 0.72 nm 增至 1.12 nm，说明 DMSO 的一个甲基已嵌入高岭土复三方空穴中。在 K/DMSO 复合物中平均每个高岭土结构单元含有 0.61 个 DMSO 分子，复合物化学式为 $Al_2Si_2O_5(OH)_4(DMSO)_{0.61}$。

（2）采用甲醇 2 次插层置换法，成功制备高岭土/甲醇复合物。甲醇的 2 次置换插层反应与其接枝反应同时发生，6 次置换后制备的高岭土/甲醇复合物中平均每 4 个羟基有 0.28 个与甲醇发生了接枝反应，高岭土/甲醇复合物化学式为 $Al_2Si_2O_5(OH)_{3.72}(—CH_3O—)_{0.28}$。

（3）在高岭土/甲醇湿样中，高岭土羟基与甲醇发生接枝反应，羟基数量减少，层与层之间的氢键作用减弱；镶嵌于高岭土层间的甲醇分子极不稳定，易被其他客体分子置换。双重原因使高岭土/甲醇湿样预插层体具有一定通用性。

6.4.2　聚丙烯酰胺/高岭土纳米卷复合材料

1. 聚丙烯酰胺/高岭土纳米卷的制备

制备高插层率的 K/DMSO 复合物：将 5 g 纯化高岭土磁力搅拌分散于 60 mL DMSO

和 5 mL H_2O 的混合溶液中，80℃下磁力搅拌 7 d，室温下搅拌 2 d，过滤，50 mL 异丙醇洗涤 3 次，干燥。

利用二次置换插层法制备 K/MeOH 复合物，4 g K/DMSO 复合物磁力搅拌分散于 100 mL 甲醇溶液中，每 12 h 更换一次新鲜的甲醇溶液，室温下磁力搅拌反应 3 d。甲醇更换过程中保持样品处于湿润状态。K/MeOH 湿样是一种很好的前驱体，它很大程度地扩大了高岭土的插层范围。但其很不稳定，复合物在湿润状态下 d_{001} 为 1.10 nm 左右，在自然风干状态下 d_{001} 变为 0.86 nm 左右，产物需密封保存。

以 K/MeOH 复合物湿样作为前驱体，约 2 g K/MeOH 湿样磁力搅拌分散于十六烷基三甲基氯化铵的甲醇溶液（60 mL）中，室温下磁力搅拌，抽滤，烘干，得到高岭土/十六烷基三甲基氯化铵纳米卷复合物（NS/CTAC）。

1）高岭土及其插层复合物的结晶度

高岭土及其插层复合物的 XRD 谱图见图 6-4。

图 6-21 是高岭土纳米卷 XRD 谱图，插图为高岭土纳米卷的 TEM 照片。透射电镜图表明高岭土/甲醇复合物湿样与十六烷基三甲基氯化铵溶液作用后呈现出卷状。TEM 显示纳米卷卷壁间距约为 3.8 nm，对应于 XRD 谱图中纳米卷的 d_{001} 值为 3.76 nm。由于纳米卷经干燥处理，Δd_{001} 应以高岭土/甲醇干样层间距为基准计算，Δd_{001} = 3.76 nm−0.86 nm = 2.90 nm。Lin 等研究表明层状硅酸盐/表面活性剂体系在适当的条件下，硅酸盐片层容易发生卷曲，表面活性剂起到模板作用。高岭土纳米卷 d_{001} 值较高岭土/甲醇干样增加了 2.90 nm，可知在高岭土片层卷曲过程中，十六烷基三甲基氯化铵成功地插入高岭土层间，并起到模板作用。

图 6-22 是高岭土纳米卷、纳米卷/甲醇（NS/MeOH）湿样、纳米卷/甲醇（NS/MeOH）干样的 XRD 谱图。高岭土/甲醇湿样经 CTAC 插层后 d_{001} 衍射峰增至 3.76 nm，对应于纳米卷卷壁间距。由于高岭土纳米卷壁间 CTAC 分子经甲醇洗涤后的 N_2 吸附-脱附曲线具有典型的II型吸附特征，卷壁间 CTAC 分子经甲醇洗涤后，高岭土卷状结构并未发生改变。

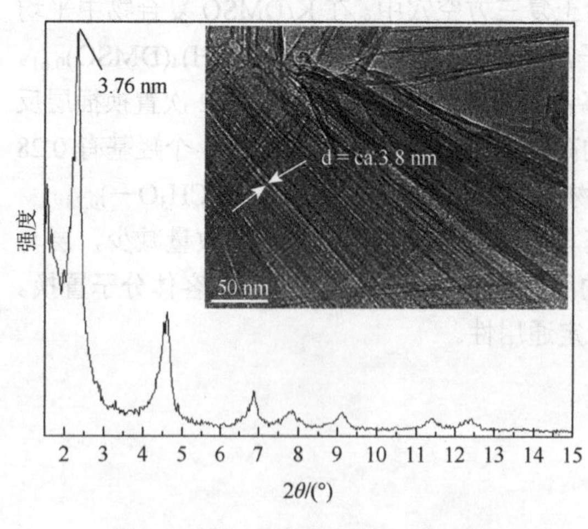

图 6-21　高岭土纳米卷的 XRD 谱图
插图为高岭土纳米卷的 TEM 照片

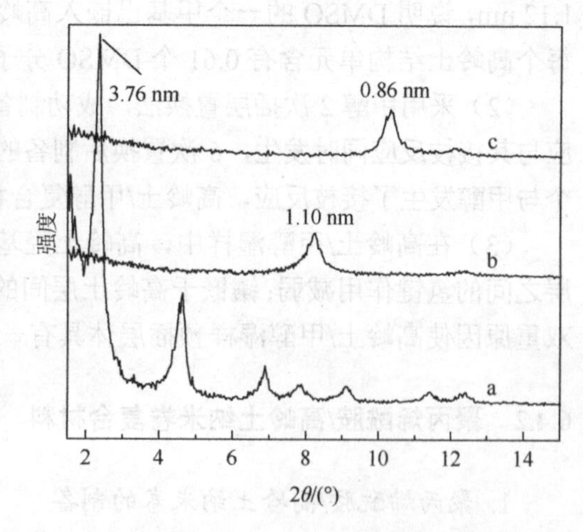

图 6-22　NS/CTAC（a）、NS/MeOH（湿样）（b）、NS/MeOH（干样）（c）的 XRD 谱图

因此，d_{001} 值由 3.76 nm 变为 1.10 nm 意味着纳米卷卷壁发生收缩。纳米卷/甲醇复合物湿样卷壁间距在湿润状态下为 1.10 nm、自然风干后变为 0.86 nm，由此可知，片状高岭土/甲醇复合物在卷曲过程中，接枝于高岭土片层上的甲氧基并未发生脱落。纳米卷/甲醇湿样与高岭土/甲醇湿样性质相似，其卷壁间有嵌插的甲醇分子，嵌插的甲醇分子不稳定、极易脱嵌。纳米卷/甲醇湿样不仅具有高岭土/甲醇相似的性质，还具有特殊的纳米卷状形貌，应用前景将更为广阔。

2）高岭土插层复合物的红外光谱

图 6-23 为高岭土插层复合物及高岭土纳米卷的红外光谱图。在高岭土原土红外光谱中，3696 cm^{-1}、3669 cm^{-1}、3653 cm^{-1} 处为高岭土内表面羟基的伸缩振动峰，3620 cm^{-1} 处为高岭土内羟基的伸缩振动峰。经 DMSO 插层处理后，在 3696 cm^{-1} 处的内表面羟基伸缩振动峰强度大为减弱，3669 cm^{-1}、3653 cm^{-1} 处的峰消失，3538 cm^{-1}、3502 cm^{-1} 处出现新的吸收峰，这是高岭土层间氢键被破坏，内表面羟基与 S═O 基团形成新的氢键的结果。从高岭土层间 DMSO 分子被甲醇置换后（干样）的红外光谱可知，位于 3696 cm^{-1} 处的吸收峰与高岭土比较仍大为减弱，3669 cm^{-1}、3653 cm^{-1} 处的峰消失，这是甲醇在置换层间 DMSO 分子的同时，与内表面羟基发生脱水反应造成的，与 XRD 研究结果相吻合。高岭土内羟基位于四面体与八面体共享面内，插层前后其伸缩振动的位置和强度都基本保持不变。但高岭土纳米卷的红外光谱中位于 3620 cm^{-1} 处内羟基伸缩振动峰变得宽而平坦，这可能是高岭土片层发生卷曲影响了内羟基伸缩振动造成的。此外，在 3016 cm^{-1}、2964 cm^{-1}、2918 cm^{-1}、2849 cm^{-1} 处出现的甲基、亚甲基特征峰辅证了 CTAC 插入纳米卷卷壁间。

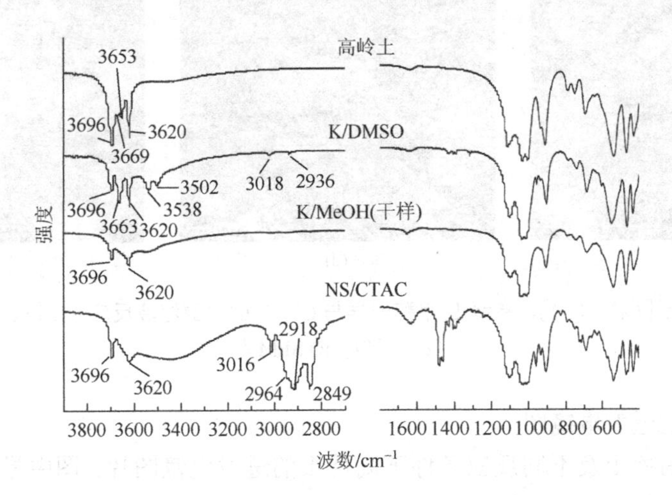

图 6-23　高岭土、K/DMSO、K/MeOH（干样）、NS/CTAC 的红外光谱图

3）高岭土/甲醇湿样的表面形貌

图 6-24 中（a)、（b）是高岭土原材料的 SEM，（c)、（d）和（e)、（f）分别为高岭土/甲醇湿样与 1 mol/L 的 CTAC 的甲醇溶液反应 6 h 和 24 h 的 SEM 照片。从图（a)、（b）可以看出茂名高岭土绝大部分呈假六边形单片状或叠片状，少部分片层晶角变钝呈浑圆状六方轮廓，表明茂名高岭土晶型较好，结晶度较高。高岭土/甲醇湿样与 CTAC 溶液反应

6 h 后［图 6-24（c）和（d）］，绝大多数高岭土发生卷曲，片层的卷曲与剥离同时进行，但卷曲程度不高。Singh 等发现天然埃洛石管和实验制备高岭土纳米卷的长轴有平行于高岭土晶胞 *a* 轴和 *b* 轴两种形式，但以平行于 *b* 轴为主。图 6-24（c）、（d）显示高岭土片层绝大多数向同一端面翻卷（一侧翻卷），少部分高岭土片层从不同端面翻卷（两侧翻卷），主要是片状高岭土翻卷方式不同所致。经 CTAC 溶液作用 24 h 后［图 6-24（e）和（f）］，绝大多数高岭土片层形成卷状，极少部分高岭土仍呈片层状，这主要是在 CTAC 处理过程中插层率不可能达到 100%，未受到 CTAC 插层作用的高岭土片层无法卷曲造成的。可见 CTAC 的插层在纳米卷的形成过程中发挥了重要作用。

图 6-24　高岭土［(a)、(b)］，高岭土/甲醇湿样与 CTAC 的甲醇溶液反应 6 h［(c)、(d)］和 24 h［(e)、(f)］的 SEM 照片

4）高岭土的透射电镜图

图 6-25 为高岭土及不同反应条件下高岭土的透射电镜图片。图中显示，随着 CTAC 的甲醇溶液浓度的增加及反应时间的延长，高岭土纳米卷的内径基本不变，卷壁层数、外径增加，高岭土的卷曲程度更高。从图 6-25（a）可知，茂名高岭土多呈假六边形状，少部分片层晶角缺失，结晶度较好。测试过程中未观察到其他杂质，表明高岭土纯度较高。当 CTAC 的甲醇溶液浓度为 0.2 mol/L、反应时间为 24 h 时［图 6-25（b）］，少部分高岭土片状边缘有弯曲现象。反应时间延长至 6 d［图 6-25（c）］，高岭土弯曲片状有所增加，但仍未发现卷状高岭土生成。当 CTAC 的甲醇溶液浓度为 0.6 mol/L、反应时间为 24 h 时［图 6-25（d）］，发现有少量卷状高岭土生成，卷状高岭土约占 20%，但每个高

岭土片层只是部分卷曲。延长反应时间至 6 d［图 6-25（e）］，卷状高岭土数量少许增加，约占 30%，但片状高岭土卷曲仍然不彻底，纳米卷平均内径约 20 nm［图 6-25（f）］，壁层数大多为两层左右。当 CTAC 的甲醇溶液浓度增至 1 mol/L 时［图 6-25（g）～（i）］，反应 24 h 后，90%以上的高岭土片层都转变纳米卷状。平均内径与 CTAC 的甲醇溶液浓度为 0.6 mol/L 时相比变化不大，约为 20 nm，但高岭土片层完全卷曲，卷壁层数、外径增加。

5）高岭土/甲醇干样、纳米卷/甲醇干样的 N_2 等温吸附-脱附曲线

图 6-26 为高岭土/甲醇干样、纳米卷/甲醇干样的 N_2 等温吸附-脱附曲线，插图为纳米卷/甲醇干样的孔径分布曲线。由图 6-26 可知，高岭土/甲醇干样的 N_2 吸附-脱附曲线基本重合，无明显滞后环。表明高岭土经二甲亚砜、甲醇两步插层后片状结构保持不变形，这主要是由高岭土片层的刚性决定的。经 CTAC 处理后，纳米卷的 N_2 吸附-脱附曲线具有典型的II型吸附特征，滞后环出现在相对压力较高（$P/P_0>0.7$）的范围内，证实了纳米卷

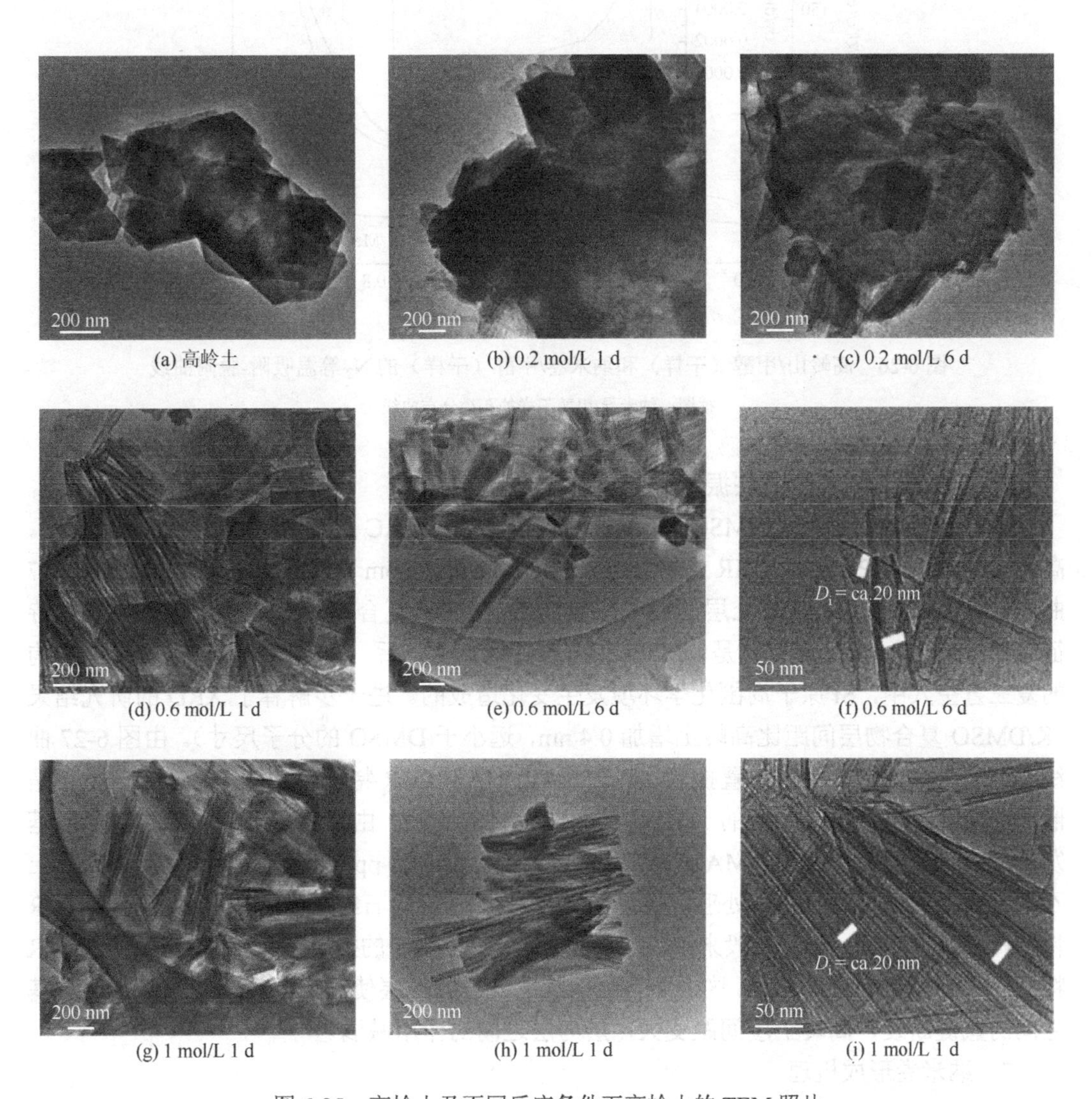

(a) 高岭土　(b) 0.2 mol/L 1 d　(c) 0.2 mol/L 6 d

(d) 0.6 mol/L 1 d　(e) 0.6 mol/L 6 d　(f) 0.6 mol/L 6 d

(g) 1 mol/L 1 d　(h) 1 mol/L 1 d　(i) 1 mol/L 1 d

图 6-25　高岭土及不同反应条件下高岭土的 TEM 照片

圆柱形孔道的存在，表明纳米卷壁间表面活性剂分子经甲醇洗去后仍保持卷状结构。纳米卷/甲醇干样的BET比表面积为96 m^2/g，与高岭土/甲醇干样的BET比表面积（15 m^2/g）比较，有显著的提高。从孔径分布曲线来看（图 6-26 插图），纳米卷的孔径主要分布在20 nm 左右，与透射电镜观察到的洗涤前纳米卷内径相差不大。由此可知，纳米卷壁间CTAC分子洗去后，纳米卷内径基本不变，只是卷壁发生收缩。

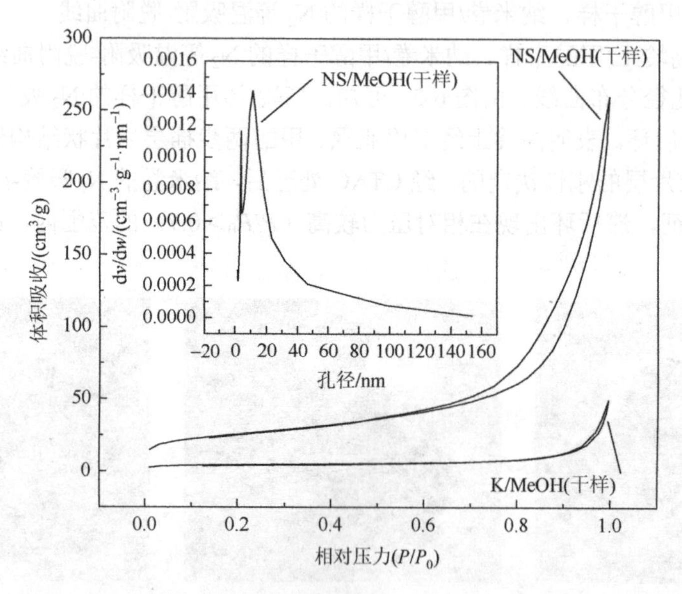

图 6-26 高岭山/甲醇（干样）和纳米卷/甲醇（干样）的 N_2 等温吸附-脱附曲线

插图：纳米卷/甲醇干样的孔径分布曲线

6）29Si CP/MAS 核磁共振谱图

图 6-27 为高岭土、K/DMSO、K/MeOH 干样、NS/CTAC 的 28Si CP/MAS NMR 谱图。高岭土的 28Si CP/MAS NMR 谱图在–90.9 ppm、–91.5 ppm 处出现两个特征峰（图 6-27 曲线 a）。DMSO 插入高岭土层间后（图 6-27 曲线 b），复合物的 28Si CP/MAS NMR 特征峰移至–92.7 ppm，这主要是 DMSO 在插入高岭土层间后，一个甲基嵌入高岭土层结构的复三方空穴中，Si 原子周围化学环境发生变化造成的。进一步解释了 XRD 的研究结果（K/DMSO 复合物层间距比高岭土增加 0.4 nm，远小于 DMSO 的分子尺寸）。由图 6-27 曲线 c 可知，K/DMSO 用甲醇置换后，其 28Si CP/MAS NMR 特征峰向低场移动，这主要是嵌插于高岭土复三方空穴中的 DMSO 被甲醇置换造成的。由于甲醇与高岭土内表面羟基发生反应，使得其 28Si CP/MAS NMR 特征峰位置（–91.1 ppm，–91.7 ppm）又与高岭土不同，峰型变宽。经 CTAC 处理后（图 6-27 曲线 d），高岭石纳米卷的 28Si CP/MAS NMR 特征峰出现在–92.2 ppm。一般来说，高岭土经长链有机分子的插层后其 28Si CP/MAS NMR 特征峰会向高磁场方向移动，这主要是由于长链分子的插层使高岭土层间铝羟基和硅氧基之间的氢键断裂，高岭土层间距变大，层与层之间的作用减弱。

7）纳米卷形成机理

图 6-28 为高岭土纳米卷形成过程示意图。一般来说，高岭土层与层间的氢键作用

使其在有机插层过程中基本保持不变形。但片状高岭土经水合作用和剥离处理后易反生弯曲，以减弱硅氧四面体间 Si—Si 的排斥作用，从而缓和高岭土铝氧八面体和硅氧四面体的不适应性。当高岭土/甲醇复合物与 CTAC 的甲醇溶液作用后，SEM、TEM 显示高岭土片层发生卷曲形成纳米卷。XRD 谱图中高岭土的层间距的大幅度扩大（2.90 nm）及红外光谱图中出现的甲基、亚甲基特征峰，表明高岭土/甲醇复合物与 CTAC 的甲醇溶液作用后长链有机分子确实插入高岭土层间。28Si CP/MAS NMR 谱图显示，CTAC 插层后高岭土的 28Si CP/MAS NMR 特征峰向高磁场方向移动，高岭土层与层间作用减弱。

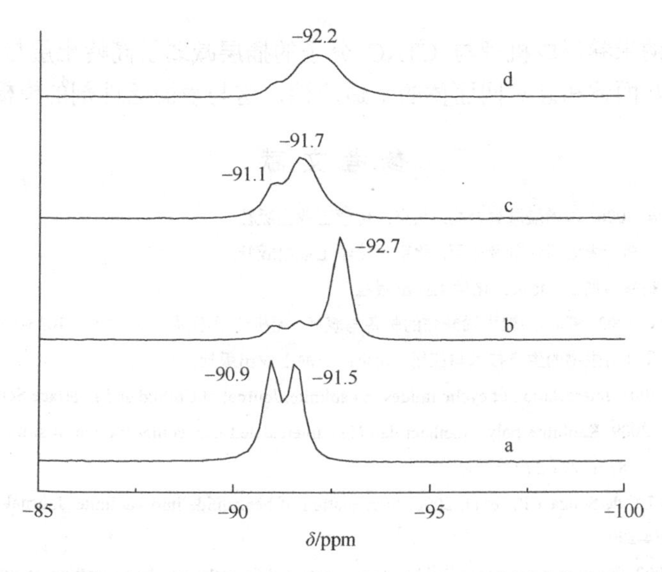

图 6-27 高岭土（a）、K/DMSO（b）、K/MeOH（干样）（c）和 NS/CTAC（d）的 28Si CP/MAS NMR 谱图

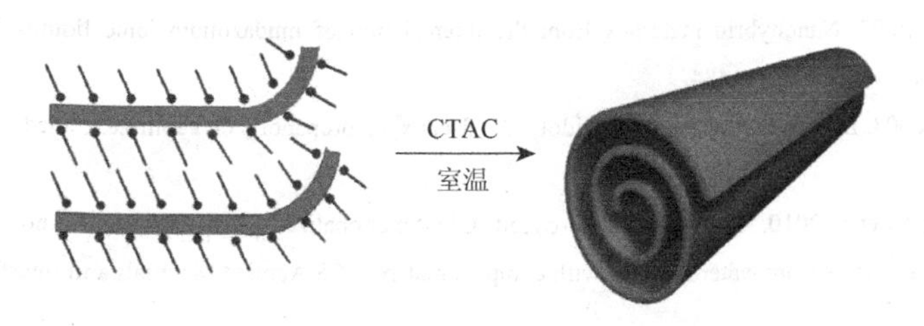

图 6-28 高岭土纳米卷形成过程示意图

综合上述分析，一方面，CTAC 分子的插层破坏了高岭土层间铝羟基和硅氧基之间的氢键，减弱了高岭土层与层间的作用，加强了高岭土铝氧八面体和硅氧四面体的不适应性，这使得片状高岭土卷曲成为可能。另一方面，高岭土片层外 CTAC 的甲醇溶液的浓度（1 mol/L）很大，有学者提出，当表面活性剂溶液浓度为临界浓度的 10 倍或者更高时，表面活性剂以腊肠模型聚集，其末端近似于 Hartley 球体，中部分子以辐射状定向排列。从能量角度上看，插入高岭土片层边缘 CTAC 分子的排列方式是不利的，CTAC 起到表面活性剂的模板作用。双重作用使得高岭土片层发生卷曲。

2. 案例小结

（1）以高岭土/甲醇湿样为前驱体，表面活性剂 CTAC 插层的方法成功制备了高岭土纳米卷。纳米卷内径约 20 nm，CTAC 分子排列于纳米卷壁间，纳米卷壁间距 3.76 nm。高岭土片层的卷曲和剥离同时进行，随着 CTAC 的甲醇溶液浓度的增加及反应时间的延长，高岭土纳米卷的内径基本不变，卷壁层数、外径增加，高岭土的卷曲程度提高。

（2）高岭土纳米卷壁间 CTAC 分子被洗去后，卷壁间距在湿态和自然风干后分别为 1.10 nm 和 0.86 nm，纳米卷/甲醇复合物仍然保持卷状结构，纳米卷内径基本不变，卷壁收缩。

（3）高岭土纳米卷形成机理与 CTAC 分子的插层减弱了高岭土层与层间的作用，加强了高岭土铝氧八面体和硅氧四面体的不适应性，这与表面活性剂的模板作用有关。

参 考 文 献

方道斌，郭睿威，哈润华. 2006. 丙烯酰胺聚合物. 北京：化学工业出版社.

郭祥峰，贾丽华. 2002. 阳离子表面活性剂及应用. 北京：化学工业出版社.

石淑先. 2009. 生物材料制备与加工. 北京：化学工业出版社.

王林江，吴大清，刁桂仪. 2002. 高岭石/聚丙烯酰胺的制备与表征. 无机化学学报，18（10）：1028-1031.

魏君. 2011. 聚丙烯酰胺及其衍生物的生产技术与应用. 北京：石油工业出版社.

Elbokl T A，Detellier C. 2008. Intercalation of cyclic imides in kaolinite. Journal of Colloid and Interface Science，（323）：338-348.

Elbokl T A，Detellier C. 2009. Kaolinite-poly（methacrylamide）intercalated nanocomposite via in situ polymerization. Canadian Journal of Chemistry，（87）：272-279.

Gardolinski J E，Pereira L，de Souza J P，et al. 2000. Intercalation of benzamide into kaolinite. Journal of Colloid and Interface Science，（221）：284-290.

Letaief S，Detellier C. 2007. Functionalized nanohybrid materials obtained from the interlayer grafting of aminoalcohols on kaolinite. Chemical Communications，（25）：2613-2615.

Letaief S，Detellier C. 2007. Nanohybrid materials from the intercalation of imidazolium ionic liquids in kaolinite. Journal of Materials Chemistry，（17）：1476-1484.

Letaief S，Detellier C. 2008. Interlayer grafting of glycidol（2，3-epoxy-1-propanol）on kaolinite. Canadian Journal of Chemistry，（86）：1-6.

Niu H，Zhang S，Zhang X，et al. 2010. Alginate-polymer-caged，C18-functionalized magnetic titanate nanotubes for fast and efficient extraction of phthalate esters from water samples with complex matrix. ACS Applied Materials and Interfaces，2（4）：1157-1163.